TURING 图灵程序设计丛书

R in Action
Data Analysis
and Graphics with R
Second Edition

R语言实战

（第2版）

[美]　Robert I. Kabacoff　著

王小宁 刘撷芯 黄俊文 等 译

人民邮电出版社

北　京

图书在版编目（CIP）数据

R语言实战：第2版 /（美）卡巴科弗
（Kabacoff, R. I.）著；王小宁等译. -- 2版. -- 北京：
人民邮电出版社，2016.5（2023.4重印）
　　（图灵程序设计丛书）
　　ISBN 978-7-115-42057-2

　　Ⅰ. ①R… Ⅱ. ①卡… ②王… Ⅲ. ①程序语言—程序
设计 Ⅳ. ①TP312

中国版本图书馆CIP数据核字(2016)第059954号

内 容 提 要

　　本书注重实用性，是一本全面而细致的 R 指南，高度概括了该软件和它的强大功能，展示了使用的统计示例，且对于难以用传统方法处理的凌乱、不完整和非正态的数据给出了优雅的处理方法。作者不仅仅探讨统计分析，还阐述了大量探索和展示数据的图形功能。新版做了大量更新和修正，新增了近 200 页内容，介绍数据挖掘、预测性分析和高级编程。

　　本书适合数据分析人员及 R 用户学习参考。

◆ 著　　　　　[美] Robert I. Kabacoff
　　译　　　　　王小宁　刘撷芯　黄俊文等
　　责任编辑　　朱　巍
　　执行编辑　　杨　琳
　　责任印制　　彭志环

◆ 人民邮电出版社出版发行　　北京市丰台区成寿寺路11号
　　邮编 100164　　电子邮件 315@ptpress.com.cn
　　网址 https://www.ptpress.com.cn
　　山东华立印务有限公司印刷

◆ 开本：800×1000　1/16
　　印张：34.75　　　　　　　2016年5月第 2 版
　　字数：841千字　　　　　　2023年4月山东第 47 次印刷
　　著作权合同登记号　图字：01-2016-2087号

定价：99.00元
读者服务热线：(010)84084456-6009　印装质量热线：(010)81055316
反盗版热线：(010)81055315
广告经营许可证：京东市监广登字 20170147 号

版 权 声 明

对第1版的赞誉

"清晰而又吸引人——这无疑是学习R的有趣方式!"

——Amos A. Folarin，伦敦大学学院

"做好准备，用R创建出高品质的程序，迅速提高你的水平吧!"

——Patrick Breen，罗杰斯通信公司

"由最出色的R网站的作者编写，是一本优秀的R语言入门书和参考书。"

——Christopher Williams，爱达荷大学

"这本书既详尽又易读，对学生和研究者来说都是优秀的R指南。"

——Samuel McQuillin，南卡罗来纳大学

"终于出现了一本面向R初学者的全面的入门书!"

——Philipp K. Janert，*Gnuplot in Action*作者

"一本每个首次使用R的人都必需的读物。"

——Charles Malpas，墨尔本大学

"它是熟练掌握R的最快途径之一。周五购买这本书，你在下周一就能写出可运行的程序。"

——Elizabeth Ostrowski，贝勒医学院

"人们通常买书来解决他们已知的问题，而这本书则能解决你尚未察觉的问题。"

——Carles Fenollosa，Barcelona超算中心

"清晰、准确，而且带有很多解释和例子……这本书可以给初学者使用，也可以给专业人士使用，甚至可以用于R语言教学!"

——Atef Ouni，突尼斯国家统计局

"这本书既提供了有针对性的教程，又给出了深度讲解的示例。"

——Landon Cox，360Vl Inc

致　谢

很多人都对本书精益求精并付出了辛勤的劳动，在此让我对他们一一表示感谢。

- Marjan Bace，Manning出版人，最初劝说我编写本书的人。
- Sebastian Stirling和Jennifer Stout，他们分别是第1版和第2版的进度编辑，花了大量时间与我电话沟通，帮我组织材料、理清概念、润色文字。
- Pablo Domínguez Vaselli，技术审读人，帮我理清了很多易混淆的地方，从独立而专业的角度测试了代码。我依赖于他的博学，他仔细阅读后的评论以及深思熟虑后的判断。
- Olivia Booth，书评编辑。他帮忙找评论人、并帮助协调整个评论过程。
- Karen Tegtmeyer，评审编辑，帮助寻找审稿人并协调评审进度。
- Mary Piergies及其团队成员Tiffany Taylor、Toma Mulligan、Janet Vail、David Novak和Marija Tudor，他们指导了本书的出版过程。
- 所有花费时间审读本书内容，寻找书写错误和提供了宝贵建议的审稿人：Bryce Darling、Christian Theil Have、Cris Weber、Deepak Vohra、Dwight Barry、George Gaines、Indrajit Sen Gupta、L. Duleep Kumar Samuel博士、Mahesh Srinivason、Marc Paradis、Peter Rabinovitch、Ravishankar Rajagopalan、Samuel Dale McQuillin以及Zekai Otles。
- 在本书完成前参与MEAP（Manning早期试读计划）的同仁，他们提出了重要的问题，指出了书中的错误并提供了有益的建议。

他们每个人的贡献都让本书的质量更上一层楼。

我还想感谢为R成为如此强大的数据分析平台而做出卓越贡献的软件开发人员。这其中有R的核心开发者，还有那些开发R包和维护各种软件包的个人，他们极大地扩展了R的功能。附录E罗列了本书中涉及的软件包的作者。其中，我要特别感谢John Fox、Hadley Wickham、Frank E. Harrell、Deepayan Sarkar和William Revelle。我会尽可能准确地介绍他们的贡献，并为本书中所有可能存在的错误或是误导性描述负责。

在本书开头，我还应该感谢我的妻子，同时她也是我的合作者：Carol Lynn。她对统计学和编程都没有太多兴趣，但却反复阅读了每一章的内容，帮助纠正了很多问题并提出了大量建议。

为了他人而研读多元统计学实在是一件很有爱的事情。同样重要的是，她容忍我在深夜和周末编写此书，给予我无限的包容、支持和关怀。我真的感到非常幸运。

我还要感谢两个人。一位是我父亲，他对科学的热爱影响了我，让我认识到了数据的价值。另一位是Gary K. Burger——我读研究生时的导师。我有段时间觉得自己想成为一名医生，是Gary引领我进入统计学和教育领域，这一切都是他赐予的。

前　言

要是一本书里没有图画和对话，那还有什么意思呢？

——爱丽丝，《爱丽丝梦游仙境》

它太神奇了，满载珍宝，可以让那些聪明狡猾和粗野胆大的人得到充分满足；但并不适合胆小者。

——Q，"Q Who？"，《星际迷航：下一代》

在开始写这本书时，我花了很多时间搜索适合于开始本书的名言警句。最后，我找到了这两句话。R是一个非常灵活的平台，是专用于探索、展示和理解数据的语言，因此我引用了《爱丽丝梦游仙境》的句子来表示当今统计分析的潮流——一个探索、展示和理解的交互式过程。

第二句话反映了大部分人对R的看法：难学。但你完全没必要这样想。虽然R很强大，应用广泛，不论你是新手还是略有经验的用户，众多的分析和绘图函数（超过50 000个）都很容易让你望而却步，但实际上并非无规律可循。只要有合适的指导，你就可以畅游其中，选择所需的工具，用最优雅、最简洁、最高效的方式来完成工作——那真的很酷！

多年前，我在申请一个统计咨询职位时，第一次遇到了R。雇主在正式面试前发来的材料中问我是否熟悉R。根据猎头的建议，我立马回答"是的，我很熟悉"，然后开始恶补R。在统计和研究方面我有丰富的经验，作为SAS和SPSS程序员也有25年的工作经验，而且对各种编程语言也颇为精通。学习R能有多难？但事与愿违。

在学习这门语言的过程中（因为要面试，我要尽可能快），我发现这门语言无论是底层的结构还是各种高级的统计方法，都是由各具体领域的专家为同行专家编写的。看在线帮助简直就是折磨，那不是教程，都是参考手册。每当我觉得自己已经对R的结构和功能有足够把握时，就会发现一些闻所未闻的新东西，它们让我感觉自己很渺小。

为了解决这些问题，我开始以数据科学家的角度学习R。我开始思考如何才能成功地处理、分析和理解数据，包括：

❑ 获取数据（从各种数据源将数据导入程序）；

❑ 整理数据（编码缺失值、修复或删除错误数据、将变量转换成更方便的格式）；

❑ 注释数据（以记住每段数据的含义）；

- ❑ 总结数据（通过描述性统计量了解数据的概况）；
- ❑ 数据可视化（一图胜千言）；
- ❑ 数据建模（解释数据间的关系，检验假设）；
- ❑ 整理结果（创建具有出版水平的表格和图形）。

然后，我试图用R来完成这些任务。通过教授别人来学习是最好的方式，所以我创建了一个网站（www.statmethods.net），不断把我学到的东西放在上面。

大概一年后，Marjan Bace（Manning的出版人）打电话给我，问我能否写一本关于R的书。那时我已经写了50篇期刊文章、4份技术手册，以及大量章节的内容，还写了一本关于研究方法的书，所以我想，写一本关于R的书能有多难？结果依然是事与愿违。

本书的第1版于2011年出版，一年后，我开始编写第2版。R的平台在不断完善，我想一直跟进。我也想在本书中覆盖更多有关预测性分析及数据挖掘的内容——这都是大数据时代很火的主题。最后，我还想加一些关于数据可视化、软件发展以及动态报告撰写的章节。

你现在捧着的这本书是我多年来梦寐以求的。我试图提供一份R的指南，让你能尽快感受到R的强大以及开源的魅力，不再感到沮丧和忧虑。我希望你能喜欢本书。

另外，虽然当年我成功地申请到了那个职位，但并未入职。不过，学习R的经历改变了我的职业方向，这是我未曾想到的。真可谓人生如戏。

关于本书

如果你翻开了本书，那么很有可能是因为要做一些数据收集、总结、转换、探索、建模、可视化或呈现方面的工作。如果确实如此，那么R完全能够满足你的需求！R已经成了统计、预测分析和数据可视化的全球通用语言。它提供各种用于分析和理解数据的方法，从最基础的到最前沿的，无所不包。

R是一个开源项目，在很多操作系统上都可以免费得到，包括Windows、Mac OS X和Linux。R还在持续发展中，每天都在纳入新的功能。此外，R还得到了社区的广泛支持，这个社区里既有数据科学家也有程序员，他们很乐于为R的用户提供帮助或建议。

R以能创建漂亮优雅的图形而闻名，但实际上它可以处理各种统计问题。基本的安装就提供了数以百计的数据管理、统计和图形函数。不过，R很多强大的功能都来自社区开发的数以千计的扩展（包）。

这些好处也都是有代价的。对于新手来说，经常遇到的两个基本难题就是：R到底是什么？R究竟能做什么？甚至是经验丰富的R用户也常常发现一些他们之前闻所未闻的新功能。

本书是一本R指南，高度概括了该软件和它的强大功能。本书会介绍基本安装中最重要的函数，以及90多个重要扩展包中的函数。整本书都是围绕实际应用展开的，你将学会理解数据并能够与他人交流这种对数据的理解。通读本书，你应该会对R的原理和功能有基本的了解，并知道从什么地方学习更多的相关知识。你将能用各种技术实现数据的可视化，还能解决各种难度的数据分析问题。

第 2 版的不同之处

如果你想更深入地探索R的使用，第2版新增了近200页的内容。本书后半部分中新增了几章讲述数据挖掘、预测性分析和高级编程。具体来说，第15章（时间序列）、第16章（聚类分析）、第17章（分类）、第19章（使用ggplot2进行高级绘图）、第20章（高级编程）、第21章（创建包）以及第22章（创建动态报告）是新增内容。另外，第2章（创建数据集）给出了更多关于从文本文件和SAS文件中导入数据的方法，附录F（处理大数据集）则在原有基础上新加入了一些用于应对大数据问题的工具。最后，这一版在第1版的基础上进行了大量更新和修正。

读者对象

每一个要处理数据的人都应该读读本书，他们不需要任何统计编程或R语言知识背景。R语言新手完全能够读懂本书，而有经验的R老手也能在本书中发现很多实用的新东西。

没有统计背景，但需要用R操作数据、总结数据、绘制图形的读者会觉得第1～6章、第11章和第19章比较容易理解。第7章和第10章则需要读者学过一学期的统计学课程；第8章、第9章和第12～18章则需要读者学过一学年的统计学课程。第20～22章更详尽地介绍了R语言，但并不对读者的统计学背景有任何要求。不过，我尽可能地让每一章都能同时迎合数据分析新手和专家的需求，让所有人都能从中获益。

本书结构

本书的目的是让读者熟悉R平台，重点关注那些能马上用于操作、可视化和理解数据的方法。全书共22章，分为5部分："入门""基础方法""中级方法""高级方法"和"技能拓展"。在7个附录中还有更多的相关内容。

第1章首先简要介绍了R，以及它作为数据分析平台的诸多特性。这一章主要介绍了R的获取，以及如何用网上的扩展包增强R基本安装的功能。另外，它还介绍了用户界面，以及如何以交互方式和批处理方式运行程序。

第2章介绍了向R中导入数据的诸多方法。这一章的前半部分介绍了R用来存储数据的数据结构，以及如何用键盘输入数据。后半部分介绍了怎样从文本文件、网页、电子表格、统计软件和数据库向R导入数据。

很多用户最初接触R都是为了绘制图形，我们在第3章会对此作介绍。这一章介绍了创建、修改图形的方法，以及如何将图形保存为各种格式的文件。

第4章探讨了基本的数据管理，包括数据集的排序、合并、取子集，以及变量的转换、重编码和删除。

在第4章的基础上，第5章涵盖了数据管理中函数（数学函数、统计函数、字符函数）和控制结构（循环、条件执行）的用法，然后介绍如何编写自己的R函数，以及如何用不同的方法整合数据。

第6章演示了创建常见单变量图形的方法，例如柱状图、饼图、直方图、密度图、箱线图和点图。这些图形对于理解单变量的分布都很有用。

第7章首先演示了如何总结数据，包括使用描述统计量和交叉表。然后，这一章介绍了用于分析两变量间关系的基本方法，包括相关性、t检验、卡方检验和非参数方法。

第8章介绍了针对一个数值型结果变量与一系列数值型预测变量间的关系进行建模的回归方法，详细给出了拟合模型的方法、适用性评价和含义解释。

第9章介绍了基于方差及其变体对基本实验设计的分析。此处，我们通常感兴趣的是处理方式的组合或条件对数值结果变量的影响。这一章还介绍了如何评价分析的适用性，以及如何可视化地展示分析结果。

　　第10章详细介绍了功效分析。这一章首先讨论了假设检验，重点是如何判断在给定置信度的前提下需要多少样本才能判断处理的效果。这可以帮助我们安排实验和准实验研究来获得有用的结果。

　　第11章扩展了第6章的内容，介绍了创建表现两个或多个变量间关系的图形。这包括各种2D和3D的散点图、散点图矩阵、折线图、相关图和马赛克图。

　　第12章介绍了一些稳健的数据分析方法，它们能处理比较复杂的情况，比如数据来源于未知或混合分布、有小样本问题、有恼人的异常值，或者依据理论分布设计假设检验非常复杂且在数学上难以处理的情况。这一章介绍的方法包括重抽样和自助法——很容易在R中实现的需要大量计算机资源的方法。

　　第13章扩展了第8章中介绍的回归方法，分析非正态分布的数据。这一章首先介绍了广义线性模型，然后重点介绍了如何预测类别型变量（Logistic回归）或计数变量（泊松回归）。

　　多元数据分析的一个难点是简化数据。第14章介绍了如何将大量的相关变量转换成较少的不相关变量（主成分分析），以及如何发现一系列变量中的潜在结构（因子分析）。这些方法涉及许多步骤，每一步都有详细的介绍。

　　第15章介绍了时间序列数据的生成、处理和建模，包括时序数据的可视化和分解，以及运用指数模型和ARIMA模型来预测未来值。

　　第16章介绍了如何将数据集按其特性聚类。这一章首先讨论了完整的聚类分析的常见步骤，接着介绍了层次聚类和划分聚类，同时也讨论了几种决定最优类别数的方法。

　　第17章介绍了一些常用的对样本单元进行分类的有监督机器学习算法，包括决策树、随机森林和支持向量机。同时，我们也给出了评价模型准确性的方法。

　　实际工作中面临的一个普遍问题是数据值缺失，第18章介绍了一个应对此问题的现代方法。R中有很多简捷的方法可以用来分析因各种原因而不完整的数据。这一章对一些好的方法都有介绍，还具体说明了在什么情况下应该用哪些方法以及应该避免使用哪些方法。

　　第19章介绍了R中最先进、最有用的数据可视化方法ggplot2。ggplot2程序包给出了图形的语法，在对多变量数据进行绘图时是一套功能很强大的工具。

　　第20章介绍了一些高级编程技巧。在这一章中，你将学到面向对象的编程技巧、调试程序的方法和提高编程效率的技巧。如果你想更深入地了解R的原理，那这一章一定对你非常有用。这一章也是看懂21章的先决条件。

　　第21章介绍了创建R包的步骤。学完这些步骤，你将能创建更复杂的项目，并能有效地将它们记录下来，与其他人分享。

　　第22章介绍了几种在R中生成动态报告的方法。这一章将教你如何通过R代码生成网页、报告、文章甚至图书，所生成的文件将包括你的原始代码、结果图表以及批注。

　　本书还有一个“彩蛋”（第23章），其中介绍了第19章中所介绍的lattice程序包。

　　最后的附录也很重要，7个附录（从A到G）扩展了正文的一些内容，包括R中的图形用户界面、自定义和升级R、导出数据到其他软件、（像MATLAB一样）用R做矩阵计算，以及处理大型数据集。

后记中介绍了一些优秀的网站，有助于读者进一步学习R、加入R社区、获得帮助，并及时获得R这个快速发展的软件的最新信息。

对数据挖掘者的建议

数据挖掘是一个在大数据集中发现模式、规律的领域。由于R可以提供最前沿的数据分析方法，许多数据挖掘专家都选择了R。如果你是一个正在转用R的数据挖掘专家，想尽快了解这门语言，那么我推荐你按照这样的顺序阅读：第1章（介绍）、第2章（数据结构和与你有关的数据导入部分）、第4章（基本的数据管理）、第7章（描述性统计）、第8章（8.1节、8.2节、8.6节以及回归）、第13章（13.2节以及逻辑回归）、第16章（聚类）、第17章（分类）以及附录F（处理大数据）。之后再根据你的实际需求阅读其他章节。

例子

为了让本书内容尽可能接近各个领域的实际情况，我从心理学、社会学、医学、生物学、商业和工程等诸多领域选取了一些例子。所有的这些例子都不需要读者具备这些领域的专业知识。

这些例子中所使用的数据集是经过精心挑选的，因为它们不仅提出了有趣的问题，而且比较小。这样能让读者专注于技术，快速地理解所涉及的过程。在学习新方法时，数据集小是有好处的。

有些数据集是R基本安装中就有的，有些则可以通过在网上下载软件包来获得。每个例子的代码都可以从www.manning.com/RinAction和www.github.com/kabacoff/RiA2下载。为了更好地理解本书中的内容，我建议读者在阅读本书时试试这些例子。

经常听人引用这么一句话：如果你问两个统计学家该如何分析一个数据集，你会得到三个答案。反过来说，每个答案都能让你更好地理解数据集。对于一个问题，我不会说某种分析方式是最好的，或者是唯一的。读者应该用本书中学到的技术动手分析数据，看看都能得到什么。R是交互式的，最好的学习方法就是自己尝试。

排版约定

下面是本书的排版约定。

- 等宽字体用于代码清单。
- 等宽字体还用于在一般的正文中表示代码或之前定义的对象。
- 代码清单中的斜体表示占位符。你应该用自己问题中的文本和值来替换它们。例如，`path_to_my_file`就应该用该文件在你自己电脑上的实际路径来替换。
- R是一种交互式语言，用提示符（默认是>）表示已经准备好读取用户的下一行输入。本书中的很多代码清单都是从交互式会话中截取的。当你看到代码是以>开头时，不要输入这个提示符。

❑ 用行内注释作为代码注释（这是Manning图书的传统做法）。此外，有些注释会以有序项目符号的形式出现（如❶），它们对应稍后正文中对代码作出的解释。

❑ 为了节约版面，让正文更紧凑，我们会在交互式会话的输出中加入一些空白，同时也会删除一些与当前讨论问题无关的文字。

作者在线

在购买本书英文版的同时，你便获得了访问Manning出版社运营的私密Web论坛的权限，在这里你可以发表图书评论、询问技术问题，还可以从作者或其他读者那里获得帮助。用浏览器访问www.manning.com/RinAction就可以访问和订阅这个论坛。这个网页说明了注册后如何访问论坛、能获得何种帮助以及论坛上的行为规范等信息。

Manning致力于为读者之间以及读者和作者之间提供一个良好的交流空间。作者对论坛的参与完全是自愿的，他们对AO论坛的贡献都是（无偿的）志愿行为。我们建议读者向作者提一些有挑战性的问题，作者对这样的问题会更有兴趣。

在本书英文版的整个销售期中，大家都可以从出版商的网站上访问AO论坛，阅读以前的讨论。

关于封面图片

　　本书的封面图片标题是"来自扎达尔的男人"。这张图片取自19世纪中期Nikola Arsenovic的一本克罗地亚传统服饰图集的复刻版，由克罗地亚斯普利特的Ethnographic博物馆在2003年出版。图片由Ethnographic博物馆一位热心的图书管理员提供。斯普利特在中世纪时是罗马帝国的核心。从大概公元304年起，卸任的帝国国王戴克里先（Diocletian）所居住的皇宫就在这里。这本书中涵盖了克罗地亚各个地区色彩斑斓的图片，并对服饰和日常生活进行了介绍。

　　扎达尔（Zadar）是克罗地亚达尔马提亚（Dalmatian）海岸北方的一个古罗马时期的城镇，有着两千年的历史，在数百年的时间里都是君士坦丁堡和西方的贸易通道上的重要港口。它坐落于一个伸向亚得里亚海的半岛上，周围被各种大大小小的岛屿环绕。如画般的风景，加上罗马帝国时代的遗迹、护城河和古老的石头城墙，让这里成为了旅行者的圣地。封面图片上的人穿着蓝色的羊毛裤子和白色的麻质衬衫，外披点缀着当地特色刺绣的蓝色马甲和夹克，再加上红色羊毛腰带和帽子，就构成了一套完整的服饰。

　　在这过去的二百年里，各地的服饰和生活方式都发生了巨大的变化，当时的特色已随时间流逝。现如今，来自不同大陆的人都已难以区分，更不用说相隔仅数英里的村子和城镇居民了。或许，文化多样性也是我们为获得丰富多彩的个人生活而付出的代价——现在的生活无疑是更多姿多彩的快节奏高科技生活。

　　Manning出版社用两个世纪前各地独具特色的生活方式来赞美计算机行业的诞生和发展，用古老书籍和图册中的图片让我们领略那个时代的风土人情。

目　　录

Part 1

入　门

　　欢迎阅读本书！R 是现今最受欢迎的数据分析和可视化平台之一。它是自由的开源软件，并同时提供 Windows、Mac OS X 和 Linux 系统的版本。通读本书，你将掌握精通这个功能全面的软件所需的技能，有效地使用它分析自己的数据。

　　本书共分五部分。第一部分涵盖了软件的安装、软件界面的操作、数据的导入，以及如何将数据修改成可供进一步分析的格式等基本知识。

　　第 1 章的内容全部都是关于熟悉 R 环境的。这一章首先是 R 的概览，介绍使其成为强大现代数据分析平台的独有特性。在简要介绍了如何获取和安装 R 之后，我们通过一系列的简单示例探索了 R 的用户界面。接着，你将学习如何通过可从在线仓库中免费下载的扩展（称为用户贡献包）来增强基本安装的功能。最后，这一章以一个示例结尾，让你自测学到的新技术。

　　熟悉了 R 的界面之后，下一个挑战是将数据导入程序中。在当今这个信息丰富的世界中，数据的来源和格式多种多样。第 2 章全面介绍向 R 中导入数据的多种方式。此章的前半部分介绍了 R 用以存储数据的各种数据结构，并描述了如何手工输入数据。后半部分讨论了从文本文件、网页、电子表格、统计软件和数据库导入数据的方法。

　　从工作流程的观点考虑，下一步理应讨论数据管理和数据清理问题。但是，许多第一次接触 R 的用户都对其强大的图形功能表现出了浓厚的兴趣。为了不扫你的兴，第 3 章我们直接开始探索图形的绘制问题。这一章对创建图形、自定义图形、以各种格式保存图形的方法进行了综述，描述如何设定图形中使用的颜色、符号、线条类型、字体、坐标轴、标题、标签以及图例，最后还介绍了将多个图形组合为单个图形的方法。

　　尝试过 R 的图形功能之后，我们重返数据分析的正题。数据很少以直接可用的格式出现，因此在开始解决感兴趣的问题之前，我们经常不得不将大量时间花在从不同的数据源组合数据、清理脏数据（误编码的数据、不匹配的数据、含缺失值的数据），以及新变量（组合后的变量、变换后的变量、重编码的变量）的创建上。第 4 章讲述了 R 中基本的数据管理任务，包括数据集的排序、合并、取子集，以及变量的变换、重编码和删除。

　　第 5 章在第 4 章的基础上，进一步讲解了数据管理中数值（算术运算、三角运算和统计运算）函数和字符处理（字符串取子集、连接和替换）函数的使用。为了阐明许多相关函数的用法，整章使用了一个综合示例进行讲解。接下来是关于控制结构（循环、条件执行）的讨论，你将学到如何编写 R 函数。编写自定义函数能够让你将许多程序执行步骤封装在单个的函数中进行灵活调用，这大大拓展了 R 的功能。因为数据的重塑和整合对于为进一步分析而准备数据的阶段通常很有用，所以最后将讨论一些重组（重塑）数据和整合数据的强大方法。

　　学习完第一部分之后，你将完全熟悉 R 环境的编程，并可掌握输入或访问数据、清理数据，以及为进一步分析做数据准备所需的技术。另外，你还会获得创建、自定义和保存多种图形的经验。

第 1 章

R语言介绍

本章内容
- ☐ R的安装
- ☐ 熟悉R语言
- ☐ 运行R程序

我们分析数据的方式在近年来发生了令人瞩目的变化。随着个人电脑和互联网的出现，可获取的数据量有了非常可观的增长。商业公司拥有TB级的客户交易数据，政府、学术团体以及私立研究机构同样拥有各类研究课题的大量档案和调查数据。从这些海量数据中收集信息（更不用说发现规律）已经成为了一项产业。同时，如何以容易让人理解和消化的方式呈现这些信息也日益富有挑战性。

数据分析科学（统计学、计量心理学、计量经济学、机器学习）的发展一直与数据的爆炸式增长保持同步。远在个人电脑和互联网发端之前，学术研究人员就已经开发出了很多新的统计方法，并将其研究成果以论文的形式发表在专业期刊上。这些方法可能需要很多年才能够被程序员改写并整合到广泛应用于数据分析的统计软件中。而如今，新的方法层出不穷。统计研究者经常在人们常访问的网站上发表新方法和改进的方法，并附上相应的实现代码。

个人电脑的出现还对我们分析数据的方式产生了另外一种影响。当数据分析需要在大型机上完成的时候，机时非常宝贵难求。分析师会小心地设定可能用到的所有参数和选项，再让计算机执行计算。程序运行完毕后，输出的结果可能长达几十甚至几百页。之后，分析师会仔细筛查整个输出，去芜存菁。许多受欢迎的统计软件正是在这个时期开发出来的。直到现在，统计软件依然在一定程度上沿袭了这种处理方式。

随着个人电脑将计算变得廉价且便捷，现代数据分析的方式发生了变化。与过去一次性设置好完整的数据分析过程不同，现在这个过程已经变得高度交互化，每一阶段的输出都可以充当下一阶段的输入。一个典型的数据分析过程的示例见图1-1。在任何时刻，这个循环都可能在进行着数据变换、缺失值插补、变量增加或删除，甚至重新执行整个过程。当分析师认为他们已经深入地理解了数据，并且可以回答所有能够回答的相关问题时，这个过程即告结束。

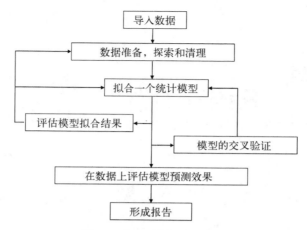

图1-1 典型的数据分析步骤

个人电脑的出现（特别是高分辨率显示器的普及）同样对理解和呈现分析结果产生了重大影响。一图胜千言，绝对如此！人类非常擅长通过视觉获取有用信息。现代数据分析也日益依赖通过呈现图形来揭示含义和表达结果。

今天的数据分析人士需要从广泛的数据源（数据库管理系统、文本文件、统计软件以及电子表格）获取数据，将数据片段融合到一起，对数据做清理和标注，用最新的方法进行分析，以有意义有吸引力的图形化方式展示结果，最后将结果整合成令人感兴趣的报告并向利益相关者和公众发布。通过下面的介绍你会看到，R正是一个适合完成以上目标的理想而又功能全面的软件。

1.1 为何要使用 R

与起源于贝尔实验室的S语言类似，R也是一种为统计计算和绘图而生的语言和环境，它是一套开源的数据分析解决方案，由一个庞大且活跃的全球性研究型社区维护。但是，市面上也有许多其他流行的统计和制图软件，如Microsoft Excel、SAS、IBM SPSS、Stata以及Minitab。为何偏偏要选择R？

R有着非常多值得推荐的特性。

❑ 多数商业统计软件价格不菲，投入成千上万美元都是可能的。而R是免费的！如果你是一位教师或一名学生，好处显而易见。

❑ R是一个全面的统计研究平台，提供了各式各样的数据分析技术。几乎任何类型的数据分析工作皆可在R中完成。

❑ R囊括了在其他软件中尚不可用的、先进的统计计算例程。事实上，新方法的更新速度是以周来计算的。如果你是一位SAS用户，想象一下每隔几天就获得一个新SAS过程的情景。

❑ R拥有顶尖水准的制图功能。如果希望复杂数据可视化，那么R拥有最全面且最强大的一系列可用功能。

❑ R是一个可进行交互式数据分析和探索的强大平台，其核心设计理念就是支持图1-1中所概述的分析方法。举例来说，任意一个分析步骤的结果均可被轻松保存、操作，并作为进一步分析的输入。

❑ 从多个数据源获取并将数据转化为可用的形式，可能是一个富有挑战性的议题。R可以轻松地从各种类型的数据源导入数据，包括文本文件、数据库管理系统、统计软件，乃至专门的数据仓库。它同样可以将数据输出并写入到这些系统中。R也可以直接从网页、社交媒体网站和各种类型的在线数据服务中获取数据。

❑ R是一个无与伦比的平台，在其上可使用一种简单而直接的方式编写新的统计方法。它易于扩展，并为快速编程实现新方法提供了一套十分自然的语言。

❑ R的功能可以被整合进其他语言编写的应用程序，包括C++、Java、Python、PHP、Pentaho、SAS和SPSS。这让你在继续使用自己熟悉语言的同时在应用程序中加入R的功能。

❑ R可运行于多种平台之上，包括Windows、UNIX和Mac OS X。这基本上意味着它可以运行于你所能拥有的任何计算机上。（本人曾在偶然间看到过在iPhone上安装R的教程，让人佩服，但这也许不是一个好主意。）

❑ 如果你不想学习一门新的语言，有各式各样的GUI（Graphical User Interface，图形用户界面）工具通过菜单和对话框提供了与R语言同等的功能。

图1-2是展示R制图功能的一个示例。使用一行代码做出的这张图，说明了蓝领工作、白领工作和专业工作在收入、受教育程度以及职业声望方面的关系。从专业角度讲，这是一幅使用不同的颜色和符号表示不同分组的散点图矩阵，带有两类拟合曲线（线性回归和局部加权回归）、置信椭圆以及两种对密度的展示（核密度估计和轴须图）。另外，在每个散点图中都自动标出了值最大的离群点。如果这些术语对你来说很陌生也不必担心。我们将在后续各章中陆续谈及它们。这里请暂且相信我，它们真的非常酷。（搞统计的人读到这里时估计已经垂涎三尺了。）

图1-2主要表明了以下几点。

❑ 受教育程度（education）、收入（income）、职业声望（prestige）呈线性相关。

❑ 就总体而言，蓝领工作者有着更低的受教育程度、收入和职业声望；反之，专业工作者有着更高的受教育程度、收入和职业声望。白领工作者介于两者之间。

❑ 有趣的例外是，铁路工程师（RR.engineer）的受教育程度较低，但收入较高，而牧师（minister）的职业声望高，收入却较低。

第8章将会进一步讨论这类图形。重要的是，R能够让你以一种简单而直接的方式创建优雅、信息丰富、高度定制化的图形。使用其他统计语言创建类似的图形不仅费时费力，而且可能根本无法做到。

可惜的是，R的学习曲线较为陡峭。因为它的功能非常丰富，所以文档和帮助文件也相当多。另外，由于许多功能都是由独立贡献者编写的可选模块提供的，这些文档可能比较零散而且很难找到。事实上，要掌握R的所有功能，可以说是一项挑战。

本书的目标是让读者快速而轻松地学会使用R。我们将遍览R的许多功能，介绍到的内容足以让你开始着手分析数据，并且在需要你深入了解的地方给出参考材料。下面我们从R的安装开始学习。

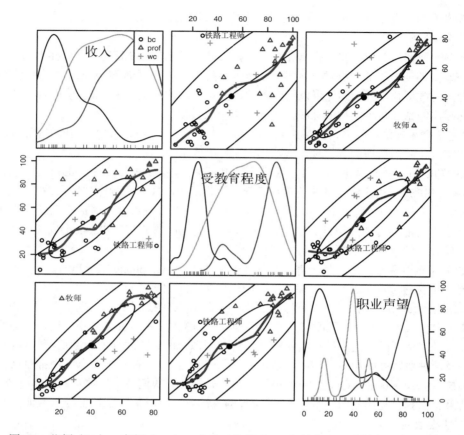

图1-2　蓝领（bc）、白领（wc）、专业工作者（prof）的收入、受教育程度和职业声望之间的关系。资料来源：John Fox编写的car包（函数`scatterplotMatrix()`）。使用其他统计编程语言很难绘制类似的图形，但在R中只需一到两行代码

1.2　R 的获取和安装

　　R可以在CRAN（Comprehensive R Archive Network，http://cran.r-project.org）上免费下载。Linux、Mac OS X和Windows都有相应编译好的二进制版本。根据你所选择平台的安装说明进行安装即可。稍后我们将讨论如何通过安装称为包（package）的可选模块（同样可从CRAN下载）来增强R的功能。附录G描述了如何对R进行版本升级。

1.3　R 的使用

　　R是一种区分大小写的解释型语言。你可以在命令提示符（>）后每次输入并执行一条命令，

或者一次性执行写在脚本文件中的一组命令。R中有多种数据类型，包括向量、矩阵、数据框（与数据集类似）以及列表（各种对象的集合）。我们将在第2章中讨论这些数据类型。

R中的多数功能是由程序内置函数、用户自编函数和对对象的创建和操作所提供的。一个对象可以是任何能被赋值的东西。对于R来说，对象可以是任何东西（数据、函数、图形、分析结果，等等）。每一个对象都有一个类属性，类属性可以告诉R怎么对之进行处理。

一次交互式会话期间的所有数据对象都被保存在内存中。一些基本函数是默认直接可用的，而其他高级函数则包含于按需加载的程序包中。

R语句由函数和赋值构成。R使用<-，而不是传统的=作为赋值符号。例如，以下语句：

```
x <- rnorm(5)
```

创建了一个名为x的向量对象，它包含5个来自标准正态分布的随机偏差。

注意　R允许使用=为对象赋值，但是这样写的R程序并不多，因为它不是标准语法。一些情况下，用等号赋值会出现问题，R程序员可能会因此取笑你。你还可以反转赋值方向。例如，`rnorm(5) -> x`与上面的语句等价。重申一下，使用等号赋值的做法并不常见，在本书中不推荐使用。

注释由符号#开头。在#之后出现的任何文本都会被R解释器忽略。

1.3.1　新手上路

如果你使用的是Windows，从开始菜单中启动R。在Mac上，则需要双击应用程序文件夹中的R图标。对于Linux，在终端窗口中的命令提示符下敲入R并回车。这些方式都可以启动R（R界面参见图1-3）。

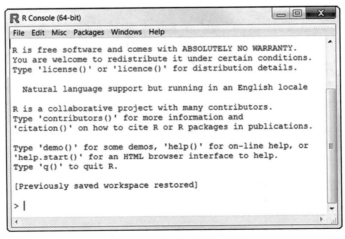

图1-3　Windows中的R界面

让我们通过一个简单的虚构示例来直观地感受一下这个界面。假设我们正在研究生理发育问题，并收集了10名婴儿在出生后一年内的月龄和体重数据（见表1-1）。我们感兴趣的是体重的分布及体重和月龄的关系。

表1-1　10名婴儿的月龄和体重

年龄（月）	体重（kg）	年龄（月）	体重（kg）
01	4.4	09	7.3
03	5.3	03	6.0
05	7.2	09	10.4
02	5.2	12	10.2
11	8.5	03	6.1

注：以上为虚构数据。

代码清单1-1给出了分析的过程。可以使用函数c()以向量的形式输入月龄和体重数据，此函数可将其参数组合成一个向量或列表。然后用mean()、sd()和cor()函数分别获得体重的均值和标准差，以及月龄和体重的相关度。最后使用plot()函数，从而用图形展示月龄和体重的关系，这样就可以用可视化的方式检查其中可能存在的趋势。函数q()将结束会话并允许你退出R。

代码清单1-1　一个R会话示例

```
> age <- c(1,3,5,2,11,9,3,9,12,3)
> weight <- c(4.4,5.3,7.2,5.2,8.5,7.3,6.0,10.4,10.2,6.1)
> mean(weight)
[1] 7.06
> sd(weight)
[1] 2.077498
> cor(age,weight)
[1] 0.9075655
> plot(age,weight)
> q()
```

从代码清单1-1中可以看到，这10名婴儿的平均体重是7.06kg，标准差为2.08kg，月龄和体重之间存在较强的线性关系（相关度=0.91）。这种关系也可以从图1-4所示的散点图中看到。不出意料，随着月龄的增长，婴儿的体重也趋于增加。

散点图1-4的信息量充足，但过于"功利"，也不够美观。接下来的几章里，我们会讲到如何自定义图形以契合需要。

小提示　若想大致了解R能够作出何种图形，在命令行中运行demo()即可。生成的部分图形如图1-5所示。其他的演示还有demo(Hershey)、demo(persp)和demo(image)。要看到完整的演示列表，不加参数直接运行demo()即可。

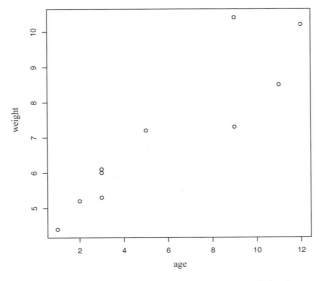

图1-4　婴儿体重（千克）和年龄（月）的散点图

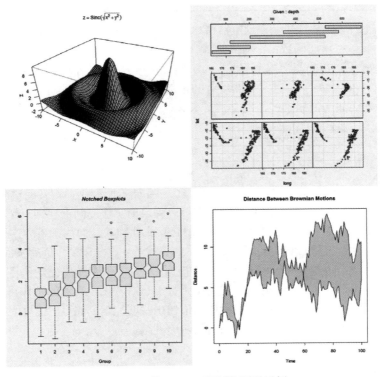

图1-5　函数demo()绘制的图形示例

1.3.2   获取帮助

R提供了大量的帮助功能,学会如何使用这些帮助文档可以在相当程度上助力你的编程工作。R的内置帮助系统提供了当前已安装包中所有函数[①]的细节、参考文献以及使用示例。你可以通过表1-2中列出的函数查看帮助文档。

表1-2   R中的帮助函数

函　　数	功　　能
help.start()	打开帮助文档首页
help("*foo*")或?*foo*	查看函数 *foo* 的帮助(引号可以省略)
help.search("*foo*")或??*foo*	以 *foo* 为关键词搜索本地帮助文档
example("*foo*")	函数 *foo* 的使用示例(引号可以省略)
RSiteSearch("*foo*")	以 *foo* 为关键词搜索在线文档和邮件列表存档
apropos("*foo*", mode="function")	列出名称中含有 *foo* 的所有可用函数
data()	列出当前已加载包中所含的所有可用示例数据集
vignette()	列出当前已安装包中所有可用的 vignette 文档
vignette("*foo*")	为主题 *foo* 显示指定的 vignette 文档

函数help.start()会打开一个浏览器窗口,我们可在其中查看入门和高级的帮助手册、常见问题集,以及参考材料。函数RSiteSearch()可在在线帮助手册和R-Help邮件列表的讨论存档中搜索指定主题,并在浏览器中返回结果。由函数vignette()函数返回的vignette文档一般是PDF格式的实用介绍性文章。不过,并非所有的包都提供了vignette文档。不难发现,R提供了大量的帮助功能,学会如何使用这些帮助文档,毫无疑问有助于编程。我经常使用?来查看某些函数的功能(如选项或返回值)。

1.3.3   工作空间

工作空间(workspace)就是当前R的工作环境,它存储着所有用户定义的对象(向量、矩阵、函数、数据框、列表)。在一个R会话结束时,你可以将当前工作空间保存到一个镜像中,并在下次启动R时自动载入它。各种命令可在R命令行中交互式地输入。使用上下方向键查看已输入命令的历史记录。这样我们就可以选择一个之前输入过的命令并适当修改,最后按回车重新执行它。

当前的工作目录(working directory)是R用来读取文件和保存结果的默认目录。我们可以使用函数getwd()来查看当前的工作目录,或使用函数setwd()设定当前的工作目录。如果需要读入一个不在当前工作目录下的文件,则需在调用语句中写明完整的路径。记得使用引号闭合这些目录名和文件名。用于管理工作空间的部分标准命令见表1-3。

---

① 确切地说,这里的"所有"是指那些已导出的(exported)、对用户可见的函数。——译者注

表1-3　用于管理R工作空间的函数

函　　数	功　　能
getwd()	显示当前的工作目录
setwd("*mydirectory*")	修改当前的工作目录为 *mydirectory*
ls()	列出当前工作空间中的对象
rm(*objectlist*)	移除（删除）一个或多个对象
help(*options*)	显示可用选项的说明
options()	显示或设置当前选项
history(#)	显示最近使用过的#个命令（默认值为 25）
savehistory("*myfile*")	保存命令历史到文件 *myfile* 中（默认值为.Rhistory）
loadhistory("*myfile*")	载入一个命令历史文件（默认值为.Rhistory）
save.image("*myfile*")	保存工作空间到文件 *myfile* 中（默认值为.RData）
save(*objectlist*, file="*myfile*")	保存指定对象到一个文件中
load("*myfile*")	读取一个工作空间到当前会话中（默认值为.RData）
q()	退出 R。将会询问你是否保存工作空间

要了解这些命令是如何运作的，运行代码清单1-2中的代码并查看结果。

代码清单1-2　用于管理R工作空间的命令使用示例

```
setwd("C:/myprojects/project1")
options()
options(digits=3)
x <- runif(20)
summary(x)
hist(x)
q()
```

首先，当前工作目录被设置为C:/myprojects/project1，当前的选项设置情况将显示出来，而数字将被格式化，显示为具有小数点后三位有效数字的格式。然后，我们创建了一个包含20个均匀分布随机变量的向量，生成了此数据的摘要统计量和直方图。当q()函数被运行的时候，程序将向用户询问是否保存工作空间。如果用户输入y，命令的历史记录保存到文件.Rhistory中，工作空间（包含向量x）保存到当前目录中的文件.RData中，会话结束，R程序退出。

注意setwd()命令的路径中使用了正斜杠。R将反斜杠（\）作为一个转义符。即使你在Windows平台上运行R，在路径中也要使用正斜杠。同时注意，函数setwd()不会自动创建一个不存在的目录。如果必要的话，可以使用函数dir.create()来创建新目录，然后使用setwd()将工作目录指向这个新目录。

在独立的目录中保存项目是一个好主意。你也许会在启动一个R会话时使用setwd()命令指定到某一个项目的路径，后接不加选项的load(".RData")命令。这样做可以让你从上一次会话结束的地方重新开始，并保证各个项目之间的数据和设置互不干扰。在Windows和Mac OS X平台上就更简单了。跳转到项目所在目录并双击之前保存的镜像文件即可。这样做可以启动R，载入保存的工作空间，并设置当前工作目录到这个文件夹中。

1.3.4　输入和输出

启动R后将默认开始一个交互式的会话，从键盘接受输入并从屏幕进行输出。不过你也可以处理写在一个脚本文件（一个包含了R语句的文件）中的命令集并直接将结果输出到多类目标中。

1. 输入

函数source("*filename*")可在当前会话中执行一个脚本。如果文件名中不包含路径，R将假设此脚本在当前工作目录中。举例来说，source("myscript.R")将执行包含在文件myscript.R中的R语句集合。依照惯例，脚本文件以.R作为扩展名，不过这并不是必需的。

2. 文本输出

函数sink("*filename*")将输出重定向到文件filename中。默认情况下，如果文件已经存在，则它的内容将被覆盖。使用参数append=TRUE可以将文本追加到文件后，而不是覆盖它。参数split=TRUE可将输出同时发送到屏幕和输出文件中。不加参数调用命令sink()将仅向屏幕返回输出结果。

3. 图形输出

虽然sink()可以重定向文本输出，但它对图形输出没有影响。要重定向图形输出，使用表1-4中列出的函数即可。最后使用dev.off()将输出返回到终端。

表1-4　用于保存图形输出的函数

函　　数	输　　出
bmp("*filename*.bmp")	BMP 文件
jpeg("*filename*.jpg")	JPEG 文件
pdf("*filename*.pdf")	PDF 文件
png("*filename*.png")	PNG 文件
postscript("*filename*.ps")	PostScript 文件
svg("*filename*.svg")	SVG 文件
win.metafile("*filename*.wmf")	Windows 图元文件

让我们通过一个示例来了解整个流程。假设我们有包含R代码的三个脚本文件script1.R、script2.R和script3.R。执行语句：

```
source("script1.R")
```

将会在当前会话中执行script1.R中的R代码，结果将出现在屏幕上。

如果执行语句：

```
sink("myoutput", append=TRUE, split=TRUE)
pdf("mygraphs.pdf")
source("script2.R")
```

文件script2.R中的R代码将执行，结果也将显示在屏幕上。除此之外，文本输出将被追加到文件myoutput中，图形输出将保存到文件mygraphs.pdf中。

最后，如果我们执行语句：

```
sink()
dev.off()
source("script3.R")
```

文件script3.R中的R代码将执行，结果将显示在屏幕上。这一次，没有文本或图形输出保存到文件中。整个流程大致如图1-6所示。

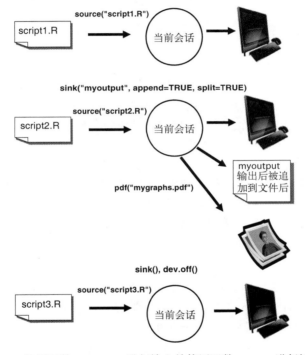

图1-6 使用函数source()进行输入并使用函数sink()进行输出

R对输入来源和输出走向的处理相当灵活，可控性很强。在1.5节中，我们将学习如何在批处理模式下运行R程序。

1.4 包

R提供了大量开箱即用的功能，但它最激动人心的一部分功能是通过可选模块的下载和安装来实现的。目前有5500多个称为包（package）的用户贡献模块可从http://cran.r-project.org/web/packages下载。这些包提供了横跨各种领域、数量惊人的新功能，包括分析地理数据、处理蛋白质质谱，甚至是心理测验分析的功能。本书中多次使用了这些可选包。

1.4.1　什么是包

包是R函数、数据、预编译代码以一种定义完善的格式组成的集合。计算机上存储包的目录称为库（library）。函数.libPaths()能够显示库所在的位置，函数library()则可以显示库中有哪些包。

R自带了一系列默认包（包括base、datasets、utils、grDevices、graphics、stats以及methods），它们提供了种类繁多的默认函数和数据集。其他包可通过下载来进行安装。安装好以后，它们必须被载入到会话中才能使用。命令search()可以告诉你哪些包已加载并可使用。

1.4.2　包的安装

有许多R函数可以用来管理包。第一次安装一个包，使用命令install.packages()即可。举例来说，不加参数执行命令install.packages()将显示一个CRAN镜像站点的列表，选择其中一个镜像站点之后，将看到所有可用包的列表，选择其中的一个包即可进行下载和安装。如果知道自己想安装的包的名称，可以直接将包名作为参数提供给这个函数。例如，包gclus中提供了创建增强型散点图的函数。可以使用命令install.packages("gclus")来下载和安装它。

一个包仅需安装一次。但和其他软件类似，包经常被其作者更新。使用命令update.packages()可以更新已经安装的包。要查看已安装包的描述，可以使用installed.packages()命令，这将列出安装的包，以及它们的版本号、依赖关系等信息。

1.4.3　包的载入

包的安装是指从某个CRAN镜像站点下载它并将其放入库中的过程。要在R会话中使用它，还需要使用library()命令载入这个包。例如，要使用gclus包，执行命令library(gclus)即可。当然，在载入一个包之前必须已经安装了这个包。在一个会话中，包只需载入一次。如果需要，你可以自定义启动环境以自动载入会频繁使用的那些包。启动环境的自定义在附录B中有详细描述。

1.4.4　包的使用方法

载入一个包之后，就可以使用一系列新的函数和数据集了。包中往往提供了演示性的小型数据集和示例代码，能够让我们尝试这些新功能。帮助系统包含了每个函数的一个描述（同时带有示例），每个数据集的信息也被包括其中。命令help(package="package_name")可以输出某个包的简短描述以及包中的函数名称和数据集名称的列表。使用函数help()可以查看其中任意函数或数据集的更多细节。这些信息也能以PDF帮助手册的形式从CRAN下载。

R语言编程中的常见错误

有一些错误是R的初学者和经验丰富的R程序员都可能常犯的。如果程序出错了，请检查以下几方面。

- ☐ **使用了错误的大小写**。help()、Help()和HELP()是三个不同的函数（只有第一个是正确的）。
- ☐ **忘记使用必要的引号**。install.packages("gclus")能够正常执行，然而Install.packages(gclus)将会报错。
- ☐ **在函数调用时忘记使用括号**。例如，要使用help()而非help。即使函数无需参数，仍需加上()。
- ☐ **在Windows上，路径名中使用了**。R将反斜杠视为一个转义字符。setwd("c:\mydata")会报错。正确的写法是setwd("c:/mydata")或setwd("c:\\mydata")。
- ☐ **使用了一个尚未载入包中的函数**。函数order.clusters()包含在包gclus中。如果还没有载入这个包就使用它，将会报错。

R的报错信息可能是含义模糊的，但如果谨慎遵守了以上要点，就应该可以避免许多错误。

1.5 批处理

多数情况下，我们都会交互式地使用R：在提示符后输入命令，接着等待该命令的输出结果。偶尔，我们可能想要以一种重复的、标准化的、无人值守的方式执行某个R程序。例如，你可能需要每个月生成一次相同的报告，这时就可以在R中编写程序，在批处理模式下执行它。

如何以批处理模式运行R与使用的操作系统有关。在Linux或Mac OS X系统下，可以在终端窗口中使用如下命令：

```
R CMD BATCH options infile outfile
```

其中infile是包含了要执行的R代码所在文件的文件名，outfile是接收输出文件的文件名，options部分则列出了控制执行细节的选项。依照惯例，infile的扩展名是.R，outfile的扩展名为.Rout。

对于Windows，则需使用：

```
"C:\Program Files\R\R-3.1.0\bin\R.exe" CMD BATCH
➥ --vanilla --slave "c:\my projects\myscript.R"
```

将路径调整为R.exe所在的相应位置和脚本文件所在位置。要进一步了解如何调用R，包括命令行选项的使用方法，请参考CRAN（http://cran.r-project.org）上的文档"Introduction to R"[①]。

---

① 中文版文档名为"R导论"。CRAN上的下载地址为http://cran.r-project.org/doc/contrib/Ding-R-intro_cn.pdf。

——译者注

1.6　将输出用为输入：结果的重用

R的一个非常实用的特点是，分析的输出结果可轻松保存，并作为进一步分析的输入使用。让我们通过一个R中已经预先安装好的数据集作为示例阐明这一点。如果你无法理解这里涉及的统计知识，也别担心，我们在这里关注的只是一般原理。

首先，利用汽车数据mtcars执行一次简单线性回归，通过车身重量（wt）预测每加仑行驶的英里数（mpg）。可以通过以下语句实现：

```
lm(mpg~wt, data=mtcars)
```

结果将显示在屏幕上，不会保存任何信息。

下一步，执行回归，区别是在一个对象中保存结果：

```
lmfit <- lm(mpg~wt, data=mtcars)
```

以上赋值语句创建了一个名为lmfit的列表对象，其中包含了分析的大量信息（包括预测值、残差、回归系数等）。虽然屏幕上没有显示任何输出，但分析结果可在稍后被显示和继续使用。

键入summary(lmfit)将显示分析结果的统计概要，plot(lmfit)将生成回归诊断图形，而语句cook<-cooks.distance(lmfit)将计算和保存影响度量统计量[①]，plot(cook)对其绘图。要在新的车身重量数据上对每加仑行驶的英里数进行预测，不妨使用predict(lmfit, mynewdata)。

要了解某个函数的返回值，查阅这个函数在线帮助文档中的"Value"部分即可。本例中应当查阅help(lm)或?lm中的对应部分。这样就可以知道将某个函数的结果赋值到一个对象时，保存下来的结果具体是什么。

1.7　处理大数据集

程序员经常问我R是否可以处理大数据问题。他们往往需要处理来自互联网、气候学、遗传学等研究领域的海量数据。由于R在内存中存储对象，往往会受限于可用的内存量。举例来说，在我服役了5年的2G内存Windows PC上，我可以轻松地处理含有1000万个元素的数据集（100个变量×100 000个观测）。在一台4G内存的iMac上，我通常可以不费力地处理含有上亿元素的数据。

但是也要考虑到两个问题：数据集的大小和要应用的统计方法。R可以处理GB级到TB级的数据分析问题，但需要专门的手段。大数据集的管理和分析问题留待附录F中讨论。

1.8　示例实践

我们将以一个结合了以上各种命令的示例结束本章。以下是任务描述。

(1) 打开帮助文档首页，并查阅其中的"Introduction to R"。

[①] 这里使用了Cook距离作为度量影响的统计量，详见第8章。——译者注

(2) 安装vcd包（一个用于可视化类别数据的包，你将在第11章中使用）。

(3) 列出此包中可用的函数和数据集。

(4) 载入这个包并阅读数据集Arthritis的描述。

(5) 显示数据集Arthritis的内容（直接输入一个对象的名称将列出它的内容）。

(6) 运行数据集Arthritis自带的示例。如果不理解输出结果，也不要担心。它基本上显示了接受治疗的关节炎患者较接受安慰剂的患者在病情上有了更多改善。

(7) 退出。

所需的代码如代码清单1-3所示，图1-7显示了结果的示例。如本例所示，我们只需使用少量R代码即可完成大量工作。

代码清单1-3 使用一个新的包

```
help.start()
install.packages("vcd")
help(package="vcd")
library(vcd)
help(Arthritis)
Arthritis
example(Arthritis)
q()
```

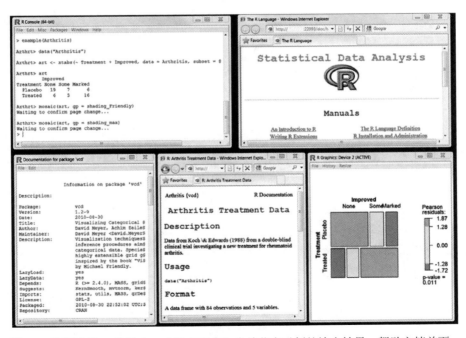

图1-7 代码清单1-3的输出。（从左至右）为关节炎示例的输出结果、帮助文档首页、vcd包的信息、Arthritis数据集的信息，以及一幅展示关节炎治疗情况和治疗结果之间关系的图

1.9   小结

本章中，我们了解了R的一些优点，正是这些优点吸引了学生、研究者、统计学家以及数据分析师等希望理解数据所具有意义的人。我们从程序的安装出发，讨论了如何通过下载附加包来增强R的功能。探索了R的基本界面，以交互和批处理两种方式运行了R程序，并绘制了一些示例图形。还学习了如何将工作保存到文本和图形文件中。由于R的复杂性，我们花了一些时间来了解如何访问大量现成可用的帮助文档。希望你对这个免费软件的强大之处有了一个总体的感觉。

既然已经能够正常运行R，那么是时候把玩你自己的数据了。在下一章中，我们将着眼于R能够处理的各种数据类型，以及如何从文本文件、其他程序和数据库管理系统中导入数据。

创建数据集

$$2$$

本章内容
- ❑ 探索R中的数据结构
- ❑ 输入数据
- ❑ 导入数据
- ❑ 标注数据

按照个人要求的格式来创建含有研究信息的数据集，这是任何数据分析的第一步。在R中，这个任务包括以下两步：

- ❑ 选择一种数据结构来存储数据；
- ❑ 将数据输入或导入到这个数据结构中。

本章的第一部分（2.1 ~ 2.2节）叙述了R中用于存储数据的多种结构。其中，2.2节描述了向量、因子、矩阵、数据框以及列表的用法。熟悉这些数据结构（以及访问其中元素的表述方法）将十分有助于了解R的工作方式，因此你可能需要耐心消化这一节的内容。

本章的第二部分（2.3节）涵盖了多种向R中导入数据的可行方法。可以手工输入数据，亦可从外部源导入数据。数据源可为文本文件、电子表格、统计软件和各类数据库管理系统。举例来说，我在工作中使用的数据往往来自于SQL数据库。偶尔，我也会接受从DOS时代遗留下的数据，或是从现有的SAS和SPSS中导出的数据。通常，你仅仅需要本节中描述的一两种方法，因此根据需求有选择地阅读即可。

创建数据集后，往往需要对它进行标注，也就是为变量和变量代码添加描述性的标签。本章的第三部分（2.4节）将讨论数据集的标注问题，并介绍一些处理数据集的实用函数（2.5节）。下面我们从基本知识讲起。

2.1 数据集的概念

数据集通常是由数据构成的一个矩形数组，行表示观测，列表示变量。表2-1提供了一个假想的病例数据集。

表2-1   病例数据

病人编号 （PatientID）	入院时间 （AdmDate）	年龄 （Age）	糖尿病类型 （Diabetes）	病情 （Status）
1	10/15/2009	25	Type 1	Poor
2	11/01/2009	34	Type 2	Improved
3	10/21/2009	28	Type 1	Excellent
4	10/28/2009	52	Type 1	Poor

不同的行业对于数据集的行和列叫法不同。统计学家称它们为观测（observation）和变量（variable），数据库分析师则称其为记录（record）和字段（field），数据挖掘和机器学习学科的研究者则把它们叫作示例（example）和属性（attribute）。我们在本书中通篇使用术语观测和变量。

你可以清楚地看到此数据集的结构（本例中是一个矩形数组）以及其中包含的内容和数据类型。在表2-1所示的数据集中，PatientID是行/实例标识符，AdmDate是日期型变量，Age是连续型变量，Diabetes是名义型变量，Status是有序型变量。

R中有许多用于存储数据的结构，包括标量、向量、数组、数据框和列表。表2-1实际上对应着R中的一个数据框。多样化的数据结构赋予了R极其灵活的数据处理能力。

R可以处理的数据类型（模式）包括数值型、字符型、逻辑型（TRUE/FALSE）、复数型（虚数）和原生型（字节）。在R中，PatientID、AdmDate和Age为数值型变量，而Diabetes和Status则为字符型变量。另外，你需要分别告诉R：PatientID是实例标识符，AdmDate含有日期数据，Diabetes和Status分别是名义型和有序型变量。R将实例标识符称为rownames（行名），将类别型（包括名义型和有序型）变量称为因子（factors）。我们会在下一节中讲解这些内容，并在第3章中介绍日期型数据的处理。

2.2   数据结构

R拥有许多用于存储数据的对象类型，包括标量、向量、矩阵、数组、数据框和列表。它们在存储数据的类型、创建方式、结构复杂度，以及用于定位和访问其中个别元素的标记等方面均有所不同。图2-1给出了这些数据结构的一个示意图。

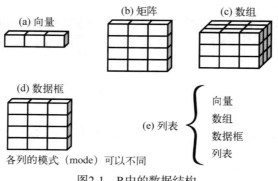

图2-1   R中的数据结构

让我们从向量开始，逐个探究每一种数据结构。

一些定义

R中有一些术语较为独特，可能会对新用户造成困扰。

在R中，**对象**（object）是指可以赋值给变量的任何事物，包括常量、数据结构、函数，甚至图形。对象都拥有某种**模式**，描述了此对象是如何存储的，以及某个类，像print这样的泛型函数表明如何处理此对象。

与其他标准统计软件（如SAS、SPSS和Stata）中的数据集类似，**数据框**（data frame）是R中用于存储数据的一种结构：列表示变量，行表示观测。在同一个数据框中可以存储不同类型（如数值型、字符型）的变量。数据框将是你用来存储数据集的主要数据结构。

因子（factor）是名义型变量或有序型变量。它们在R中被特殊地存储和处理。你将在2.2.5节中学习因子的处理。

其他多数术语你应该比较熟悉了，它们基本都遵循统计和计算中术语的定义。

2.2.1 向量

向量是用于存储数值型、字符型或逻辑型数据的一维数组。执行组合功能的函数c()可用来创建向量。各类向量如下例所示：

```
a <- c(1, 2, 5, 3, 6, -2, 4)
b <- c("one", "two", "three")
c <- c(TRUE, TRUE, TRUE, FALSE, TRUE, FALSE)
```

这里，a是数值型向量，b是字符型向量，而c是逻辑型向量。注意，单个向量中的数据必须拥有相同的类型或模式（数值型、字符型或逻辑型）。同一向量中无法混杂不同模式的数据。

注意 标量是只含一个元素的向量，例如f <- 3、g <- "US"和h <- TRUE。它们用于保存常量。

通过在方括号中给定元素所处位置的数值，我们可以访问向量中的元素。例如，a[c(2, 4)]用于访问向量a中的第二个和第四个元素。更多示例如下：

```
> a <- c("k", "j", "h", "a", "c", "m")
> a[3]
[1] "h"
> a[c(1, 3, 5)]
[1] "k" "h" "c"
> a[2:6]
[1] "j" "h" "a" "c" "m"
```

最后一个语句中使用的冒号用于生成一个数值序列。例如，a <- c(2:6)等价于a <- c(2, 3, 4, 5, 6)。

2.2.2   矩阵

矩阵是一个二维数组，只是每个元素都拥有相同的模式（数值型、字符型或逻辑型）。可通过函数matrix()创建矩阵。一般使用格式为：

```
myymatrix <- matrix(vector, nrow=number_of_rows, ncol=number_of_columns,
                    byrow=logical_value, dimnames=list(
                    char_vector_rownames, char_vector_colnames))
```

其中vector包含了矩阵的元素，nrow和ncol用以指定行和列的维数，dimnames包含了可选的、以字符型向量表示的行名和列名。选项byrow则表明矩阵应当按行填充（byrow=TRUE）还是按列填充（byrow=FALSE），默认情况下按列填充。代码清单2-1中的代码演示了matrix函数的用法。

代码清单2-1   创建矩阵

```
> y <- matrix(1:20, nrow=5, ncol=4)          ❶ 创建一个5×4的矩阵
> y
     [,1] [,2] [,3] [,4]
[1,]    1    6   11   16
[2,]    2    7   12   17
[3,]    3    8   13   18
[4,]    4    9   14   19
[5,]    5   10   15   20
> cells     <- c(1,26,24,68)
> rnames    <- c("R1", "R2")
> cnames    <- c("C1", "C2")
> mymatrix <- matrix(cells, nrow=2, ncol=2, byrow=TRUE,     ❷ 按行填充的2×2矩阵
                    dimnames=list(rnames, cnames))
> mymatrix
   C1 C2
R1  1 26
R2 24 68
> mymatrix <- matrix(cells, nrow=2, ncol=2, byrow=FALSE,    ❸ 按列填充的2×2矩阵
                    dimnames=list(rnames, cnames))
> mymatrix
   C1 C2
R1  1 24
R2 26 68
```

我们首先创建了一个5×4的矩阵❶，接着创建了一个2×2的含列名标签的矩阵，并按行进行填充❷，最后创建了一个2×2的矩阵并按列进行了填充❸。

我们可以使用下标和方括号来选择矩阵中的行、列或元素。X[i,]指矩阵x中的第i行，X[,j]指第j列，X[i, j]指第i行第j个元素。选择多行或多列时，下标i和j可为数值型向量，如代码清单2-2所示。

代码清单2-2   矩阵下标的使用

```
> x <- matrix(1:10, nrow=2)
> x
     [,1] [,2] [,3] [,4] [,5]
```

```
[1,]   1   3   5   7   9
[2,]   2   4   6   8  10
> x[2,]
  [1]  2  4  6  8 10
> x[,2]
[1] 3 4
> x[1,4]
[1] 7
> x[1, c(4,5)]
[1] 7 9
```

首先，我们创建了一个内容为数字1到10的2×5矩阵。默认情况下，矩阵按列填充。然后，我们分别选择了第二行和第二列的元素。接着，又选择了第一行第四列的元素。最后选择了位于第一行第四、第五列的元素。

矩阵都是二维的，和向量类似，矩阵中也仅能包含一种数据类型。当维度超过2时，不妨使用数组（2.2.3节）。当有多种模式的数据时，你们可以使用数据框（2.2.4节）。

2.2.3 数组

数组（array）与矩阵类似，但是维度可以大于2。数组可通过array函数创建，形式如下：

```
myarray <- array(vector, dimensions, dimnames)
```

其中*vector*包含了数组中的数据，*dimensions*是一个数值型向量，给出了各个维度下标的最大值，而*dimnames*是可选的、各维度名称标签的列表。代码清单2-3给出了一个创建三维（2×3×4）数值型数组的示例。

代码清单2-3 创建一个数组

```
> dim1 <- c("A1", "A2")
> dim2 <- c("B1", "B2", "B3")
> dim3 <- c("C1", "C2", "C3", "C4")
> z <- array(1:24, c(2, 3, 4), dimnames=list(dim1, dim2, dim3))
> z
, , C1

   B1 B2 B3
A1  1  3  5
A2  2  4  6

, , C2

   B1 B2 B3
A1  7  9 11
A2  8 10 12

, , C3

   B1 B2 B3
A1 13 15 17
A2 14 16 18

, , C4

   B1 B2 B3
```

```
A1 19 21 23
A2 20 22 24
```

如你所见，数组是矩阵的一个自然推广。它们在编写新的统计方法时可能很有用。像矩阵一样，数组中的数据也只能拥有一种模式。从数组中选取元素的方式与矩阵相同。上例中，元素 z[1,2,3]为15。

2.2.4　数据框

由于不同的列可以包含不同模式（数值型、字符型等）的数据，数据框的概念较矩阵来说更为一般。它与你通常在SAS、SPSS和Stata中看到的数据集类似。数据框将是你在R中最常处理的数据结构。

表2-1所示的病例数据集包含了数值型和字符型数据。由于数据有多种模式，无法将此数据集放入一个矩阵。在这种情况下，使用数据框是最佳选择。

数据框可通过函数data.frame()创建：

```
mydata <- data.frame(col1, col2, col3,...)
```

其中的列向量*col1*、*col2*、*col3*等可为任何类型（如字符型、数值型或逻辑型）。每一列的名称可由函数names指定。代码清单2-4清晰地展示了相应用法。

代码清单2-4　创建一个数据框

```
> patientID <- c(1, 2, 3, 4)
> age <- c(25, 34, 28, 52)
> diabetes <- c("Type1", "Type2", "Type1", "Type1")
> status <- c("Poor", "Improved", "Excellent", "Poor")
> patientdata <- data.frame(patientID, age, diabetes, status)
> patientdata
  patientID age diabetes    status
1         1  25    Type1      Poor
2         2  34    Type2  Improved
3         3  28    Type1 Excellent
4         4  52    Type1      Poor
```

每一列数据的模式必须唯一，不过你却可以将多个模式的不同列放到一起组成数据框。由于数据框与分析人员通常设想的数据集的形态较为接近，我们在讨论数据框时将交替使用术语列和变量。

选取数据框中元素的方式有若干种。你可以使用前述（如矩阵中的）下标记号，亦可直接指定列名。代码清单2-5使用之前创建的patientdata数据框演示了这些方式。

代码清单2-5　选取数据框中的元素

```
> patientdata[1:2]
  patientID age
1         1  25
2         2  34
3         3  28
```

```
4           4  52
> patientdata[c("diabetes", "status")]
  diabetes    status
1    Type1      Poor
2    Type2  Improved
3    Type1 Excellent
4    Type1      Poor
> patientdata$age
[1] 25 34 28 52
```

❶ 表示**patientdata**数据
框中的变量**age**

第三个例子中的记号$是新出现的❶。它被用来选取一个给定数据框中的某个特定变量。例如，如果你想生成糖尿病类型变量diabetes和病情变量status的列联表，使用以下代码即可：

```
> table(patientdata$diabetes, patientdata$status)

        Excellent Improved Poor
  Type1         1        0    2
  Type2         0        1    0
```

在每个变量名前都键入一次patientdata$可能会让人生厌，所以不妨走一些捷径。可以联合使用函数attach()和detach()或单独使用函数with()来简化代码。

1. attach()、detach()和with()

函数attach()可将数据框添加到R的搜索路径中。R在遇到一个变量名以后，将检查搜索路径中的数据框。以第1章中的mtcars数据框为例，可以使用以下代码获取每加仑行驶英里数（mpg）变量的描述性统计量，并分别绘制此变量与发动机排量（disp）和车身重量（wt）的散点图：

```
summary(mtcars$mpg)
plot(mtcars$mpg, mtcars$disp)
plot(mtcars$mpg, mtcars$wt)
```

以上代码也可写成：

```
attach(mtcars)
  summary(mpg)
  plot(mpg, disp)
  plot(mpg, wt)
detach(mtcars)
```

函数detach()将数据框从搜索路径中移除。值得注意的是，detach()并不会对数据框本身做任何处理。这句是可以省略的，但其实它应当被例行地放入代码中，因为这是一个好的编程习惯。（接下来的几章中，为了保持代码片段的简约和简短，我可能会不时地忽略这条良训。）

当名称相同的对象不止一个时，这种方法的局限性就很明显了。考虑以下代码：

```
> mpg <- c(25, 36, 47)
> attach(mtcars)
The following object(s) are masked _by_ '.GlobalEnv':    mpg
> plot(mpg, wt)
Error in xy.coords(x, y, xlabel, ylabel, log) :
  'x' and 'y' lengths differ
> mpg
[1] 25 36 47
```

　　这里，在数据框mtcars被绑定（attach）之前，你们的环境中已经有了一个名为mpg的对象。在这种情况下，原始对象将取得优先权，这与你们想要的结果有所出入。由于mpg中有3个元素而disp中有32个元素，故plot语句出错。函数attach()和detach()最好在你分析一个单独的数据框，并且不太可能有多个同名对象时使用。任何情况下，都要当心那些告知某个对象已被屏蔽（masked）的警告。

　　除此之外，另一种方式是使用函数with()。可以这样重写上例：

```
with(mtcars, {
  print(summary(mpg))
  plot(mpg, disp)
  plot(mpg, wt)
})
```

　　在这种情况下，花括号{}之间的语句都针对数据框mtcars执行，这样就无需担心名称冲突了。如果仅有一条语句（例如summary(mpg)），那么花括号{}可以省略。

　　函数with()的局限性在于，赋值仅在此函数的括号内生效。考虑以下代码：

```
> with(mtcars, {
   stats <- summary(mpg)
   stats
  })
   Min. 1st Qu.  Median    Mean 3rd Qu.    Max.
  10.40   15.43   19.20   20.09   22.80   33.90
> stats
Error: object 'stats' not found
```

　　如果你需要创建在with()结构以外存在的对象，使用特殊赋值符<<-替代标准赋值符（<-）即可，它可将对象保存到with()之外的全局环境中。这一点可通过以下代码阐明：

```
> with(mtcars, {
   nokeepstats <- summary(mpg)
   keepstats <<- summary(mpg)
})
> nokeepstats
Error: object 'nokeepstats' not found
> keepstats
   Min. 1st Qu.  Median    Mean 3rd Qu.    Max.
   10.40   15.43   19.20   20.09   22.80   33.90
```

　　相对于attach()，多数的R书籍更推荐使用with()。个人认为从根本上说，选择哪一个是自己的偏好问题，并且应当根据你的目的和对于这两个函数含义的理解而定。本书中你们会交替使用这两个函数。

2. 实例标识符

　　在病例数据中，病人编号（patientID）用于区分数据集中不同的个体。在R中，实例标识符（case identifier）可通过数据框操作函数中的rowname选项指定。例如，语句：

```
patientdata <- data.frame(patientID, age, diabetes,
                          status, row.names=patientID)
```

将patientID指定为R中标记各类打印输出和图形中实例名称所用的变量。

2.2.5 因子

如你所见，变量可归结为名义型、有序型或连续型变量。名义型变量是没有顺序之分的类别变量。糖尿病类型Diabetes（Type1、Type2）是名义型变量的一例。即使在数据中Type1编码为1而Type2编码为2，这也并不意味着二者是有序的。有序型变量表示一种顺序关系，而非数量关系。病情Status（poor、improved、excellent）是顺序型变量的一个上佳示例。我们明白，病情为poor（较差）病人的状态不如improved（病情好转）的病人，但并不知道相差多少。连续型变量可以呈现为某个范围内的任意值，并同时表示了顺序和数量。年龄Age就是一个连续型变量，它能够表示像14.5或22.8这样的值以及其间的其他任意值。很清楚，15岁的人比14岁的人年长一岁。

类别（名义型）变量和有序类别（有序型）变量在R中称为因子（factor）。因子在R中非常重要，因为它决定了数据的分析方式以及如何进行视觉呈现。你将在本书中通篇看到这样的例子。

函数factor()以一个整数向量的形式存储类别值，整数的取值范围是[1…k]（其中k是名义型变量中唯一值的个数），同时一个由字符串（原始值）组成的内部向量将映射到这些整数上。

举例来说，假设有向量：

```
diabetes <- c("Type1", "Type2", "Type1", "Type1")
```

语句diabetes <- factor(diabetes)将此向量存储为(1, 2, 1, 1)，并在内部将其关联为1=Type1和2=Type2（具体赋值根据字母顺序而定）。针对向量diabetes进行的任何分析都会将其作为名义型变量对待，并自动选择适合这一测量尺度①的统计方法。

要表示有序型变量，需要为函数factor()指定参数ordered=TRUE。给定向量：

```
status <- c("Poor", "Improved", "Excellent", "Poor")
```

语句status <- factor(status, ordered=TRUE)会将向量编码为(3, 2, 1, 3)，并在内部将这些值关联为1=Excellent、2=Improved以及3=Poor。另外，针对此向量进行的任何分析都会将其作为有序型变量对待，并自动选择合适的统计方法。

对于字符型向量，因子的水平默认依字母顺序创建。这对于因子status是有意义的，因为"Excellent""Improved""Poor"的排序方式恰好与逻辑顺序相一致。如果"Poor"被编码为"Ailing"，会有问题，因为顺序将为"Ailing""Excellent""Improved"。如果理想中的顺序是"Poor""Improved""Excellent"，则会出现类似的问题。按默认的字母顺序排序的因子很少能够让人满意。

你可以通过指定levels选项来覆盖默认排序。例如：

```
status <- factor(status, order=TRUE,
                 levels=c("Poor", "Improved", "Excellent"))
```

---

① 这里的测量尺度是指定类尺度、定序尺度、定距尺度、定比尺度中的定类尺度。——译者注

各水平的赋值将为1=Poor、2=Improved、3=Excellent。请保证指定的水平与数据中的真实值相匹配，因为任何在数据中出现而未在参数中列举的数据都将被设为缺失值。

数值型变量可以用levels和labels参数来编码成因子。如果男性被编码成1，女性被编码成2，则以下语句：

```
sex <- factor(sex, levels=c(1, 2), labels=c("Male", "Female"))
```

把变量转换成一个无序因子。注意到标签的顺序必须和水平相一致。在这个例子中，性别将被当成类别型变量，标签"Male"和"Female"将替代1和2在结果中输出，而且所有不是1或2的性别变量将被设为缺失值。

代码清单2-6演示了普通因子和有序因子的不同是如何影响数据分析的。

代码清单2-6 因子的使用

```
> patientID <- c(1, 2, 3, 4)                              ❶ 以向量形式输入数据
> age <- c(25, 34, 28, 52)
> diabetes <- c("Type1", "Type2", "Type1", "Type1")
> status <- c("Poor", "Improved", "Excellent", "Poor")
> diabetes <- factor(diabetes)
> status <- factor(status, order=TRUE)
> patientdata <- data.frame(patientID, age, diabetes, status)
> str(patientdata)                                        ❷ 显示对象的结构
'data.frame':   4 obs. of  4 variables:
 $ patientID: num  1 2 3 4
 $ age      : num  25 34 28 52
 $ diabetes : Factor w/ 2 levels "Type1","Type2": 1 2 1 1
 $ status   : Ord.factor w/ 3 levels "Excellent"<"Improved"<..: 3 2 1 3
> summary(patientdata)                                    ❸ 显示对象的
   patientID        age          diabetes       status          统计概要
 Min.   :1.00   Min.   :25.00   Type1:3   Excellent:1
 1st Qu.:1.75   1st Qu.:27.25   Type2:1   Improved :1
 Median :2.50   Median :31.00             Poor     :2
 Mean   :2.50   Mean   :34.75
 3rd Qu.:3.25   3rd Qu.:38.50
 Max.   :4.00   Max.   :52.00
```

首先，以向量的形式输入数据❶。然后，将diabetes和status分别指定为一个普通因子和一个有序型因子。最后，将数据合并为一个数据框。函数str(*object*)可提供R中某个对象（本例中为数据框）的信息❷。它清楚地显示diabetes是一个因子，而status是一个有序型因子，以及此数据框在内部是如何进行编码的。注意，函数summary()会区别对待各个变量❸。它显示了连续型变量age的最小值、最大值、均值和各四分位数，并显示了类别型变量diabetes和status（各水平）的频数值。

2.2.6 列表

列表（list）是R的数据类型中最为复杂的一种。一般来说，列表就是一些对象（或成分，component）的有序集合。列表允许你整合若干（可能无关的）对象到单个对象名下。例如，

某个列表中可能是若干向量、矩阵、数据框，甚至其他列表的组合。可以使用函数list()创建列表：

```
mylist <- list(object1, object2, ...)
```

其中的对象可以是目前为止讲到的任何结构。你还可以为列表中的对象命名：

```
mylist <- list(name1=object1, name2=object2, ...)
```

代码清单2-7展示了一个例子。

代码清单2-7　创建一个列表

```
> g <- "My First List"
> h <- c(25, 26, 18, 39)
> j <- matrix(1:10, nrow=5)
> k <- c("one", "two", "three")                  创建列表
> mylist <- list(title=g, ages=h, j, k)
> mylist                                输出整个列表
$title
[1] "My First List"

$ages
[1] 25 26 18 39

[[3]]
     [,1] [,2]
[1,]    1    6
[2,]    2    7
[3,]    3    8
[4,]    4    9
[5,]    5   10

[[4]]
[1] "one"   "two"   "three"
                                输出第二个成分
> mylist[[2]]
[1] 25 26 18 39
> mylist[["ages"]]
[1] 25 26 18 39
```

本例创建了一个列表，其中有四个成分：一个字符串、一个数值型向量、一个矩阵以及一个字符型向量。可以组合任意多的对象，并将它们保存为一个列表。

你也可以通过在双重方括号中指明代表某个成分的数字或名称来访问列表中的元素。此例中，mylist[[2]]和mylist[["ages"]]均指那个含有四个元素的向量。对于命名成分，mylist$ages也可以正常运行。由于两个原因，列表成为了R中的重要数据结构。首先，列表允许以一种简单的方式组织和重新调用不相干的信息。其次，许多R函数的运行结果都是以列表的形式返回的。需要取出其中哪些成分由分析人员决定。你将在后续各章发现许多返回列表的函数示例。

提醒程序员注意的一些事项

经验丰富的程序员通常会发现R语言的某些方面不太寻常。以下是这门语言中你需要了解的一些特性。

☐ 对象名称中的句点（.）没有特殊意义，但美元符号（$）却有着和其他语言中的句点类似的含义，即指定一个数据框或列表中的某些部分。例如，A$x是指数据框A中的变量x。

☐ R不提供多行注释或块注释功能。你必须以#作为多行注释每行的开始。出于调试目的，你也可以把想让解释器忽略的代码放到语句if(FALSE){...}中。将FALSE改为TRUE即允许这块代码执行。

☐ 将一个值赋给某个向量、矩阵、数组或列表中一个不存在的元素时，R将自动扩展这个数据结构以容纳新值。举例来说，考虑以下代码：

```
> x <- c(8, 6, 4)
> x[7] <- 10
> x
[1]  8  6  4 NA NA NA 10
```

通过赋值，向量x由三个元素扩展到了七个元素。x <- x[1:3]会重新将其缩减回三个元素。

☐ R中没有标量。标量以单元素向量的形式出现。

☐ R中的下标不从0开始，而从1开始。在上述向量中，x[1]的值为8。

☐ 变量无法被声明。它们在首次被赋值时生成。

要了解更多，参阅John Cook的优秀博文 "R programming for those coming from other languages"（www.johndcook.com/Rlanguagefor_programmers.html）。

那些正在寻找编码风格指南的程序员不妨看看 "Google's R Style Guide" [1]（http://google-styleguide.googlecode.com/svn/trunk/google-r-style.html）。

2.3　数据的输入

现在你已经掌握了各种数据结构，可以放一些数据进去了。作为一名数据分析人员，你通常会面对来自多种数据源和数据格式的数据，你的任务是将这些数据导入你的工具，分析数据，并汇报分析结果。R提供了适用范围广泛的数据导入工具。向R中导入数据的权威指南参见可在http://cran.r-project.org/doc/manuals/R-data.pdf下载的*R Data Import/Export*手册[2]。

如图2-2所示，R可从键盘、文本文件、Microsoft Excel和Access、流行的统计软件、特殊格式的文件、多种关系型数据库管理系统、专业数据库、网站和在线服务中导入数据。由于我们无从得知你的数据将来自何处，故会在下文论及各种数据源。读者按需参阅即可。

---

① 搜索 "来自Google的R语言编码风格指南" 可以找到这份文档的中文版。——译者注
② 此手册对应的中译名为《R数据的导入和导出》，可在网上找到。——译者注

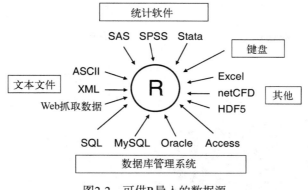

图2-2　可供R导入的数据源

2.3.1　使用键盘输入数据

也许输入数据最简单的方式就是使用键盘了。有两种常见的方式：用R内置的文本编辑器和直接在代码中嵌入数据。我们首先考虑文本编辑器。

R中的函数edit()会自动调用一个允许手动输入数据的文本编辑器。具体步骤如下：

(1) 创建一个空数据框（或矩阵），其中变量名和变量的模式需与理想中的最终数据集一致；

(2) 针对这个数据对象调用文本编辑器，输入你的数据，并将结果保存回此数据对象中。

在下例中，你将创建一个名为mydata的数据框，它含有三个变量：age（数值型）、gender（字符型）和weight（数值型）。然后你将调用文本编辑器，键入数据，最后保存结果。

```
mydata <- data.frame(age=numeric(0),
  gender=character(0), weight=numeric(0))
mydata <- edit(mydata)
```

类似于age=numeric(0)的赋值语句将创建一个指定模式但不含实际数据的变量。注意，编辑的结果需要赋值回对象本身。函数edit()事实上是在对象的一个副本上进行操作的。如果你不将其赋值到一个目标，你的所有修改将会全部丢失！

在Windows上调用函数edit()的结果如图2-3所示。如图2-3所示，我已经自主添加了一些数据。单击列的标题，你就可以用编辑器修改变量名和变量类型（数值型、字符型）。你还可以通过单击未使用列的标题来添加新的变量。编辑器关闭后，结果会保存到之前赋值的对象中（本例中为mydata）。再次调用mydata <- edit(mydata)，就能够编辑已经输入的数据并添加新的数据。语句mydata <- edit(mydata)的一种简捷的等价写法是fix(mydata)。

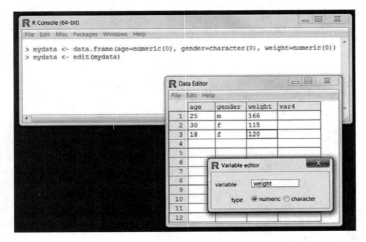

图2-3　通过Windows上内建的编辑器输入数据

此外，你可以直接在你的程序中嵌入数据集。比如说，参见以下代码：

```
mydatatxt <- "
age gender weight
25 m 166
30 f 115
18 f 120
"
mydata <- read.table(header=TRUE, text=mydatatxt)
```

以上代码创建了和之前用edit()函数所创建的一样的数据框。一个字符型变量被创建于存储原始数据，然后read.table()函数被用于处理字符串并返回数据框。函数read.table()将在下一节描述。

　　键盘输入数据的方式在你在处理小数据集的时候很有效。对于较大的数据集，你所期望的也许是我们接下来要介绍的方式：从现有的文本文件、Excel电子表格、统计软件或数据库中导入数据。

2.3.2　从带分隔符的文本文件导入数据

　　你可以使用read.table()从带分隔符的文本文件中导入数据。此函数可读入一个表格格式的文件并将其保存为一个数据框。表格的每一行分别出现在文件中每一行。其语法如下：

```
mydataframe <- read.table(file, options)
```

其中，file是一个带分隔符的ASCII文本文件，options是控制如何处理数据的选项。表2-2列出了常见的选项。

表2-2 函数 `read.table()` 的选项

选项	描述
header	一个表示文件是否在第一行包含了变量名的逻辑型变量
sep	分开数据值的分隔符。默认是 sep=""，这表示了一个或多个空格、制表符、换行或回车。使用 sep="," 来读取用逗号来分隔行内数据的文件，使用 sep="\t" 来读取使用制表符来分割行内数据的文件
row.names	一个用于指定一个或多个行标记符的可选参数
col.names	如果数据文件的第一行不包括变量名(header=FASLE)，你可以用 col.names 去指定一个包含变量名的字符向量。如果 header=FALSE 以及 col.names 选项被省略了，变量会被分别命名为 V1、V2，以此类推
na.strings	可选的用于表示缺失值的字符向量。比如说，na.strings=c("-9", "?")把-9 和?值在读取数据的时候转换成 NA
colClasses	可选的分配到每一列的类向量。比如说，colClasses=c("numeric", "numeric", "character", "NULL", "numeric")把前两列读取为数值型变量，把第三列读取为字符型向量，跳过第四列，把第五列读取为数值型向量。如果数据有多余五列，colClasses 的值会被循环。当你在读取大型文本文件的时候，加上 colClasses 选项可以可观地提升处理的速度
quote	用于对有特殊字符的字符串划定界限的字符串。默认值是双引号(")或单引号(')
skip	读取数据前跳过的行的数目。这个选项在跳过头注释的时候比较有用
stringsAsFactors	一个逻辑变量，标记处字符向量是否需要转化成因子。默认值是 TRUE，除非它被 colClases 所覆盖。当你在处理大型文本文件的时候，设置成 stringsAsFactors=FALSE 可以提升处理速度
text	一个指定文字进行处理的字符串。如果 text 被设置了，file 应该被留空。2.3.1 节给出了一个例子

考虑一个名为studentgrades.csv的文本文件，它包含了学生在数学、科学和社会学习的分数。文件中每一行表示一个学生，第一行包含了变量名，用逗号分隔。每一个单独的行都包含了学生的信息，它们也是用逗号进行分隔的。文件的前几行如下：

```
StudentID,First,Last,Math,Science,Social Studies
011,Bob,Smith,90,80,67
012,Jane,Weary,75,,80
010,Dan,"Thornton, III",65,75,70
040,Mary,"O'Leary",90,95,92
```

这个文件可以用以下语句来读入成一个数据框：

```
grades <- read.table("studentgrades.csv", header=TRUE,
    row.names="StudentID", sep=",")
```

结果如下：

```
> grades
   First          Last Math Science Social.Studies
11 Bob           Smith   90      80             67
```

```
12    Jane              Weary    75        NA           80
10    Dan      Thornton, III    65        75           70
40    Mary             O'Leary  90        95           92

> str(grades)
'data.frame':    4 obs. of  5 variables:
 $ First         : Factor w/ 4 levels "Bob","Dan","Jane",..: 1 3 2 4
 $ Last          : Factor w/ 4 levels "O'Leary","Smith",..: 2 4 3 1
 $ Math          : int  90 75 65 90
 $ Science       : int  80 NA 75 95
 $ Social.Studies: int  67 80 70 92
```

如何导入数据有很多有趣的要点。变量名Social Studies被自动地根据R的习惯所重命名。列StudentID现在是行名，不再有标签，也失去了前置的0。Jane的缺失的科学课成绩被正确地识别为缺失值。我不得不在Dan的姓周围用引号包围住，从而能够避免Thornton和III之间的空格。否则，R会在那一行读出七个值而不是六个值。我也在O'Leary左右用引号包围住了，否则R会把单引号读取为分隔符（而这不是我想要的）。最后，姓和名都被转化成为因子。

默认地，read.table()把字符变量转化为因子，这并不一定都是我们想要的情况。比如说，很少情况下，我们才会把回答者的评论转化成为因子。你可用多种方法去掉这个行为。加上选项stringsAsFactors=FALSE对所有的字符变量都去掉这个行为。此外，你可以用colClasses选项去对每一列都指定一个类（比如说，逻辑型、数值型、字符型或因子型）。

用以下代码导入同一个函数：

```
grades <- read.table("studentgrades.csv", header=TRUE,
    row.names="StudentID", sep=",",
    colClasses=c("character", "character", "character",
                 "numeric", "numeric", "numeric"))
```

得到以下数据框：

```
> grades

    First            Last Math Science Social.Studies
011   Bob           Smith   90      80             67
012  Jane           Weary   75      NA             80
010   Dan   Thornton, III   65      75             70
040  Mary         O'Leary   90      95             92

> str(grades)

'data.frame':    4 obs. of  5 variables:
 $ First         : chr  "Bob" "Jane" "Dan" "Mary"
 $ Last          : chr  "Smith" "Weary" "Thornton, III" "O'Leary"
 $ Math          : num  90 75 65 90
 $ Science       : num  80 NA 75 95
 $ Social.Studies: num  67 80 70 92
```

注意，行名保留了前缀0，而且First和Last不再是因子。此外，grades作为实数而不是整数来进行排序。

函数 `read.table()` 还拥有许多微调数据导入方式的追加选项。更多详情，请参阅 `help(read.table)`。

> **用连接来导入数据**
>
> 　　本章中的许多示例都是从用户计算机上已经存在的文件中导入数据。R也提供了若干种通过连接（connection）来访问数据的机制。例如，函数 `file()`、`gzfile()`、`bzfile()`、`xzfile()`、`unz()` 和 `url()` 可作为文件名参数使用。函数 `file()` 允许你访问文件、剪贴板和C级别的标准输入。函数 `gzfile()`、`bzfile()`、`xzfile()` 和 `unz()` 允许你读取压缩文件。
>
> 　　函数 `url()` 能够让你通过一个含有http://、ftp://或file://的完整URL访问网络上的文件，还可以为HTTP和FTP连接指定代理。为了方便，（用双引号围住的）完整的URL也经常直接用来代替文件名使用。更多详情，参见 `help(file)`。

2.3.3　导入 Excel 数据

　　读取一个Excel文件的最好方式，就是在Excel中将其导出为一个逗号分隔文件（csv），并使用前文描述的方式将其导入R中。此外，你可以用 `xlsx` 包直接地导入Excel工作表。请确保在第一次使用它之前先进行下载和安装。你也需要 `xlsxjars` 和 `rJava` 包，以及一个正常工作的Java安装（http://java.com）。

　　`xlsx` 包可以用来对Excel 97/2000/XP/2003/2007文件进行读取、写入和格式转换。函数 `read.xlsx()` 导入一个工作表到一个数据框中。最简单的格式是 `read.xlsx(file, n)`，其中 `file` 是Excel工作簿的所在路径，`n` 则为要导入的工作表序号。举例说明，在Windows上，以下代码：

```
library(xlsx)
workbook <- "c:/myworkbook.xlsx"
mydataframe <- read.xlsx(workbook, 1)
```

从位于C盘根目录的工作簿myworkbook.xlsx中导入了第一个工作表，并将其保存为一个数据框 `mydataframe`。

　　函数 `read.xlsx()` 有些选项可以允许你指定工作表中特定的行（`rowIndex`）和列（`colIndex`），配合上对应每一列的类（`colClasses`）。对于大型的工作簿（比如说，100 000+个单元格），你也可以使用 `read.xlsx2()` 函数。这个函数用Java来运行更加多的处理过程，因此能够获得可观的质量提升。请查阅 `help(read.xlsx)` 获得更多细节。

　　也有其他包可以帮助你处理Excel文件。替代的包包含了 `XLConnect` 和 `openxlsx` 包；`XLConnect` 依赖于Java，不过 `openxlsx` 并不是。所有这些软件包都可以做比导入数据更加多的事情——它们也可以创建和操作Excel文件。那些需要创建R和Excel之间的接口的程序员应该要仔细查看这些软件包中的一个或多个。

2.3.4 导入 XML 数据

以XML格式编码的数据正在逐渐增多。R中有若干用于处理XML文件的包。例如，由Duncan Temple Lang编写的XML包允许你读取、写入和操作XML文件。XML格式本身已经超出了本书的范围。对使用R存取XML文档感兴趣的读者可以参阅www.omegahat.org/RSXML，从中可以找到若干份优秀的软件包文档。

2.3.5 从网页抓取数据

网络上的数据，可以通过所谓Web数据抓取（Webscraping）的过程，或对应用程序接口（application programming interface，API）的使用来获得。

一般地说，在Web数据抓取过程中，用户从互联网上提取嵌入在网页中的信息，并将其保存为R中的数据结构以做进一步的分析。比如说，一个网页上的文字可以使用函数readLines()来下载到一个R的字符向量中，然后使用如grep()和gsub()一类的函数处理它。对于结构复杂的网页，可以使用RCurl包和XML包来提取其中想要的信息。更多信息和示例，请参考网站 *Programming with R*（www.programmingr.com）上的"Webscraping using readLines and RCurl"一文。

API指定了软件组件如何互相进行交互。有很多R包使用这个方法来从网上资源中获取数据。这些资源包括了生物、医药、地球科学、物理科学、经济学，以及商业、金融、文学、销售、新闻和运动等的数据源。

比如说，如果你对社交媒体感兴趣，可以用twitteR来获取Twitter数据，用 Rfacebook来获取Facebook数据，用Rflickr来获取Flicker数据。其他软件包允许你连接上如Google、Amazon、Dropbox、Salesforce等所提供的广受欢迎的网上服务。可以查看CRAN Task View中的子版块*Web Technologies and Services*（https://cran.r-project.org/web/views/WebTechnologies.html）来获得一个全面的列表，此列表列出了能帮助你获取网上资源的各种R包。

2.3.6 导入 SPSS 数据

IBM SPSS数据集可以通过foreign包中的函数read.spss()导入到R中，也可以使用Hmisc包中的spss.get()函数。函数spss.get()是对read.spss()的一个封装，它可以为你自动设置后者的许多参数，让整个转换过程更加简单一致，最后得到数据分析人员所期望的结果。

首先，下载并安装Hmisc包（foreign包已被默认安装）：

```
install.packages("Hmisc")
```

然后使用以下代码导入数据：

```
library(Hmisc)
mydataframe <- spss.get("mydata.sav", use.value.labels=TRUE)
```

这段代码中，**mydata.sav**是要导入的SPSS数据文件，use.value.labels=TRUE表示让函数将带有值标签的变量导入为R中水平对应相同的因子，mydataframe是导入后的R数据框。

2.3.7　导入 SAS 数据

R中设计了若干用来导入SAS数据集的函数，包括`foreign`包中的`read.ssd()`，Hmisc包中的`sas.get()`，以及`sas7bdat`包中的 `read.sas7bdat()`。如果你安装了SAS，`sas.get()`是一个好的选择。

比如说，你想导入一个名为clients.sas7bdat的SAS数据集文件，它位于一台Windows机器上的C:/mydata文件夹中，以下代码导入了数据，并且保存为一个R数据框：

```
library(Hmisc)
datadir <- "C:/mydata"
sasexe <- "C:/Program Files/SASHome/SASFoundation/9.4/sas.exe"
mydata <- sas.get(libraryName=datadir, member="clients", sasprog=sasexe)
```

`libraryName`是一个包含了SAS数据集的文件夹，`member`是数据集名字（去除掉后缀名sas7bdat），`sasprog`是到SAS可运行程序的完整路径。有很多可用的选项；查看`help(sas.get)`获得更多细节。

你也可以在SAS中使用`PROC EXPORT`将SAS数据集保存为一个逗号分隔的文本文件，并使用2.3.2节中叙述的方法将导出的文件读取到R中。下面是一个示例：

SAS程序：

```
libname datadir "C:\mydata";
proc export data=datadir.clients
    outfile="clients.csv"
    dbms=csv;
run;
```

R程序：

```
mydata <- read.table("clients.csv", header=TRUE, sep=",")
```

前面两种方法要求你安装了一套完整的可运行的SAS程序。如果你没有连接SAS的途径，函数`read.sas7dbat()`也许是一个好的候选项。这个函数可以直接读取sas7dbat格式的SAS数据集。这个例子的对应代码是：

```
library(sas7bdat)
mydata <- read.sas7bdat("C:/mydata/clients.sas7bdat")
```

不像`sas.get()`，`read.sas7dbat()`忽略了SAS用户自定义格式。此外，这个函数用了明显更多的时间来进行处理。尽管我使用这个包的时候比较好运，它依然应该被认为是实验性质的。

最后，一款名为Stat/Transfer的商业软件（在2.3.12节介绍）可以完好地将SAS数据集（包括任何已知的变量格式）保存为R数据框。与`read.sas7dbat()`一样，它也不要求安装SAS。

2.3.8　导入 Stata 数据

要将Stata数据导入R中非常简单直接。所需代码类似于：

```
library(foreign)
mydataframe <- read.dta("mydata.dta")
```

这里，mydata.dta是Stata数据集，mydataframe是返回的R数据框。

2.3.9   导入 NetCDF 数据

Unidata项目主导的开源软件库NetCDF（Network Common Data Form，网络通用数据格式）定义了一种机器无关的数据格式，可用于创建和分发面向数组的科学数据。NetCDF格式通常用来存储地球物理数据。ncdf包和ncdf4包为NetCDF文件提供了高层的R接口。

ncdf包为通过Unidata的NetCDF库（版本3或更早）创建的数据文件提供了支持，而且在Windows、Mac OS X和Linux上均可使用。ncdf4包支持NetCDF 4或更早的版本，但在Windows上尚不可用。

考虑如下代码：

```
library(ncdf)
nc <- nc_open("mynetCDFfile")
myarray <- get.var.ncdf(nc, myvar)
```

在本例中，对于包含在NetCDF文件mynetCDFfile中的变量myvar，其所有数据都被读取并保存到了一个名为myarray的R数组中。

值得注意的是，ncdf包和ncdf4包最近进行了重大升级，使用方式可能与旧版本不同。另外，这两个包中的函数名称也不同。请阅读在线帮助以了解详情。

2.3.10   导入 HDF5 数据

HDF5（Hierarchical Data Format，分层数据格式）是一套用于管理超大型和结构极端复杂数据集的软件技术方案。rhdf5包为R提供了一个HDF5的接口。这个包在Bioconductor网站上而不是CRAN上提供。你可以用以下代码对之进行安装：

```
source("http://bioconductor.org/biocLite.R")
biocLite("rhdf5")
```

像XML一样，HDF5格式超出了本书的内容范围。如果想学习更多相关知识，可访问HDF Group 网站（http://www.hdf5group.org/）。由 Bernd Fischer 编写的 http://www.bioconductor.org/packages/release/bioc/vignettes/rhdf5/inst/doc/rhdf5.pdf是一个rhdf5包的优秀指南。

2.3.11   访问数据库管理系统

R中有多种面向关系型数据库管理系统（DBMS）的接口，包括Microsoft SQL Server、Microsoft Access、MySQL、Oracle、PostgreSQL、DB2、Sybase、Teradata以及SQLite。其中一些包通过原生的数据库驱动来提供访问功能，另一些则是通过ODBC或JDBC来实现访问的。使用R来访问存储在外部数据库中的数据是一种分析大数据集的有效手段（参见附录F），并且能够发挥SQL和R

各自的优势。

1. ODBC接口

在R中通过RODBC包访问一个数据库也许是最流行的方式，这种方式允许R连接到任意一种拥有ODBC驱动的数据库，这包含了前文所列的所有数据库。

第一步是针对你的系统和数据库类型安装和配置合适的ODBC驱动——它们并不是R的一部分。如果你的机器尚未安装必要的驱动，上网搜索一下应该就可以找到。

针对选择的数据库安装并配置好驱动后，请安装RODBC包。你可以使用命令`install.packages("RODBC")`来安装它。RODBC包中的主要函数列于表2-3中。

表2-3　RODBC中的函数

函　　数	描　　述
odbcConnect(*dsn*,uid="",pwd="")	建立一个到 ODBC 数据库的连接
sqlFetch(*channel*,*sqltable*)	读取 ODBC 数据库中的某个表到一个数据框中
sqlQuery(*channel*,*query*)	向 ODBC 数据库提交一个查询并返回结果
sqlSave(*channel*,*mydf*,tablename=*sqtable*,append=FALSE)	将数据框写入或更新(append=TRUE)到 ODBC 数据库的某个表中
sqlDrop(*channel*,*sqtable*)	删除 ODBC 数据库中的某个表
close(*channel*)	关闭连接

RODBC包允许R和一个通过ODBC连接的SQL数据库之间进行双向通信。这就意味着你不仅可以读取数据库中的数据到R中，同时也可以使用R修改数据库中的内容。假设你想将某个数据库中的两个表（Crime和Punishment）分别导入为R中的两个名为crimedat和pundat的数据框，可以通过如下代码完成这个任务：

```
library(RODBC)
myconn <-odbcConnect("mydsn", uid="Rob", pwd="aardvark")
crimedat <- sqlFetch(myconn, Crime)
pundat <- sqlQuery(myconn, "select * from Punishment")
close(myconn)
```

这里首先载入了RODBC包，并通过一个已注册的数据源名称（mydsn）和用户名（rob）以及密码（aardvark）打开了一个ODBC数据库连接。连接字符串被传递给sqlFetch()，它将Crime表复制到R数据框crimedat中。然后我们对Punishment表执行了SQL语句select并将结果保存到数据框pundat中。最后，我们关闭了连接。

函数sqlQuery()非常强大，因为其中可以插入任意的有效SQL语句。这种灵活性赋予了你选择指定变量、对数据取子集、创建新变量，以及重编码和重命名现有变量的能力。

2. DBI相关包

DBI包为访问数据库提供了一个通用且一致的客户端接口。构建于这个框架之上的RJDBC包提供了通过JDBC驱动访问数据库的方案。使用时请确保安装了针对你的系统和数据库的必要JDBC驱动。其他有用的、基于DBI的包有RMySQL、ROracle、RPostgreSQL和RSQLite。这些包都为对应的数据库提供了原生的数据库驱动，但可能不是在所有系统上都可用。详情请参阅CRAN（http://cran.r-project.org）上的相应文档。

2.3.12 通过 Stat/Transfer 导入数据

在我们结束数据导入的讨论之前，值得提到一款能让上述任务的难度显著降低的商业软件。Stat/Transfer（www.stattransfer.com）是一款可在34种数据格式之间作转换的独立应用程序，其中包括R中的数据格式（见图2-4）。

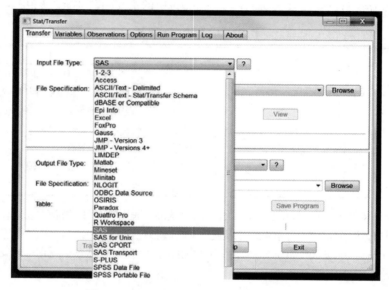

图2-4　Windows上Stat/Transfer的主对话框

此软件拥有Windows、Mac和Unix版本，并且支持我们目前讨论过的各种统计软件的最新版本，也可通过ODBC访问如Oracle、Sybase、Informix和DB/2一类的数据库管理系统。

2.4　数据集的标注

为了使结果更易解读，数据分析人员通常会对数据集进行标注。这种标注包括为变量名添加描述性的标签，以及为类别型变量中的编码添加值标签。例如，对于变量age，你可能想附加一个描述更详细的标签"Age at hospitalization (in years)"（入院年龄）。对于编码为1或2的性别变量gender，你可能想将其关联到标签"male"和"female"上。

2.4.1　变量标签

遗憾的是，R处理变量标签的能力有限。一种解决方法是将变量标签作为变量名，然后通过位置下标来访问这个变量。考虑之前病例数据框的例子。名为age的第二列包含着个体首次入院时的年龄。代码：

```
names(patientdata)[2] <- "Age at hospitalization (in years)"
```

将age重命名为"Age at hospitalization (in years)"。很明显，新的变量名太长，不适合重复输入。作为替代，你可以使用patientdata[2]来引用这个变量，而在本应输出age的地方输出字符串"Age at hospitalization (in years)"。很显然，这个方法并不理想，如果你能尝试想出更好的命名（例如，admissionAge）可能会更好一点。

2.4.2 值标签

函数factor()可为类别型变量创建值标签。继续上例，假设你有一个名为gender的变量，其中1表示男性，2表示女性。你可以使用代码：

```
patientdata$gender <- factor(patientdata$gender,
                             levels = c(1,2),
                             labels = c("male", "female"))
```

来创建值标签。

这里levels代表变量的实际值，而labels表示包含了理想值标签的字符型向量。

2.5 处理数据对象的实用函数

在本章末尾，我们来简要总结一下实用的数据对象处理函数（参见表2-4）。

表2-4 处理数据对象的实用函数

函　　数	用　　途
length(*object*)	显示对象中元素/成分的数量
dim(*object*)	显示某个对象的维度
str(*object*)	显示某个对象的结构
class(*object*)	显示某个对象的类或类型
mode(*object*)	显示某个对象的模式
names(*object*)	显示某对象中各成分的名称
c(*object*, *object*,...)	将对象合并入一个向量
cbind(*object*, *object*, ...)	按列合并对象
rbind(*object*, *object*, ...)	按行合并对象
object	输出某个对象
head(*object*)	列出某个对象的开始部分
tail(*object*)	列出某个对象的最后部分
ls()	显示当前的对象列表

（续）

函　　数	用　　途
rm(*object*, *object*, ...)	删除一个或更多个对象。语句 rm(list = ls()) 将删除当前工作环境中的几乎所有对象[①]
newobject <- edit(*object*)	编辑对象并另存为 newobject
fix(*object*)	直接编辑对象

我们已经讨论过其中的大部分函数。函数head()和tail()对于快速浏览大数据集的结构非常有用。例如，head(patientdata)将列出数据框的前六行，而tail(patientdata)将列出最后六行。我们将在下一章中介绍length()、cbind()和rbind()等函数。我们将其汇总于此，仅作参考。

2.6　小结

数据的准备可能是数据分析中最具挑战性的任务之一。我们在本章中概述了R中用于存储数据的多种数据结构，以及从键盘和外部来源导入数据的许多可能方式，这是一个不错的起点。特别是，我们将在后续各章中反复地使用向量、矩阵、数据框和列表的概念。掌握通过括号表达式选取元素的能力，对数据的选择、取子集和变换将是非常重要的。

如你所见，R提供了丰富的函数用以访问外部数据，包括普通文本文件、网页、统计软件、电子表格和数据库的数据。虽然本章的焦点是将数据导入到R中，你同样也可以将数据从R导出为这些外部格式。数据的导出在附录C中论及，处理大数据集（GB级到TB级）的方法在附录F中讨论。

将数据集读入R之后，你很有可能需要将其转化为一种更有助于分析的格式（事实上，我发现处理数据的紧迫感有助于促进学习）。在第4章，我们将会探索创建新变量、变换和重编码已有变量、合并数据集和选择观测的方法。

在转而探讨数据管理之前，让我们先花些时间在R的绘图上。许多读者都是因为对R绘图怀有强烈的兴趣而开始学习R的，为了不让你们久等，我们在下一章将直接讨论图形的创建。关注的重点是管理和定制图形的通用方法，它们在本书余下章节都会用到。

---

① 以句点.开头的隐藏对象将不受影响。——译者注

第 3 章

第3章 图形初阶

本章内容
- 图形的创建和保存
- 自定义符号、线条、颜色和坐标轴
- 标注文本和标题
- 控制图形维度
- 组合多个图形

我曾经多次向客户展示以数字和文字表示的、精心整理的统计分析结果，得到的只是客户呆滞的眼神，尴尬得房间里只能听到鸟语虫鸣。然而，当我使用图形向相同的用户展示相同的信息时，他们往往会兴致盎然，甚至豁然开朗。我经常通过看图才得以发现了数据中的模式，或是检查出了数据中的异常值——这些模式和异常都是在我进行更为正式的统计分析时彻底遗漏的。

人类非常善于从视觉呈现中洞察关系。一幅精心绘制的图形能够帮助你在数以千计的零散信息中做出有意义的比较，提炼出使用其他方法时不那么容易发现的模式。这也是统计图形领域的进展能够对数据分析产生重大影响的原因之一。数据分析师需要观察他们的数据，而R在该领域表现出众。

在本章中，我们将讨论处理图形的一般方法。我们首先探讨如何创建和保存图形，然后关注如何修改那些存在于所有图形中的特征，包括图形的标题、坐标轴、标签、颜色、线条、符号和文本标注。我们的焦点是那些可以应用于所有图形的通用方法。（在后续各章，我们将关注特定类型的图形。）最后，我们将研究组合多幅图形为单幅图形的各种方法。

3.1 使用图形

R是一个惊艳的图形构建平台。这里我特意使用了构建一词。在通常的交互式会话中，你可以通过逐条输入语句构建图形，逐渐完善图形特征，直至得到想要的效果。

考虑以下五行代码：

```
attach(mtcars)
plot(wt, mpg)
abline(lm(mpg~wt))
```

```
title("Regression of MPG on Weight")
detach(mtcars)
```

首句绑定了数据框mtcars。第二条语句打开了一个图形窗口并生成了一幅散点图，横轴表示车身重量，纵轴为每加仑汽油行驶的英里数。第三句向图形添加了一条最优拟合曲线。第四句添加了标题。最后一句为数据框解除了绑定。在R中，图形通常都是以这种交互式的风格绘制的（参见图3-1）。

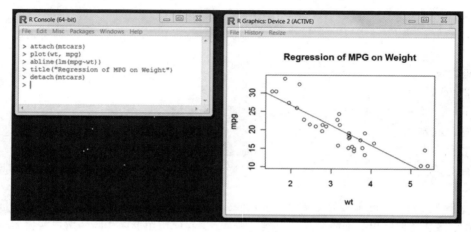

图3-1   创建图形

可以通过代码或图形用户界面来保存图形。要通过代码保存图形，将绘图语句夹在开启目标图形设备的语句和关闭目标图形设备的语句之间即可。例如，以下代码会将图形保存到当前工作目录中名为mygraph.pdf的PDF文件中：

```
pdf("mygraph.pdf")
attach(mtcars)
plot(wt, mpg)
abline(lm(mpg~wt))
title("Regression of MPG on Weight")
detach(mtcars)
dev.off()
```

除了pdf()，还可以使用函数win.metafile()、png()、jpeg()、bmp()、tiff()、xfig()和postscript()将图形保存为其他格式。（注意，Windows图元文件格式仅在Windows系统中可用。）关于保存图形输出到文件的更多细节，可以参考1.3.4节。

通过图形用户界面保存图形的方法因系统而异。对于Windows，在图形窗口中选择"文件"→"另存为"，然后在弹出的对话框中选择想要的格式和保存位置即可。在Mac上，当Quartz图形窗口处于高亮状态时，点选菜单栏中的"文件"→"另存为"即可。其提供的输出格式仅有PDF。在UNIX系统中，图形必须使用代码来保存。在附录A中，我们将考虑每个系统中可用的备选图形用户界面，这将给予你更多选择。

通过执行如plot()、hist()（绘制直方图）或boxplot()这样的高级绘图命令来创建一幅新图形时,通常会覆盖掉先前的图形。如何才能创建多个图形并随时查看每一个呢? 方法有若干。

第一种方法,你可以在创建一幅新图形之前打开一个新的图形窗口:

```
dev.new()
 statements to create graph 1
dev.new()
 statements to create a graph 2
etc.
```

每一幅新图形将出现在最近一次打开的窗口中。

第二种方法,你可以通过图形用户界面来查看多个图形。在Mac上,你可以使用Quartz菜单中的"后退"（Back）和"前进"（Forward）来逐个浏览图形。在Windows上,这个过程分为两步。在打开第一个图形窗口以后,勾选"历史"（History）→"记录"（Recording）。然后使用菜单中的"上一个"（Previous）和"下一个"（Next）来逐个查看已经绘制的图形。

最后一种方法,你可以使用函数dev.new()、dev.next()、dev.prev()、dev.set()和dev.off()同时打开多个图形窗口,并选择将哪个输出发送到哪个窗口。这种方法全平台适用。关于这种方法的更多细节,请参考help(dev.cur)。

R将在保证用户输入最小化的前提下创建尽可能美观的图形。不过你依然可以使用图形参数来指定字体、颜色、线条类型、坐标轴、参考线和标注。其灵活度足以让我们实现对图形的高度定制。

我们将以一个简单的图形作为本章的开始,接着进一步探索按需修改和强化图形的方式。然后,我们将着眼于一些更复杂的示例,以阐明其他的图形定制方法。我们关注的焦点是那些可以应用于多种R图形的技术。对于本书中描述的所有图形,本章讨论的方法均有效,不过第19章中使用ggplot2包创建的图形是例外。（ggplot2包拥有自己的图形外观定制方法。）在其他各章中,我们将探索各种特定的图形,并探讨它们每一个在何时何地最有用。

3.2 一个简单的例子

让我们从表3-1中给出的假想数据集开始。它描述了病人对两种药物五个剂量水平上的响应情况。

表3-1 病人对两种药物五个剂量水平上的响应情况

剂　　量	对药物 A 的响应	对药物 B 的响应
20	16	15
30	20	18
40	27	25
45	40	31
60	60	40

可以使用以下代码输入数据:

```
dose  <- c(20, 30, 40, 45, 60)
drugA <- c(16, 20, 27, 40, 60)
drugB <- c(15, 18, 25, 31, 40)
```

使用以下代码可以创建一幅描述药物A的剂量和响应关系的图形：

```
plot(dose, drugA, type="b")
```

plot()是R中为对象作图的一个泛型函数（它的输出将根据所绘制对象类型的不同而变化）。本例中，plot(*x*, *y*, type="b")将x置于横轴，将y置于纵轴，绘制点集(*x*, *y*)，然后使用线段将其连接。选项type="b"表示同时绘制点和线。使用help(plot)可以查看其他选项。结果如图3-2所示。

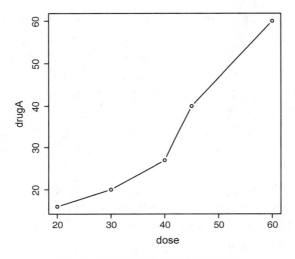

图3-2　药物A剂量和响应的折线图

折线图将于第11章中详述。现在我们先来修改此图的外观。

3.3　图形参数

我们可以通过修改称为图形参数的选项来自定义一幅图形的多个特征（字体、颜色、坐标轴、标签）。一种方法是通过函数par()来指定这些选项。以这种方式设定的参数值除非被再次修改，否则将在会话结束前一直有效。其调用格式为par(*optionname=value*, *optionname=value*,...)。不加参数地执行par()将生成一个含有当前图形参数设置的列表。添加参数no.readonly=TRUE可以生成一个可以修改的当前图形参数列表。

继续我们的例子，假设你想使用实心三角而不是空心圆圈作为点的符号，并且想用虚线代替实线连接这些点。你可以使用以下代码完成修改：

```
opar <- par(no.readonly=TRUE)
par(lty=2, pch=17)
```

```
plot(dose, drugA, type="b")
par(opar)
```

结果如图3-3所示。

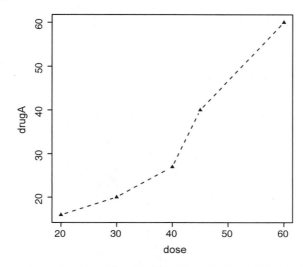

图3-3　药物A剂量和响应的折线图。修改了线条类型和点的符号

首个语句复制了一份当前的图形参数设置。第二句将默认的线条类型修改为虚线（lty=2）并将默认的点符号改为了实心三角（pch=17）。然后我们绘制了图形并还原了原始设置。线条类型和符号将在3.3.1节中详述。

你可以随心所欲地多次使用par()函数，即par(lty=2, pch=17)也可以写成：

```
par(lty=2)
par(pch=17)
```

指定图形参数的第二种方法是为高级绘图函数直接提供*optionname=value*的键值对。这种情况下，指定的选项仅对这幅图形本身有效。你可以通过代码：

```
plot(dose, drugA, type="b", lty=2, pch=17)
```

来生成与上图相同的图形。

并不是所有的高级绘图函数都允许指定全部可能的图形参数。你需要参考每个特定绘图函数的帮助（如?plot、?hist或?boxplot）以确定哪些参数可以以这种方式设置。下面介绍可以设定的许多重要图形参数。

3.3.1　符号和线条

如你所见，可以使用图形参数来指定绘图时使用的符号和线条类型。相关参数如表3-2所示。

表3-2　用于指定符号和线条类型的参数

参　　数	描　　述
pch	指定绘制点时使用的符号（见图 3-4）
cex	指定符号的大小。cex 是一个数值，表示绘图符号相对于默认大小的缩放倍数。默认大小为 1，1.5 表示放大为默认值的 1.5 倍，0.5 表示缩小为默认值的 50%，等等
lty	指定线条类型（参见图 3-5）
lwd	指定线条宽度。lwd 是以默认值的相对大小来表示的（默认值为 1）。例如，lwd=2 将生成一条两倍于默认宽度的线条

选项pch=用于指定绘制点时使用的符号。可能的值如图3-4所示。

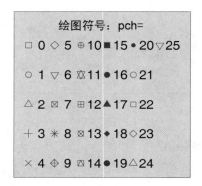

图3-4　参数pch可指定的绘图符号

对于符号21~25，你还可以指定边界颜色（col=）和填充色（bg=）。

选项lty=用于指定想要的线条类型。可用的值如图3-5所示。

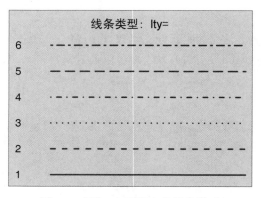

图3-5　参数lty可指定的线条类型

综合以上选项，以下代码：

```
plot(dose, drugA, type="b", lty=3, lwd=3, pch=15, cex=2)
```

将绘制一幅图形，其线条类型为点线，宽度为默认宽度的3倍，点的符号为实心正方形，大小为默认符号大小的2倍。结果如图3-6所示。

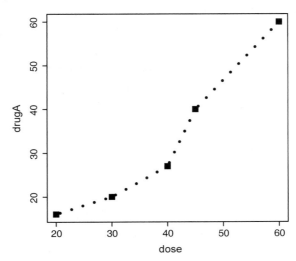

图3-6 药物A剂量和响应的折线图。修改了线条类型、线条宽度、点的符号和符号大小

接下来我们将讨论颜色的指定方法。

3.3.2 颜色

R中有若干和颜色相关的参数。表3-3列出了一些常用参数。

表3-3 用于指定颜色的参数

参　　数	描　　述
col	默认的绘图颜色。某些函数（如 lines 和 pie）可以接受一个含有颜色值的向量并自动循环使用。例如，如果设定 col=c("red", "blue") 并需要绘制三条线，则第一条线将为红色，第二条线为蓝色，第三条线又将为红色
col.axis	坐标轴刻度文字的颜色
col.lab	坐标轴标签（名称）的颜色
col.main	标题颜色
col.sub	副标题颜色
fg	图形的前景色
bg	图形的背景色

在R中，可以通过颜色下标、颜色名称、十六进制的颜色值、RGB值或HSV值来指定颜色。举例来说，col=1、col="white"、col="#FFFFFF"、col=rgb(1,1,1)和col=hsv(0,0,1)

都是表示白色的等价方式。函数rgb()可基于红 – 绿 – 蓝三色值生成颜色，而hsv()则基于色相 – 饱和度 – 亮度值来生成颜色。请参考这些函数的帮助以了解更多细节。

函数colors()可以返回所有可用颜色的名称。Earl F. Glynn为R中的色彩创建了一个优秀的在线图表，参见http://research.stowers-institute.org/efg/R/Color/Chart。R中也有多种用于创建连续型颜色向量的函数，包括rainbow()、heat.colors()、terrain.colors()、topo.colors()以及cm.colors()。举例来说，rainbow(10)可以生成10种连续的"彩虹型"颜色。

对于创建吸引人的颜色配对，RColorBrewer特别受到欢迎。注意在第一次使用它之前先进行下载(install.packages("RColorBrewer"))。安装之后，使用函数brewer.pal(*n*, *name*)来创建一个颜色值的向量。比如说，以下代码：

```
library(RColorBrewer)
n <- 7
mycolors <- brewer.pal(n, "Set1")
barplot(rep(1,n), col=mycolors)
```

从Set1调色板中抽取了7种用十六进制表示的颜色并返回一个向量。若要得到所有可选调色板的列表，输入brewer.pal.info；或者输入display.brewer.all()从而在一个显示输出中产生每个调色板的图形。请参阅help(RColorBrewer)获得更加详细的帮助。

最后，多阶灰度色可使用基础安装所自带的gray()函数生成。这时要通过一个元素值为0和1之间的向量来指定各颜色的灰度。gray(0:10/10)将生成10阶灰度色。试着使用以下代码：

```
n <- 10
mycolors <- rainbow(n)
pie(rep(1, n), labels=mycolors, col=mycolors)
mygrays <- gray(0:n/n)
pie(rep(1, n), labels=mygrays, col=mygrays)
```

来观察这些函数的工作方式。

你可以看到，R提供了多种创建颜色变量的方法。使用颜色参数的示例将贯穿本章。

3.3.3　文本属性

图形参数同样可以用来指定字号、字体和字样。表3-4阐释了用于控制文本大小的参数。字体族和字样可以通过字体选项进行控制（见表3-5）。

表3-4　用于指定文本大小的参数

参　　数	描　　述
cex	表示相对于默认大小缩放倍数的数值。默认大小为 1，1.5 表示放大为默认值的 1.5 倍，0.5 表示缩小为默认值的 50%，等等
cex.axis	坐标轴刻度文字的缩放倍数。类似于 cex
cex.lab	坐标轴标签（名称）的缩放倍数。类似于 cex
cex.main	标题的缩放倍数。类似于 cex
cex.sub	副标题的缩放倍数。类似于 cex

表3-5 用于指定字体族、字号和字样的参数

参　数	描　述
font	整数。用于指定绘图使用的字体样式。1=常规，2=粗体，3=斜体，4=粗斜体，5=符号字体（以 Adobe 符号编码表示）
font.axis	坐标轴刻度文字的字体样式
font.lab	坐标轴标签（名称）的字体样式
font.main	标题的字体样式
font.sub	副标题的字体样式
ps	字体磅值（1磅约为 1/72 英寸）。文本的最终大小为 ps*cex
family	绘制文本时使用的字体族。标准的取值为 serif（衬线）、sans（无衬线）和 mono（等宽）

举例来说，在执行语句：

```
par(font.lab=3, cex.lab=1.5, font.main=4, cex.main=2)
```

之后创建的所有图形都将拥有斜体、1.5倍于默认文本大小的坐标轴标签（名称），以及粗斜体、2倍于默认文本大小的标题。

我们可以轻松设置字号和字体样式，然而字体族的设置却稍显复杂。这是因为衬线、无衬线和等宽字体的具体映射是与图形设备相关的。举例来说，在Windows系统中，等宽字体映射为TT Courier New，衬线字体映射为TT Times New Roman，无衬线字体则映射为TT Arial（TT代表True Type）。如果你对以上映射表示满意，就可以使用类似于family="serif"这样的参数获得想要的结果。如果不满意，则需要创建新的映射。在Windows中，可以通过函数windowsFont()来创建这类映射。例如，在执行语句：

```
windowsFonts(
  A=windowsFont("Arial Black"),
  B=windowsFont("Bookman Old Style"),
  C=windowsFont("Comic Sans MS")
)
```

之后，即可使用A、B和C作为family的取值。在本例的情境下，par(family="A")将指定Arial Black作为绘图字体。（3.4.2节中的代码清单3-2提供了一个修改文本参数的示例。）请注意，函数windowsFont()仅在Windows中有效。在Mac上，请改用quartzFonts()。

如果以PDF或PostScript格式输出图形，则修改字体族会相对简单一些。对于PDF格式，可以使用names(pdfFonts())找出你的系统中有哪些字体是可用的，然后使用pdf(file="*myplot.pdf*", family="*fontname*")来生成图形。对于以PostScript格式输出的图形，则可以对应地使用names(postscriptFonts())和postscript(file="*myplot.ps*", family="*fontname*")。请参阅在线帮助以了解更多信息。

3.3.4 图形尺寸与边界尺寸

最后，可以使用表3-6列出的参数来控制图形尺寸和边界大小。

表3-6　用于控制图形尺寸和边界大小的参数

参　数	描　述
pin	以英寸表示的图形尺寸（宽和高）
mai	以数值向量表示的边界大小，顺序为"下、左、上、右"，单位为英寸
mar	以数值向量表示的边界大小，顺序为"下、左、上、右"，单位为英分①。默认值为 c(5, 4, 4, 2) + 0.1

代码：

```
par(pin=c(4,3), mai=c(1,.5, 1, .2))
```

可生成一幅4英寸宽、3英寸高、上下边界为1英寸、左边界为0.5英寸、右边界为0.2英寸的图形。关于边界参数的完整指南，不妨参阅 Earl F. Glynn 编写的一份全面的在线教程（ http://research.stowers-institute.org/efg/R/Graphics/Basics/mar-oma/ ）。让我们使用最近学到的选项来强化之前的简单图形示例。代码清单3-1中的代码生成的图形如图3-7所示。

代码清单3-1　使用图形参数控制图形外观

```
dose  <- c(20, 30, 40, 45, 60)
drugA <- c(16, 20, 27, 40, 60)
drugB <- c(15, 18, 25, 31, 40)

opar <- par(no.readonly=TRUE)
par(pin=c(2, 3))
par(lwd=2, cex=1.5)
par(cex.axis=.75, font.axis=3)
plot(dose, drugA, type="b", pch=19, lty=2, col="red")
plot(dose, drugB, type="b", pch=23, lty=6, col="blue", bg="green")
par(opar)
```

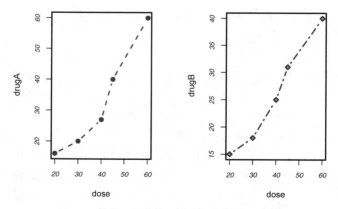

图3-7　药物A和药物B剂量与响应的折线图

首先，你以向量的形式输入了数据，然后保存了当前的图形参数设置（这样就可以在稍后恢

---

① 一英分等于十二分之一英寸（0.21厘米）。——译者注

复设置）。接着，你修改了默认的图形参数，得到的图形将为2英寸宽、3英寸高。除此之外，线条的宽度将为默认宽度的两倍，符号将为默认大小的1.5倍。坐标轴刻度文本被设置为斜体、缩小为默认大小的75%。之后，我们使用红色实心圆圈和虚线创建了第一幅图形，并使用绿色填充的绿色菱形加蓝色边框和蓝色虚线创建了第二幅图形。最后，我们还原了初始的图形参数设置。

值得注意的是，通过par()设定的参数对两幅图都有效，而在plot()函数中指定的参数仅对那个特定图形有效。

观察图3-7可以发现，图形的呈现上还有一定缺陷。这两幅图都缺少标题，并且纵轴的刻度单位不同，这无疑限制了我们直接比较两种药物的能力。同时，坐标轴的标签（名称）也应当提供更多的信息。

下一节中，我们将转而探讨如何自定义文本标注（如标题和标签）和坐标轴。要了解可用图形参数的更多信息，请参阅help(par)。

3.4 添加文本、自定义坐标轴和图例

除了图形参数，许多高级绘图函数（例如plot、hist、boxplot）也允许自行设定坐标轴和文本标注选项。举例来说，以下代码在图形上添加了标题（main）、副标题（sub）、坐标轴标签（xlab、ylab）并指定了坐标轴范围（xlim、ylim）。结果如图3-8所示。

```
plot(dose, drugA, type="b",
     col="red", lty=2, pch=2, lwd=2,
     main="Clinical Trials for Drug A",
     sub="This is hypothetical data",
     xlab="Dosage", ylab="Drug Response",
     xlim=c(0, 60), ylim=c(0, 70))
```

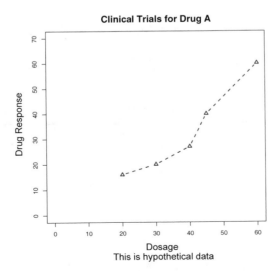

图3-8 药物A剂量和响应的折线图。添加了标题、副标题和自定义的坐标轴

再次提醒,并非所有函数都支持这些选项。请参考相应函数的帮助以了解其可以接受哪些选项。从更精细的控制和模块化的角度考虑,你可以使用本节余下部分描述的函数来控制标题、坐标轴、图例和文本标注的外观。

注意 某些高级绘图函数已经包含了默认的标题和标签。你可以通过在plot()语句或单独的par()语句中添加ann=FALSE来移除它们。

3.4.1 标题

可以使用title()函数为图形添加标题和坐标轴标签。调用格式为:

```
title(main="main title", sub="subtitle",
      xlab="x-axis label", ylab="y-axis label")
```

函数title()中亦可指定其他图形参数(如文本大小、字体、旋转角度和颜色)。举例来说,以下代码将生成红色的标题和蓝色的副标题,以及比默认大小小25%的绿色x轴、y轴标签:

```
title(main="My Title", col.main="red",
      sub="My Subtitle", col.sub="blue",
      xlab="My X label", ylab="My Y label",
      col.lab="green", cex.lab=0.75)
```

函数title()一般来说被用于添加信息到一个默认标题和坐标轴标签被ann=FALSE选项移除的图形中。

3.4.2 坐标轴

你可以使用函数axis()来创建自定义的坐标轴,而非使用R中的默认坐标轴。其格式为:

```
axis(side, at=, labels=, pos=, lty=, col=, las=, tck=, ...)
```

各参数已详述于表3-7中。

表3-7 坐标轴选项

选　项	描　　述
side	一个整数,表示在图形的哪边绘制坐标轴(1=下,2=左,3=上,4=右)
at	一个数值型向量,表示需要绘制刻度线的位置
labels	一个字符型向量,表示置于刻度线旁边的文字标签(如果为 NULL,则将直接使用 at 中的值)
pos	坐标轴线绘制位置的坐标(即与另一条坐标轴相交位置的值)
lty	线条类型
col	线条和刻度线颜色
las	标签是否平行于(=0)或垂直于(=2)坐标轴

（续）

选 项	描 述
tck	刻度线的长度，以相对于绘图区域大小的分数表示（负值表示在图形外侧，正值表示在图形内侧，0 表示禁用刻度，1 表示绘制网格线）；默认值为–0.01
(…)	其他图形参数

创建自定义坐标轴时，你应当禁用高级绘图函数自动生成的坐标轴。参数axes=FALSE将禁用全部坐标轴（包括坐标轴框架线，除非你添加了参数frame.plot=TRUE）。参数xaxt="n"和yaxt="n"将分别禁用X轴或Y轴（会留下框架线，只是去除了刻度）。代码清单3-2中是一个稍显笨拙和夸张的例子，它演示了我们到目前为止讨论过的各种图形特征。结果如图3-9所示。

代码清单3-2 自定义坐标轴的示例

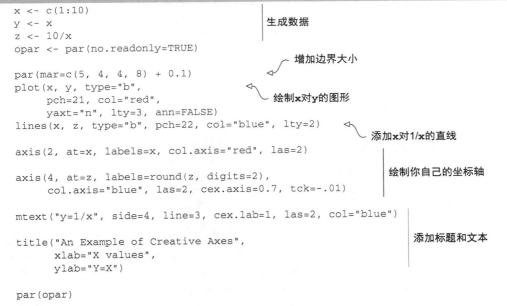

```
x <- c(1:10)
y <- x
z <- 10/x
opar <- par(no.readonly=TRUE)

par(mar=c(5, 4, 4, 8) + 0.1)
plot(x, y, type="b",
     pch=21, col="red",
     yaxt="n", lty=3, ann=FALSE)
lines(x, z, type="b", pch=22, col="blue", lty=2)

axis(2, at=x, labels=x, col.axis="red", las=2)

axis(4, at=z, labels=round(z, digits=2),
     col.axis="blue", las=2, cex.axis=0.7, tck=-.01)

mtext("y=1/x", side=4, line=3, cex.lab=1, las=2, col="blue")

title("An Example of Creative Axes",
      xlab="X values",
      ylab="Y=X")

par(opar)
```

生成数据

增加边界大小

绘制x对y的图形

添加x对1/x的直线

绘制你自己的坐标轴

添加标题和文本

到目前为止，我们已经讨论过代码清单3-2中除lines()和mtext()以外的所有函数。使用plot()语句可以新建一幅图形。而使用lines()语句，你可以为一幅现有图形添加新的图形元素。在3.4.4节中，你会再次用到它，在同一幅图中绘制药物A和药物B的响应情况。函数mtext()用于在图形的边界添加文本。我们将在3.4.5节中讲到函数mtext()，同时会在第11章中更充分地讨论lines()函数。

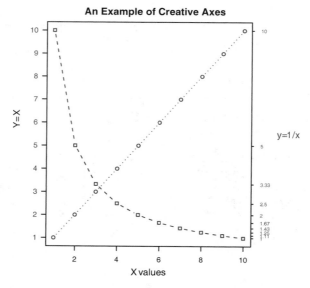

图3-9   各种坐标轴选项的演示

次要刻度线

　　注意，我们最近创建的图形都只拥有主刻度线，却没有次要刻度线。要创建次要刻度线，你需要使用Hmisc包中的minor.tick()函数。如果你尚未安装Hmisc包，请先安装它（参考1.4.2节）。你可以使用代码：

```
library(Hmisc)
minor.tick(nx=n, ny=n, tick.ratio=n)
```

来添加次要刻度线。其中nx和ny分别指定了X轴和Y轴每两条主刻度线之间通过次要刻度线划分得到的区间个数。tick.ratio表示次要刻度线相对于主刻度线的大小比例。当前的主刻度线长度可以使用par("tck")获取。举例来说，下列语句将在X轴的每两条主刻度线之间添加1条次要刻度线，并在Y轴的每两条主刻度线之间添加2条次要刻度线：

```
minor.tick(nx=2, ny=3, tick.ratio=0.5)
```

次要刻度线的长度将是主刻度线的一半。3.4.4节中给出了添加次要刻度线的一个例子（代码清单3-3和图3-10）。

3.4.3　参考线

　　函数abline()可以用来为图形添加参考线。其使用格式为：

```
abline(h=yvalues, v=xvalues)
```

　　函数abline()中也可以指定其他图形参数（如线条类型、颜色和宽度）。举例来说：

```
abline(h=c(1,5,7))
```

在y为1、5、7的位置添加了水平实线，而代码：

```
abline(v=seq(1, 10, 2), lty=2, col="blue")
```

则在x为1、3、5、7、9的位置添加了垂直的蓝色虚线。下一节的代码清单3-3为我们的药物效果图在y为30的位置创建了一条参考线。结果如下一节的图3-10所示。

3.4.4 图例

当图形中包含的数据不止一组时，图例可以帮助你辨别出每个条形、扇形区域或折线各代表哪一类数据。我们可以使用函数legend()来添加图例（果然不出所料）。其使用格式为：

```
legend(location, title, legend, ...)
```

常用选项详述于表3-8中。

表3-8 图例选项

选 项	描 述
location	有许多方式可以指定图例的位置。你可以直接给定图例左上角的x、y坐标，也可以执行locator(1)，然后通过鼠标单击给出图例的位置，还可以使用关键字bottom、bottomleft、left、topleft、top、topright、right、bottomright或center放置图例。如果你使用了以上某个关键字，那么可以同时使用参数inset=指定图例向图形内侧移动的大小（以绘图区域大小的分数表示）
title	图例标题的字符串（可选）
legend	图例标签组成的字符型向量
...	其他选项。如果图例标示的是颜色不同的线条，需要指定col=加上颜色值组成的向量。如果图例标示的是符号不同的点，则需指定pch=加上符号的代码组成的向量。如果图例标示的是不同的线条宽度或线条类型，请使用lwd=或lty=加上宽度值或类型值组成的向量。要为图例创建颜色填充的盒形（常见于条形图、箱线图或饼图），需要使用参数fill=加上颜色值组成的向量

其他常用的图例选项包括用于指定盒子样式的bty、指定背景色的bg、指定大小的cex，以及指定文本颜色的text.col。指定horiz=TRUE将会水平放置图例，而不是垂直放置。关于图例的更多细节，请参考help(legend)。这份帮助中给出的示例都特别有用。

让我们看看对药物数据作图的一个例子（代码清单3-3）。你将再次使用我们目前为止讲到的许多图形功能。结果如图3-10所示。

代码清单3-3 依剂量对比药物A和药物B的响应情况

```
dose  <- c(20, 30, 40, 45, 60)
drugA <- c(16, 20, 27, 40, 60)
drugB <- c(15, 18, 25, 31, 40)

opar <- par(no.readonly=TRUE)

par(lwd=2, cex=1.5, font.lab=2)
```

增加线条、文本、符号、标签的宽度或大小

```
plot(dose, drugA, type="b",
     pch=15, lty=1, col="red", ylim=c(0, 60),
     main="Drug A vs. Drug B",
     xlab="Drug Dosage", ylab="Drug Response")     绘制图形

lines(dose, drugB, type="b",
      pch=17, lty=2, col="blue")

abline(h=c(30), lwd=1.5, lty=2, col="gray")

library(Hmisc)                                      添加次要刻度线
minor.tick(nx=3, ny=3, tick.ratio=0.5)

legend("topleft", inset=.05, title="Drug Type", c("A","B")   添加图例
       lty=c(1, 2), pch=c(15, 17), col=c("red", "blue"))

par(opar)
```

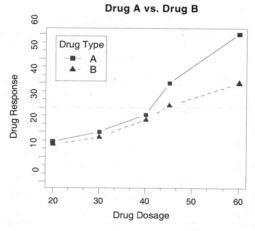

图3-10   进行标注后的图形，对比了药物A和药物B的效果

图3-10的几乎所有外观元素都可以使用本章中讨论过的选项进行修改。除此之外，还有很多其他方式可以指定想要的选项。最后一种需要研究的图形标注是向图形本身添加文本，请阅读下一节。

3.4.5   文本标注

我们可以通过函数text()和mtext()将文本添加到图形上。text()可向绘图区域内部添加文本，而mtext()则向图形的四个边界之一添加文本。使用格式分别为：

```
text(location, "text to place", pos, ...)
mtext("text to place", side, line=n, ...)
```

常用选项列于表3-9中。

表3-9 函数text()和mtext()的选项

选 项	描 述
location	文本的位置参数。可为一对 *x*、*y* 坐标，也可通过指定 location 为 locator(1) 使用鼠标交互式地确定摆放位置
pos	文本相对于位置参数的方位。1=下，2=左，3=上，4=右。如果指定了 pos，就可以同时指定参数 offset= 作为偏移量，以相对于单个字符宽度的比例表示
side	指定用来放置文本的边。1=下，2=左，3=上，4=右。你可以指定参数 line= 来内移或外移文本，随着值的增加，文本将外移。也可使用 adj=0 将文本向左下对齐，或使用 adj=1 右上对齐

其他常用的选项有cex、col和font（分别用来调整字号、颜色和字体样式）。

除了用来添加文本标注以外，text()函数也通常用来标示图形中的点。我们只需指定一系列的*x*、*y*坐标作为位置参数，同时以向量的形式指定要放置的文本。*x*、*y*和文本标签向量的长度应当相同。下面给出了一个示例，结果如图3-11所示。

```
attach(mtcars)
plot(wt, mpg,
     main="Mileage vs. Car Weight",
     xlab="Weight", ylab="Mileage",
     pch=18, col="blue")
text(wt, mpg,
     row.names(mtcars),
     cex=0.6, pos=4, col="red")
detach(mtcars)
```

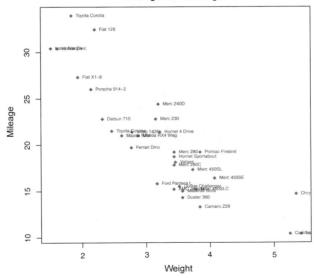

图3-11 一幅散点图（车重与每加仑汽油行驶英里数）的示例，各点均添加了标签（车型）

这个例子中，我们针对数据框mtcars提供的32种车型的车重和每加仑汽油行驶英里数绘制了散点图。函数text()被用来在各个数据点右侧添加车辆型号。各点的标签大小被缩小了40%，颜色为红色。

作为第二个示例，以下是一段展示不同字体族的代码：

```
opar <- par(no.readonly=TRUE)
par(cex=1.5)
plot(1:7,1:7,type="n")
text(3,3,"Example of default text")
text(4,4,family="mono","Example of mono-spaced text")
text(5,5,family="serif","Example of serif text")
par(opar)
```

在Windows系统中输出的结果如图3-12所示。这里为了获得更好的显示效果，我们使用par()函数增大了字号。

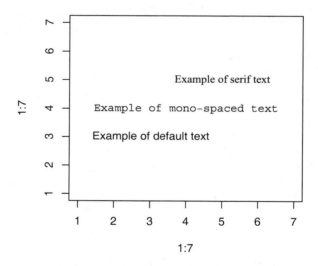

图3-12   Windows中不同字体族的示例

本例所得结果因平台而异，因为不同系统中映射的常规字体、等宽字体和有衬线字体有所不同。在你的系统上，结果看起来如何呢？

3.4.6   数学标注

最后，你可以使用类似于TeX中的写法为图形添加数学符号和公式。请参阅help(plotmath)以获得更多细节和示例。要即时看效果，可以尝试执行demo(plotmath)。部分运行结果如图3-13所示。函数plotmath()可以为图形主体或边界上的标题、坐标轴名称或文本标注添加数学符号。

算术运算符		根	
x + y	x + y	sqrt(x)	$\sqrt{x}$
x − y	x − y	sqrt(x, y)	$\sqrt[y]{x}$
x * y	xy	关系	
x/y	x/y	x == y	$x = y$
x %+-% y	$x \pm y$	x != y	$x \neq y$
x%/%y	$x \div y$	x < y	$x < y$
x %*% y	$x \times y$	x <= y	$x \leq y$
x %.% y	$x \cdot y$	x > y	$x > y$
−x	−x	x >= y	$x \geq y$
+x	+x	x %~~% y	$x \approx y$
下标/上标		x %=~% y	$x \cong y$
x[i]	x_i	x %==% y	$x \equiv y$
x^2	x^2	x %prop% y	$x \propto y$
并列		字型	
x * y	xy	plain(x)	x
paste(x, y, z)	xyz	italic(x)	*x*
列表		bold(x)	**x**
list(x, y, z)	x, y, z	bolditalic(x)	***x***
		underline(x)	x̲

图3-13　`demo(plotmath)`的部分结果

　　同时比较多幅图形，我们通常可以更好地洞察数据的性质。所以，作为本章的结尾，下面讨论将多幅图形组合为一幅图形的方法。

3.5　图形的组合

　　在R中使用函数`par()`或`layout()`可以容易地组合多幅图形为一幅总括图形。此时请不要担心所要组合图形的具体类型，这里我们只关注组合它们的一般方法。后续各章将讨论每类图形的绘制和解读问题。

　　你可以在`par()`函数中使用图形参数mfrow=c(*nrows*, *ncols*)来创建按行填充的、行数为*nrows*、列数为*ncols*的图形矩阵。另外，可以使用mfcol=c(*nrows*, *ncols*)按列填充矩阵。

　　举例来说，以下代码创建了四幅图形并将其排布在两行两列中：

```
attach(mtcars)
opar <- par(no.readonly=TRUE)
par(mfrow=c(2,2))
```

```
plot(wt,mpg, main="Scatterplot of wt vs. mpg")
plot(wt,disp, main="Scatterplot of wt vs. disp")
hist(wt, main="Histogram of wt")
boxplot(wt, main="Boxplot of wt")
par(opar)
detach(mtcars)
```

结果如图3-14所示。

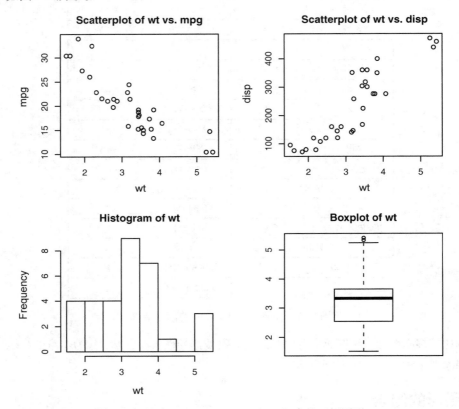

图3-14　通过par(mfrow=c(2,2))组合的四幅图形

作为第二个示例，让我们依三行一列排布三幅图形。代码如下：

```
attach(mtcars)
opar <- par(no.readonly=TRUE)
par(mfrow=c(3,1))
hist(wt)
hist(mpg)
hist(disp)
par(opar)
detach(mtcars)
```

所得图形如图3-15所示。请注意，高级绘图函数hist()包含了一个默认的标题（使用

main=""可以禁用它，抑或使用ann=FALSE来禁用所有标题和标签）。

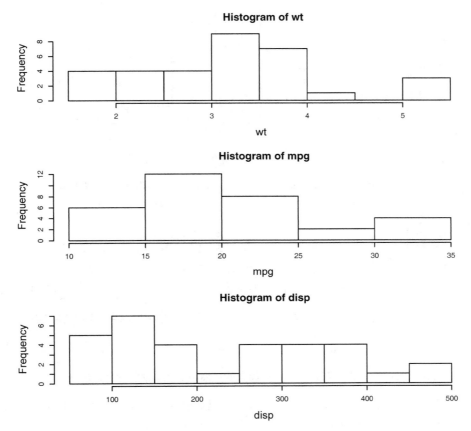

图3-15 通过par(mfrow=c(3,1))组合的三幅图形

函数layout()的调用形式为layout(*mat*)，其中的*mat*是一个矩阵，它指定了所要组合的多个图形的所在位置。在以下代码中，一幅图被置于第1行，另两幅图则被置于第2行：

```
attach(mtcars)
layout(matrix(c(1,1,2,3), 2, 2, byrow = TRUE))
hist(wt)
hist(mpg)
hist(disp)
detach(mtcars)
```

结果如图3-16所示。

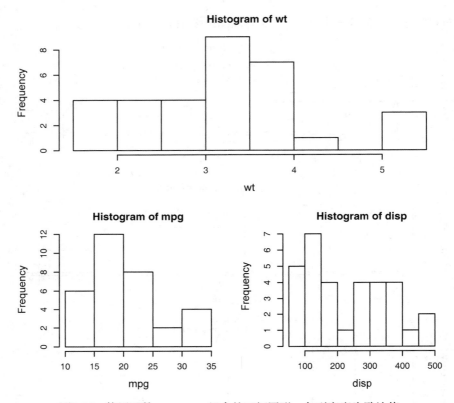

图3-16　使用函数layout()组合的三幅图形，各列宽度为默认值

为了更精确地控制每幅图形的大小，可以有选择地在layout()函数中使用widths=和 heights=两个参数。其形式为：

❑ widths = 各列宽度值组成的一个向量

❑ heights = 各行高度值组成的一个向量

相对宽度可以直接通过数值指定，绝对宽度（以厘米为单位）可以通过函数1cm()来指定。

在以下代码中，我们再次将一幅图形置于第1行，两幅图形置于第2行。但第1行中图形的高度是第2行中图形高度的二分之一。除此之外，右下角图形的宽度是左下角图形宽度的三分之一：

```
attach(mtcars)
layout(matrix(c(1, 1, 2, 3), 2, 2, byrow = TRUE),
    widths=c(3, 1), heights=c(1, 2))
hist(wt)
hist(mpg)
hist(disp)
detach(mtcars)
```

所得图形如图3-17所示。

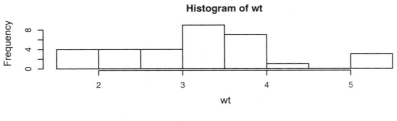

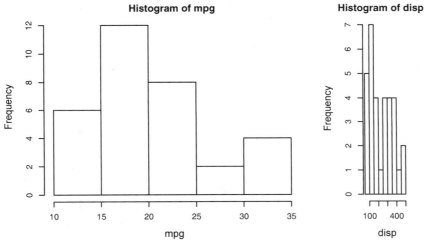

图3-17　使用函数layout()组合的三幅图形，各列宽度为指定值

如你所见，layout()函数能够让我们轻松地控制最终图形中的子图数量和摆放方式，以及这些子图的相对大小。请参考help(layout)以了解更多细节。

图形布局的精细控制

可能有很多时候，你想通过排布或叠加若干图形来创建单幅的、有意义的图形，这需要有对图形布局的精细控制能力。你可以使用图形参数fig=完成这个任务。代码清单3-4通过在散点图上添加两幅箱线图，创建了单幅的增强型图形。结果如图3-18所示。

代码清单3-4　多幅图形布局的精细控制

```
opar <- par(no.readonly=TRUE)
par(fig=c(0, 0.8, 0, 0.8))
plot(mtcars$wt, mtcars$mpg,                          设置散点图
     xlab="Miles Per Gallon",
     ylab="Car Weight")
par(fig=c(0, 0.8, 0.55, 1), new=TRUE)                在上方添加箱线图
boxplot(mtcars$wt, horizontal=TRUE, axes=FALSE)

par(fig=c(0.65, 1, 0, 0.8), new=TRUE)                在右侧添加箱线图
boxplot(mtcars$mpg, axes=FALSE)
```

```
mtext("Enhanced Scatterplot", side=3, outer=TRUE, line=-3)

par(opar)
```

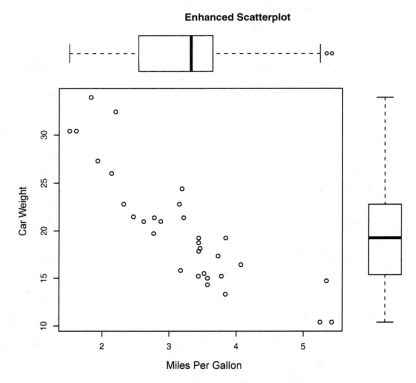

图3-18　边界上添加了两幅箱线图的散点图

要理解这幅图的绘制原理，请试想完整的绘图区域：左下角坐标为(0, 0)，而右上角坐标为(1, 1)。图3-19是一幅示意图。参数fig=的取值是一个形如c(x1，x2，y1，y2)的数值向量。

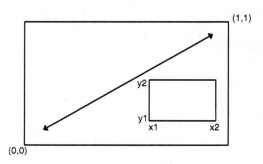

图3-19　使用图形参数fig=指定位置

第一个fig=将散点图设定为占据横向范围0~0.8，纵向范围0~0.8。上方的箱线图横向占据0~0.8，纵向0.55~1。右侧的箱线图横向占据0.65~1，纵向0~0.8。fig=默认会新建一幅图形，所以在添加一幅图到一幅现有图形上时，请设定参数new=TRUE。

我将参数选择为0.55而不是0.8，这样上方的图形就不会和散点图拉得太远。类似地，我选择了参数0.65以拉近右侧箱线图和散点图的距离。你需要不断尝试找到合适的位置参数。

注意　各独立子图所需空间的大小可能与设备相关。如果你遇到了"Error in plot.new(): figure margins too large"这样的错误，请尝试在整个图形的范围内修改各个子图占据的区域位置和大小。

你可以使用图形参数fig=将若干图形以任意排布方式组合到单幅图形中。稍加练习，你就可以通过这种方法极其灵活地创建复杂的视觉呈现。

3.6　小结

本章中，我们回顾了创建图形和以各种格式保存图形的方法。本章的主体则是关于如何修改R绘制的默认图形，以得到更加有用或更吸引人的图形。你学习了如何修改一幅图形的坐标轴、字体、绘图符号、线条和颜色，以及如何添加标题、副标题、标签、文本、图例和参考线，看到了如何指定图形和边界的大小，以及将多幅图形组合为实用的单幅图形。

本章的焦点是那些可以应用于所有图形的通用方法（第19章的ggplot2图形是一个例外）。后续各章将着眼于特定的图形类型。例如，第6章介绍了对单变量绘图的各种方法；对变量间关系绘图的方法将于第11章讨论；在第19章中，我们则讨论高级的绘图方法，包括显示多变量数据的创新性方法。

在其他各章中，我们将会讨论对某些统计方法来说特别实用的数据可视化方法。图形是现代数据分析的核心组成部分，所以我将尽力将它们整合到各类统计方法的讨论中。

在前一章中，我们讨论了一系列输入或导入数据到R中的方法。遗憾的是，现实数据极少以直接可用的格式出现。下一章，我们将关注如何将数据转换或修改为更有助于分析的形式。

第 4 章

基本数据管理

本章内容
- ❑ 操纵日期和缺失值
- ❑ 熟悉数据类型的转换
- ❑ 变量的创建和重编码
- ❑ 数据集的排序、合并与取子集
- ❑ 选入和丢弃变量

在第2章中，我们讨论了多种导入数据到R中的方法。遗憾的是，将你的数据表示为矩阵或数据框这样的矩形形式仅仅是数据准备的第一步。这里可以演绎Kirk船长在《星际迷航》"末日决战的滋味"一集中的台词（这完全验明了我的极客基因）："数据是一件麻烦事———一件非常非常麻烦的事。"在我的工作中，有多达60%的数据分析时间都花在了实际分析前数据的准备上。我敢大胆地说，多数需要处理现实数据的分析师可能都面临着以某种形式存在的类似问题。让我们先看一个例子。

4.1 一个示例

本人当前工作的研究主题之一是男性和女性在领导各自企业方式上的不同。典型的问题如下。

- ❑ 处于管理岗位的男性和女性在听从上级的程度上是否有所不同？
- ❑ 这种情况是否依国家的不同而有所不同，或者说这些由性别导致的不同是否普遍存在？

解答这些问题的一种方法是让多个国家的经理人的上司对其服从程度打分，使用的问题类似于：

这名经理在作出人事决策之前会询问我的意见				
1	2	3	4	5
非常不同意	不同意	既不同意也不反对	同意	非常同意

结果数据可能类似于表4-1。各行数据代表了某个经理人的上司对他的评分。

表4-1 领导行为的性别差异

经理人	日 期	国 籍	性 别	年 龄	q1	q2	q3	q4	q5
1	10/24/14	US	M	32	5	4	5	5	5
2	10/28/14	US	F	45	3	5	2	5	5
3	10/01/14	UK	F	25	3	5	5	5	2
4	10/12/14	UK	M	39	3	3	4		
5	05/01/14	UK	F	99	2	2	1	2	1

在这里，每位经理人的上司根据与服从权威相关的五项陈述（q1到q5）对经理人进行评分。例如，经理人1是一位在美国工作的32岁男性，上司对他的评价是惯于顺从，而经理人5是一位在英国工作的，年龄未知（99可能代表缺失）的女性，服从程度评分较低。日期一栏记录了进行评分的时间。

一个数据集中可能含有几十个变量和成千上万的观测，但为了简化示例，我们仅选取了5行10列的数据。另外，我们已将关于经理人服从行为的问题数量限制为5。在现实的研究中，你很可能会使用10到20个类似的问题来提高结果的可靠性和有效性。可以使用代码清单4-1中的代码创建一个包含表4-1中数据的数据框。

代码清单4-1 创建`leadership`数据框

```
manager <- c(1, 2, 3, 4, 5)
date <- c("10/24/08", "10/28/08", "10/1/08", "10/12/08", "5/1/09")
country <- c("US", "US", "UK", "UK", "UK")
gender <- c("M", "F", "F", "M", "F")
age <- c(32, 45, 25, 39, 99)
q1 <- c(5, 3, 3, 3, 2)
q2 <- c(4, 5, 5, 3, 2)
q3 <- c(5, 2, 5, 4, 1)
q4 <- c(5, 5, 5, NA, 2)
q5 <- c(5, 5, 2, NA, 1)
leadership <- data.frame(manager, date, country, gender, age,
                         q1, q2, q3, q4, q5, stringsAsFactors=FALSE)
```

为了解决感兴趣的问题，你必须首先解决一些数据管理方面的问题。这里列出其中一部分。

❑ 五个评分（q1到q5）需要组合起来，即为每位经理人生成一个平均服从程度得分。

❑ 在问卷调查中，被调查者经常会跳过某些问题。例如，为4号经理人打分的上司跳过了问题4和问题5。你需要一种处理不完整数据的方法，同时也需要将99岁这样的年龄值重编码为缺失值。

❑ 一个数据集中也许会有数百个变量，但你可能仅对其中的一些感兴趣。为了简化问题，我们往往希望创建一个只包含那些感兴趣变量的数据集。

❑ 既往研究表明，领导行为可能随经理人的年龄而改变，二者存在函数关系。要检验这种观点，你希望将当前的年龄值重编码为类别型的年龄组（例如年轻、中年、年长）。

❑ 领导行为可能随时间推移而发生改变。你可能想重点研究最近全球金融危机期间的服从行为。为了做到这一点，你希望将研究范围限定在某一个特定时间段收集的数据上（比如，2009年1月1日到2009年12月31日）。

我们将在本章中逐个解决这些问题，同时完成如数据集的组合与排序这样的基本数据管理任务。然后，在第5章，我们会讨论一些更为高级的话题。

4.2   创建新变量

在典型的研究项目中，你可能需要创建新变量或者对现有的变量进行变换。这可以通过以下形式的语句来完成：

```
变量名 <- 表达式
```

以上语句中的"表达式"部分可以包含多种运算符和函数。表4-2列出了R中的算术运算符。算术运算符可用于构造公式（formula）。

表4-2   算术运算符

运 算 符	描 述
+	加
−	减
*	乘
/	除
^或**	求幂
x%%y	求余（x mod y）。5%%2 的结果为 1
x%/%y	整数除法。5%/%2 的结果为 2

假设你有一个名为mydata的数据框，其中的变量为x1和x2，现在你想创建一个新变量sumx存储以上两个变量的加和，并创建一个名为meanx的新变量存储这两个变量的均值。如果使用代码：

```
sumx  <-  x1 + x2
meanx <- (x1 + x2)/2
```

你将得到一个错误，因为R并不知道x1和x2来自于数据框mydata。如果你转而使用代码：

```
sumx  <-  mydata$x1 + mydata$x2
meanx <- (mydata$x1 + mydata$x2)/2
```

语句可成功执行，但是你只会得到一个数据框（mydata）和两个独立的向量（sumx和meanx）。这也许并不是你真的想要的。因为从根本上说，你希望将两个新变量整合到原始的数据框中。代码清单4-2提供了三种不同的方式来实现这个目标，具体选择哪一个由你决定，所得结果都是相同的。

代码清单4-2   创建新变量

```
mydata<-data.frame(x1 = c(2, 2, 6, 4),
                   x2 = c(3, 4, 2, 8))
```

```
mydata$sumx  <-  mydata$x1 + mydata$x2
mydata$meanx <- (mydata$x1 + mydata$x2)/2

attach(mydata)
mydata$sumx  <-  x1 + x2
mydata$meanx <- (x1 + x2)/2
detach(mydata)

mydata <- transform(mydata,
                    sumx  =  x1 + x2,
                    meanx = (x1 + x2)/2)
```

我个人倾向于第三种方式,即transform()函数的一个示例。这种方式简化了按需创建新变量并将其保存到数据框中的过程。

4.3 变量的重编码

重编码涉及根据同一个变量和/或其他变量的现有值创建新值的过程。举例来说,你可能想:
- 将一个连续型变量修改为一组类别值;
- 将误编码的值替换为正确值;
- 基于一组分数线创建一个表示及格/不及格的变量。

要重编码数据,可以使用R中的一个或多个逻辑运算符(见表4-3)。逻辑运算符表达式可返回TRUE或FALSE。

表4-3 逻辑运算符

运 算 符	描 述
<	小于
<=	小于或等于
>	大于
>=	大于或等于
==	严格等于[①]
!=	不等于
!x	非x
x | y	x或y
x & y	x和y
isTRUE(x)	测试x是否为TRUE

----

① 类似于其他科学计算语言,在R中比较浮点型数值时请慎用==,以防出现误判。详情参考"R FAQ"7.31节。
——译者注

不妨假设你希望将leadership数据集中经理人的连续型年龄变量age重编码为类别型变量agecat（Young、Middle Aged、Elder）。首先，必须将99岁的年龄值重编码为缺失值，使用的代码为：

```
leadership$age[leadership$age  == 99]    <- NA
```

语句variable[condition] <- expression将仅在condition的值为TRUE时执行赋值。在指定好年龄中的缺失值后，你可以接着使用以下代码创建agecat变量：

```
leadership$agecat[leadership$age  > 75] <- "Elder"
leadership$agecat[leadership$age >= 55 &
                  leadership$age <= 75] <- "Middle Aged"
leadership$agecat[leadership$age  < 55] <- "Young"
```

你在leadership$agecat中写上了数据框的名称，以确保新变量能够保存到数据框中。（我将中年人（Middle Aged）定义为55到75岁，这样不会让我感觉自己是个老古董。）请注意，如果你一开始没把99重编码为age的缺失值，那么经理人5就将在变量agecat中被错误地赋值为"老年人"（Elder）。

这段代码可以写成更紧凑的：

```
leadership <- within(leadership,{
                  agecat <- NA
                  agecat[age > 75]             <- "Elder"
                  agecat[age >= 55 & age <= 75] <- "Middle Aged"
                  agecat[age < 55]             <- "Young" })
```

函数within()与函数with()类似（见2.2.4节），不同的是它允许你修改数据框。首先，创建了agecat变量，并将每一行都设为缺失值。括号中剩下的语句接下来依次执行。请记住agecat现在只是一个字符型变量，你可能更希望像2.2.5节讲解的那样把它转换成一个有序型因子。

若干程序包都提供了实用的变量重编码函数，特别地，car包中的recode()函数可以十分简便地重编码数值型、字符型向量或因子。而doBy包提供了另外一个很受欢迎的函数recodevar()。最后，R中也自带了cut()，可将一个数值型变量按值域切割为多个区间，并返回一个因子。

4.4　变量的重命名

如果对现有的变量名称不满意，你可以交互地或者以编程的方式修改它们。假设你希望将变量名manager修改为managerID，并将date修改为testDate，那么可以使用语句：

```
fix(leadership)
```

来调用一个交互式的编辑器。然后你单击变量名，然后在弹出的对话框中将其重命名（见图4-1）。

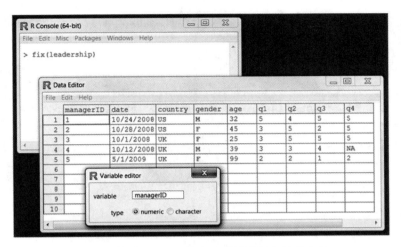

图4-1　使用 `fix()` 函数交互式地进行变量重命名

若以编程方式，可以通过 `names()` 函数来重命名变量。例如：

```
names(leadership)[2] <- "testDate"
```

将重命名 `date` 为 `testDate`，就像以下代码演示的一样：

```
> names(leadership)
 [1] "manager" "date"    "country" "gender"  "age"     "q1"      "q2"
 [8] "q3"      "q4"      "q5"
> names(leadership)[2] <- "testDate"
> leadership
  manager testDate country gender age q1 q2 q3 q4 q5
1       1 10/24/08      US      M  32  5  4  5  5  5
2       2 10/28/08      US      F  45  3  5  2  5  5
3       3  10/1/08      UK      F  25  3  5  5  5  2
4       4 10/12/08      UK      M  39  3  3  4 NA NA
5       5   5/1/09      UK      F  99  2  2  1  2  1
```

以类似的方式：

```
names(leadership)[6:10] <- c("item1", "item2", "item3", "item4", "item5")
```

将重命名 `q1` 到 `q5` 为 `item1` 到 `item5`。

最后，`plyr` 包中有一个 `rename()` 函数，可用于修改变量名。这个函数默认并没有被安装，所以你首先要使用命令 `install.packages("plyr")` 对之进行安装。

`rename()` 函数的使用格式为：

```
rename(dataframe, c(oldname="newname", oldname="newname",...))
```

这里是一个示例：

```
library(plyr)
leadership <- rename(leadership,
                c(manager="managerID", date="testDate"))
```

plyr包拥有一系列强大的数据集操作函数，你可以在http://had.co.nz/plyr获得更多信息。

4.5　缺失值

在任何规模的项目中，数据都可能由于未作答问题、设备故障或误编码数据的缘故而不完整。在R中，缺失值以符号NA（Not Available，不可用）表示。与SAS等程序不同，R中字符型和数值型数据使用的缺失值符号是相同的。

R提供了一些函数，用于识别包含缺失值的观测。函数is.na()允许你检测缺失值是否存在。假设你有一个向量：

```
y <- c(1, 2, 3, NA)
```

然后使用函数：

```
is.na(y)
```

将返回c(FALSE, FALSE, FALSE, TRUE)。

请注意is.na()函数是如何作用于一个对象上的。它将返回一个相同大小的对象，如果某个元素是缺失值，相应的位置将被改写为TRUE，不是缺失值的位置则为FALSE。代码清单4-3将此函数应用到了我们的leadership数据集上。

代码清单4-3　使用is.na()函数

```
> is.na(leadership[,6:10])
        q1    q2    q3    q4    q5
[1,] FALSE FALSE FALSE FALSE FALSE
[2,] FALSE FALSE FALSE FALSE FALSE
[3,] FALSE FALSE FALSE FALSE FALSE
[4,] FALSE FALSE FALSE  TRUE  TRUE
[5,] FALSE FALSE FALSE FALSE FALSE
```

这里的leadership[,6:10]将数据框限定到第6列至第10列，接下来is.na()识别出了缺失值。

当你在处理缺失值的时候，你要一直记得两件重要的事情。第一，缺失值被认为是不可比较的，即便是与缺失值自身的比较。这意味着无法使用比较运算符来检测缺失值是否存在。例如，逻辑测试myvar == NA的结果永远不会为TRUE。作为替代，你只能使用处理缺失值的函数（如本节中所述的那些）来识别出R数据对象中的缺失值。

第二，R并不把无限的或者不可能出现的数值标记成缺失值。再次地，这和其余像SAS之类类似的程序处理这类数值的方式所不同。正无穷和负无穷分别用Inf和-Inf所标记。因此5/0返回Inf。不可能的值（比如说，sin(Inf)）用NaN符号来标记（not a number，不是一个数）。若要识别这些数值，你需要用到is.infinite()或is.nan()。

4.5.1　重编码某些值为缺失值

如4.3节中演示的那样，你可以使用赋值语句将某些值重编码为缺失值。在我们的

leadership示例中，缺失的年龄值被编码为99。在分析这一数据集之前，你必须让R明白本例中的99表示缺失值（否则这些样本的平均年龄将会高得离谱）。你可以通过重编码这个变量完成这项工作：

```
leadership$age[leadership$age == 99] <- NA
```

任何等于99的年龄值都将被修改为NA。请确保所有的缺失数据已在分析之前被妥善地编码为缺失值，否则分析结果将失去意义。

4.5.2　在分析中排除缺失值

确定了缺失值的位置以后，你需要在进一步分析数据之前以某种方式删除这些缺失值。原因是，含有缺失值的算术表达式和函数的计算结果也是缺失值。举例来说，考虑以下代码：

```
x <- c(1, 2, NA, 3)
y <- x[1] + x[2] + x[3] + x[4]
z <- sum(x)
```

由于x中的第3个元素是缺失值，所以y和z也都是NA（缺失值）。

好在多数的数值函数都拥有一个na.rm=TRUE选项，可以在计算之前移除缺失值并使用剩余值进行计算：

```
x <- c(1, 2, NA, 3)
y <- sum(x, na.rm=TRUE)
```

这里，y等于6。

在使用函数处理不完整的数据时，请务必查阅它们的帮助文档（例如，help(sum)），检查这些函数是如何处理缺失数据的。函数sum()只是我们将在第5章中讨论的众多函数之一，使用这些函数可以灵活而轻松地转换数据。

你可以通过函数na.omit()移除所有含有缺失值的观测。na.omit()可以删除所有含有缺失数据的行。在代码清单4-4中，我们将此函数应用到了leadership数据集上。

代码清单4-4　使用na.omit()删除不完整的观测

```
> leadership
  manager     date country gender age q1 q2 q3 q4 q5         ←── 含有缺失数据的数据框
1       1 10/24/08      US      M  32  5  4  5  5  5
2       2 10/28/08      US      F  40  3  5  2  5  5
3       3 10/01/08      UK      F  25  3  5  5  5  2
4       4 10/12/08      UK      M  39  3  3  4 NA NA
5       5 05/01/09      UK      F  NA  2  2  1  2  1

> newdata <- na.omit(leadership)
> newdata
  manager     date country gender age q1 q2 q3 q4 q5         ←── 仅含完整观测的数据框
1       1 10/24/08      US      M  32  5  4  5  5  5
2       2 10/28/08      US      F  40  3  5  2  5  5
3       3 10/01/08      UK      F  25  3  5  5  5  2
```

在结果被保存到 `newdata` 之前，所有包含缺失数据的行均已从 `leadership` 中删除。

删除所有含有缺失数据的观测（称为行删除，listwise deletion）是处理不完整数据集的若干手段之一。如果只有少数缺失值或者缺失值仅集中于一小部分观测中，行删除不失为解决缺失值问题的一种优秀方法。但如果缺失值遍布于数据之中，或者一小部分变量中包含大量的缺失数据，行删除可能会剔除相当比例的数据。我们将在第18章中探索若干更为复杂精妙的缺失值处理方法。下面，让我们谈谈日期值。

4.6   日期值

日期值通常以字符串的形式输入到R中，然后转化为以数值形式存储的日期变量。函数 `as.Date()` 用于执行这种转化。其语法为 `as.Date(x, "input_format")`，其中x是字符型数据，*input_format* 则给出了用于读入日期的适当格式（见表4-4）。

表4-4   日期格式

符 号	含 义	示 例
%d	数字表示的日期（0~31）	01~31
%a	缩写的星期名	Mon
%A	非缩写星期名	Monday
%m	月份（00~12）	00~12
%b	缩写的月份	Jan
%B	非缩写月份	January
%y	两位数的年份	07
%Y	四位数的年份	2007

日期值的默认输入格式为 *yyyy-mm-dd*。语句：

```
mydates <- as.Date(c("2007-06-22", "2004-02-13"))
```

将默认格式的字符型数据转换为了对应日期。相反，

```
strDates <- c("01/05/1965", "08/16/1975")
dates <- as.Date(strDates, "%m/%d/%Y")
```

则使用 *mm/dd/yyyy* 的格式读取数据。

在 `leadership` 数据集中，日期是以 *mm/dd/yy* 的格式编码为字符型变量的。因此：

```
myformat <- "%m/%d/%y"
leadership$date <- as.Date(leadership$date, myformat)
```

使用指定格式读取字符型变量，并将其作为一个日期变量替换到数据框中。这种转换一旦完成，你就可以使用后续各章中讲到的诸多分析方法对这些日期进行分析和绘图。

有两个函数对于处理时间戳数据特别实用。`Sys.Date()` 可以返回当天的日期，而 `date()`

则返回当前的日期和时间。我写下这段文字的时间是2014年11月27日下午1:21。所以执行这些函数的结果是：

```
> Sys.Date()
[1] "2014-11-27"
> date()
[1] "Fri Nov 27 13:21:54 2014"
```

你可以使用函数format(x, format="output_format")来输出指定格式的日期值，并且可以提取日期值中的某些部分：

```
> today <- Sys.Date()
> format(today, format="%B %d %Y")
[1] "November 27 2014"
> format(today, format="%A")
[1] "Thursday"
```

format()函数可接受一个参数（本例中是一个日期）并按某种格式输出结果（本例中使用了表4-4中符号的组合）。这里最重要的结果是，距离周末只有两天时间了！

R的内部在存储日期时，是使用自1970年1月1日以来的天数表示的，更早的日期则表示为负数。这意味着可以在日期值上执行算术运算。例如：

```
> startdate <- as.Date("2004-02-13")
> enddate   <- as.Date("2011-01-22")
> days      <- enddate - startdate
> days
Time difference of 2535 days
```

显示了2004年2月13日和2011年1月22日之间的天数。

最后，也可以使用函数difftime()来计算时间间隔，并以星期、天、时、分、秒来表示。假设我出生于1956年10月12日，我现在有多大呢？

```
> today <- Sys.Date()
> dob   <- as.Date("1956-10-12")
> difftime(today, dob, units="weeks")
Time difference of 3033 weeks
```

很明显，我有3033周这么大，谁知道呢？最后一个小测验：猜猜我生于星期几？

4.6.1 将日期转换为字符型变量

你同样可以将日期变量转换为字符型变量。函数as.character()可将日期值转换为字符型：

```
strDates <- as.character(dates)
```

进行转换后，即可使用一系列字符处理函数处理数据（如取子集、替换、连接等）。我们将在第5章中详述字符处理函数。

4.6.2　更进一步

要了解字符型数据转换为日期的更多细节，请查看 help(as.Date) 和 help(strftime)。要了解更多关于日期和时间格式的知识，请参考 help(ISOdatetime)。lubridate 包中包含了许多简化日期处理的函数，可以用于识别和解析日期—时间数据，抽取日期—时间成分（例如年份、月份、日期等），以及对日期—时间值进行算术运算。如果你需要对日期进行复杂的计算，那么 timeDate 包可能会有帮助。它提供了大量的日期处理函数，可以同时处理多个时区，并且提供了复杂的历法操作功能，支持工作日、周末以及假期。

4.7　类型转换

在上节中，我们讨论了将字符数据转换为日期值以及逆向转换的方法。R中提供了一系列用来判断某个对象的数据类型和将其转换为另一种数据类型的函数。

R与其他统计编程语言有着类似的数据类型转换方式。举例来说，向一个数值型向量中添加一个字符串会将此向量中的所有元素转换为字符型。你可以使用表4-5中列出的函数来判断数据的类型或者将其转换为指定类型。

表4-5　类型转换函数

判　　　断	转　　　换
is.numeric()	as.numeric()
is.character()	as.character()
is.vector()	as.vector()
is.matrix()	as.matrix()
is.data.frame()	as.data.frame()
is.factor()	as.factor()
is.logical()	as.logical()

名为 is.datatype() 这样的函数返回 TRUE 或 FALSE，而 as.datatype() 这样的函数则将其参数转换为对应的类型。代码清单4-5提供了一个示例。

代码清单4-5　转换数据类型

```
> a <- c(1,2,3)
> a
[1] 1 2 3
> is.numeric(a)
[1] TRUE
> is.vector(a)
[1] TRUE
> a <- as.character(a)
> a
[1] "1" "2" "3"
> is.numeric(a)
[1] FALSE
> is.vector(a)
```

```
[1] TRUE
> is.character(a)
[1] TRUE
```

当和第5章中讨论的控制流（如if-then）结合使用时，is.datatype()这样的函数将成为一类强大的工具，即允许根据数据的具体类型以不同的方式处理数据。另外，某些R函数需要接受某个特定类型（字符型或数值型，矩阵或数据框）的数据，as.datatype()这类函数可以让你在分析之前先行将数据转换为要求的格式。

4.8 数据排序

有些情况下，查看排序后的数据集可以获得相当多的信息。例如，哪些经理人最具服从意识？在R中，可以使用order()函数对一个数据框进行排序。默认的排序顺序是升序。在排序变量的前边加一个减号即可得到降序的排序结果。以下示例使用leadership演示了数据框的排序。

语句：

```
newdata <- leadership[order(leadership$age),]
```

创建了一个新的数据集，其中各行依经理人的年龄升序排序。语句：

```
attach(leadership)
newdata <- leadership[order(gender, age),]
detach(leadership)
```

则将各行依女性到男性、同样性别中按年龄升序排序。

最后，

```
attach(leadership)
newdata <-leadership[order(gender, -age),]
detach(leadership)
```

将各行依经理人的性别和年龄降序排序。

4.9 数据集的合并

如果数据分散在多个地方，你就需要在继续下一步之前将其合并。本节展示了向数据框中添加列（变量）和行（观测）的方法。

4.9.1 向数据框添加列

要横向合并两个数据框（数据集），请使用merge()函数。在多数情况下，两个数据框是通过一个或多个共有变量进行联结的（即一种内联结，inner join）。例如：

```
total <- merge(dataframeA, dataframeB, by="ID")
```

将dataframeA和dataframeB按照ID进行了合并。类似地，

```
total <- merge(dataframeA, dataframeB, by=c("ID","Country"))
```

将两个数据框按照ID和Country进行了合并。类似的横向联结通常用于向数据框中添加变量。

用cbind()进行横向合并

如果要直接横向合并两个矩阵或数据框，并且不需要指定一个公共索引，那么可以直接使用cbind()函数：

```
total <- cbind(A, B)
```

这个函数将横向合并对象A和对象B。为了让它正常工作，每个对象必须拥有相同的行数，以同顺序排序。

4.9.2 向数据框添加行

要纵向合并两个数据框（数据集），请使用rbind()函数：

```
total <- rbind(dataframeA, dataframeB)
```

两个数据框必须拥有相同的变量，不过它们的顺序不必一定相同。如果dataframeA中拥有dataframeB中没有的变量，请在合并它们之前做以下某种处理：

- ❏ 删除dataframeA中的多余变量；
- ❏ 在dataframeB中创建追加的变量并将其值设为NA（缺失）。

纵向联结通常用于向数据框中添加观测。

4.10 数据集取子集

R拥有强大的索引特性，可以用于访问对象中的元素。也可利用这些特性对变量或观测进行选入和排除。以下几节演示了对变量和观测进行保留或删除的若干方法。

4.10.1 选入（保留）变量

从一个大数据集中选择有限数量的变量来创建一个新的数据集是常有的事。在第2章中，数据框中的元素是通过dataframe[*row indices*, *column indices*]这样的记号来访问的。你可以沿用这种方法来选择变量。例如：

```
newdata <- leadership[, c(6:10)]
```

从leadership数据框中选择了变量q1、q2、q3、q4和q5，并将它们保存到了数据框newdata中。将行下标留空（，）表示默认选择所有行。语句：

```
myvars <- c("q1", "q2", "q3", "q4", "q5")
newdata <-leadership[myvars]
```

实现了等价的变量选择。这里，（引号中的）变量名充当了列的下标，因此选择的列是相同的。

最后，其实你可以写：

```
myvars <- paste("q", 1:5, sep="")
newdata <- leadership[myvars]
```

本例使用paste()函数创建了与上例中相同的字符型向量。paste()函数将在第5章中讲解。

4.10.2 剔除（丢弃）变量

剔除变量的原因有很多。举例来说，如果某个变量中有很多缺失值，你可能就想在进一步分析之前将其丢弃。下面是一些剔除变量的方法。

你可以使用语句：

```
myvars <- names(leadership) %in% c("q3", "q4")
newdata <- leadership[!myvars]
```

剔除变量q3和q4。为了理解以上语句的原理，你需要把它拆解如下。

(1) names(leadership)生成了一个包含所有变量名的字符型向量：c("managerID","testDate","country","gender","age","q1", "q2","q3","q4","q5")。

(2) names(leadership) %in% c("q3", "q4")返回了一个逻辑型向量，names(leadership)中每个匹配q3或q4的元素的值为TRUE，反之为FALSE：c(FALSE, FALSE, FALSE, FALSE, FALSE, FALSE, FALSE, TRUE, TRUE, FALSE)。

(3)运算符非(!)将逻辑值反转：c(TRUE, TRUE, TRUE, TRUE, TRUE, TRUE, TRUE, FALSE, FALSE, TRUE)。

(4) leadership[c(TRUE, TRUE, TRUE, TRUE, TRUE, TRUE, TRUE, FALSE, FALSE, TRUE)]选择了逻辑值为TRUE的列，于是q3和q4被剔除了。

在知道q3和q4是第8个和第9个变量的情况下，可以使用语句：

```
newdata <- leadership[c(-8,-9)]
```

将它们剔除。这种方式的工作原理是，在某一列的下标之前加一个减号（–）就会剔除那一列。

最后，相同的变量删除工作亦可通过：

```
leadership$q3 <- leadership$q4 <- NULL
```

来完成。这回你将q3和q4两列设为了未定义（NULL）。注意，NULL与NA（表示缺失）是不同的。

丢弃变量是保留变量的逆向操作。选择哪一种方式进行变量筛选依赖于两种方式的编码难易程度。如果有许多变量需要丢弃，那么直接保留需要留下的变量可能更简单，反之亦然。

4.10.3   选入观测

选入或剔除观测（行）通常是成功的数据准备和数据分析的一个关键方面。代码清单4-6给出了一些例子。

代码清单4-6   选入观测

选择第1
行到第3
行（前三
个观测）
```
newdata <- leadership[1:3,]

newdata <- leadership[leadership$gender=="M" &
                        leadership$age > 30,]

attach(leadership)
newdata <- leadership[gender=='M' & age > 30,]
detach(leadership)
```

❶ 选择所有30岁
以上的男性

使用了attach()函数，
所以你就不必在变量名
前加上数据框名称了

在以上每个示例中，你只提供了行下标，并将列下标留空（故选入了所有列）。在第一个示例中，你选择了第1行到第3行（前三个观测）。

让我们拆解第二行代码以便理解它。

(1) 逻辑比较leadership$gender=="M"生成了向量c(TRUE, FALSE, FALSE, TRUE, FALSE)。

(2) 逻辑比较leadership$age > 30生成了向量c(TRUE, TRUE, FALSE, TRUE, TRUE)。

(3) 逻辑比较c(TRUE, FALSE, FALSE, TRUE, FALSE) & c(TRUE, TRUE, FALSE, TRUE, TRUE)生成了向量c(TRUE, FALSE, FALSE, TRUE, FALSE)。

(4) leadership[c(TRUE, FALSE, FALSE, TRUE, FALSE),]从数据框中选择了第一个和第四个观测（当对应行的索引是TRUE，这一行被选入；当对应行的索引是FALSE，这一行被剔除）。这就满足了我们的选取准则（30岁以上的男性）。

在本章开始的时候，我曾经提到，你可能希望将研究范围限定在2009年1月1日到2009年12月31日之间收集的观测上。怎么做呢？这里有一个办法：

使用格式*mm/dd/yy*将
开始作为字符值读入
的日期转换为日期值

```
leadership$date <- as.Date(leadership$date, "%m/%d/%y")
```

创建结束日期

```
startdate <- as.Date("2009-01-01")
enddate   <- as.Date("2009-10-31")
```

创建开
始日期
```
newdata <- leadership[which(leadership$date >= startdate &
                       leadership$date <= enddate),]
```

像上例一样选取那些满
足你期望中准则的个案

注意，由于as.Date()函数的默认格式就是*yyyy-mm-dd*，所以你无需在这里提供这个参数。

4.10.4   subset()函数

前两节中的示例很重要，因为它们辅助描述了逻辑型向量和比较运算符在R中的解释方式。理解这些例子的工作原理在总体上将有助于你对R代码的解读。既然你已经用笨办法完成了任务，现在不妨来看一种简便方法。

使用subset()函数大概是选择变量和观测最简单的方法了。两个示例如下：

```
newdata <- subset(leadership, age >= 35 | age < 24,
                  select=c(q1, q2, q3, q4))
```
> 选择所有**age**值大于等于35或**age**值
> 小于24的行，保留了变量**q1**到**q4**

```
newdata <- subset(leadership, gender=="M" & age > 25,
                  select=gender:q4)
```
> 选择所有25岁以上的男性，并保留了变量**gender**
> 到**q4**（**gender**、**q4**和其间所有列）

你在第2章中已经看到了冒号运算符from:to。在这里，它表示了数据框中变量from到变量to包含的所有变量。

4.10.5　随机抽样

在数据挖掘和机器学习领域，从更大的数据集中抽样是很常见的做法。举例来说，你可能希望选择两份随机样本，使用其中一份样本构建预测模型，使用另一份样本验证模型的有效性。sample()函数能够让你从数据集中（有放回或无放回地）抽取大小为n的一个随机样本。

你可以使用以下语句从leadership数据集中随机抽取一个大小为3的样本：

```
mysample <- leadership[sample(1:nrow(leadership), 3, replace=FALSE),]
```

sample()函数中的第一个参数是一个由要从中抽样的元素组成的向量。在这里，这个向量是1到数据框中观测的数量，第二个参数是要抽取的元素数量，第三个参数表示无放回抽样。sample()函数会返回随机抽样得到的元素，之后即可用于选择数据框中的行。

R中拥有齐全的抽样工具，包括抽取和校正调查样本（参见sampling包）以及分析复杂调查数据（参见survey包）的工具。其他依赖于抽样的方法，包括自助法和重抽样统计方法，详见第12章。

4.11　使用 SQL 语句操作数据框

到目前为止，你一直在使用R语句操作数据。但是，许多数据分析人员在接触R之前就已经精通了结构化查询语言（SQL），要丢弃那么多积累下来的知识实为一件憾事。因此，在我们结束本章之前简述一下sqldf包。（如果你对SQL不熟，请尽管跳过本节。）

在下载并安装好这个包以后（install.packages("sqldf")），你可以使用sqldf()函数在数据框上使用SQL中的SELECT语句。代码清单4-7给出了两个示例。

代码清单4-7　使用SQL语句操作数据框

从数据框mtcars中选择所有的变量（列），保留那些使用化油器（carb）的车型（行），按照mpg对车型进行了升序排序，并将结果保存为数据框newdf。参数row.names=TRUE将原始数据框中的行名延续到了新数据框中

```
> library(sqldf)
> newdf <- sqldf("select * from mtcars where carb=1 order by mpg",
                 row.names=TRUE)
> newdf
```

```
                   mpg cyl  disp  hp drat   wt qsec vs am gear carb
Valiant           18.1   6 225.0 105 2.76 3.46 20.2  1  0    3    1
Hornet 4 Drive    21.4   6 258.0 110 3.08 3.21 19.4  1  0    3    1
Toyota Corona     21.5   4 120.1  97 3.70 2.46 20.0  1  0    3    1
Datsun 710        22.8   4 108.0  93 3.85 2.32 18.6  1  1    4    1
Fiat X1-9         27.3   4  79.0  66 4.08 1.94 18.9  1  1    4    1
Fiat 128          32.4   4  78.7  66 4.08 2.20 19.5  1  1    4    1
Toyota Corolla    33.9   4  71.1  65 4.22 1.83 19.9  1  1    4    1

> sqldf("select avg(mpg) as avg_mpg, avg(disp) as avg_disp, gear
            from mtcars where cyl in (4, 6) group by gear")
  avg_mpg avg_disp gear
1    20.3      201    3
2    24.5      123    4
3    25.4      120    5
```

输出四缸和六缸车型每一gear
水平的mpg和disp的平均值

经验丰富的SQL用户将会发现，sqldf包是R中一个实用的数据管理辅助工具。请参阅项目主页（http://code.google.com/p/sqldf/）以了解详情。

4.12   小结

本章讲解了大量的基础知识。首先我们看到了R存储缺失值和日期值的方式，并探索了它们的多种处理方法。接着学习了如何确定一个对象的数据类型，以及如何将它转换为其他类型。还使用简单的公式创建了新变量并重编码了现有变量。你学习了如何对数据进行排序和对变量进行重命名，学习了如何对数据和其他数据集进行横向合并（添加变量）和纵向合并（添加观测）。最后，我们讨论了如何保留或丢弃变量，以及如何基于一系列的准则选取观测。

在下一章中，我们将着眼于R中不计其数的，用于创建和转换变量的算术函数、字符处理函数和统计函数。在探索了控制程序流程的方式之后，你将了解到如何编写自己的函数。我们也将探索如何使用这些函数来整合及概括数据。

在第5章结束时，你就能掌握管理复杂数据集的多数工具。（无论你走到哪里，都将成为数据分析师艳羡的人物！）

高级数据管理

本章内容
- ❑ 数学和统计函数
- ❑ 字符处理函数
- ❑ 循环和条件执行
- ❑ 自编函数
- ❑ 数据整合与重塑

在第4章，我们审视了R中基本的数据集处理方法，本章我们将关注一些高级话题。本章分为三个基本部分。在第一部分中，我们将快速浏览R中的多种数学、统计和字符处理函数。为了让这一部分的内容相互关联，我们先引入一个能够使用这些函数解决的数据处理问题。在讲解过这些函数以后，再为这个数据处理问题提供一个可能的解决方案。

接下来，我们将讲解如何自己编写函数来完成数据处理和分析任务。首先，我们将探索控制程序流程的多种方式，包括循环和条件执行语句。然后，我们将研究用户自编函数的结构，以及在编写完成后如何调用它们。

最后，我们将了解数据的整合和概述方法，以及数据集的重塑和重构方法。在整合数据时，你可以使用任何内建或自编函数来获取数据的概述，所以你在本章前两部分中学习的内容将会派上用场。

5.1 一个数据处理难题

要讨论数值和字符处理函数，让我们首先考虑一个数据处理问题。一组学生参加了数学、科学和英语考试。为了给所有学生确定一个单一的成绩衡量指标，需要将这些科目的成绩组合起来。另外，你还想将前20%的学生评定为A，接下来20%的学生评定为B，依次类推。最后，你希望按字母顺序对学生排序。数据如表5-1所示。

表5-1   学生成绩数据

学生姓名	数 学	科 学	英 语
John Davis	502	95	25
Angela Williams	600	99	22
Bullwinkle Moose	412	80	18
David Jones	358	82	15
Janice Markhammer	495	75	20
Cheryl Cushing	512	85	28
Reuven Ytzrhak	410	80	15
Greg Knox	625	95	30
Joel England	573	89	27
Mary Rayburn	522	86	18

观察此数据集，马上可以发现一些明显的障碍。首先，三科考试的成绩是无法比较的。由于它们的均值和标准差相去甚远，所以对它们求平均值是没有意义的。你在组合这些考试成绩之前，必须将其变换为可比较的单元。其次，为了评定等级，你需要一种方法来确定某个学生在前述得分上百分比排名。再次，表示姓名的字段只有一个，这让排序任务复杂化了。为了正确地将其排序，需要将姓和名拆开。

以上每一个任务都可以巧妙地利用R中的数值和字符处理函数完成。在讲解完下一节中的各种函数之后，我们将考虑一套可行的解决方案，以解决这项数据处理难题。

5.2　数值和字符处理函数

本节我们将综述R中作为数据处理基石的函数，它们可分为数值（数学、统计、概率）函数和字符处理函数。在阐述过每一类函数以后，我将为你展示如何将函数应用到矩阵和数据框的列（变量）和行（观测）上（参见5.2.6节）。

5.2.1　数学函数

表5-2列出了常用的数学函数和简短的用例。

表5-2   数学函数

函 数	描 述
abs(x)	绝对值 abs(-4)返回值为 4
sqrt(x)	平方根 sqrt(25)返回值为 5，和 25^(0.5)等价
ceiling(x)	不小于 x 的最小整数 ceiling(3.475)返回值为 4
floor(x)	不大于 x 的最大整数 floor(3.475)返回值为 3

（续）

函 数	描 述
trunc(*x*)	向 0 的方向截取的 *x* 中的整数部分
	trunc(5.99)返回值为 5
round(*x*, digits=*n*)	将 *x* 舍入为指定位的小数
	round(3.475, digits=2)返回值为 3.48
signif(*x*, digits=*n*)	将 *x* 舍入为指定的有效数字位数
	signif(3.475, digits=2)返回值为 3.5
cos(*x*)、sin(*x*)、tan(*x*)	余弦、正弦和正切
	cos(2)返回值为–0.416
acos(*x*)、asin(*x*)、atan(*x*)	反余弦、反正弦和反正切
	acos(-0.416)返回值为 2
cosh(*x*)、sinh(*x*)、tanh(*x*)	双曲余弦、双曲正弦和双曲正切
	sinh(2)返回值为 3.627
acosh(*x*)、asinh(*x*)、atanh(*x*)	反双曲余弦、反双曲正弦和反双曲正切
	asinh(3.627)返回值为 2
log(*x*,base=*n*) log(*x*) log10(*x*)	对 *x* 取以 *n* 为底的对数 为了方便起见： •log(*x*)为自然对数 •log10(*x*)为常用对数 •log(10)返回值为 2.3026 •log10(10)返回值为 1
exp(*x*)	指数函数
	exp(2.3026)返回值为 10

对数据做变换是这些函数的一个主要用途。例如，你经常会在进一步分析之前将收入这种存在明显偏倚的变量取对数。数学函数也被用作公式中的一部分，用于绘图函数（例如x对sin(x)）和在输出结果之前对数值做格式化。

表5-2中的示例将数学函数应用到了标量（单独的数值）上。当这些函数被应用于数值向量、矩阵或数据框时，它们会作用于每一个独立的值。例如，sqrt(c(4,16,25))的返回值为c(2, 4, 5)。

5.2.2 统计函数

常用的统计函数如表5-3所示，其中许多函数都拥有可以影响输出结果的可选参数。举例来说：

```
y <- mean(x)
```

提供了对象x中元素的算术平均数，而：

```
z <- mean(x, trim = 0.05, na.rm=TRUE)
```

则提供了截尾平均数，即丢弃了最大5%和最小5%的数据和所有缺失值后的算术平均数。请使用 help() 了解以上每个函数和其参数的用法。

表5-3   统计函数

函　　数	描　　述
mean(*x*)	平均数
	mean(c(1,2,3,4)) 返回值为 2.5
median(*x*)	中位数
	median(c(1,2,3,4)) 返回值为 2.5
sd(*x*)	标准差
	sd(c(1,2,3,4)) 返回值为 1.29
var(*x*)	方差
	var(c(1,2,3,4)) 返回值为 1.67
mad(*x*)	绝对中位差（median absolute deviation）
	mad(c(1,2,3,4)) 返回值为 1.48
quantile(*x*,probs)	求分位数。其中 *x* 为待求分位数的数值型向量，probs 为一个由[0,1]之间的概率值组成的数值向量
	# 求 x 的 30% 和 84% 分位点
	y <- quantile(x, c(.3,.84))
range(*x*)	求值域
	x <- c(1,2,3,4)
	range(x) 返回值为 c(1,4)
	diff(range(x)) 返回值为 3
sum(*x*)	求和
	sum(c(1,2,3,4)) 返回值为 10
diff(*x*, lag=*n*)	滞后差分，lag 用以指定滞后几项。默认的 lag 值为 1
	x<- c(1, 5, 23, 29)
	diff(x) 返回值为 c(4, 18, 6)
min(*x*)	求最小值
	min(c(1,2,3,4)) 返回值为 1
max(*x*)	求最大值
	max(c(1,2,3,4)) 返回值为 4
scale(*x*,center=TRUE, scale=TRUE)	为数据对象 *x* 按列进行中心化(center=TRUE)或标准化(center=TRUE,scale=TRUE)；代码清单 5-6 中给出了一个示例

要了解这些函数的实战应用，请参考代码清单5-1。这个例子演示了计算某个数值向量的均值和标准差的两种方式。

代码清单5-1 均值和标准差的计算

```
> x <- c(1,2,3,4,5,6,7,8)

> mean(x)
[1] 4.5                          简洁的方式
> sd(x)
[1] 2.449490

> n <- length(x)
> meanx <- sum(x)/n
> css <- sum((x - meanx)^2)
> sdx <- sqrt(css / (n-1))       冗长的方式
> meanx
[1] 4.5
> sdx
[1] 2.449490
```

第二种方式中修正平方和（css）的计算过程是很有启发性的：

(1) x等于c(1, 2, 3, 4, 5, 6, 7, 8)，x的平均值等于4.5（length(x)返回了x中元素的数量）；

(2) (x – meanx)从x的每个元素中减去了4.5，结果为c(-3.5, -2.5, -1.5, -0.5, 0.5, 1.5, 2.5, 3.5)；

(3) (x – meanx)^2将(x – meanx)的每个元素求平方，结果为c(12.25, 6.25, 2.25, 0.25, 0.25, 2.25, 6.25, 12.25)；

(4) sum((x - meanx)^2)对(x - meanx)^2)的所有元素求和，结果为42。

R中公式的写法和类似MATLAB的矩阵运算语言有着许多共同之处。（我们将在附录D中具体关注解决矩阵代数问题的方法。）

数据的标准化

默认情况下，函数scale()对矩阵或数据框的指定列进行均值为0、标准差为1的标准化：

```
newdata <- scale(mydata)
```

要对每一列进行任意均值和标准差的标准化，可以使用如下的代码：

```
newdata <- scale(mydata)*SD + M
```

其中的M是想要的均值，SD为想要的标准差。在非数值型的列上使用scale()函数将会报错。要对指定列而不是整个矩阵或数据框进行标准化，你可以使用这样的代码：

```
newdata <- transform(mydata, myvar = scale(myvar)*10+50)
```

此句将变量myvar标准化为均值50、标准差为10的变量。你将在5.3节数据处理问题的解决方法中用到scale()函数。

5.2.3 概率函数

你可能在疑惑为何概率函数未和统计函数列在一起。（你真的对此有些困惑，对吧？）虽然根据定义，概率函数也属于统计类，但是它们非常独特，应独立设一节进行讲解。概率函数通常用来生成特征已知的模拟数据，以及在用户编写的统计函数中计算概率值。

在R中，概率函数形如：

[dpqr]*distribution_abbreviation*()

其中第一个字母表示其所指分布的某一方面：

d = 密度函数（density）

p = 分布函数（distribution function）

q = 分位数函数（quantile function）

r = 生成随机数（随机偏差）

常用的概率函数列于表5-4中。

表5-4　概率分布

分布名称	缩　写	分布名称	缩　写
Beta 分布	beta	Logistic 分布	logis
二项分布	binom	多项分布	multinom
柯西分布	cauchy	负二项分布	nbinom
（非中心）卡方分布	chisq	正态分布	norm
指数分布	exp	泊松分布	pois
F 分布	f	Wilcoxon 符号秩分布	signrank
Gamma 分布	gamma	t 分布	t
几何分布	geom	均匀分布	unif
超几何分布	hyper	Weibull 分布	weibull
对数正态分布	lnorm	Wilcoxon 秩和分布	wilcox

我们不妨先看看正态分布的有关函数，以了解这些函数的使用方法。如果不指定一个均值和一个标准差，则函数将假定其为标准正态分布（均值为0，标准差为1）。密度函数（dnorm）、分布函数（pnorm）、分位数函数（qnorm）和随机数生成函数（rnorm）的使用示例见表5-5。

表5-5 正态分布函数

问 题	解 法

在区间[-3, 3]上绘制标准正态曲线	```
	x <- pretty(c(-3,3), 30)
	y <- dnorm(x)
	plot(x, y,
	    type = "l",
	    xlab = "Normal Deviate",
	    ylab = "Density",
	    yaxs = "i"
	)
	``

位于z=1.96左侧的标准正态曲线下方面积是多少？	pnorm(1.96)等于0.975
均值为500，标准差为100的正态分布的0.9分位点值为多少？	qnorm(.9, mean=500, sd=100)等于628.16
生成50个均值为50，标准差为10的正态随机数	rnorm(50, mean=50, sd=10)

5

如果读者对plot()函数的选项不熟悉，请不要担心。这些选项在第11章中有详述。pretty()在本章稍后的表5-7中进行了解释。

1. 设定随机数种子

在每次生成伪随机数的时候，函数都会使用一个不同的种子，因此也会产生不同的结果。你可以通过函数set.seed()显式指定这个种子，让结果可以重现（reproducible）。代码清单5-2给出了一个示例。这里的函数runif()用来生成0到1区间上服从均匀分布的伪随机数。

代码清单5-2 生成服从正态分布的伪随机数

```
> runif(5)
[1] 0.8725344 0.3962501 0.6826534 0.3667821 0.9255909
> runif(5)
[1] 0.4273903 0.2641101 0.3550058 0.3233044 0.6584988
> set.seed(1234)
> runif(5)
[1] 0.1137034 0.6222994 0.6092747 0.6233794 0.8609154
> set.seed(1234)
> runif(5)
[1] 0.1137034 0.6222994 0.6092747 0.6233794 0.8609154
```

通过手动设定种子，就可以重现你的结果了。这种能力有助于我们创建会在未来取用的，以及可与他人分享的示例。

2. 生成多元正态数据

在模拟研究和蒙特卡洛方法中，你经常需要获取来自给定均值向量和协方差阵的多元正态分布的数据。MASS包中的mvrnorm()函数可以让这个问题变得很容易。其调用格式为：

```
mvrnorm(n, mean, sigma)
```

其中n是你想要的样本大小，mean为均值向量，而sigma是方差–协方差矩阵（或相关矩阵）。代码清单5-3从一个参数如下所示的三元正态分布中抽取500个观测。

均值向量	230.7	146.7	3.6
协方差阵	15360.8	6721.2	-47.1
	6721.2	4700.9	-16.5
	-47.1	-16.5	0.3

代码清单5-3 生成服从多元正态分布的数据

```
> library(MASS)
> options(digits=3)                    ❶ 设定随机数种子
> set.seed(1234)

> mean <- c(230.7, 146.7, 3.6)
> sigma <- matrix(c(15360.8, 6721.2, -47.1,      ❷ 指定均值向量、
                    6721.2, 4700.9, -16.5,          协方差阵
                    -47.1,   -16.5,   0.3), nrow=3, ncol=3)
> mydata <- mvrnorm(500, mean, sigma)
> mydata <- as.data.frame(mydata)                ❸ 生成数据
> names(mydata) <- c("y","x1","x2")

> dim(mydata)                          ❹ 查看结果
[1] 500 3
> head(mydata, n=10)
        y     x1    x2
1    98.8   41.3  4.35
2   244.5  205.2  3.57
3   375.7  186.7  3.69
4   -59.2   11.2  4.23
5   313.0  111.0  2.91
6   288.8  185.1  4.18
7   134.8  165.0  3.68
8   171.7   97.4  3.81
9   167.3  101.0  4.01
10  121.1   94.5  3.76
```

代码清单5-3中设定了一个随机数种子，这样就可以在之后重现结果❶。你指定了想要的均值向量和方差–协方差阵❷，并生成了500个伪随机观测❸。为了方便，结果从矩阵转换为数据框，并为变量指定了名称。最后，你确认了拥有500个观测和3个变量，并输出了前10个观测❹。请注意，由于相关矩阵同时也是协方差阵，所以其实可以直接指定相关关系的结构。

R中的概率函数允许生成模拟数据，这些数据是从服从已知特征的概率分布中抽样而得的。近年来，依赖于模拟数据的统计方法呈指数级增长，在后续各章中会有若干示例。

5.2.4 字符处理函数

数学和统计函数是用来处理数值型数据的，而字符处理函数可以从文本型数据中抽取信息，

或者为打印输出和生成报告重设文本的格式。举例来说，你可能希望将某人的姓和名连接在一起，并保证姓和名的首字母大写，抑或想统计可自由回答的调查反馈信息中含有秽语的实例（instance）数量。一些最有用的字符处理函数见表5-6。

表5-6　字符处理函数

函　　数	描　　述
nchar(x)	计算 x 中的字符数量
	x <- c("ab", "cde", "fghij")
	length(x)返回值为 3（参见表 5-7）
	nchar(x[3])返回值为 5
substr(x, start, stop)	提取或替换一个字符向量中的子串
	x <- "abcdef"
	substr(x, 2, 4)返回值为"bcd"
	substr(x, 2, 4) <- "22222"（x 将变成"a222ef"）
grep(pattern, x, ignore.case=FALSE, fixed=FALSE)	在 x 中搜索某种模式。若 fixed=FALSE，则 pattern 为一个正则表达式。若 fixed=TRUE，则 pattern 为一个文本字符串。返回值为匹配的下标
	grep("A",c("b","A","c"),fixed=TRUE)返回值为 2
sub(pattern, replacement, x, ignore.case=FALSE, fixed=FALSE)	在 x 中搜索 pattern，并以文本 replacement 将其替换。若 fixed=FALSE，则 pattern 为一个正则表达式。若 fixed=TRUE，则 pattern 为一个文本字符串。
	sub("\\s",".","Hello There")返回值为 Hello.There。注意，"\s"是一个用来查找空白的正则表达式；使用"\\s"而不用"\"的原因是，后者是 R 中的转义字符（参见 1.3.3 节）
strsplit(x, split, fixed=FALSE)	在 split 处分割字符向量 x 中的元素。若 fixed=FALSE，则 pattern 为一个正则表达式。若 fixed=TRUE，则 pattern 为一个文本字符串
	y <- strsplit("abc", "")将返回一个含有 1 个成分、3 个元素的列表，包含的内容为"a" "b" "c"
	unlist(y)[2]和 sapply(y, "[", 2)均会返回"b"
paste(…, sep="")	连接字符串，分隔符为 sep
	paste("x", 1:3,sep="")返回值为 c("x1", "x2", "x3")
	paste("x",1:3,sep="M")返回值为 c("xM1","xM2", "xM3")
	paste("Today is", date())返回值为 Today is Thu Jun 25 14:17:32 2011（我修改了日期以让它看起来更接近当前的时间）
toupper(x)	大写转换
	toupper("abc")返回值为"ABC"
tolower(x)	小写转换
	tolower("ABC")返回值为"abc"

　　请注意，函数grep()、sub()和strsplit()能够搜索某个文本字符串（fixed=TRUE）或某个正则表达式（fixed=FALSE，默认值为FALSE）。正则表达式为文本模式的匹配提供了一套

清晰而简练的语法。例如，正则表达式：

```
^[hc]?at
```

可匹配任意以0个或1个h或c开头、后接at的字符串。因此，此表达式可以匹配hat、cat和at，但不会匹配bat。要了解更多，请参考维基百科的regular expression（正则表达式）条目。

5.2.5   其他实用函数

表5-7中的函数对于数据管理和处理同样非常实用，只是它们无法清楚地划入其他分类中。

表5-7   其他实用函数

函　　数	描　　述
length(*x*)	对象 *x* 的长度
	x <- c(2, 5, 6, 9)
	length(x) 返回值为 4
seq(*from*, *to*, *by*)	生成一个序列
	indices <- seq(1,10,2)
	indices 的值为 c(1, 3, 5, 7, 9)
rep(*x*, *n*)	将 *x* 重复 *n* 次
	y <- rep(1:3, 2)
	y 的值为 c(1, 2, 3, 1, 2, 3)
cut(*x*, *n*)	将连续型变量 *x* 分割为有着 *n* 个水平的因子
	使用选项 ordered_result = TRUE 以创建一个有序型因子
pretty(*x*, *n*)	创建美观的分割点。通过选取 *n*+1 个等间距的取整值，将一个连续型变量 *x* 分割为 *n* 个区间。绘图中常用
cat(... , file ="myfile", append =FALSE)	连接...中的对象，并将其输出到屏幕上或文件中（如果声明了一个的话）
	firstname <- c("Jane")
	cat("Hello" ,firstname, "\n")

表中的最后一个例子演示了在输出时转义字符的使用方法。\n表示新行，\t为制表符，\'为单引号，\b为退格，等等。（键入?Quotes以了解更多。）例如，代码：

```
name <- "Bob"
cat( "Hello", name, "\b.\n", "Isn\'t R", "\t", "GREAT?\n")
```

可生成：

```
Hello Bob.
 Isn't R         GREAT?
```

请注意第二行缩进了一个空格。当cat输出连接后的对象时，它会将每一个对象都用空格分开。这就是在句号之前使用退格转义字符（\b）的原因。不然，生成的结果将是"Hello Bob ."。

在数值、字符串和向量上使用我们最近学习的函数是直观而明确的，但是如何将它们应用到矩阵和数据框上呢？这就是下一节的主题。

5.2.6 将函数应用于矩阵和数据框

R函数的诸多有趣特性之一，就是它们可以应用到一系列的数据对象上，包括标量、向量、矩阵、数组和数据框。代码清单5-4提供了一个示例。

代码清单5-4 将函数应用于数据对象

```
> a <- 5
> sqrt(a)
[1] 2.236068
> b <- c(1.243, 5.654, 2.99)
> round(b)
[1] 1 6 3
> c <- matrix(runif(12), nrow=3)
> c
        [,1]  [,2]  [,3]  [,4]
[1,] 0.4205 0.355 0.699 0.323
[2,] 0.0270 0.601 0.181 0.926
[3,] 0.6682 0.319 0.599 0.215
> log(c)
         [,1]   [,2]   [,3]   [,4]
[1,] -0.866 -1.036 -0.358 -1.130
[2,] -3.614 -0.508 -1.711 -0.077
[3,] -0.403 -1.144 -0.513 -1.538
> mean(c)
[1] 0.444
```

请注意，在代码清单5-4中对矩阵c求均值的结果为一个标量（0.444）。函数mean()求得的是矩阵中全部12个元素的均值。但如果希望求的是各行的均值或各列的均值呢？

R中提供了一个apply()函数，可将一个任意函数"应用"到矩阵、数组、数据框的任何维度上。apply()函数的使用格式为：

```
apply(x, MARGIN, FUN, ...)
```

其中，*x*为数据对象，*MARGIN*是维度的下标，*FUN*是由你指定的函数，而...则包括了任何想传递给*FUN*的参数。在矩阵或数据框中，MARGIN=1表示行，MARGIN=2表示列。请看以下例子。

代码清单5-5 将一个函数应用到矩阵的所有行（列）

```
> mydata <- matrix(rnorm(30), nrow=6)          ❶ 生成数据
> mydata
          [,1]    [,2]    [,3]    [,4]    [,5]
[1,]  0.71298  1.368 -0.8320 -1.234 -0.790
[2,] -0.15096 -1.149 -1.0001 -0.725  0.506
[3,] -1.77770  0.519 -0.6675  0.721 -1.350
[4,] -0.00132 -0.308  0.9117 -1.391  1.558
[5,] -0.00543  0.378 -0.0906 -1.485 -0.350
[6,] -0.52178 -0.539 -1.7347  2.050  1.569   ❷ 计算每行的均值
> apply(mydata, 1, mean)
```

```
计算每 ❹   [1] -0.155 -0.504 -0.511  0.154 -0.310  0.165
列的截         > apply(mydata, 2, mean)
尾均值         [1] -0.2907  0.0449 -0.5688 -0.3442  0.1906        ❸  计算每列的均值
          └─> > apply(mydata, 2, mean, trim=0.2)
              [1] -0.1699  0.0127 -0.6475 -0.6575  0.2312
```

首先生成了一个包含正态随机数的6×5矩阵❶。然后你计算了6行的均值❷，以及5列的均值
❸。最后，你计算了每列的截尾均值（在本例中，截尾均值基于中间60%的数据，最高和最低20%
的值均被忽略）❹。

FUN可为任意R函数，这也包括你自行编写的函数（参见5.4节），所以apply()是一种很强
大的机制。apply()可把函数应用到数组的某个维度上，而lapply()和sapply()则可将函数
应用到列表（list）上。你将在下一节中看到sapply()（它是lapply()的更好用的版本）的一
个示例。

你已经拥有了解决5.1节中数据处理问题所需的所有工具，现在，让我们小试身手。

5.3　数据处理难题的一套解决方案

5.1节中提出的问题是：将学生的各科考试成绩组合为单一的成绩衡量指标，基于相对名次
（前20%、下20%、等等）给出从A到F的评分，根据学生姓氏和名字的首字母对花名册进行排序。
代码清单5-6给出了一种解决方案。

代码清单5-6　示例的一种解决方案

```
         > options(digits=2)
步骤1 ❶
         > Student <- c("John Davis", "Angela Williams", "Bullwinkle Moose",
                        "David Jones", "Janice Markhammer", "Cheryl Cushing",
                        "Reuven Ytzrhak", "Greg Knox", "Joel England",
                        "Mary Rayburn")
         > Math <- c(502, 600, 412, 358, 495, 512, 410, 625, 573, 522)
         > Science <- c(95, 99, 80, 82, 75, 85, 80, 95, 89, 86)
         > English <- c(25, 22, 18, 15, 20, 28, 15, 30, 27, 18)
         > roster <- data.frame(Student, Math, Science, English,
                                stringsAsFactors=FALSE)
步骤2 ❷
         > z <- scale(roster[,2:4])
步骤3 ❸  > score <- apply(z, 1, mean)                    计算综合得分
         > roster <- cbind(roster, score)
步骤4 ❹
         > y <- quantile(score, c(.8,.6,.4,.2))
         > roster$grade[score >= y[1]] <- "A"
步骤5 ❺  > roster$grade[score < y[1] & score >= y[2]] <- "B"
         > roster$grade[score < y[2] & score >= y[3]] <- "C"        对学生评分
         > roster$grade[score < y[3] & score >= y[4]] <- "D"
步骤6 ❻  > roster$grade[score < y[4]] <- "F"
         > name <- strsplit((roster$Student), " ")
```

步骤7 **7**
```
> Lastname <- sapply(name, "[", 2)
> Firstname <- sapply(name, "[", 1)          抽取姓氏和名字
> roster <- cbind(Firstname,Lastname, roster[,-1])
```

```
> roster <- roster[order(Lastname,Firstname),]    根据姓氏和名字排序
```
步骤8 **8**
```
> roster
     Firstname    Lastname    Math  Science  English  score  grade
6      Cheryl     Cushing      512     85       28     0.35    C
1        John       Davis      502     95       25     0.56    B
9        Joel     England      573     89       27     0.70    B
4       David       Jones      358     82       15    -1.16    F
8        Greg        Knox      625     95       30     1.34    A
5      Janice  Markhammer      495     75       20    -0.63    D
3   Bullwinkle       Moose      412     80       18    -0.86    D
10       Mary     Rayburn      522     86       18    -0.18    C
2      Angela    Williams      600     99       22     0.92    A
7      Reuven     Ytzrhak      410     80       15    -1.05    F
```

以上代码写得比较紧凑，逐步分解如下。

步骤1 原始的学生花名册已经给出了。options(digits=2)限定了输出小数点后数字的位数，并且让输出更容易阅读：

```
> options(digits=2)
> roster
            Student  Math  Science  English
1       John Davis    502     95       25
2   Angela Williams    600     99       22
3   Bullwinkle Moose   412     80       18
4      David Jones     358     82       15
5   Janice Markhammer   495     75       20
6    Cheryl Cushing     512     85       28
7    Reuven Ytzrhak     410     80       15
8       Greg Knox       625     95       30
9     Joel England      573     89       27
10    Mary Rayburn      522     86       18
```

步骤2 由于数学、科学和英语考试的分值不同（均值和标准差相去甚远），在组合之前需要先让它们变得可以比较。一种方法是将变量进行标准化，这样每科考试的成绩就都是用单位标准差来表示，而不是以原始的尺度来表示了。这个过程可以使用scale()函数来实现：

```
> z <- scale(roster[,2:4])
> z
       Math   Science  English
[1,]   0.013   1.078    0.587
[2,]   1.143   1.591    0.037
[3,]  -1.026  -0.847   -0.697
[4,]  -1.649  -0.590   -1.247
[5,]  -0.068  -1.489   -0.330
[6,]   0.128  -0.205    1.137
[7,]  -1.049  -0.847   -1.247
[8,]   1.432   1.078    1.504
```

```
 [9,]   0.832    0.308     0.954
[10,]   0.243   -0.077    -0.697
```

步骤3 然后，可以通过函数mean()来计算各行的均值以获得综合得分，并使用函数cbind()将其添加到花名册中：

```
> score <- apply(z, 1, mean)
> roster <- cbind(roster, score)
> roster
              Student   Math   Science   English    score
1           John Davis   502      95        25       0.559
2      Angela Williams   600      99        22       0.924
3      Bullwinkle Moose   412      80        18      -0.857
4          David Jones   358      82        15      -1.162
5     Janice Markhammer   495      75        20      -0.629
6       Cheryl Cushing   512      85        28       0.353
7       Reuven Ytzrhak   410      80        15      -1.048
8            Greg Knox   625      95        30       1.338
9          Joel England   573      89        27       0.698
10        Mary Rayburn   522      86        18      -0.177
```

步骤4 函数quantile()给出了学生综合得分的百分位数。可以看到，成绩为A的分界点为0.74，B的分界点为0.44，等等。

```
> y <- quantile(roster$score, c(.8,.6,.4,.2))
> y
   80%    60%    40%    20%
  0.74   0.44  -0.36  -0.89
```

步骤5 通过使用逻辑运算符，你可以将学生的百分位数排名重编码为一个新的类别型成绩变量。下面在数据框roster中创建了变量grade。

```
> roster$grade[score >= y[1]] <- "A"
> roster$grade[score < y[1] & score >= y[2]] <- "B"
> roster$grade[score < y[2] & score >= y[3]] <- "C"
> roster$grade[score < y[3] & score >= y[4]] <- "D"
> roster$grade[score < y[4]] <- "F"
> roster
              Student   Math   Science   English    score   grade
1           John Davis   502      95        25       0.559     B
2      Angela Williams   600      99        22       0.924     A
3      Bullwinkle Moose   412      80        18      -0.857     D
4          David Jones   358      82        15      -1.162     F
5     Janice Markhammer   495      75        20      -0.629     D
6       Cheryl Cushing   512      85        28       0.353     C
7       Reuven Ytzrhak   410      80        15      -1.048     F
8            Greg Knox   625      95        30       1.338     A
9          Joel England   573      89        27       0.698     B
10        Mary Rayburn   522      86        18      -0.177     C
```

步骤6 你将使用函数strsplit()以空格为界把学生姓名拆分为姓氏和名字。把strsplit()应用到一个字符串组成的向量上会返回一个列表：

```
> name <- strsplit((roster$Student), " ")
> name
[[1]]
[1] "John"   "Davis"

[[2]]
[1] "Angela"    "Williams"

[[3]]
[1] "Bullwinkle" "Moose"

[[4]]
[1] "David" "Jones"

[[5]]
[1] "Janice"       "Markhammer"

[[6]]
[1] "Cheryl"   "Cushing"

[[7]]
[1] "Reuven"   "Ytzrhak"

[[8]]
[1] "Greg" "Knox"

[[9]]
[1] "Joel"    "England"

[[10]]
[1] "Mary"    "Rayburn"
```

步骤7　你可以使用函数sapply()提取列表中每个成分的第一个元素，放入一个储存名字的向量Firstname，并提取每个成分的第二个元素，放入一个储存姓氏的向量Lastname。"["是一个可以提取某个对象的一部分的函数——在这里它是用来提取列表name各成分中的第一个或第二个元素的。你将使用cbind()把它们添加到花名册中。由于已经不再需要student变量，可以将其丢弃（在下标中使用–1）。

```
> Firstname <- sapply(name, "[", 1)
> Lastname <- sapply(name, "[", 2)
> roster <- cbind(Firstname, Lastname, roster[,-1])
> roster
      Firstname    Lastname    Math   Science   English score   grade
1          John       Davis     502        95        25   0.559       B
2        Angela    Williams     600        99        22   0.924       A
3     Bullwinkle      Moose     412        80        18  -0.857       D
4         David       Jones     358        82        15  -1.162       F
5        Janice  Markhammer     495        75        20  -0.629       D
6        Cheryl     Cushing     512        85        28   0.353       C
7        Reuven     Ytzrhak     410        80        15  -1.048       F
8          Greg        Knox     625        95        30   1.338       A
9          Joel     England     573        89        27   0.698       B
10         Mary     Rayburn     522        86        18  -0.177       C
```

步骤8 最后，可以使用函数order()依姓氏和名字对数据集进行排序：

```
> roster[order(Lastname,Firstname),]
```

	Firstname	Lastname	Math	Science	English	score	grade
6	Cheryl	Cushing	512	85	28	0.35	C
1	John	Davis	502	95	25	0.56	B
9	Joel	England	573	89	27	0.70	B
4	David	Jones	358	82	15	-1.16	F
8	Greg	Knox	625	95	30	1.34	A
5	Janice	Markhammer	495	75	20	-0.63	D
3	Bullwinkle	Moose	412	80	18	-0.86	D
10	Mary	Rayburn	522	86	18	-0.18	C
2	Angela	Williams	600	99	22	0.92	A
7	Reuven	Ytzrhak	410	80	15	-1.05	F

瞧！小事一桩！

完成这些任务的方式有许多，只是以上代码体现了相应函数的设计初衷。现在到学习控制结构和自己编写函数的时候了。

5.4   控制流

在正常情况下，R程序中的语句是从上至下顺序执行的。但有时你可能希望重复执行某些语句，仅在满足特定条件的情况下执行另外的语句。这就是控制流结构发挥作用的地方了。

R拥有一般现代编程语言中都有的标准控制结构。首先你将看到用于条件执行的结构，接下来是用于循环执行的结构。

为了理解贯穿本节的语法示例，请牢记以下概念：

- ❑ 语句（*statement*）是一条单独的R语句或一组复合语句（包含在花括号｛ ｝中的一组R语句，使用分号分隔）；
- ❑ 条件（*cond*）是一条最终被解析为真（TRUE）或假（FALSE）的表达式；
- ❑ 表达式（*expr*）是一条数值或字符串的求值语句；
- ❑ 序列（*seq*）是一个数值或字符串序列。

在讨论过控制流的构造后，我们将学习如何编写函数。

5.4.1   重复和循环

循环结构重复地执行一个或一系列语句，直到某个条件不为真为止。循环结构包括for和while结构。

1. for结构

for循环重复地执行一个语句，直到某个变量的值不再包含在序列seq中为止。语法为：

```
for (var in seq) statement
```

在下例中：

```
for (i in 1:10) print("Hello")
```

单词Hello被输出了10次。

2. while结构

while循环重复地执行一个语句，直到条件不为真为止。语法为：

```
while (cond) statement
```

作为第二个例子，代码：

```
i <- 10
while (i > 0) {print("Hello"); i <- i - 1}
```

又将单词Hello输出了10次。请确保括号内while的条件语句能够改变，即让它在某个时刻不再为真——否则循环将永不停止！在上例中，语句：

```
i <- i - 1
```

在每步循环中为对象i减去1，这样在十次循环过后，它就不再大于0了。反之，如果在每步循环都加1的话，R将不停地打招呼。这也是while循环可能较其他循环结构更危险的原因。

在处理大数据集中的行和列时，R中的循环可能比较低效费时。只要可能，最好联用R中的内建数值/字符处理函数和apply族函数。

5.4.2 条件执行

在条件执行结构中，一条或一组语句仅在满足一个指定条件时执行。条件执行结构包括if-else、ifelse和switch。

1. if-else结构

控制结构if-else在某个给定条件为真时执行语句。也可以同时在条件为假时执行另外的语句。语法为：

```
if (cond) statement
if (cond) statement1 else statement2
```

示例如下：

```
if (is.character(grade)) grade <- as.factor(grade)
if (!is.factor(grade)) grade <- as.factor(grade) else print("Grade already
  is a factor")
```

在第一个实例中，如果grade是一个字符向量，它就会被转换为一个因子。在第二个实例中，两个语句择其一执行。如果grade不是一个因子（注意符号!），它就会被转换为一个因子。如果它是一个因子，就会输出一段信息。

2. ifelse结构

ifelse结构是if-else结构比较紧凑的向量化版本，其语法为：

```
ifelse(cond, statement1, statement2)
```

若cond为TRUE，则执行第一个语句；若cond为FALSE，则执行第二个语句。示例如下：

```
ifelse(score > 0.5, print("Passed"), print("Failed"))
outcome <- ifelse (score > 0.5, "Passed", "Failed")
```

在程序的行为是二元时，或者希望结构的输入和输出均为向量时，请使用ifelse。

3. switch结构

switch根据一个表达式的值选择语句执行。语法为：

```
switch(expr, ...)
```

其中的...表示与expr的各种可能输出值绑定的语句。通过观察代码清单5-7中的代码，可以轻松地理解switch的工作原理。

代码清单5-7   一个switch示例

```
> feelings <- c("sad", "afraid")
> for (i in feelings)
    print(
      switch(i,
        happy  = "I am glad you are happy",
        afraid = "There is nothing to fear",
        sad    = "Cheer up",
        angry  = "Calm down now"
      )
    )

[1] "Cheer up"
[1] "There is nothing to fear"
```

虽然这个例子比较幼稚，但它展示了switch的主要功能。你将在下一节学习如何使用switch编写自己的函数。

5.5   用户自编函数

R的最大优点之一就是用户可以自行添加函数。事实上，R中的许多函数都是由已有函数构成的。一个函数的结构看起来大致如此：

```
myfunction <- function(arg1, arg2, ... ){
  statements
  return(object)
}
```

函数中的对象只在函数内部使用。返回对象的数据类型是任意的，从标量到列表皆可。让我们看一个示例。

假设你想编写一个函数，用来计算数据对象的集中趋势和散布情况。此函数应当可以选择性地给出参数统计量（均值和标准差）和非参数统计量（中位数和绝对中位差）。结果应当以一个含名称列表的形式给出。另外，用户应当可以选择是否自动输出结果。除非另外指定，否则此函数的默认行为应当是计算参数统计量并且不输出结果。代码清单5-8给出了一种解答。

代码清单5-8 `mystats()`：一个由用户编写的描述性统计量计算函数

```
mystats <- function(x, parametric=TRUE, print=FALSE) {
  if (parametric) {
    center <- mean(x); spread <- sd(x)
  } else {
    center <- median(x); spread <- mad(x)
  }
  if (print & parametric) {
    cat("Mean=", center, "\n", "SD=", spread, "\n")
  } else if (print & !parametric) {
    cat("Median=", center, "\n", "MAD=", spread, "\n")
  }
  result <- list(center=center, spread=spread)
  return(result)
}
```

要看此函数的实战情况，首先需要生成一些数据（服从正态分布的，大小为500的随机样本）：

```
set.seed(1234)
x <- rnorm(500)
```

在执行语句：

```
y <- mystats(x)
```

之后，`y$center`将包含均值（0.001 84），`y$spread`将包含标准差（1.03），并且没有输出结果。如果执行语句：

```
y <- mystats(x, parametric=FALSE, print=TRUE)
```

`y$center`将包含中位数（–0.0207），`y$spread`将包含绝对中位差（1.001）。另外，还会输出以下结果：

```
Median= -0.0207
MAD= 1
```

下面让我们看一个使用了switch结构的用户自编函数，此函数可让用户选择输出当天日期的格式。在函数声明中为参数指定的值将作为其默认值。在函数mydate()中，如果未指定type，则long将为默认的日期格式：

```
mydate <- function(type="long") {
  switch(type,
    long = format(Sys.time(), "%A %B %d %Y"),
    short = format(Sys.time(), "%m-%d-%y"),
    cat(type, "is not a recognized type\n")
  )
}
```

实战中的函数如下：

```
> mydate("long")
[1] "Monday July 14 2014"
> mydate("short")
```

```
[1] "07-14-14"
> mydate()
[1] "Monday July 14 2014"
> mydate("medium")
medium is not a recognized type
```

请注意，函数cat()仅会在输入的日期格式类型不匹配"long"或"short"时执行。使用一个表达式来捕获用户的错误输入的参数值通常来说是一个好主意。

有若干函数可以用来为函数添加错误捕获和纠正功能。你可以使用函数warning()来生成一条错误提示信息，用message()来生成一条诊断信息，或用stop()停止当前表达式的执行并提示错误。20.5节将会更加详细地讨论错误捕捉和调试。

在创建好自己的函数以后，你可能希望在每个会话中都能直接使用它们。附录B描述了如何定制R环境，以使R启动时自动读取用户编写的函数。我们将在第6章和第8章中看到更多的用户自编函数示例。

你可以使用本节中提供的基本技术完成很多工作。第20章的内容更加详细地涵盖了控制流和其他编程主题。第21章涵盖了如何创建包。如果你想要探索编写函数的微妙之处，或编写可以分发给他人使用的专业级代码，个人推荐阅读这两章，然后阅读两本优秀的书籍，你可在本书末尾的参考文献部分找到：Venables & Ripley（2000）以及Chambers（2008）。这两本书共同提供了大量细节和众多示例。

函数的编写就讲到这里，我们将以对数据整合和重塑的讨论来结束本章。

5.6　整合与重构

R中提供了许多用来整合（aggregate）和重塑（reshape）数据的强大方法。在整合数据时，往往将多组观测替换为根据这些观测计算的描述性统计量。在重塑数据时，则会通过修改数据的结构（行和列）来决定数据的组织方式。本节描述了用来完成这些任务的多种方式。

在接下来的两个小节中，我们将使用已包含在R基本安装中的数据框mtcars。这个数据集是从*Motor Trend*杂志（1974）提取的，它描述了34种车型的设计和性能特点（汽缸数、排量、马力、每加仑汽油行驶的英里数，等等）。要了解此数据集的更多信息，请参阅help(mtcars)。

5.6.1　转置

转置（反转行和列）也许是重塑数据集的众多方法中最简单的一个了。使用函数t()即可对一个矩阵或数据框进行转置。对于后者，行名将成为变量（列）名。代码清单5-9展示了一个例子。

代码清单5-9　数据集的转置

```
> cars <- mtcars[1:5,1:4]
> cars
                  mpg cyl disp  hp
Mazda RX4        21.0   6  160 110
```

```
Mazda RX4 Wag       21.0   6  160 110
Datsun 710          22.8   4  108  93
Hornet 4 Drive      21.4   6  258 110
Hornet Sportabout   18.7   8  360 175
> t(cars)
      Mazda RX4 Mazda RX4 Wag Datsun 710 Hornet 4 Drive Hornet Sportabout
mpg          21            21       22.8           21.4              18.7
cyl           6             6        4.0            6.0               8.0
disp        160           160      108.0          258.0             360.0
hp          110           110       93.0          110.0             175.0
```

为了节约空间，代码清单5-9仅使用了mtcars数据集的一个子集。在本节稍后讲解reshape2包的时候，你将看到一种更为灵活的数据转置方式。

5.6.2 整合数据

在R中使用一个或多个by变量和一个预先定义好的函数来折叠（collapse）数据是比较容易的。调用格式为：

```
aggregate(x, by, FUN)
```

其中x是待折叠的数据对象，by是一个变量名组成的列表，这些变量将被去掉以形成新的观测，而FUN则是用来计算描述性统计量的标量函数，它将被用来计算新观测中的值。

作为一个示例，我们将根据汽缸数和挡位数整合mtcars数据，并返回各个数值型变量的均值（见代码清单5-10）。

代码清单5-10　整合数据

```
> options(digits=3)
> attach(mtcars)
> aggdata <-aggregate(mtcars, by=list(cyl,gear), FUN=mean, na.rm=TRUE)
> aggdata
  Group.1 Group.2  mpg cyl disp  hp drat   wt qsec  vs   am gear carb
1       4       3 21.5   4  120  97 3.70 2.46 20.0 1.0 0.00    3 1.00
2       6       3 19.8   6  242 108 2.92 3.34 19.8 1.0 0.00    3 1.00
3       8       3 15.1   8  358 194 3.12 4.10 17.1 0.0 0.00    3 3.08
4       4       4 26.9   4  103  76 4.11 2.38 19.6 1.0 0.75    4 1.50
5       6       4 19.8   6  164 116 3.91 3.09 17.7 0.5 0.50    4 4.00
6       4       5 28.2   4  108 102 4.10 1.83 16.8 0.5 1.00    5 2.00
7       6       5 19.7   6  145 175 3.62 2.77 15.5 0.0 1.00    5 6.00
8       8       5 15.4   8  326 300 3.88 3.37 14.6 0.0 1.00    5 6.00
```

在结果中，Group.1表示汽缸数量（4、6或8），Group.2代表挡位数（3、4或5）。举例来说，拥有4个汽缸和3个挡位车型的每加仑汽油行驶英里数（mpg）均值为21.5。

在使用aggregate()函数的时候，by中的变量必须在一个列表中（即使只有一个变量）。你可以在列表中为各组声明自定义的名称，例如by=list(Group.cyl=cyl, Group.gears=gear)。指定的函数可为任意的内建或自编函数，这就为整合命令赋予了强大的力量。但说到力量，没有什么可以比reshape2包更强。

5.6.3 **reshape2** 包

reshape2包[1]是一套重构和整合数据集的绝妙的万能工具。由于它的这种万能特性，可能学起来会有一点难度。我们将慢慢地梳理整个过程，并使用一个小型数据集作为示例，这样每一步发生了什么就很清晰了。由于reshape2包并未包含在R的标准安装中，在第一次使用它之前需要使用install.packages("reshape2")进行安装。

大致说来，你需要首先将数据融合（melt），以使每一行都是唯一的标识符–变量组合。然后将数据重铸（cast）为你想要的任何形状。在重铸过程中，你可以使用任何函数对数据进行整合。将使用的数据集如表5-8所示。

表5-8　原始数据集（`mydata`）

ID	Time	X1	X2
1	1	5	6
1	2	3	5
2	1	6	1
2	2	2	4

在这个数据集中，测量（measurement）是指最后两列中的值（5、6、3、5、6、1、2、4）。每个测量都能够被标识符变量（在本例中，标识符是指ID、Time以及观测属于X1还是X2）唯一地确定。举例来说，在知道ID为1、Time为1，以及属于变量X1之后，即可确定测量值为第一行中的5。

1. 融合

数据集的融合是将它重构为这样一种格式：每个测量变量独占一行，行中带有要唯一确定这个测量所需的标识符变量。要融合表5-8中的数据，可使用以下代码：

```
library(reshape2)
md <- melt(mydata, id=c("ID", "Time"))
```

你将得到如表5-9所示的结构。

表5-9　融合后的数据集

ID	Time	变　　量	值
1	1	X1	5
1	2	X1	3
2	1	X1	6
2	2	X1	2
1	1	X2	6
1	2	X2	5
2	1	X2	1
2	2	X2	4

———————————

① 由同一作者开发的reshape2包是原reshape的重新设计版本，功能更为强大。——译者注

注意，必须指定要唯一确定每个测量所需的变量（ID和Time），而表示测量变量名的变量（X1或X2）将由程序为你自动创建。

既然已经拥有了融合后的数据，现在就可以使用dcast()函数将它重铸为任意形状了。

2. 重铸

dcast()函数读取已融合的数据，并使用你提供的公式和一个（可选的）用于整合数据的函数将其重塑。调用格式为：

```
newdata <- dcast(md, formula, fun.aggregate)
```

其中的*md*为已融合的数据，*formula*描述了想要的最后结果，而*fun.aggregate*是（可选的）数据整合函数。其接受的公式形如：

```
rowvar1 + rowvar2 + ... ~ colvar1 + colvar2 + ...
```

在这一公式中，*rowvar1 + rowvar2 + ...*定义了要划掉的变量集合，以确定各行的内容，而*colvar1 + colvar2 + ...*则定义了要划掉的、确定各列内容的变量集合。参见图5-1中的示例。

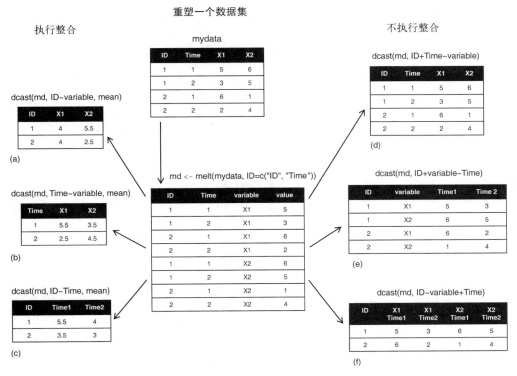

图5-1 使用函数melt()和dcast()重塑数据

由于右侧（d、e和f）的公式中并未包括某个函数，所以数据仅被重塑了。反之，左侧的示例（a、b和c）中指定了mean作为整合函数，从而就对数据同时进行了重塑与整合。例如，示例(a)中给出了每个观测所有时刻中在X1和X2上的均值；示例(b)则给出了X1和X2在时刻1和时刻2的均值，对不同的观测进行了平均；在(c)中则是每个观测在时刻1和时刻2的均值，对不同的X1和X2进行了平均。

如你所见，函数melt()和dcast()提供了令人惊叹的灵活性。很多时候，你不得不在进行分析之前重塑或整合数据。举例来说，在分析重复测量数据（为每个观测记录了多个测量的数据）时，你通常需要将数据转化为类似于表5-9中所谓的长格式。示例参见9.6节。

5.7   小结

本章总结了数十种用于处理数据的数学、统计和概率函数。我们看到了如何将这些函数应用到范围广泛的数据对象上，其中包括向量、矩阵和数据框。你学习了控制流结构的使用方法：用循环重复执行某些语句，或用分支在满足某些特定条件时执行另外的语句。然后你编写了自己的函数，并将它们应用到数据上。最后，我们探索了折叠、整合以及重构数据的多种方法。

既然已经集齐了数据塑形（没有别的意思）所需的工具，你就准备好告别第一部分并进入激动人心的数据分析世界了！在接下来的几章中，我们将探索多种将数据转化为信息的统计方法和图形方法。

Part 2

基本方法

在第一部分中，我们探索了 R 环境，并讨论了如何从广泛的数据源导入数据，进行组合和变换，并将数据准备为适合进一步分析的形式。在导入和清理数据后，下一步通常就是逐一探索每个变量了。这将为你提供每个变量分布的信息，对理解样本的特征、识别意外的或有问题的值，以及选择合适的统计方法都是有帮助的。接下来是每次研究变量中的两个变量。这可以揭示变量间的基本关系，并且对于建立更复杂的模型来说是有益的第一步。

第二部分关注的是用于获取数据基本信息的图形技术和统计方法。第 6 章描述了可视化单个变量分布的方法。对于类别型变量，有条形图、饼图以及比较新的扇形图。对于数值型变量，有直方图、密度图、箱线图、点图和不那么著名的小提琴图（violin plot）。每类图形对于理解单个变量的分布都是有益的。

第 7 章描述了用于概述单变量和双变量间关系的统计方法。这一章使用了一个完整的数据集，以数值型数据的描述性统计分析开始，研究了感兴趣的子集。接下来，它描述了用于概述类别型数据的频数分布表和列联表。这一章以对用于理解两个变量之间关系的方法进行讨论作结尾，包括二元相关关系的探索、卡方检验、t 检验和非参数方法。

在读完这一部分以后，你将能够使用 R 中的基本图形和统计方法来描述数据、探索组间差异，并识别变量间显著的关系。

第 6 章

基本图形

本章内容
- 条形图、箱线图和点图
- 饼图和扇形图
- 直方图与核密度图

我们无论在何时分析数据，第一件要做的事情就是观察它。对于每个变量，哪些值是最常见的？值域是大是小？是否有不寻常的观测？R中提供了丰富的数据可视化函数。本章，我们将关注那些可以帮助理解单个类别型或连续型变量的图形。主题包括：

- 将变量的分布进行可视化展示；
- 通过结果变量进行跨组比较。

在以上话题中，变量可为连续型（例如，以每加仑汽油行驶的英里数表示的里程数）或类别型（例如，以无改善、一定程度的改善或明显改善表示的治疗结果）。在后续各章中，我们将探索那些展示双变量和多变量间关系的图形。

在接下来的几节中，我们将探索条形图、饼图、扇形图、直方图、核密度图、箱线图、小提琴图和点图的用法。有些图形可能你已经很熟悉了，而有些图形（如扇形图或小提琴图）则可能比较陌生。我们的目标同往常一样，都是更好地理解数据，并能够与他人沟通这些理解方式。

让我们从条形图开始。

6.1 条形图

条形图通过垂直的或水平的条形展示了类别型变量的分布（频数）。函数barplot()的最简单用法是：

```
barplot(height)
```

其中的*height*是一个向量或一个矩阵。

在接下来的示例中，我们将绘制一项探索类风湿性关节炎新疗法研究的结果。数据已包含在随vcd包分发的Arthritis数据框中。由于vcd包并没用包括在R的默认安装中，请确保在第一次使用之前先安装它（install. packages("vcd")）。

注意，我们并不需要使用vcd包来创建条形图。我们读入它的原因是为了使用Arthritis数据集。但我们需要使用vcd包创建6.1.5节中描述的棘状图（spinogram）。

6.1.1 简单的条形图

若height是一个向量，则它的值就确定了各条形的高度，并将绘制一幅垂直的条形图。使用选项horiz=TRUE则会生成一幅水平条形图。你也可以添加标注选项。选项main可添加一个图形标题，而选项xlab和ylab则会分别添加x轴和y轴标签。

在关节炎研究中，变量Improved记录了对每位接受了安慰剂或药物治疗的病人的治疗结果：

```
> library(vcd)
> counts <- table(Arthritis$Improved)
> counts

  None   Some Marked
    42     14     28
```

这里我们看到，28位病人有了明显改善，14人有部分改善，而42人没有改善。我们将在第7章更充分地讨论使用table()函数提取各单元的计数的方法。

你可以使用一幅垂直或水平的条形图来绘制变量counts。代码见代码清单6-1，结果如图6-1所示。

代码清单6-1 简单的条形图

```
barplot(counts,
        main="Simple Bar Plot",
        xlab="Improvement", ylab="Frequency")
barplot(counts,
        main="Horizontal Bar Plot",
        xlab="Frequency", ylab="Improvement",
        horiz=TRUE)
```

简单条形图

水平条形图

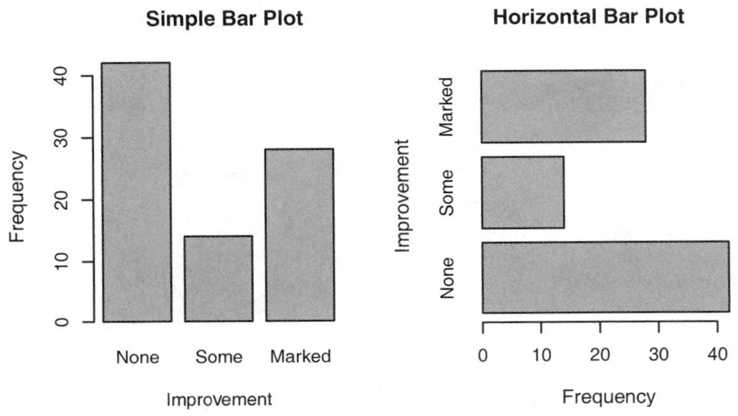

图6-1 简单的垂直条形图和水平条形图

生成因素变量的条形图

若要绘制的类别型变量是一个因子或有序型因子，就可以使用函数plot()快速创建一幅垂直条形图。由于Arthritis$Improved是一个因子，所以代码：

```
plot(Arthritis$Improved, main="Simple Bar Plot",
    xlab="Improved", ylab="Frequency")
plot(Arthritis$Improved, horiz=TRUE, main="Horizontal Bar Plot",
    xlab="Frequency", ylab="Improved")
```

将和代码清单6-1生成相同的条形图，而无需使用table()函数将其表格化。

如果标签很长怎么办？在6.1.4节中，你将看到微调标签的方法，这样它们就不会重叠了。

6.1.2　堆砌条形图和分组条形图

如果height是一个矩阵而不是一个向量，则绘图结果将是一幅堆砌条形图或分组条形图。若beside=FALSE（默认值），则矩阵中的每一列都将生成图中的一个条形，各列中的值将给出堆砌的"子条"的高度。若beside=TRUE，则矩阵中的每一列都表示一个分组，各列中的值将并列而不是堆砌。

考虑治疗类型和改善情况的列联表：

```
> library(vcd)
> counts <- table(Arthritis$Improved, Arthritis$Treatment)
> counts
         Treatment
Improved Placebo Treated
  None       29      13
  Some        7       7
  Marked      7      21
```

你可以将此结果绘制为一幅堆砌条形图或一幅分组条形图（见代码清单6-2）。结果如图6-2所示。

代码清单6-2　堆砌条形图和分组条形图

```
barplot(counts,
    main="Stacked Bar Plot",                        堆砌条形图
    xlab="Treatment", ylab="Frequency",
    col=c("red", "yellow","green"),
    legend=rownames(counts))
barplot(counts,
    main="Grouped Bar Plot",                        分组条形图
    xlab="Treatment", ylab="Frequency",
    col=c("red", "yellow", "green"),
    legend=rownames(counts), beside=TRUE)
```

第一个barplot()函数绘制了一幅堆砌条形图，而第二个绘制了一幅分组条形图。我们同时使用col选项为绘制的条形添加了颜色。参数legend.text为图例提供了各条形的标签（仅在

height为一个矩阵时有用）。

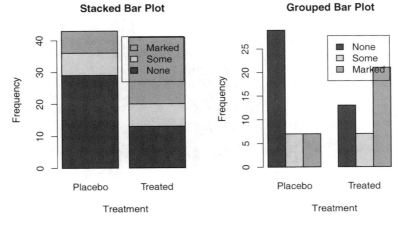

图6-2　堆砌条形图和分组条形图

在第3章中，我们讲解过格式化和放置图例的方法，以确保最好的效果。请试着重新排布图例的位置以避免它们和条形产生叠加。

6.1.3　均值条形图

条形图并不一定要基于计数数据或频率数据。你可以使用数据整合函数并将结果传递给barplot()函数，来创建表示均值、中位数、标准差等的条形图。代码清单6-3展示了一个示例，结果如图6-3所示。

代码清单6-3　排序后均值的条形图

```
> states <- data.frame(state.region, state.x77)
> means <- aggregate(states$Illiteracy, by=list(state.region), FUN=mean)
> means
        Group.1    x
1     Northeast 1.00
2         South 1.74
3 North Central 0.70
4          West 1.02
> means <- means[order(means$x),]           ❶ 将均值从小到大排序
> means
        Group.1    x
3 North Central 0.70
1     Northeast 1.00
4          West 1.02
2         South 1.74
> barplot(means$x, names.arg=means$Group.1)  ❷ 添加标题
> title("Mean Illiteracy Rate")
```

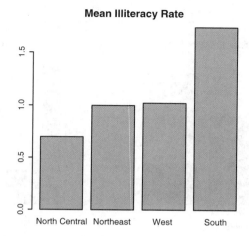

图6-3　美国各地区平均文盲率排序的条形图

代码清单6-3将均值从小到大排序❶。同时注意，使用`title()`函数❷与调用`plot()`时添加`main`选项是等价的。`means$x`是包含各条形高度的向量，而添加选项`names.arg=means$Group.1`是为了展示标签。

你可以进一步完善这个示例。各个条形可以使用`lines()`函数绘制的线段连接起来。你也可以使用`gplots`包中的`barplot2()`函数创建叠加有置信区间的均值条形图。可以通过`help(barplot2)`看到更多例子。

6.1.4　条形图的微调

有若干种方式可以微调条形图的外观。例如，随着条数的增多，条形的标签可能会开始重叠。你可以使用参数`cex.names`来减小字号。将其指定为小于1的值可以缩小标签的大小。可选的参数`names.arg`允许你指定一个字符向量作为条形的标签名。你同样可以使用图形参数辅助调整文本间隔。代码清单6-4给出了一个示例，输出如图6-4所示。

代码清单6-4　为条形图搭配标签

```
par(mar=c(5,8,4,2))
par(las=2)                                          增加y边界的大小
counts <- table(Arthritis$Improved)
barplot(counts,                          旋转条形的标签
        main="Treatment Outcome",
        horiz=TRUE,
        cex.names=0.8,                    缩小字体大小，让标签更合适
    names.arg=c("No Improvement", "Some Improvement",
                "Marked Improvement"))    修改标签文本
```

`par()`函数能够让你对R的默认图形做出大量修改。详情参阅第3章。

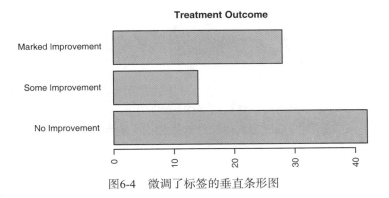

图6-4 微调了标签的垂直条形图

6.1.5 棘状图

在结束关于条形图的讨论之前，让我们再来看一种特殊的条形图，它称为棘状图（spinogram）。棘状图对堆砌条形图进行了重缩放，这样每个条形的高度均为1，每一段的高度即表示比例。棘状图可由vcd包中的函数spine()绘制。以下代码可以生成一幅简单的棘状图：

```
library(vcd)
attach(Arthritis)
counts <- table(Treatment, Improved)
spine(counts, main="Spinogram Example")
detach(Arthritis)
```

输出如图6-5所示。治疗组同安慰剂组相比，获得显著改善的患者比例明显更高。

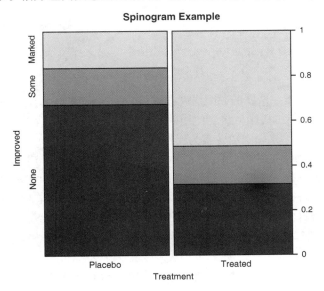

图6-5 关节炎治疗结果的棘状图

除了条形图，饼图也是一种用于展示类别型变量分布的流行工具，接下来讨论它。

6.2   饼图

饼图在商业世界中无所不在，然而多数统计学家，包括相应R文档的编写者却都对它持否定态度。相对于饼图，他们更推荐使用条形图或点图，因为相对于面积，人们对长度的判断更精确。也许由于这个原因，R中饼图的选项与其他统计软件相比十分有限。

饼图可由以下函数创建：

```
pie(x, labels)
```

其中x是一个非负数值向量，表示每个扇形的面积，而$labels$则是表示各扇形标签的字符型向量。代码清单6-5给出了四个示例，结果如图6-6所示。

代码清单6-5   饼图

```
par(mfrow=c(2, 2))                                              ❶ 将四幅图形组
slices <- c(10, 12,4, 16, 8)                                       合为一幅
lbls <- c("US", "UK", "Australia", "Germany", "France")
pie(slices, labels = lbls,
    main="Simple Pie Chart")

pct <- round(slices/sum(slices)*100)
lbls2 <- paste(lbls, " ", pct, "%", sep="")                    ❷ 为饼图添加
pie(slices, labels=lbls2, col=rainbow(length(lbls2)),              比例数值
    main="Pie Chart with Percentages")
library(plotrix)
pie3D(slices, labels=lbls,explode=0.1,
    main="3D Pie Chart ")                                      ❸ 从表格创建饼图
mytable <- table(state.region)
lbls3 <- paste(names(mytable), "\n", mytable, sep="")
pie(mytable, labels = lbls3,
    main="Pie Chart from a Table\n (with sample sizes)")
```

首先，你做了图形设置，这样四幅图形就会被组合为一幅❶。（多幅图形的组合在第3章中介绍过。）然后，你输入了前三幅图形将会使用的数据。

对于第二幅饼图❷，你将样本数转换为比例值，并将这项信息添加到了各扇形的标签上。如第 3 章 所 述 ， 第 二 幅 饼 图 使 用 rainbow() 函 数 定 义 了 各 扇 形 的 颜 色 。 这 里 的 rainbow(length(lbls2))将被解析为rainbow(5)，即为图形提供了五种颜色。

第三幅是使用plotrix包中的pie3D()函数创建的三维饼图。请在第一次使用之前先下载并安装这个包。如果说统计学家们只是不喜欢饼图的话，那么他们对三维饼图的态度就一定是唾弃了（即使他们私下感觉三维饼图好看）。这是因为三维效果无法增进对数据的理解，并且被认为是分散注意力的视觉花瓶。

第四幅图演示了如何从表格创建饼图❸。在本例中，你计算了美国不同地区的州数，并在绘制图形之前将此信息附加到了标签上。

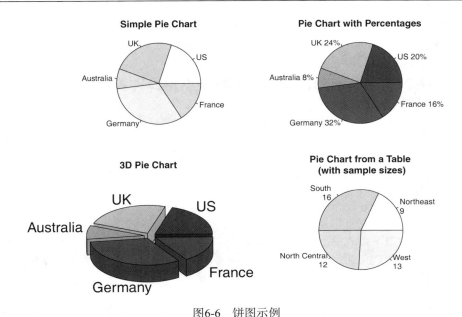

图6-6　饼图示例

饼图让比较各扇形的值变得困难（除非这些值被附加在标签上）。例如，观察（第一幅）最简单的饼图，你能分辨出美国（US）和德国（Germany）的大小吗？（如果你可以，说明你的洞察力比我好。）为改善这种状况，我们创造了一种称为扇形图（fan plot）的饼图变种。扇形图（Lemon & Tyagi, 2009）提供了一种同时展示相对数量和相互差异的方法。在R中，扇形图是通过plotrix包中的fan.plot()函数实现的。

考虑以下代码和结果图（图6-7）：

```
library(plotrix)
slices <- c(10, 12,4, 16, 8)
lbls <- c("US", "UK", "Australia", "Germany", "France")
fan.plot(slices, labels = lbls, main="Fan Plot")
```

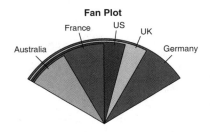

图6-7　国别数据的扇形图

在一幅扇形图中，各个扇形相互叠加，并对半径做了修改，这样所有扇形就都是可见的。在这里可见德国对应的扇形是最大的，而美国的扇形大小约为其60%。法国的扇形大小似乎是德国的一半，是澳大利亚的两倍。请记住，在这里扇形的宽度（width）是重要的，而半径并不重要。

如你所见，确定扇形图中扇形的相对大小比饼图要简单得多。扇形图虽然尚未普及，但它仍然是新生力量。

既然已经讲完了饼图和扇形图，就让我们转到直方图上吧。与条形图和饼图不同，直方图描述的是连续型变量的分布。

6.3   直方图

直方图通过在x轴上将值域分割为一定数量的组，在y轴上显示相应值的频数，展示了连续型变量的分布。可以使用如下函数创建直方图：

```
hist(x)
```

其中的x是一个由数据值组成的数值向量。参数freq=FALSE表示根据概率密度而不是频数绘制图形。参数breaks用于控制组的数量。在定义直方图中的单元时，默认将生成等距切分。代码清单6-6提供了绘制四种直方图的代码，绘制结果见图6-8。

代码清单6-6   直方图

```
par(mfrow=c(2,2))

hist(mtcars$mpg)                                       ❶ 简单直方图

hist(mtcars$mpg,
     breaks=12,
     col="red",                                        ❷ 指定组数和颜色
     xlab="Miles Per Gallon",
     main="Colored histogram with 12 bins")

hist(mtcars$mpg,
     freq=FALSE,
     breaks=12,
     col="red",                                        ❸ 添加轴须图
     xlab="Miles Per Gallon",
     main="Histogram, rug plot, density curve")
rug(jitter(mtcars$mpg))
lines(density(mtcars$mpg), col="blue", lwd=2)

x <- mtcars$mpg
h<-hist(x,
        breaks=12,
        col="red",
        xlab="Miles Per Gallon",                       ❹ 添加正态密度
        main="Histogram with normal curve and box")       曲线和外框
xfit<-seq(min(x), max(x), length=40)
yfit<-dnorm(xfit, mean=mean(x), sd=sd(x))
yfit <- yfit*diff(h$mids[1:2])*length(x)
lines(xfit, yfit, col="blue", lwd=2)
box()
```

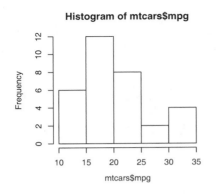
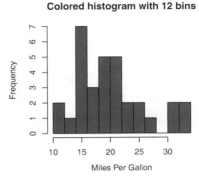

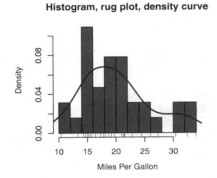
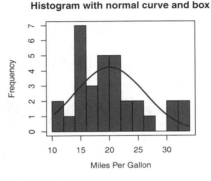

图6-8 直方图示例

第一幅直方图❶展示了未指定任何选项时的默认图形。这个例子共创建了五个组，并且显示了默认的标题和坐标轴标签。对于第二幅直方图❷，我们将组数指定为12，使用红色填充条形，并添加了更吸引人、更具信息量的标签和标题。

第三幅直方图❸保留了上一幅图中的颜色、组数、标签和标题设置，又叠加了一条密度曲线和轴须图（rug plot）。这条密度曲线是一个核密度估计，会在下节中描述。它为数据的分布提供了一种更加平滑的描述。我们使用lines()函数叠加了这条蓝色、双倍默认线条宽度的曲线。最后，轴须图是实际数据值的一种一维呈现方式。如果数据中有许多结①，你可以使用如下代码将轴须图的数据打散：

```
rug(jitter(mtcars$mpag, amount=0.01))
```

这样将向每个数据点添加一个小的随机值（一个±amount之间的均匀分布随机数），以避免重叠的点产生影响。

第四幅直方图❹与第二幅类似，只是拥有一条叠加在上面的正态曲线和一个将图形围绕起来的盒型。用于叠加正态曲线的代码来源于R-help邮件列表上由Peter Dalgaard发表的建议。盒型是

---

① 出现相同的值，称为结（tie）。——译者注

使用box()函数生成的。

6.4 核密度图

在上节中,你看到了直方图上叠加的核密度图。用术语来说,核密度估计是用于估计随机变量概率密度函数的一种非参数方法。虽然其数学细节已经超出了本书的范畴,但从总体上讲,核密度图不失为一种用来观察连续型变量分布的有效方法。绘制密度图的方法(不叠加到另一幅图上方)为:

```
plot(density(x))
```

其中的x是一个数值型向量。由于plot()函数会创建一幅新的图形,所以要向一幅已经存在的图形上叠加一条密度曲线,可以使用lines()函数(如代码清单6-6所示)。

代码清单6-7给出了两幅核密度图示例,结果如图6-9所示。

代码清单6-7 核密度图

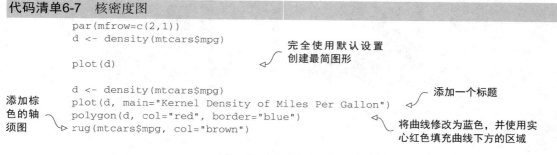

```
par(mfrow=c(2,1))
d <- density(mtcars$mpg)

plot(d)

d <- density(mtcars$mpg)
plot(d, main="Kernel Density of Miles Per Gallon")
polygon(d, col="red", border="blue")
rug(mtcars$mpg, col="brown")
```

完全使用默认设置
创建最简图形

添加一个标题

添加棕
色的轴
须图

将曲线修改为蓝色,并使用实
心红色填充曲线下方的区域

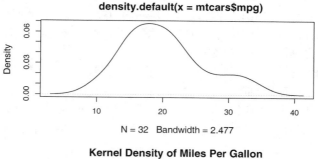

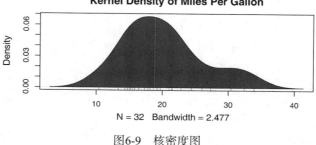

图6-9 核密度图

polygon()函数根据顶点的*x*和*y*坐标（本例中由density()函数提供）绘制了多边形。

核密度图可用于比较组间差异。可能是由于普遍缺乏方便好用的软件，这种方法其实完全没有被充分利用。幸运的是，sm包漂亮地填补了这一缺口。

使用sm包中的sm.density.compare()函数可向图形叠加两组或更多的核密度图。使用格式为：

```
sm.density.compare(x, factor)
```

其中的*x*是一个数值型向量，*factor*是一个分组变量。请在第一次使用sm包之前安装它。代码清单6-8中提供了一个示例，它比较了拥有4个、6个或8个汽缸车型的每加仑汽油行驶英里数。

代码清单6-8　可比较的核密度图

```
library(sm)
attach(mtcars)

cyl.f <- factor(cyl, levels= c(4,6,8),              ❶ 创建分组因子
            labels = c("4 cylinder", "6 cylinder",
                          "8 cylinder"))

sm.density.compare(mpg, cyl, xlab="Miles Per Gallon")  ❷ 绘制密度图
title(main="MPG Distribution by Car Cylinders")
                                                   ❸ 通过鼠标单击
colfill<-c(2:(1+length(levels(cyl.f))))               添加图例
legend(locator(1), levels(cyl.f), fill=colfill)

detach(mtcars)
```

首先载入sm包，并绑定数据框mtcars。在数据框mtcars❶中，变量cyl是一个以4、6或8编码的数值型变量。为了向图形提供值的标签，这里cyl转换为名为cyl.f的因子。函数sm.density.compare()创建了图形❷，一条title()语句添加了主标题。

最后，添加一个图例以增加可解释性❸。（图例已在第3章介绍。）首先创建的是一个颜色向量，这里的colfill值为c(2, 3, 4)。然后通过legend()函数向图形上添加一个图例。第一个参数值locator(1)表示用鼠标点击想让图例出现的位置来交互式地放置这个图例。第二个参数值则是由标签组成的字符向量。第三个参数值使用向量colfill为cyl.f的每一个水平指定了一种颜色。结果如图6-10所示。

如你所见，核密度图的叠加不失为一种在某个结果变量上跨组比较观测的强大方法。你可以看到不同组所含值的分布形状，以及不同组之间的重叠程度。（这段话的寓意是，我的下一辆车将是四缸的——或是一辆电动的。）

箱线图同样是一项用来可视化分布和组间差异的绝佳图形手段（并且更常用），我们接下来讨论它。

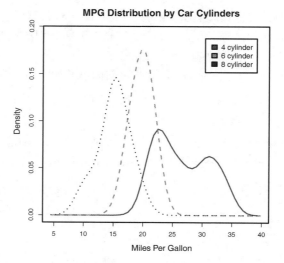

图6-10   按汽缸个数划分的各车型每加仑汽油行驶英里数的核密度图

6.5   箱线图

箱线图（又称盒须图）通过绘制连续型变量的五数总括，即最小值、下四分位数（第25百分位数）、中位数（第50百分位数）、上四分位数（第75百分位数）以及最大值，描述了连续型变量的分布。箱线图能够显示出可能为离群点（范围±1.5*IQR以外的值，IQR表示四分位距，即上四分位数与下四分位数的差值）的观测。例如：

```
boxplot(mtcars$mpg, main="Box plot", ylab="Miles per Gallon")
```

生成了如图6-11所示的图形。为了图解各个组成部分，我手工添加了标注。

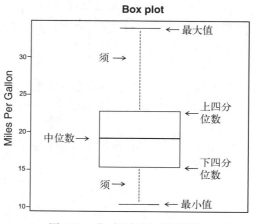

图6-11   含手工标注的箱线图

默认情况下，两条须的延伸极限不会超过盒型各端加1.5倍四分位距的范围。此范围以外的值将以点来表示（在这里没有画出）。

举例来说，在我们的车型样本中，每加仑汽油行驶英里数的中位数是19.2，50%的值都落在了15.3和22.8之间，最小值为10.4，最大值为33.9。我是如何从图中如此精确地读出了这些值呢？执行boxplot.stats(mtcars$mpg)即可输出用于构建图形的统计量（换句话说，我作弊了）。图中似乎不存在离群点，而且略微正偏（上侧的须较下侧的须更长）。

6.5.1 使用并列箱线图进行跨组比较

箱线图可以展示单个变量或分组变量。使用格式为：

```
boxplot(formula, data=dataframe)
```

其中的formula是一个公式，dataframe代表提供数据的数据框（或列表）。一个示例公式为y ~ A，这将为类别型变量A的每个值并列地生成数值型变量y的箱线图。公式y ~ A*B则将为类别型变量A和B所有水平的两两组合生成数值型变量y的箱线图。

添加参数varwidth=TRUE将使箱线图的宽度与其样本大小的平方根成正比。参数horizontal=TRUE可以反转坐标轴的方向。

在以下代码中，我们使用并列箱线图重新研究了四缸、六缸、八缸发动机对每加仑汽油行驶的英里数的影响。结果如图6-12所示。

```
boxplot(mpg ~ cyl, data=mtcars,
        main="Car Mileage Data",
        xlab="Number of Cylinders",
        ylab="Miles Per Gallon")
```

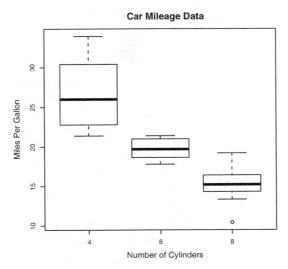

图6-12　不同汽缸数量车型油耗的箱线图

在图6-12中可以看到不同组间油耗的区别非常明显。同时也可以发现，六缸车型的每加仑汽油行驶的英里数分布较其他两类车型更为均匀。与六缸和八缸车型相比，四缸车型的每加仑汽油行驶的英里数散布最广（且正偏）。在八缸组还有一个离群点。

箱线图灵活多变，通过添加notch=TRUE，可以得到含凹槽的箱线图。若两个箱的凹槽互不重叠，则表明它们的中位数有显著差异（Chambers et al.，1983，p. 62）。以下代码将为我们的车型油耗示例创建一幅含凹槽的箱线图：

```
boxplot(mpg ~ cyl, data=mtcars,
        notch=TRUE,
        varwidth=TRUE,
        col="red",
        main="Car Mileage Data",
        xlab="Number of Cylinders",
        ylab="Miles Per Gallon")
```

参数col以红色填充了箱线图，而varwidth=TRUE则使箱线图的宽度与它们各自的样本大小成正比。

在图6-13中可以看到，四缸、六缸、八缸车型的油耗中位数是不同的。随着汽缸数的减少，油耗明显降低。

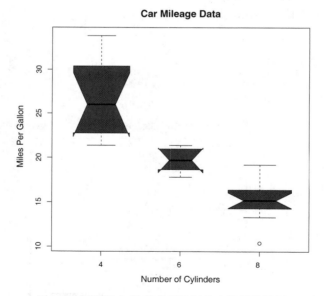

图6-13   不同汽缸数量车型油耗的含凹槽箱线图

最后，你可以为多个分组因子绘制箱线图。代码清单6-9为不同缸数和不同变速箱类型的车型绘制了每加仑汽油行驶英里数的箱线图（图形如图6-14所示）。同样地，这里使用参数col为箱线图进行了着色。请注意颜色的循环使用。在本例中，共有六幅箱线图和两种指定的颜色，所以颜色将重复使用三次。

代码清单6-9 两个交叉因子的箱线图

```
mtcars$cyl.f <- factor(mtcars$cyl,          创建汽缸数
                       levels=c(4,6,8),      量的因子
                       labels=c("4","6","8"))

mtcars$am.f <- factor(mtcars$am,            创建变速箱
                      levels=c(0,1),         类型的因子
                      labels=c("auto", "standard"))

boxplot(mpg ~ am.f *cyl.f,
        data=mtcars,
        varwidth=TRUE,
        col=c("gold","darkgreen"),          生成箱线图
        main="MPG Distribution by Auto Type",
        xlab="Auto Type", ylab="Miles Per Gallon")
```

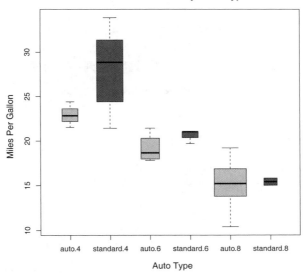

图6-14 不同变速箱类型和汽缸数量车型的箱线图

图6-14再一次清晰地显示出油耗随着缸数的下降而减少。对于四缸和六缸车型，标准变速箱（standard）的油耗更低。但是对于八缸车型，油耗似乎没有差别。你也可以从箱线图的宽度看出，四缸标准变速箱的车型和八缸自动变速箱的车型在数据集中最常见。

6.5.2 小提琴图

在结束箱线图的讨论之前，有必要研究一种称为小提琴图（violin plot）的箱线图变种。小提琴图是箱线图与核密度图的结合。你可以使用vioplot包中的vioplot()函数绘制它。请在第一次使用之前安装vioplot包。

`vioplot()`函数的使用格式为：

```
vioplot(x1, x2, ... , names=, col=)
```

其中*x1*, *x2*, ...表示要绘制的一个或多个数值向量（将为每个向量绘制一幅小提琴图）。参数
`names`是小提琴图中标签的字符向量，而`col`是一个为每幅小提琴图指定颜色的向量。代码清单
6-10中给出了一个示例。

代码清单6-10   小提琴图

```
library(vioplot)
x1 <- mtcars$mpg[mtcars$cyl==4]
x2 <- mtcars$mpg[mtcars$cyl==6]
x3 <- mtcars$mpg[mtcars$cyl==8]
vioplot(x1, x2, x3,
        names=c("4 cyl", "6 cyl", "8 cyl"),
        col="gold")


title("Violin Plots of Miles Per Gallon", ylab="Miles Per Gallon",
      xlab="Number of Cylinders")
```

注意，`vioplot()`函数要求你将要绘制的不同组分离到不同的变量中。结果如图6-15所示。

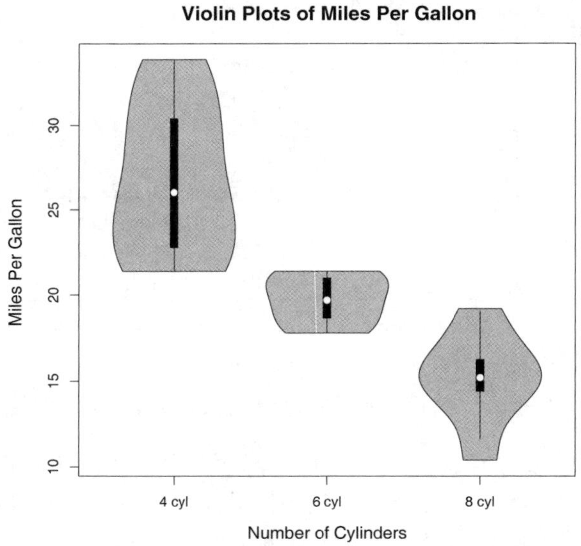

图6-15   汽缸数量和每加仑汽油行驶英里数的小提琴图

小提琴图基本上是核密度图以镜像方式在箱线图上的叠加。在图中，白点是中位数，黑色盒
型的范围是下四分位点到上四分位点，细黑线表示须。外部形状即为核密度估计。小提琴图还没
有真正地流行起来。同样，这可能也是由于普遍缺乏方便好用的软件导致的。时间会证明一切。

我们将以点图结束本章。与之前看到的图形不同，点图绘制变量中的所有值。

6.6 点图

点图提供了一种在简单水平刻度上绘制大量有标签值的方法。你可以使用dotchart()函数创建点图，格式为：

dotchart(*x*, *labels*=)

其中的*x*是一个数值向量，而*labels*则是由每个点的标签组成的向量。你可以通过添加参数groups来选定一个因子，用以指定*x*中元素的分组方式。如果这样做，则参数gcolor可以控制不同组标签的颜色，cex可以控制标签的大小。这里是mtcars数据集的一个示例：

```
dotchart(mtcars$mpg, labels=row.names(mtcars), cex=.7,
        main="Gas Mileage for Car Models",
        xlab="Miles Per Gallon")
```

绘图结果已在图6-16中给出。

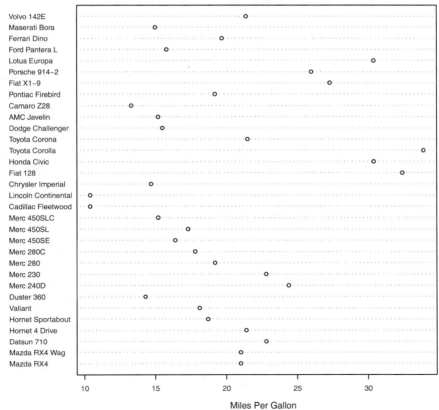

图6-16　每种车型每加仑汽油行驶英里数的点图

图6-16可以让你在同一个水平轴上观察每种车型的每加仑汽油行驶英里数。通常来说，点图在经过排序并且分组变量被不同的符号和颜色区分开的时候最有用。代码清单6-11给出了一个示例，绘图的结果如图6-17所示。。

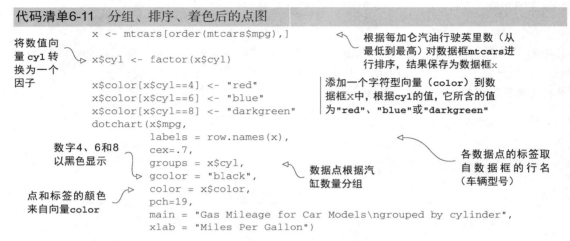

代码清单6-11　分组、排序、着色后的点图

将数值向量 cyl 转换为一个因子

数字4、6和8以黑色显示

点和标签的颜色来自向量color

根据每加仑汽油行驶英里数（从最低到最高）对数据框mtcars进行排序，结果保存为数据框x

添加一个字符型向量（color）到数据框x中，根据cyl的值，它所含的值为"red"、"blue"或"darkgreen"

各数据点的标签取自数据框的行名（车辆型号）

数据点根据汽缸数量分组

```
x <- mtcars[order(mtcars$mpg),]
x$cyl <- factor(x$cyl)
x$color[x$cyl==4] <- "red"
x$color[x$cyl==6] <- "blue"
x$color[x$cyl==8] <- "darkgreen"
dotchart(x$mpg,
         labels = row.names(x),
         cex=.7,
         groups = x$cyl,
         gcolor = "black",
         color = x$color,
         pch=19,
         main = "Gas Mileage for Car Models\ngrouped by cylinder",
         xlab = "Miles Per Gallon")
```

在图6-17中，许多特征第一次明显起来。你再次看到，随着汽缸数的减少，每加仑汽油行驶的英里数有了增加。但你同时也看到了例外。例如，Pontiac Firebird有8个汽缸，但较六缸的Mercury 280C和Valiant的行驶英里数更多。六缸的Hornet 4 Drive与四缸的Volvo 142E的每加仑汽油行驶英里数相同。同样明显的是，Toyota Corolla的油耗最低，而Lincoln Continental和Cadillac Fleetwood是英里数较低一端的离群点。

在本例中，你可以从点图中获得显著的洞察力，因为每个点都有标签，每个点的值都有其内在含义，并且这些点是以一种能够促进比较的方式排布的。但是随着数据点的增多，点图的实用性随之下降。

注意　点图有许多变种。Jacoby（2006）对点图进行了非常有意义的讨论，并且提供了创新型应用的R代码。此外，Hmisc包也提供了一个带有许多附加功能的点图函数（恰如其分地叫作dotchart2）。

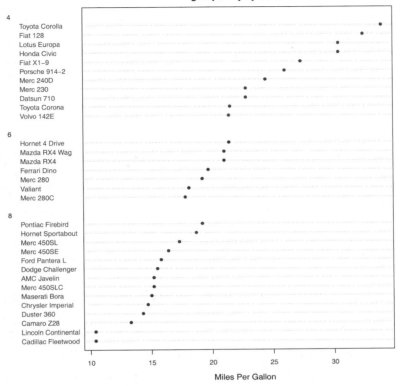

图6-17 各车型依汽缸数量分组的每加仑汽油行驶英里数点图

6.7 小结

  本章我们学习了描述连续型和类别型变量的方法。我们看到了如何用条形图和饼图（在较小程度上）了解类别型变量的分布，以及如何通过堆砌条形图和分组条形图理解不同类别型输出的组间差异。我们同时探索了直方图、核密度图、箱线图、轴须图以及点图可视化连续型变量分布的方式。最后，我们探索了使用叠加的核密度图、并列箱线图和分组点图可视化连续型输出变量组间差异的方法。

  在后续各章，我们会将对单变量的关注拓展到双变量和多变量图形中。你将看到同时用图形刻画许多变量间关系的方法，使用的方法包括散点图、多组折线图、马赛克图、相关图、lattice图形，等等。

  下一章，我们将关注用于描述分布和二元关系的定量统计方法以及一类推断方法，这类推断方法可用于评估变量间的关系是真实存在的，还是由于抽样误差导致的。

基本统计分析

本章内容
- ❏ 描述性统计分析
- ❏ 频数表和列联表
- ❏ 相关系数和协方差
- ❏ t检验
- ❏ 非参数统计

在前几章中，你学习了如何将数据导入R中，以及如何使用一系列函数组织数据并将其转换成为可用的格式。然后，我们评述了数据可视化的基本方法。

在数据被组织成合适的形式后，你也开始使用图形探索数据，而下一步通常就是使用数值描述每个变量的分布，接下来则是两两探索所选择变量之间的关系。其目的是回答如下问题。

- ❏ 各车型的油耗如何？特别是在对车型的调查中，每加仑汽油行驶英里数的分布是什么样的？（均值、标准差、中位数、值域等。）
- ❏ 在进行新药实验后，用药组和安慰剂组的治疗结果（无改善、一定程度的改善、显著的改善）相比如何？实验参与者的性别是否对结果有影响？
- ❏ 收入和预期寿命的相关性如何？它是否明显不为零？
- ❏ 美国的某些地区是否更有可能因为你犯罪而将你监禁？不同地区的差别是否在统计上显著？

本章，我们将评述用于生成基本的描述性统计量和推断统计量的R函数。首先，我们将着眼于定量变量的位置和尺度的衡量方式。然后我们将学习生成类别型变量的频数表和列联表的方法（以及连带的卡方检验）。接下来，我们将考察连续型和有序型变量相关系数的多种形式。最后，我们将转而通过参数检验（t检验）和非参数检验（Mann-Whitney U检验、Kruskal-Wallis检验）方法研究组间差异。虽然我们关注的是数值结果，但也将通篇提及用于可视化这些结果的图形方法。

本章中涵盖的统计方法通常会在本科第一年的统计课程中讲授。如果你对这些方法不熟悉，有两份优秀的文献可供参考：McCall（2000）和Kirk（2007）。除此之外，对于讲到的每个主题，也有许多翔实的在线资源可供参考（如维基百科）。

7.1 描述性统计分析

本节中，我们将关注分析连续型变量的中心趋势、变化性和分布形状的方法。为了便于说明，我们将使用第1章中*Motor Trend*杂志的车辆路试（mtcars）数据集。我们的关注焦点是每加仑汽油行驶英里数（mpg）、马力（hp）和车重（wt）。

```
> myvars <- c("mpg", "hp", "wt")
> head(mtcars[myvars])
                   mpg  hp   wt
Mazda RX4         21.0 110 2.62
Mazda RX4 Wag     21.0 110 2.88
Datsun 710        22.8  93 2.32
Hornet 4 Drive    21.4 110 3.21
Hornet Sportabout 18.7 175 3.44
Valiant           18.1 105 3.46
```

我们将首先查看所有32种车型的描述性统计量，然后按照变速箱类型（am）和汽缸数（cyl）考察描述性统计量。变速箱类型是一个以0表示自动挡、1表示手动挡来编码的二分变量，而汽缸数可为4、5或6。

7.1.1 方法云集

在描述性统计量的计算方面，R中的选择多得让人尴尬。让我们从基础安装中包含的函数开始，然后查看那些用户贡献包中的扩展函数。

对于基础安装，你可以使用summary()函数来获取描述性统计量。代码清单7-1展示了一个示例。

代码清单7-1 通过summary()计算描述性统计量

```
> myvars <- c("mpg", "hp", "wt")
> summary(mtcars[myvars])
      mpg            hp              wt
 Min.   :10.4   Min.   : 52.0   Min.   :1.51
 1st Qu.:15.4   1st Qu.: 96.5   1st Qu.:2.58
 Median :19.2   Median :123.0   Median :3.33
 Mean   :20.1   Mean   :146.7   Mean   :3.22
 3rd Qu.:22.8   3rd Qu.:180.0   3rd Qu.:3.61
 Max.   :33.9   Max.   :335.0   Max.   :5.42
```

summary()函数提供了最小值、最大值、四分位数和数值型变量的均值，以及因子向量和逻辑型向量的频数统计。你可以使用第5章中的apply()函数或sapply()函数计算所选择的任意描述性统计量。对于sapply()函数，其使用格式为：

    sapply(x, FUN, options)

其中的x是你的数据框（或矩阵），FUN为一个任意的函数。如果指定了options，它们将被传递给FUN。你可以在这里插入的典型函数有mean()、sd()、var()、min()、max()、median()、 length()、range()和quantile()。函数fivenum()可返回图基五数总括（Tukey's five-number summary，即最小值、下四分位数、中位数、上四分位数和最大值）。

令人惊讶的是，基础安装并没有提供偏度和峰度的计算函数，不过你可以自行添加。代码清单7-2中的示例计算了若干描述性统计量，其中包括偏度和峰度。

代码清单7-2 通过sapply()计算描述性统计量

```
> mystats <- function(x, na.omit=FALSE){
               if (na.omit)
                   x <- x[!is.na(x)]
               m <- mean(x)
               n <- length(x)
               s <- sd(x)
               skew <- sum((x-m)^3/s^3)/n
               kurt <- sum((x-m)^4/s^4)/n - 3
               return(c(n=n, mean=m, stdev=s, skew=skew, kurtosis=kurt))
               }

> myvars <- c("mpg", "hp", "wt")
> sapply(mtcars[myvars], mystats)
                mpg       hp       wt
n            32.000   32.000   32.0000
mean         20.091  146.688    3.2172
stdev         6.027   68.563    0.9785
skew          0.611    0.726    0.4231
kurtosis     -0.373   -0.136   -0.0227
```

对于样本中的车型，每加仑汽油行驶英里数的平均值为20.1，标准差为6.0。分布呈现右偏（偏度+0.61），并且较正态分布稍平（峰度−0.37）。如果你对数据绘图，这些特征最显而易见。请注意，如果你只希望单纯地忽略缺失值，那么应当使用sapply(mtcars[myvars], mystats, na.omit=TRUE)。

7.1.2 更多方法

若干用户贡献包都提供了计算描述性统计量的函数，其中包括Hmisc、pastecs和psych。由于这些包并未包括在基础安装中，所以需要在首次使用之前先进行安装（参考1.4节）。

Hmisc包中的describe()函数可返回变量和观测的数量、缺失值和唯一值的数目、平均值、分位数，以及五个最大的值和五个最小的值。代码清单7-3提供了一个示例。

代码清单7-3 通过Hmisc包中的describe()函数计算描述性统计量

```
> library(Hmisc)
> myvars <- c("mpg", "hp", "wt")
> describe(mtcars[myvars])

 3  Variables    32  Observations
---------------------------------------------------------------------
mpg
n missing  unique  Mean   .05   .10     .25    .50    .75    .90    .95
```

```
32      0   25   20.09 12.00 14.34 15.43 19.20 22.80 30.09 31.30

lowest : 10.4 13.3 14.3 14.7 15.0, highest: 26.0 27.3 30.4 32.4 33.9
---------------------------------------------------------------------------
hp
n missing   unique    Mean   .05    .10    .2    .50    .75    .90    .95
32      0      22    146.7  63.65  66.00 96.50 123.00 180.00 243.50 253.55

lowest :  52  62  65  66  91, highest: 215 230 245 264 335
---------------------------------------------------------------------------
wt
n missing   unique    Mean   .05    .10    .25   .50    .75    .90    .95
32      0      29    3.217  1.736  1.956 2.581 3.325  3.610  4.048  5.293

lowest : 1.513 1.615 1.835 1.935 2.140, highest: 3.845 4.070 5.250 5.345 5.424
---------------------------------------------------------------------------
```

pastecs包中有一个名为stat.desc()的函数，它可以计算种类繁多的描述性统计量。使用格式为：

```
stat.desc(x, basic=TRUE, desc=TRUE, norm=FALSE, p=0.95)
```

其中的x是一个数据框或时间序列。若basic=TRUE（默认值），则计算其中所有值、空值、缺失值的数量，以及最小值、最大值、值域，还有总和。若desc=TRUE（同样也是默认值），则计算中位数、平均数、平均数的标准误、平均数置信度为95%的置信区间、方差、标准差以及变异系数。最后，若norm=TRUE（不是默认的），则返回正态分布统计量，包括偏度和峰度（以及它们的统计显著程度）和Shapiro-Wilk正态检验结果。这里使用了p值来计算平均数的置信区间（默认置信度为0.95）。代码清单7-4给出了一个示例。

代码清单7-4 通过pastecs包中的stat.desc()函数计算描述性统计量

```
> library(pastecs)
> myvars <- c("mpg", "hp", "wt")
> stat.desc(mtcars[myvars])
                 mpg        hp      wt
nbr.val        32.00    32.000  32.000
nbr.null        0.00     0.000   0.000
nbr.na          0.00     0.000   0.000
min            10.40    52.000   1.513
max            33.90   335.000   5.424
range          23.50   283.000   3.911
sum           642.90  4694.000 102.952
median         19.20   123.000   3.325
mean           20.09   146.688   3.217
SE.mean         1.07    12.120   0.173
CI.mean.0.95    2.17    24.720   0.353
var            36.32  4700.867   0.957
std.dev         6.03    68.563   0.978
coef.var        0.30     0.467   0.304
```

似乎这还不够，psych包也拥有一个名为describe()的函数，它可以计算非缺失值的数量、

7

平均数、标准差、中位数、截尾均值、绝对中位差、最小值、最大值、值域、偏度、峰度和平均值的标准误。代码清单7-5中有一个示例。

代码清单7-5   通过psych包中的describe()计算描述性统计量

```
> library(psych)
Attaching package: 'psych'
        The following object(s) are masked from package:Hmisc :
        describe
> myvars <- c("mpg", "hp", "wt")
> describe(mtcars[myvars])
    var  n   mean    sd median trimmed    mad    min    max
mpg   1 32  20.09  6.03  19.20   19.70   5.41  10.40  33.90
hp    2 32 146.69 68.56 123.00  141.19  77.10  52.00 335.00
wt    3 32   3.22  0.98   3.33    3.15   0.77   1.51   5.42
     range skew kurtosis    se
mpg  23.50 0.61    -0.37  1.07
hp  283.00 0.73    -0.14 12.12
wt    3.91 0.42    -0.02  0.17
```

一语中的，选择多得简直让人尴尬！

注意 在前面的示例中，psych包和Hmisc包均提供了名为describe()的函数。R如何知道该使用哪个呢？简言之，如代码清单7-5所示，最后载入的程序包优先。在这里，psych在Hmisc之后被载入，然后显示了一条信息，提示Hmisc包中的describe()函数被psych包中的同名函数所屏蔽（masked）。键入describe()后，R在搜索这个函数时将首先找到psych包中的函数并执行它。如果你想改而使用Hmisc包中的版本，可以键入Hmisc::describe(mt)。这个函数仍然在那里。你只是需要给予R更多信息以找到它。

你已经了解了如何为整体的数据计算描述性统计量，现在让我们看看如何获取数据中各组的统计量。

7.1.3 分组计算描述性统计量

在比较多组个体或观测时，关注的焦点经常是各组的描述性统计信息，而不是样本整体的描述性统计信息。同样地，在R中完成这个任务有若干种方法。我们将以获取变速箱类型各水平的描述性统计量开始。

在第5章中，我们讨论了整合数据的方法。你可以使用aggregate()函数（5.6.2节）来分组获取描述性统计量，如代码清单7-6所示。

代码清单7-6   使用aggregate()分组获取描述性统计量

```
> myvars <- c("mpg", "hp", "wt")

> aggregate(mtcars[myvars], by=list(am=mtcars$am), mean)
   am   mpg     hp    wt
```

```
1    0   17.1    160    3.77
2    1   24.4    127    2.41

> aggregate(mtcars[myvars], by=list(am=mtcars$am), sd)
  am   mpg    hp    wt
1  0  3.83  53.9  0.777
2  1  6.17  84.1  0.617
```

注意list(am=mtcars$am)的使用。如果使用的是list(mtcars$am)，则am列将被标注为Group.1而不是am。你使用这个赋值指定了一个更有帮助的列标签。如果有多个分组变量，可以使用by=list(*name1*=*groupvar1*, *name2*=*groupvar2*, ... , *nameN*=*groupvarN*)这样的语句。

遗憾的是，aggregate()仅允许在每次调用中使用平均数、标准差这样的单返回值函数。它无法一次返回若干个统计量。要完成这项任务，可以使用by()函数。格式为：

```
by(data, INDICES, FUN)
```

其中*data*是一个数据框或矩阵，*INDICES*是一个因子或因子组成的列表，定义了分组，*FUN*是任意函数。代码清单7-7提供了一个示例。

代码清单7-7 使用by()分组计算描述性统计量

```
> dstats <- function(x)sapply(x, mystats)
> myvars <- c("mpg", "hp", "wt")
> by(mtcars[myvars], mtcars$am, dstats)
mtcars$am: 0
             mpg        hp        wt
n         19.000   19.0000    19.000
mean      17.147  160.2632     3.769
stdev      3.834   53.9082     0.777
skew       0.014   -0.0142     0.976
kurtosis  -0.803   -1.2097     0.142
-------------------------------------------
mtcars$am: 1
             mpg        hp        wt
n         13.0000   13.000    13.000
mean      24.3923  126.846     2.411
stdev      6.1665   84.062     0.617
skew       0.0526    1.360     0.210
kurtosis  -1.4554    0.563    -1.174
```

这里，dstats()调用了代码清单7-2中的mystats()函数，将其应用于数据框的每一栏中。再通过by()函数则可得到am中每一水平的概括统计量。

7.1.4 分组计算的扩展

doBy包和psych包也提供了分组计算描述性统计量的函数。同样地，它们未随基本安装发布，必须在首次使用前进行安装。doBy包中summaryBy()函数的使用格式为：

```
summaryBy(formula, data=dataframe, FUN=function)
```

其中的 *formula* 接受以下的格式:

    var1 + var2 + var3 + ... + varN ~ groupvar1 + groupvar2 + ... + groupvarN

在~左侧的变量是需要分析的数值型变量,而右侧的变量是类别型的分组变量。function 可为任何内建或用户自编的 R 函数。使用 7.2.1 节中创建的 mystats() 函数的一个示例如代码清单 7-8 所示。

代码清单7-8   使用doBy包中的summaryBy()分组计算概述统计量

```
> library(doBy)
> summaryBy(mpg+hp+wt~am, data=mtcars, FUN=mystats)
  am mpg.n mpg.mean mpg.stdev mpg.skew mpg.kurtosis hp.n hp.mean hp.stdev
1  0    19     17.1      3.83   0.0140       -0.803   19     160     53.9
2  1    13     24.4      6.17   0.0526       -1.455   13     127     84.1
   hp.skew hp.kurtosis wt.n wt.mean wt.stdev wt.skew wt.kurtosis
1  -0.0142      -1.210   19    3.77    0.777   0.976       0.142
2   1.3599       0.563   13    2.41    0.617   0.210      -1.174
```

psych 包中的 describeBy() 函数可计算和 describe() 相同的描述性统计量,只是按照一个或多个分组变量分层,如代码清单 7-9 所示。

代码清单7-9   使用psych包中的describeBy()分组计算概述统计量

```
> library(psych)
> myvars <- c("mpg", "hp", "wt")
> describeBy(mtcars[myvars], list(am=mtcars$am))

am: 0
      var   n    mean     sd  median  trimmed    mad    min     max
mpg     1  19   17.15   3.83   17.30    17.12   3.11  10.40   24.40
hp      2  19  160.26  53.91  175.00   161.06  77.10  62.00  245.00
wt      3  19    3.77   0.78    3.52     3.75   0.45   2.46    5.42
      range    skew  kurtosis     se
mpg   14.00    0.01     -0.80   0.88
hp   183.00   -0.01     -1.21  12.37
wt     2.96    0.98      0.14   0.18
-----------------------------------------------------------------------
am: 1
      var   n    mean     sd  median  trimmed    mad    min     max
mpg     1  13   24.39   6.17   22.80    24.38   6.67  15.00   33.90
hp      2  13  126.85  84.06  109.00   114.73  63.75  52.00  335.00
wt      3  13    2.41   0.62    2.32     2.39   0.68   1.51    3.57
      range    skew  kurtosis     se
mpg   18.90    0.05     -1.46   1.71
hp   283.00    1.36      0.56  23.31
wt     2.06    0.21     -1.17   0.17
```

与前面的示例不同,describeBy() 函数不允许指定任意函数,所以它的普适性较低。若存在一个以上的分组变量,你可以使用 list(*name1=groupvar1, name2=groupvar2, ..., nameN=groupvarN*) 来表示它们。但这仅在分组变量交叉后不出现空白单元时有效。

数据分析人员对于展示哪些描述性统计量以及结果采用什么格式都有着自己的偏好，这也许就是有如此多不同方法的原因。你可以选择最适合的方式，或是创造属于自己的方法！

7.1.5 结果的可视化

分布特征的数值刻画的确很重要，但是这并不能代替视觉呈现。对于定量变量，我们有直方图（6.3节）、密度图（6.4节）、箱线图（6.5节）和点图（6.6节）。它们都可以让我们洞悉那些依赖于观察一小部分描述性统计量时忽略的细节。

目前我们考虑的函数都是为定量变量提供概述的。下一节中的函数则允许考察类别型变量的分布。

7.2 频数表和列联表

在本节中，我们将着眼于类别型变量的频数表和列联表，以及相应的独立性检验、相关性的度量、图形化展示结果的方法。我们除了使用基础安装中的函数，还将连带使用vcd包和gmodels包中的函数。下面的示例中，假设A、B和C代表类别型变量。

本节中的数据来自vcd包中的Arthritis数据集。这份数据来自Kock & Edward（1988），表示了一项风湿性关节炎新疗法的双盲临床实验的结果。前几个观测是这样的：

```
> library(vcd)
> head(Arthritis)
  ID Treatment  Sex Age Improved
1 57   Treated Male  27     Some
2 46   Treated Male  29     None
3 77   Treated Male  30     None
4 17   Treated Male  32   Marked
5 36   Treated Male  46   Marked
6 23   Treated Male  58   Marked
```

治疗情况（安慰剂治疗、用药治疗）、性别（男性、女性）和改善情况（无改善、一定程度的改善、显著改善）均为类别型因子[①]。下一节中，我们将使用此数据创建频数表和列联表（交叉的分类）。

7.2.1 生成频数表

R中提供了用于创建频数表和列联表的若干种方法。其中最重要的函数已列于表7-1中。

表7-1 用于创建和处理列联表的函数

函　　数	描　　述
table(*var1*, *var2*, ..., *varN*)	使用 N 个类别型变量（因子）创建一个 N 维列联表

① 分别对应数据中的变量 *Treatment*（*Placebo*、*Treated*）、*Sex*（*Male*、*Female*）和 *Improved*（*None*、*Some*、*Marked*）。——译者注

（续）

函　数	描　述
xtabs(*formula*, *data*)	根据一个公式和一个矩阵或数据框创建一个 *N* 维列联表
prop.table(*table*, *margins*)	依 *margins* 定义的边际列表将表中条目表示为分数形式
margin.table(*table*, *margins*)	依 *margins* 定义的边际列表计算表中条目的和
addmargins(*table*, *margins*)	将概述边 *margins*（默认是求和结果）放入表中
ftable(*table*)	创建一个紧凑的"平铺"式列联表

接下来，我们将逐个使用以上函数来探索类别型变量。我们首先考察简单的频率表，接下来是二维列联表，最后是多维列联表。第一步是使用table()或xtabs()函数创建一个表，然后使用其他函数处理它。

1. 一维列联表

可以使用table()函数生成简单的频数统计表。示例如下：

```
> mytable <- with(Arthritis, table(Improved))
> mytable
Improved
  None   Some  Marked
   42     14     28
```

可以用prop.table()将这些频数转化为比例值：

```
> prop.table(mytable)
Improved
  None   Some  Marked
 0.500  0.167  0.333
```

或使用prop.table()*100转化为百分比：

```
> prop.table(mytable)*100
Improved
  None   Some  Marked
 50.0   16.7   33.3
```

这里可以看到，有50%的研究参与者获得了一定程度或者显著的改善（16.7+33.3）。

2. 二维列联表

对于二维列联表，table()函数的使用格式为：

```
mytable <- table(A, B)
```

其中的A是行变量，B是列变量。除此之外，xtabs()函数还可使用公式风格的输入创建列联表，格式为：

```
mytable <- xtabs(~ A + B, data=mydata)
```

其中的*mydata*是一个矩阵或数据框。总的来说，要进行交叉分类的变量应出现在公式的右侧（即~符号的右方），以+作为分隔符。若某个变量写在公式的左侧，则其为一个频数向量（在数据已经被表格化时很有用）。

对于Arthritis数据，有：

```
> mytable <- xtabs(~ Treatment+Improved, data=Arthritis)
> mytable
          Improved
Treatment None Some Marked
   Placebo  29    7      7
   Treated  13    7     21
```

你可以使用margin.table()和prop.table()函数分别生成边际频数和比例。行和与行比例可以这样计算：

```
> margin.table(mytable, 1)
Treatment
Placebo Treated
    43      41
> prop.table(mytable, 1)
          Improved
Treatment None   Some   Marked
  Placebo 0.674  0.163  0.163
  Treated 0.317  0.171  0.512
```

下标1指代table()语句中的第一个变量。观察表格可以发现，与接受安慰剂的个体中有显著改善的16%相比，接受治疗的个体中的51%的个体病情有了显著的改善。

列和与列比例可以这样计算：

```
> margin.table(mytable, 2)
Improved
  None  Some  Marked
    42    14      28
> prop.table(mytable, 2)
          Improved
Treatment None   Some   Marked
  Placebo 0.690  0.500  0.250
  Treated 0.310  0.500  0.750
```

这里的下标2指代table()语句中的第二个变量。

各单元格所占比例可用如下语句获取：

```
> prop.table(mytable)
          Improved
Treatment None    Some    Marked
  Placebo 0.3452  0.0833  0.0833
  Treated 0.1548  0.0833  0.2500
```

你可以使用addmargins()函数为这些表格添加边际和。例如，以下代码添加了各行的和与各列的和：

```
> addmargins(mytable)
             Improved
Treatment None  Some  Marked   Sum
```

```
 Placebo     29        7        7       43
 Treated     13        7       21       41
 Sum         42       14       28       84
> addmargins(prop.table(mytable))
           Improved
Treatment    None     Some   Marked      Sum
 Placebo   0.3452   0.0833   0.0833   0.5119
 Treated   0.1548   0.0833   0.2500   0.4881
 Sum       0.5000   0.1667   0.3333   1.0000
```

在使用addmargins()时,默认行为是为表中所有的变量创建边际和。作为对照:

```
> addmargins(prop.table(mytable, 1), 2)
           Improved
Treatment    None     Some   Marked      Sum
 Placebo    0.674    0.163    0.163    1.000
 Treated    0.317    0.171    0.512    1.000
```

仅添加了各行的和。类似地,

```
> addmargins(prop.table(mytable, 2), 1)
           Improved
Treatment    None     Some   Marked
 Placebo    0.690    0.500    0.250
 Treated    0.310    0.500    0.750
 Sum        1.000    1.000    1.000
```

添加了各列的和。在表中可以看到,有显著改善患者中的25%是接受安慰剂治疗的。

注意   table()函数默认忽略缺失值(NA)。要在频数统计中将NA视为一个有效的类别,请设定参数useNA="ifany"。

使用gmodels包中的CrossTable()函数是创建二维列联表的第三种方法。CrossTable()函数仿照SAS中PROC FREQ或SPSS中CROSSTABS的形式生成二维列联表。示例参阅代码清单7-10。

代码清单7-10   使用CrossTable生成二维列联表

```
> library(gmodels)
> CrossTable(Arthritis$Treatment, Arthritis$Improved)


   Cell Contents
|-----------------------|
|                     N |
| Chi-square contribution |
|           N / Row Total |
|           N / Col Total |
|         N / Table Total |
|-----------------------|


Total Observations in Table: 84
```

```
                    | Arthritis$Improved
Arthritis$Treatment |     None |     Some |   Marked | Row Total |
--------------------|----------|----------|----------|-----------|
            Placebo |       29 |        7 |        7 |        43 |
                    |    2.616 |    0.004 |    3.752 |           |
                    |    0.674 |    0.163 |    0.163 |     0.512 |
                    |    0.690 |    0.500 |    0.250 |           |
                    |    0.345 |    0.083 |    0.083 |           |
--------------------|----------|----------|----------|-----------|
            Treated |       13 |        7 |       21 |        41 |
                    |    2.744 |    0.004 |    3.935 |           |
                    |    0.317 |    0.171 |    0.512 |     0.488 |
                    |    0.310 |    0.500 |    0.750 |           |
                    |    0.155 |    0.083 |    0.250 |           |
--------------------|----------|----------|----------|-----------|
       Column Total |       42 |       14 |       28 |        84 |
                    |    0.500 |    0.167 |    0.333 |           |
--------------------|----------|----------|----------|-----------|
```

CrossTable()函数有很多选项，可以做许多事情：计算（行、列、单元格）的百分比；指定小数位数；进行卡方、Fisher和McNemar独立性检验；计算期望和（皮尔逊、标准化、调整的标准化）残差；将缺失值作为一种有效值；进行行和列标题的标注；生成SAS或SPSS风格的输出。参阅help(CrossTable)以了解详情。

如果有两个以上的类别型变量，那么你就是在处理多维列联表。我们将在下面考虑这种情况。

3. 多维列联表

table()和xtabs()都可以基于三个或更多的类别型变量生成多维列联表。margin.table()、prop.table()和addmargins()函数可以自然地推广到高于二维的情况。另外，ftable()函数可以以一种紧凑而吸引人的方式输出多维列联表。代码清单7-11中给出了一个示例。

代码清单7-11　三维列联表

```
> mytable <- xtabs(~ Treatment+Sex+Improved, data=Arthritis)   ❶ 各单元格的频数
> mytable
, , Improved = None

          Sex
Treatment  Female  Male
   Placebo     19    10
   Treated      6     7

, , Improved = Some

          Sex
Treatment  Female  Male
   Placebo      7     0
   Treated      5     2

, , Improved = Marked
```

```
              Sex
Treatment   Female   Male
   Placebo       6      1
   Treated      16      5


> ftable(mytable)
                       Sex Female Male
Treatment Improved
Placebo   None                19   10
          Some                 7    0
          Marked               6    1
Treated   None                 6    7
          Some                 5    2
          Marked              16    5
```

❷ 边际频数

```
> margin.table(mytable, 1)
Treatment
Placebo Treated
     43      41
> margin.table(mytable, 2)
Sex
Female   Male
    59     25
> margin.table(mytable, 3)
Improved
  None   Some Marked
    42     14     28
> margin.table(mytable, c(1, 3))
          Improved
Treatment None Some Marked
   Placebo   29    7      7
   Treated   13    7     21
> ftable(prop.table(mytable, c(1, 2)))
                  Improved  None  Some Marked
Treatment Sex
Placebo   Female            0.594 0.219  0.188
          Male              0.909 0.000  0.091
Treated   Female            0.222 0.185  0.593
          Male              0.500 0.143  0.357

> ftable(addmargins(prop.table(mytable, c(1, 2)), 3))
                  Improved  None  Some Marked   Sum
Treatment Sex
Placebo   Female            0.594 0.219  0.188 1.000
          Male              0.909 0.000  0.091 1.000
Treated   Female            0.222 0.185  0.593 1.000
          Male              0.500 0.143  0.357 1.000
```

❸ 治疗情况（Treatment）× 改善情况（Improved）的边际频数

❹ 治疗情况（Treatment）× 性别（Sex）的各类改善情况比例

第❶部分代码生成了三维分组各单元格的频数。这段代码同时演示了如何使用ftable()函数输出更为紧凑和吸引人的表格。

第❷部分代码为治疗情况（Treatment）、性别（Sex）和改善情况（Improved）生成了边际频数。由于使用公式~Treatement+Sex+Improve创建了这个表，所以Treatment需要通过下标1来引用，Sex通过下标2来引用，Improve通过下标3来引用。

第❸部分代码为治疗情况（Treatment）× 改善情况（Improved）分组的边际频数，由不同性别（Sex）的单元加和而成。每个Treatment×Sex组合中改善情况为None、Some和Marked患者的比例由❹给出。在这里可以看到治疗组的男性中有36%有了显著改善，女性为59%。总而言之，比例将被添加到不在prop.table()调用中的下标上（本例中是第三个下标，或称Improve）。在最后一个例子中可以看到这一点，你在那里为第三个下标添加了边际和。

如果想得到百分比而不是比例，可以将结果表格乘以100。例如：

```
ftable(addmargins(prop.table(mytable, c(1, 2)), 3)) * 100
```

将生成下表：

```
                  Sex Female   Male    Sum
Treatment Improved
Placebo   None          65.5   34.5  100.0
          Some         100.0    0.0  100.0
          Marked        85.7   14.3  100.0
Treated   None          46.2   53.8  100.0
          Some          71.4   28.6  100.0
          Marked        76.2   23.8  100.0
```

列联表可以告诉你组成表格的各种变量组合的频数或比例，不过你可能还会对列联表中的变量是否相关或独立感兴趣。下一节我们会讲解独立性的检验。

7.2.2 独立性检验

R提供了多种检验类别型变量独立性的方法。本节中描述的三种检验分别为卡方独立性检验、Fisher精确检验和Cochran-Mantel-Haenszel检验。

1. 卡方独立性检验

你可以使用chisq.test()函数对二维表的行变量和列变量进行卡方独立性检验。示例参见代码清单7-12。

代码清单7-12 卡方独立性检验

```
> library(vcd)
> mytable <- xtabs(~Treatment+Improved, data=Arthritis)
> chisq.test(mytable)
        Pearson's Chi-squared test              ❶ 治疗情况和改善
data:  mytable                                     情况不独立
 X-squared = 13.1, df = 2, p-value = 0.001463  ◄─

> mytable <- xtabs(~Improved+Sex, data=Arthritis)
> chisq.test(mytable)
        Pearson's Chi-squared test              ❷ 性别和改善
data:  mytable                                     情况独立
 X-squared = 4.84, df = 2, p-value = 0.0889    ◄─

Warning message:
In chisq.test(mytable) : Chi-squared approximation may be incorrect
```

在结果❶中，患者接受的治疗和改善的水平看上去存在着某种关系（$p<0.01$）。而患者性别和改善情况之间却不存在关系（$p>0.05$）❷。这里的p值表示从总体中抽取的样本行变量与列变量是相互独立的概率。由于❶的概率值很小，所以你拒绝了治疗类型和治疗结果相互独立的原假设。由于❷的概率不够小，故没有足够的理由说明治疗结果和性别之间是不独立的。代码清单7-12中产生警告信息的原因是，表中的6个单元格之一（男性－一定程度上的改善）有一个小于5的值，这可能会使卡方近似无效。

2. Fisher精确检验

可以使用`fisher.test()`函数进行Fisher精确检验。Fisher精确检验的原假设是：边界固定的列联表中行和列是相互独立的。其调用格式为`fisher.test(mytable)`，其中的`mytable`是一个二维列联表。示例如下：

```
> mytable <- xtabs(~Treatment+Improved, data=Arthritis)
> fisher.test(mytable)
        Fisher's Exact Test for Count Data
data:  mytable
p-value = 0.001393
alternative hypothesis: two.sided
```

与许多统计软件不同的是，这里的`fisher.test()`函数可以在任意行列数大于等于2的二维列联表上使用，但不能用于2×2的列联表。

3. Cochran-Mantel-Haenszel检验

`mantelhaen.test()`函数可用来进行Cochran-Mantel-Haenszel卡方检验，其原假设是，两个名义变量在第三个变量的每一层中都是条件独立的。下列代码可以检验治疗情况和改善情况在性别的每一水平下是否独立。此检验假设不存在三阶交互作用（治疗情况×改善情况×性别）。

```
> mytable <- xtabs(~Treatment+Improved+Sex, data=Arthritis)
> mantelhaen.test(mytable)
        Cochran-Mantel-Haenszel test
data:  mytable
Cochran-Mantel-Haenszel M^2 = 14.6, df = 2, p-value = 0.0006647
```

结果表明，患者接受的治疗与得到的改善在性别的每一水平下并不独立（分性别来看，用药治疗的患者较接受安慰剂的患者有了更多的改善）。

7.2.3 相关性的度量

上一节中的显著性检验评估了是否存在充分的证据以拒绝变量间相互独立的原假设。如果可以拒绝原假设，那么你的兴趣就会自然而然地转向用以衡量相关性强弱的相关性度量。vcd包中的`assocstats()`函数可以用来计算二维列联表的phi系数、列联系数和Cramer's V系数。代码清单7-13给出了一个示例。

代码清单7-13　二维列联表的相关性度量

```
> library(vcd)
> mytable <- xtabs(~Treatment+Improved, data=Arthritis)
```

```
> assocstats(mytable)
                    X^2 df  P(> X^2)
Likelihood Ratio 13.530  2 0.0011536
Pearson          13.055  2 0.0014626

Phi-Coefficient    : 0.394
Contingency Coeff.: 0.367
Cramer's V         : 0.394
```

总体来说，较大的值意味着较强的相关性。vcd包也提供了一个kappa()函数，可以计算混淆矩阵的Cohen's kappa值以及加权的kappa值。（举例来说，混淆矩阵可以表示两位评判者对于一系列对象进行分类所得结果的一致程度。）

7.2.4 结果的可视化

R中拥有远远超出其他多数统计软件的、可视地探索类别型变量间关系的方法。通常，我们会使用条形图进行一维频数的可视化（参见6.1节）。vcd包中拥有优秀的、用于可视化多维数据集中类别型变量间关系的函数，可以绘制马赛克图和关联图（参见11.4节）。最后，ca包中的对应分析函数允许使用多种几何表示（Nenadic & Greenacre，2007）可视地探索列联表中行和列之间的关系。

对列联表的讨论暂时到此为止，我们将在第11章和第15章中探讨更多高级话题。下面，我们将开始关注各种类型的相关系数。

7.3 相关

相关系数可以用来描述定量变量之间的关系。相关系数的符号（±）表明关系的方向（正相关或负相关），其值的大小表示关系的强弱程度（完全不相关时为0，完全相关时为1）。

本节中，我们将关注多种相关系数和相关性的显著性检验。我们将使用R基础安装中的state.x77数据集，它提供了美国50个州在1977年的人口、收入、文盲率、预期寿命、谋杀率和高中毕业率数据。数据集中还收录了气温和土地面积数据，但为了节约空间，这里将其丢弃。你可以使用help(state.x77)了解数据集的更多信息。除了基础安装以外，我们还将使用psych和ggm包。

7.3.1 相关的类型

R可以计算多种相关系数，包括Pearson相关系数、Spearman相关系数、Kendall相关系数、偏相关系数、多分格（polychoric）相关系数和多系列（polyserial）相关系数。下面让我们依次理解这些相关系数。

1. Pearson、Spearman和Kendall相关

Pearson积差相关系数衡量了两个定量变量之间的线性相关程度。Spearman等级相关系数则衡量分级定序变量之间的相关程度。Kendall's Tau相关系数也是一种非参数的等级相关度量。

cor()函数可以计算这三种相关系数，而cov()函数可用来计算协方差。两个函数的参数有很多，其中与相关系数的计算有关的参数可以简化为：

```
cor(x, use= , method= )
```

这些参数详述于表7-2中。

表7-2　cor和cov的参数

参　　数	描　　述
x	矩阵或数据框
use	指定缺失数据的处理方式。可选的方式为 all.obs（假设不存在缺失数据——遇到缺失数据时将报错）、everything（遇到缺失数据时，相关系数的计算结果将被设为 missing）、complete.obs（行删除）以及 pairwise.complete.obs（成对删除，pairwise deletion）
method	指定相关系数的类型。可选类型为 pearson、spearman 或 kendall

默认参数为use="everything"和method="pearson"。你可以在代码清单7-14中看到一个示例。

代码清单7-14　协方差和相关系数

```
> states<- state.x77[,1:6]
> cov(states)
            Population Income Illiteracy Life Exp  Murder  HS Grad
Population    19931684 571230    292.868 -407.842 5663.52 -3551.51
Income          571230 377573   -163.702  280.663 -521.89  3076.77
Illiteracy         293   -164      0.372   -0.482    1.58    -3.24
Life Exp          -408    281     -0.482    1.802   -3.87     6.31
Murder            5664   -522      1.582   -3.869   13.63   -14.55
HS Grad          -3552   3077     -3.235    6.313  -14.55    65.24

> cor(states)
            Population Income Illiteracy Life Exp  Murder HS Grad
Population     1.0000   0.208     0.108   -0.068   0.344 -0.0985
Income         0.2082   1.000    -0.437    0.340  -0.230  0.6199
Illiteracy     0.1076  -0.437     1.000   -0.588   0.703 -0.6572
Life Exp      -0.0681   0.340    -0.588    1.000  -0.781  0.5822
Murder         0.3436  -0.230     0.703   -0.781   1.000 -0.4880
HS Grad       -0.0985   0.620    -0.657    0.582  -0.488  1.0000
> cor(states, method="spearman")
            Population Income Illiteracy Life Exp Murder HS Grad
Population     1.000    0.125     0.313   -0.104  0.346  -0.383
Income         0.125    1.000    -0.315    0.324 -0.217   0.510
Illiteracy     0.313   -0.315     1.000   -0.555  0.672  -0.655
Life Exp      -0.104    0.324    -0.555    1.000 -0.780   0.524
Murder         0.346   -0.217     0.672   -0.780  1.000  -0.437
HS Grad       -0.383    0.510    -0.655    0.524 -0.437   1.000
```

首个语句计算了方差和协方差，第二个语句则计算了Pearson积差相关系数，而第三个语句计算了Spearman等级相关系数。举例来说，我们可以看到收入和高中毕业率之间存在很强的正相关，而文盲率和预期寿命之间存在很强的负相关。

请注意，在默认情况下得到的结果是一个方阵（所有变量之间两两计算相关）。你同样可以计算非方形的相关矩阵。观察以下示例：

```
> x <- states[,c("Population", "Income", "Illiteracy", "HS Grad")]
> y <- states[,c("Life Exp", "Murder")]
> cor(x,y)
           Life Exp Murder
Population   -0.068  0.344
Income        0.340 -0.230
Illiteracy   -0.588  0.703
HS Grad       0.582 -0.488
```

当你对某一组变量与另外一组变量之间的关系感兴趣时，cor()函数的这种用法是非常实用的。注意，上述结果并未指明相关系数是否显著不为0（即，根据样本数据是否有足够的证据得出总体相关系数不为0的结论）。由于这个原因，你需要对相关系数进行显著性检验（在7.3.2节中阐述）。

2. 偏相关

偏相关是指在控制一个或多个定量变量时，另外两个定量变量之间的相互关系。你可以使用ggm包中的pcor()函数计算偏相关系数。ggm包没有被默认安装，在第一次使用之前需要先进行安装。函数调用格式为：

```
pcor(u, S)
```

其中的u是一个数值向量，前两个数值表示要计算相关系数的变量下标，其余的数值为条件变量（即要排除影响的变量）的下标。S为变量的协方差阵。这个示例有助于阐明用法：

```
> library(ggm)
> colnames(states)
[1] "Population" "Income" "Illiteracy" "Life Exp" "Murder" "HS Grad"
> pcor(c(1,5,2,3,6), cov(states))
[1] 0.346
```

本例中，在控制了收入、文盲率和高中毕业率的影响时，人口和谋杀率之间的相关系数为0.346。偏相关系数常用于社会科学的研究中。

3. 其他类型的相关

polycor包中的hetcor()函数可以计算一种混合的相关矩阵，其中包括数值型变量的Pearson积差相关系数、数值型变量和有序变量之间的多系列相关系数、有序变量之间的多分格相关系数以及二分变量之间的四分相关系数。多系列、多分格和四分相关系数都假设有序变量或二分变量由潜在的正态分布导出。请参考此程序包所附文档以了解更多。

7.3.2 相关性的显著性检验

在计算好相关系数以后，如何对它们进行统计显著性检验呢？常用的原假设为变量间不相关（即总体的相关系数为0）。你可以使用cor.test()函数对单个的Pearson、Spearman和Kendall相

关系数进行检验。简化后的使用格式为:

```
cor.test(x, y, alternative = , method = )
```

其中的x和y为要检验相关性的变量,alternative则用来指定进行双侧检验或单侧检验(取值为"two.side"、"less"或"greater"),而method用以指定要计算的相关类型("pearson"、"kendall"或"spearman")。当研究的假设为总体的相关系数小于0时,请使用alternative="less"。在研究的假设为总体的相关系数大于0时,应使用alternative="greater"。在默认情况下,假设为alternative="two.side"(总体相关系数不等于0)。参考代码清单7-15中的示例。

代码清单7-15   检验某种相关系数的显著性

```
> cor.test(states[,3], states[,5])

        Pearson's product-moment correlation

data:  states[, 3] and states[, 5]
t = 6.85, df = 48, p-value = 1.258e-08
alternative hypothesis: true correlation is not equal to 0
95 percent confidence interval:
 0.528 0.821
sample estimates:
   cor
0.703
```

这段代码检验了预期寿命和谋杀率的Pearson相关系数为0的原假设。假设总体的相关度为0,则预计在一千万次中只会有少于一次的机会见到0.703这样大的样本相关度(即p=1.258e–08)。由于这种情况几乎不可能发生,所以你可以拒绝原假设,从而支持了要研究的猜想,即预期寿命和谋杀率之间的总体相关度不为0。

遗憾的是,cor.test()每次只能检验一种相关关系。但幸运的是,psych包中提供的corr.test()函数可以一次做更多事情。corr.test()函数可以为Pearson、Spearman或Kendall相关计算相关矩阵和显著性水平。代码清单7-16中给出了一个示例。

代码清单7-16   通过corr.test计算相关矩阵并进行显著性检验

```
> library(psych)
> corr.test(states, use="complete")

Call:corr.test(x = states, use = "complete")
Correlation matrix
           Population Income Illiteracy Life Exp Murder HS Grad
Population       1.00   0.21       0.11    -0.07   0.34   -0.10
Income           0.21   1.00      -0.44     0.34  -0.23    0.62
Illiteracy       0.11  -0.44       1.00    -0.59   0.70   -0.66
Life Exp        -0.07   0.34      -0.59     1.00  -0.78    0.58
Murder           0.34  -0.23       0.70    -0.78   1.00   -0.49
HS Grad         -0.10   0.62      -0.66     0.58  -0.49    1.00
```

```
Sample Size
[1] 50

Probability value
            Population Income Illiteracy Life Exp Murder HS Grad
Population     0.00     0.15     0.46      0.64    0.01     0.5
Income         0.15     0.00     0.00      0.02    0.11     0.0
Illiteracy     0.46     0.00     0.00      0.00    0.00     0.0
Life Exp       0.64     0.02     0.00      0.00    0.00     0.0
Murder         0.01     0.11     0.00      0.00    0.00     0.0
HS Grad        0.50     0.00     0.00      0.00    0.00     0.0
```

参数use=的取值可为"pairwise"或"complete"（分别表示对缺失值执行成对删除或行删除）。参数method=的取值可为"pearson"（默认值）、"spearman"或"kendall"。这里可以看到，人口数量和高中毕业率的相关系数（–0.10）并不显著地不为0（$p=0.5$）。

其他显著性检验

在7.4.1节中，我们关注了偏相关系数。在多元正态性的假设下，psych包中的pcor.test()函数[1]可以用来检验在控制一个或多个额外变量时两个变量之间的条件独立性。使用格式为：

pcor.test(*r*, *q*, *n*)

其中的*r*是由pcor()函数计算得到的偏相关系数，*q*为要控制的变量数（以数值表示位置），*n*为样本大小。

在结束这个话题之前应当指出的是，psych包中的r.test()函数提供了多种实用的显著性检验方法。此函数可用来检验：

- 某种相关系数的显著性；
- 两个独立相关系数的差异是否显著；
- 两个基于一个共享变量得到的非独立相关系数的差异是否显著；
- 两个基于完全不同的变量得到的非独立相关系数的差异是否显著。

参阅help(r.test)以了解详情。

7.3.3　相关关系的可视化

以相关系数表示的二元关系可以通过散点图和散点图矩阵进行可视化，而相关图（correlogram）则为以一种有意义的方式比较大量的相关系数提供了一种独特而强大的方法。这些图形将在第11章中详述。

7.4　t检验

在研究中最常见的行为就是对两个组进行比较。接受某种新药治疗的患者是否较使用某种现有药物的患者表现出了更大程度的改善？某种制造工艺是否较另外一种工艺制造出的不合格品

---

[1] 这里可能是作者的笔误，函数pcor.test事实上包含于ggm包中。——译者注

更少？两种教学方法中哪一种更有效？如果你的结果变量是类别型的，那么可以直接使用7.3节中阐述的方法。这里我们将关注结果变量为连续型的组间比较，并假设其呈正态分布。

为了阐明方法，我们将使用MASS包中的UScrime数据集。它包含了1960年美国47个州的刑罚制度对犯罪率影响的信息。我们感兴趣的结果变量为Prob（监禁的概率）、U1（14~24岁年龄段城市男性失业率）和U2（35~39岁年龄段城市男性失业率）。类别型变量So（指示该州是否位于南方的指示变量）将作为分组变量使用。数据的尺度已被原始作者缩放过。（注意，我原本打算将本节命名为"旧南方的罪与罚"，但是最后理智还是战胜了情感。）

7.4.1　独立样本的 t 检验

如果你在美国的南方犯罪，是否更有可能被判监禁？我们比较的对象是南方和非南方各州，因变量为监禁的概率。一个针对两组的独立样本t检验可以用于检验两个总体的均值相等的假设。这里假设两组数据是独立的，并且是从正态总体中抽得。检验的调用格式为：

```
t.test(y ~ x, data)
```

其中的y是一个数值型变量，x是一个二分变量。调用格式或为：

```
t.test(y1, y2)
```

其中的y1和y2为数值型向量（即各组的结果变量）。可选参数data的取值为一个包含了这些变量的矩阵或数据框。与其他多数统计软件不同的是，这里的t检验默认假定方差不相等，并使用Welsh的修正自由度。你可以添加一个参数var.equal=TRUE以假定方差相等，并使用合并方差估计。默认的备择假设是双侧的（即均值不相等，但大小的方向不确定）。你可以添加一个参数alternative="less"或alternative="greater"来进行有方向的检验。

在下列代码中，我们使用了一个假设方差不等的双侧检验，比较了南方（group 1）和非南方（group 0）各州的监禁概率：

```
> library(MASS)
> t.test(Prob ~ So, data=UScrime)

        Welch Two Sample t-test

data:  Prob by So
t = -3.8954, df = 24.925, p-value = 0.0006506
alternative hypothesis: true difference in means is not equal to 0
95 percent confidence interval:
 -0.03852569 -0.01187439
sample estimates:
mean in group 0 mean in group 1
    0.03851265      0.06371269
```

你可以拒绝南方各州和非南方各州拥有相同监禁概率的假设（$p<0.001$）。

注意　由于结果变量是一个比例值，你可以在执行t检验之前尝试对其进行正态化变换。在本例中，所有对结果变量合适的变换（`Y/1-Y`、`log(Y/1-Y)`、`arcsin(Y)`、`arcsin(sqrt(Y))`）都会将检验引向相同的结论。数据变换详述于第8章。

7.4.2　非独立样本的t检验

再举个例子，你可能会问：较年轻（14~24岁）男性的失业率是否比年长（35~39岁）男性的失业率更高？在这种情况下，这两组数据并不独立。你不能说亚拉巴马州的年轻男性和年长男性的失业率之间没有关系。在两组的观测之间相关时，你获得的是一个非独立组设计（dependent groups design）。前–后测设计（pre-post design）或重复测量设计（repeated measures design）同样也会产生非独立的组。

非独立样本的t检验假定组间的差异呈正态分布。对于本例，检验的调用格式为：

```
t.test(y1, y2, paired=TRUE)
```

其中的*y1*和*y2*为两个非独立组的数值向量。结果如下：

```
> library(MASS)
> sapply(UScrime[c("U1","U2")], function(x)(c(mean=mean(x),sd=sd(x))))
        U1    U2
mean 95.5 33.98
sd   18.0  8.45

> with(UScrime, t.test(U1, U2, paired=TRUE))

        Paired t-test

data: U1 and U2
t = 32.4066, df = 46, p-value < 2.2e-16
alternative hypothesis: true difference in means is not equal to 0
95 percent confidence interval:
 57.67003 65.30870
sample estimates:
mean of the differences
              61.48936
```

差异的均值（61.5）足够大，可以保证拒绝年长和年轻男性的平均失业率相同的假设。年轻男性的失业率更高。事实上，若总体均值相等，获取一个差异如此大的样本的概率小于0.000 000 000 000 000 22（即2.2e–16）。

7.4.3　多于两组的情况

如果想在多于两个的组之间进行比较，应该怎么做？如果能够假设数据是从正态总体中独立抽样而得的，那么你可以使用方差分析（ANOVA）。ANOVA是一套覆盖了许多实验设计和准实验设计的综合方法。就这一点来说，它的内容值得单列一章。你可以随时离开本节转而阅读

第9章。

7.5 组间差异的非参数检验

如果数据无法满足t检验或ANOVA的参数假设，可以转而使用非参数方法。举例来说，若结果变量在本质上就严重偏倚或呈现有序关系，那么你可能会希望使用本节中的方法。

7.5.1 两组的比较

若两组数据独立，可以使用Wilcoxon秩和检验（更广为人知的名字是Mann-Whitney U检验）来评估观测是否是从相同的概率分布中抽得的（即，在一个总体中获得更高得分的概率是否比另一个总体要大）。调用格式为：

```
wilcox.test(y ~ x, data)
```

其中的y是数值型变量，而x是一个二分变量。调用格式或为：

```
wilcox.test(y1, y2)
```

其中的y1和y2为各组的结果变量。可选参数data的取值为一个包含了这些变量的矩阵或数据框。默认进行一个双侧检验。你可以添加参数exact来进行精确检验，指定alternative="less"或alternative="greater"进行有方向的检验。

如果你使用Mann-Whitney U检验回答上一节中关于监禁率的问题，将得到这些结果：

```
> with(UScrime, by(Prob, So, median))

So: 0
[1] 0.0382
--------------------
So: 1
[1] 0.0556

> wilcox.test(Prob ~ So, data=UScrime)

        Wilcoxon rank sum test

data:  Prob by So
W = 81, p-value = 8.488e-05
alternative hypothesis: true location shift is not equal to 0
```

你可以再次拒绝南方各州和非南方各州监禁率相同的假设（$p<0.001$）。

Wilcoxon符号秩检验是非独立样本t检验的一种非参数替代方法。它适用于两组成对数据和无法保证正态性假设的情境。调用格式与Mann-Whitney U检验完全相同，不过还可以添加参数paired=TRUE。让我们用它解答上一节中的失业率问题：

```
> sapply(UScrime[c("U1","U2")], median)
U1 U2
```

```
92 34

> with(UScrime, wilcox.test(U1, U2, paired=TRUE))

        Wilcoxon signed rank test with continuity correction

data:  U1 and U2
V = 1128, p-value = 2.464e-09
alternative hypothesis: true location shift is not equal to 0
```

你再次得到了与配对t检验相同的结论。

在本例中，含参的t检验和与其作用相同的非参数检验得到了相同的结论。当t检验的假设合理时，参数检验的功效更强（更容易发现存在的差异）。而非参数检验在假设非常不合理时（如对于等级有序数据）更适用。

7.5.2　多于两组的比较

在要比较的组数多于两个时，必须转而寻求其他方法。考虑7.4节中的`state.x77`数据集。它包含了美国各州的人口、收入、文盲率、预期寿命、谋杀率和高中毕业率数据。如果你想比较美国四个地区(东北部、南部、中北部和西部)的文盲率，应该怎么做呢？这称为单向设计（one-way design），我们可以使用参数或非参数的方法来解决这个问题。

如果无法满足ANOVA设计的假设，那么可以使用非参数方法来评估组间的差异。如果各组独立，则Kruskal-Wallis检验将是一种实用的方法。如果各组不独立（如重复测量设计或随机区组设计），那么Friedman检验会更合适。

Kruskal-Wallis检验的调用格式为：

```
kruskal.test(y ~ A, data)
```

其中的y是一个数值型结果变量，A是一个拥有两个或更多水平的分组变量（grouping variable）。（若有两个水平，则它与Mann-Whitney U检验等价。）而Friedman检验的调用格式为：

```
friedman.test(y ~ A | B, data)
```

其中的y是数值型结果变量，A是一个分组变量，而B是一个用以认定匹配观测的区组变量（blocking variable）。在以上两例中，data皆为可选参数，它指定了包含这些变量的矩阵或数据框。

让我们利用Kruskal-Wallis检验回答文盲率的问题。首先，你必须将地区的名称添加到数据集中。这些信息包含在随R基础安装分发的`state.region`数据集中。

```
states <- data.frame(state.region, state.x77)
```

现在就可以进行检验了：

```
> kruskal.test(Illiteracy ~ state.region, data=states)
        Kruskal-Wallis rank sum test
data:  states$Illiteracy by states$state.region
Kruskal-Wallis chi-squared = 22.7, df = 3, p-value = 4.726e-05
```

显著性检验的结果意味着美国四个地区的文盲率各不相同（$p<0.001$）。

虽然你可以拒绝不存在差异的原假设，但这个检验并没有告诉你哪些地区显著地与其他地区不同。要回答这个问题，你可以使用Wilcoxon检验每次比较两组数据。一种更为优雅的方法是在控制犯第一类错误的概率（发现一个事实上并不存在的差异的概率）的前提下，执行可以同步进行的多组比较，这样可以直接完成所有组之间的成对比较。我写的函数wmc()可以实现这一目的，它每次用Wilcoxon检验比较两组，并通过p.adj()函数调整概率值。

说实话，我将本章标题中基本的定义拓展了不止一点点，但由于在这里讲非常合适，所以希望你能够容忍我的做法。你可以从www.statmethods.net/RiA/wmc.txt上下载到一个包含wmc()函数的文本文件。代码清单7-17通过这个函数比较了美国四个区域的文盲率。

代码清单7-17

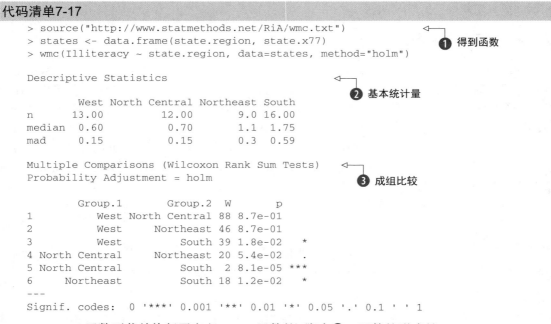

```
> source("http://www.statmethods.net/RiA/wmc.txt")          ❶ 得到函数
> states <- data.frame(state.region, state.x77)
> wmc(Illiteracy ~ state.region, data=states, method="holm")

Descriptive Statistics                                        ❷ 基本统计量

         West North Central Northeast  South
n       13.00          12.00       9.0  16.00
median   0.60           0.70       1.1   1.75
mad      0.15           0.15       0.3   0.59


Multiple Comparisons (Wilcoxon Rank Sum Tests)                ❸ 成组比较
Probability Adjustment = holm

        Group.1       Group.2   W       p
1          West North Central  88 8.7e-01
2          West     Northeast  46 8.7e-01
3          West         South  39 1.8e-02   *
4 North Central     Northeast  20 5.4e-02   .
5 North Central         South   2 8.1e-05 ***
6     Northeast         South  18 1.2e-02   *
---
Signif. codes:  0 '***' 0.001 '**' 0.01 '*' 0.05 '.' 0.1 ' ' 1
```

source()函数下载并执行了定义wmc()函数的R脚本❶。函数的形式是wmc(*y ~ A, data, method*)，其中*y*是数值输出变量，*A*是分组变量，*data*是包含这些变量的数据框，*method*指定限制I类误差的方法。代码清单7.17使用的是基于Holm（1979）提出的调整方法，它可以很大程度地控制总体I类误差率（在一组成对比较中犯一次或多次I类错误的概率）。参阅help(p.adjust)以查看其他可供选择的方法描述。

wmc()函数首先给出了样本量、样本中位数、每组的绝对中位差❷。其中，西部地区（West）的文盲率最低，南部地区（South）文盲率最高。然后，函数生成了六组统计比较（南部与中北部（North Central）、西部与东北部（Northeast）、西部与南部、中北部与东北部、中北部与南部、东北部与南部）❸。可以从双侧*p*值（p）看到，南部与其他三个区域有明显差别，但当显著性水平$p < 0.05$时，其他三个区域间并没有统计显著的差别。

非参数多组比较很有用，但在R中的实现并不轻松。第21章中，你将有机会将wmc()函数拓展为一个完整的可做误差检验、信息图表的R包。

7.6 组间差异的可视化

在7.4节和7.5节中，我们关注了进行组间比较的统计方法。使用视觉直观地检查组间差异，同样是全面的数据分析策略中的一个重要组成部分。它允许你评估差异的量级，甄别出任何会影响结果的分布特征（如偏倚、双峰或离群点）并衡量检验假定的合理程度。R中提供了许多比较组间数据的图形方法，其中包括6.5节中讲解的箱线图（简单箱线图、含凹槽的箱线图、小提琴图），6.4.1节中叠加的核密度图，以及在第9章中讨论的评估检验假定的图形方法。第19章中将给出更高级的用于组间差异可视化的技术，如分组和刻面等。

7.7 小结

在本章中，我们评述了R中用于生成统计概要和进行假设检验的函数。我们关注了样本统计量和频数表、独立性检验和类别型变量的相关性度量、定量变量的相关系数（和连带的显著性检验）以及两组或更多组定量结果变量的比较。

下一章中，我们将探索一元回归和多元回归，讨论的焦点在于如何理解一个预测变量（一元回归）或多个预测变量（多元回归）与某个被预测变量或效标变量（criterion variable）之间的关系。图形将有助于诊断潜在的问题、评估和提高模型的拟合精度，并发现数据中意料之外的信息瑰宝。

7

Part 3

中级方法

第二部分涵盖了作图和统计的基本方法，而第三部分将介绍一些中级方法。我们从描述两个变量之间的关系，转换到第 8 章中使用回归模型到对数值型结果变量和一系列数值型和（或）类别型预测变量之间的关系进行建模。建模通常都是一个复杂、多步骤、交互的过程。第 8 章将逐步讲解如何拟合线性模型，评价模型适用性，并解释模型的意义。

第 9 章介绍基于方差分析及其变体对基本实验和准实验设计的分析。在这一章中，我们感兴趣的是处理方式的组合，或条件对数值型结果变量的影响。这一章介绍 R 函数在方差分析、协方差分析、重复测量方差分析、多因素方差分析和多元方差分析中的用法，同时还讨论模型适用性的评价方法以及结果的可视化。

在实验和准实验设计中，判断样本量对检测处理效果是否足够（功效分析）非常重要——否则，为何要做这些研究呢？第 10 章详细介绍功效分析。在讨论假设检验后，这一章的重点是如何使用 R 函数判断：在给定置信度的前提下，需要多少样本才能判断处理效果。这个结论可以帮助我们安排实验和准实验研究来获得有用的结果。

第 11 章扩展了第 5 章的内容，涵盖有助于两个或多个变量间关系可视化的图形绘制，包括各种 2D 和 3D 的散点图、散点图矩阵、折线图、气泡图，以及实用但相对鲜为人知的相关图和马赛克图。

在第 8 章和第 9 章中，回归模型的假设条件很苛刻：结果或响应变量不仅是数值型的，而且还必须来自正态分布的随机抽样。但很多情况并不满足正态分布假设，第 12 章便为此介绍一些稳健的数据分析方法，它们能处理比较复杂的情况，比如数据来源于未知或混合分布、小样本问题、恼人的异常值，或者依据理论分布设计假设检验很复杂而且数学上非常难处理。这一章介绍的方法包括重抽样和自助法，这些涉及大量计算机资源的方法很容易在 R 中实现，允许你对那些不符合传统参数假设的数据修正假设检验。

阅读完第三部分，你将可以运用这些工具分析常见的实际数据分析问题，而且还可以绘制一些非常漂亮的图形！

回归

本章内容
- ☐ 拟合并解释线性模型
- ☐ 检验模型假设
- ☐ 模型选择

从许多方面来看，回归分析都是统计学的核心。它其实是一个广义的概念，通指那些用一个或多个预测变量（也称自变量或解释变量）来预测响应变量（也称因变量、效标变量或结果变量）的方法。通常，回归分析可以用来挑选与响应变量相关的解释变量，可以描述两者的关系，也可以生成一个等式，通过解释变量来预测响应变量。

例如，一位运动生理学家可通过回归分析获得一个等式，预测一个人在跑步机上锻炼时预期消耗的卡路里数。响应变量即消耗的卡路里数（可通过耗氧量计算获得），预测变量则可能包括锻炼的时间（分）、处于目标心率的时间比、平均速度（英里/小时）、年龄（年）、性别和身体质量指数（BMI）。

从理论的角度来看，回归分析可以帮助解答以下疑问。

- ☐ 锻炼时间与消耗的卡路里数是什么关系？是线性的还是曲线的？比如，卡路里消耗到某个点后，锻炼对卡路里的消耗影响会变小吗？
- ☐ 耗费的精力（处于目标心率的时间比，平均行进速度）将被如何计算在内？
- ☐ 这些关系对年轻人和老人、男性和女性、肥胖和苗条的人同样适用吗？

从实际的角度来看，回归分析则可以帮助解答以下疑问。

- ☐ 一名30岁的男性，BMI为28.7，如果以每小时4英里的速度行走45分钟，并且80%的时间都在目标心率内，那么他会消耗多少卡路里？
- ☐ 为了准确预测一个人行走时消耗的卡路里数，你需要收集的变量最少是多少个？
- ☐ 预测的准确度可以达到多少？

由于回归分析在现代统计学中非常重要，本章将对其进行一些深度讲解。首先，我们将看一看如何拟合和解释回归模型，然后回顾一系列鉴别模型潜在问题的方法，并学习如何解决它们。其次，我们将探究变量选择问题。对于所有可用的预测变量，如何确定哪些变量包含在最终的模型中？再次，我们将讨论一般性问题。模型在现实世界中的表现到底如何？最后，我们再看看相对重要性问题。模型所有的预测变量中，哪个最重要，哪个第二重要，哪个最无关紧要？

正如你所看到的，我们会涵盖许多方面的内容。有效的回归分析本就是一个交互的、整体的、多步骤的过程，而不仅仅是一点技巧。为此，本书并不将它分散到多个章中进行讲解，而是用单独的一章来讨论。因此，这一章将成为本书最长、最复杂的一章。只要坚持到最后，我保证你一定可以掌握所有的工具，自如地处理许多研究性问题！

8.1 回归的多面性

回归是一个令人困惑的词，因为它有许多特殊变种（见表8-1）。对于回归模型的拟合，R提供的强大而丰富的功能和选项也同样令人困惑。例如，2005年Vito Ricci创建的列表表明，R中做回归分析的函数已超过了205个（http://cran.r-project.org/doc/contrib/Ricci-refcardregression.pdf）。

表8-1 回归分析的各种变体

回归类型	用 途
简单线性	用一个量化的解释变量预测一个量化的响应变量
多项式	用一个量化的解释变量预测一个量化的响应变量，模型的关系是 n 阶多项式
多层	用拥有等级结构的数据预测一个响应变量（例如学校中教室里的学生）。也被称为分层模型、嵌套模型或混合模型
多元线性	用两个或多个量化的解释变量预测一个量化的响应变量
多变量	用一个或多个解释变量预测多个响应变量
Logistic	用一个或多个解释变量预测一个类别型响应变量
泊松	用一个或多个解释变量预测一个代表频数的响应变量
Cox 比例风险	用一个或多个解释变量预测一个事件（死亡、失败或旧病复发）发生的时间
时间序列	对误差项相关的时间序列数据建模
非线性	用一个或多个量化的解释变量预测一个量化的响应变量，不过模型是非线性的
非参数	用一个或多个量化的解释变量预测一个量化的响应变量，模型的形式源自数据形式，不事先设定
稳健	用一个或多个量化的解释变量预测一个量化的响应变量，能抵御强影响点的干扰

在这一章中，我们的重点是普通最小二乘（OLS）回归法，包括简单线性回归、多项式回归和多元线性回归。OLS回归是现今最常见的统计分析方法，其他回归模型（Logistic回归和泊松回归）将在第13章介绍。

8.1.1 OLS 回归的适用情境

OLS回归是通过预测变量的加权和来预测量化的因变量，其中权重是通过数据估计而得的参数。现在让我们一起看一个改编自Fwa（2006）的具体示例（此处没有任何含沙射影之意）。

一名工程师想找出跟桥梁退化有关的最重要的因素，比如使用年限、交通流量、桥梁设计、建造材料和建造方法、建造质量以及天气情况，并确定它们之间的数学关系。他从一个有代表性的桥梁样本中收集了这些变量的相关数据，然后使用OLS回归对数据进行建模。

这种方法的交互性很强。他拟合了一系列模型，检验它们是否符合相应的统计假设，探索了所有异常的发现，最终从许多可能的模型中选择了"最佳"的模型。如果成功，那么结果将会帮助他完成以下任务。

- 在众多变量中判断哪些对预测桥梁退化是有用的，得到它们的相对重要性，从而关注重要的变量。
- 根据回归所得的等式预测新的桥梁的退化情况（预测变量的值已知，但是桥梁退化程度未知），找出那些可能会有麻烦的桥梁。
- 利用对异常桥梁的分析，获得一些意外的信息。比如他发现某些桥梁的退化速度比预测的更快或更慢，那么研究这些"离群点"可能会有重大的发现，能够帮助理解桥梁退化的机制。

可能桥梁的例子并不能引起你的兴趣。而且我是从事临床心理学和统计的，对土木工程也是一无所知，但是这其中蕴含的一般性思想适用于物理、生物和社会科学的许多问题。以下问题都可以通过OLS方法进行处理。

- 铺路表面的面积与表面盐度有什么关系（Montogomery，2007）？
- 一个用户哪些方面的经历会导致他沉溺于大型多人在线角色扮演游戏（MMORPG；Hsu，Wen & Wu，2009）？
- 教育环境中的哪些因素最能影响学生成绩得分？
- 血压、盐摄入量和年龄的关系是什么样的？对于男性和女性是相同的吗？
- 运动场馆和职业运动对大都市的发展有何影响（Baade & Dye，1990）？
- 哪些因素可以解释各州的啤酒价格差异（Culbertson & Bradford，1991）？（这个问题终于引起了你的注意！）

我们主要的困难有三个：发现有趣的问题，设计一个有用的、可以测量的响应变量，以及收集合适的数据。

8.1.2   基础回顾

下面的几节，我将介绍如何用R函数拟合OLS回归模型、评价拟合优度、检验假设条件以及选择模型。此处假定读者已经在本科统计课程第二学期接触了最小二乘回归法，不过我还是会尽量少用数学符号，关注实际运用而不是理论细节。有大量优秀书籍都介绍了本章提到的统计知识。我最喜欢的是John Fox的*Applied Regression Analysis and Generalized Linear Models*（偏重理论）和*An R and S-Plus Companion to Applied Regression*（偏重应用），它们为本章提供了主要的素材。另外，一份不错的非技术性综述可以参考Licht（1995）。

8.2   OLS 回归

在本章大部分内容中，我们都是利用OLS法通过一系列的预测变量来预测响应变量（也可以说是在预测变量上"回归"响应变量——其名也因此而来）。OLS回归拟合模型的形式：

$$\hat{Y}_i = \hat{\beta}_0 + \hat{\beta}_1 X_{1i} + \cdots + \hat{\beta}_k X_{ki} \quad i = 1 \cdots n$$

其中，n为观测的数目，k为预测变量的数目。（虽然我极力避免讨论公式，但这里探讨公式是简化问题的需要。）等式中相应部分的解释如下。

$\hat{Y}_i$　第i次观测对应的因变量的预测值（具体来讲，它是在已知预测变量值的条件下，对Y分布估计的均值）

X_{ji}　第i次观测对应的第j个预测变量值

$\hat{\beta}_0$　截距项（当所有的预测变量都为0时，Y的预测值）

$\hat{\beta}_j$　预测变量j的回归系数（斜率表示X_j改变一个单位所引起的Y的改变量）

我们的目标是通过减少响应变量的真实值与预测值的差值来获得模型参数（截距项和斜率）。具体而言，即使得残差平方和最小。

$$\sum\nolimits_{i=1}^{n}(Y_i - \hat{Y}_i)^2 = \sum\nolimits_{i=1}^{n}(Y_i - \hat{\beta}_0 + \hat{\beta}_1 X_{1i} + \cdots + \hat{\beta}_k X_{ki})^2 = \sum\nolimits_{i=1}^{n} \varepsilon_i^2$$

为了能够恰当地解释OLS模型的系数，数据必须满足以下统计假设。

❑ 正态性　对于固定的自变量值，因变量值成正态分布。

❑ 独立性　Y_i值之间相互独立。

❑ 线性　因变量与自变量之间为线性相关。

❑ 同方差性　因变量的方差不随自变量的水平不同而变化。也可称作不变方差，但是说同方差性感觉上更犀利。

如果违背了以上假设，你的统计显著性检验结果和所得的置信区间就很可能不精确了。注意，OLS回归还假定自变量是固定的且测量无误差，但在实践中通常都放松了这个假设。

8.2.1　用 `lm()` 拟合回归模型

在R中，拟合线性模型最基本的函数就是lm()，格式为：

```
myfit <- lm(formula, data)
```

其中，*formula*指要拟合的模型形式，*data*是一个数据框，包含了用于拟合模型的数据。结果对象（本例中是myfit）存储在一个列表中，包含了所拟合模型的大量信息。表达式（formula）形式如下：

```
Y ~ X1 + X2 + ... + Xk
```

~左边为响应变量，右边为各个预测变量，预测变量之间用+符号分隔。表8-2中的符号可以用不同方式修改这一表达式。

表8-2　R表达式中常用的符号

符　号	用　途
~	分隔符号，左边为响应变量，右边为解释变量。例如，要通过 x、z 和 w 预测 y，代码为 y ~ x + z + w
+	分隔预测变量
:	表示预测变量的交互项。例如，要通过 x、z 及 x 与 z 的交互项预测 y，代码为 y ~ x + z + x:z
*	表示所有可能交互项的简洁方式。代码 y~ x * z * w 可展开为 y ~ x + z + w + x:z + x:w + z:w + x:z:w
^	表示交互项达到某个次数。代码 y ~ (x + z + w)^2 可展开为 y ~ x + z + w + x:z + x:w + z:w
.	表示包含除因变量外的所有变量。例如，若一个数据框包含变量 x、y、z 和 w，代码 y ~.可展开为 y ~ x + z + w
-	减号，表示从等式中移除某个变量。例如，y ~ (x + z + w)^2 - x:w 可展开为 y ~ x + z + w + x:z + z:w
-1	删除截距项。例如，表达式 y ~ x - 1 拟合 y 在 x 上的回归，并强制直线通过原点
I()	从算术的角度来解释括号中的元素。例如，y ~ x + (z + w)^2 将展开为 y ~ x + z + w + z:w。相反，代码 y ~ x + I((z + w)^2) 将展开为 y ~ x + h，h 是一个由 z 和 w 的平方和创建的新变量
function	可以在表达式中用的数学函数。例如，log(y) ~ x + z + w 表示通过 x、z 和 w 来预测 log(y)

　　除了 lm()，表8-3还列出了其他一些对做简单或多元回归分析有用的函数。拟合模型后，将这些函数应用于 lm() 返回的对象，可以得到更多额外的模型信息。

表8-3　对拟合线性模型非常有用的其他函数

函　数	用　途
summary()	展示拟合模型的详细结果
coefficients()	列出拟合模型的模型参数（截距项和斜率）
confint()	提供模型参数的置信区间（默认 95%）
fitted()	列出拟合模型的预测值
residuals()	列出拟合模型的残差值
anova()	生成一个拟合模型的方差分析表，或者比较两个或更多拟合模型的方差分析表
vcov()	列出模型参数的协方差矩阵
AIC()	输出赤池信息统计量
plot()	生成评价拟合模型的诊断图
predict()	用拟合模型对新的数据集预测响应变量值

　　当回归模型包含一个因变量和一个自变量时，我们称为简单线性回归。当只有一个预测变量，但同时包含变量的幂（比如，X、X^2、X^3）时，我们称为多项式回归。当有不止一个预测变量时，则称为多元线性回归。现在，我们首先从一个简单的线性回归例子开始，然后逐步展示多项式回归和多元线性回归，最后还会介绍一个包含交互项的多元线性回归的例子。

8.2.2 简单线性回归

让我们通过一个回归示例来熟悉表8-3中的函数。基础安装中的数据集women提供了15个年龄在30~39岁间女性的身高和体重信息，我们想通过身高来预测体重，获得一个等式可以帮助我们分辨出那些过重或过轻的个体。代码清单8-1提供了分析过程，图8-1展示了结果图形。

代码清单8-1　简单线性回归

```
> fit <- lm(weight ~ height, data=women)
> summary(fit)

Call:
lm(formula=weight ~ height, data=women)

Residuals:
   Min    1Q Median    3Q    Max
-1.733 -1.133 -0.383  0.742  3.117

Coefficients:
            Estimate Std. Error t value Pr(>|t|)
(Intercept) -87.5167     5.9369   -14.7  1.7e-09 ***
height        3.4500     0.0911    37.9  1.1e-14 ***
---
Signif. codes:  0 '***' 0.001 '**' 0.01 '*' 0.05 '.' 0.1 ' ' 1

Residual standard error: 1.53 on 13 degrees of freedom
Multiple R-squared: 0.991,    Adjusted R-squared: 0.99
F-statistic: 1.43e+03 on 1 and 13 DF,  p-value: 1.09e-14

> women$weight

 [1] 115 117 120 123 126 129 132 135 139 142 146 150 154 159 164

> fitted(fit)

     1      2      3      4      5      6      7      8      9
112.58 116.03 119.48 122.93 126.38 129.83 133.28 136.73 140.18
    10     11     12     13     14     15
143.63 147.08 150.53 153.98 157.43 160.88

> residuals(fit)
    1    2    3    4     5     6     7     8     9    10    11
 2.42 0.97 0.52 0.07 -0.38 -0.83 -1.28 -1.73 -1.18 -1.63 -1.08
   12   13   14   15
-0.53 0.02 1.57 3.12

> plot(women$height,women$weight,
       xlab="Height (in inches)",
       ylab="Weight (in pounds)")
> abline(fit)
```

8

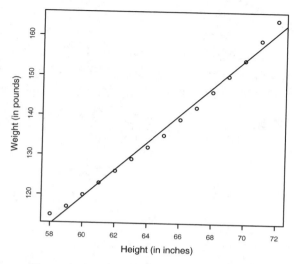

图8-1   用身高预测体重的散点图以及回归线

通过输出结果，可以得到预测等式：

$$\widehat{Weight} = -87.52+3.45 \times Height$$

因为身高不可能为0，所以没必要给截距项一个物理解释，它仅仅是一个常量调整项。在Pr(>|t|)栏，可以看到回归系数（3.45）显著不为0（$p<0.001$），表明身高每增高1英寸，体重将预期增加3.45磅[1]。R平方项（0.991）表明模型可以解释体重99.1%的方差，它也是实际和预测值之间相关系数的平方（$R^2=r^2_{\hat{Y}Y}$）。残差标准误（1.53 lbs）则可认为是模型用身高预测体重的平均误差。F统计量检验所有的预测变量预测响应变量是否都在某个几率水平之上。由于简单回归只有一个预测变量，此处F检验等同于身高回归系数的t检验。

出于展示的需要，我们已经输出了真实值、预测值和残差值。显然，最大的残差值在身高矮和身高高的地方出现，这也可以从图8-1看出来。

图形表明你可以用含一个弯曲的曲线来提高预测的精度。比如，模型 $\hat{Y} = \hat{\beta}_0 + \hat{\beta}_1 X + \hat{\beta}_2 X^2$ 就能更好地拟合数据。多项式回归允许你用一个解释变量预测一个响应变量，它们关系的形式即n次多项式。

8.2.3　多项式回归

图8-1表明，你可以通过添加一个二次项（即X^2）来提高回归的预测精度。
如下代码可以拟合含二次项的等式：

```
fit2 <- lm(weight ~ height + I(height^2), data=women)
```

① 1英寸≈2.54厘米，1磅≈0.45千克。——编者注

I(height^2)表示向预测等式添加一个身高的平方项。I函数将括号的内容看作R的一个常规表达式。因为^（参见表8-2）符号在表达式中有特殊的含义，会调用你并不需要的东西，所以此处必须要用这个函数。

代码清单8-2展示了拟合含二次项等式的结果。

代码清单8-2　多项式回归

```
> fit2 <- lm(weight ~ height + I(height^2), data=women)
> summary(fit2)

Call:
lm(formula=weight ~ height + I(height^2), data=women)

Residuals:
    Min      1Q  Median      3Q     Max
-0.5094 -0.2961 -0.0094  0.2862  0.5971

Coefficients:
             Estimate Std. Error t value Pr(>|t|)
(Intercept) 261.87818   25.19677   10.39  2.4e-07 ***
Height       -7.34832    0.77769   -9.45  6.6e-07 ***
I(height^2)   0.08306    0.00598   13.89  9.3e-09 ***
---
Signif. codes:  0 '***' 0.001 '**' 0.01 '*' 0.05 '.' 0.1 ' ' 1

Residual standard error: 0.384 on 12 degrees of freedom
Multiple R-squared: 0.999,     Adjusted R-squared: 0.999
F-statistic: 1.14e+04 on 2 and 12 DF,  p-value: <2e-16

> plot(women$height,women$weight,
       xlab="Height (in inches)",
       ylab="Weight (in lbs)")
> lines(women$height,fitted(fit2))
```

新的预测等式为：

$$\widehat{\text{Weight}} = 261.88 - 7.35 \times \text{Height} + 0.083 \times \text{Height}^2$$

在$p<0.001$水平下，回归系数都非常显著。模型的方差解释率已经增加到了99.9%。二次项的显著性（$t=13.89$，$p<0.001$）表明包含二次项提高了模型的拟合度。从图8-2也可以看出曲线确实拟合得较好。

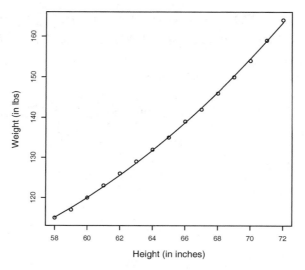

图8-2　用身高预测体重的二次回归

线性模型与非线性模型

　　多项式等式仍可认为是线性回归模型，因为等式仍是预测变量的加权和形式（本例中是身高和身高的平方）。即使这样的模型：

$$\hat{Y}_i = \hat{\beta}_0 \times \log X_1 + \hat{\beta}_2 \times \sin X_2$$

仍可认为是线性模型（参数项是线性的），能用这样的表达式进行拟合：

```
Y ~ log(X1) + sin(X2)
```

　　相反，下面的例子才能算是真正的非线性模型：

$$\hat{Y}_i = \hat{\beta}_0 + \hat{\beta}_1 e^{x/\beta_2}$$

这种非线性模型可用nls()函数进行拟合。

　　一般来说，n次多项式生成一个$n-1$个弯曲的曲线。拟合三次多项式，可用：

```
fit3 <- lm(weight ~ height + I(height^2) +I(height^3), data=women)
```

　　虽然更高次的多项式也可用，但我发现使用比三次更高的项几乎没有必要。

　　在继续下文之前，我还要提及car包中的scatterplot()函数，它可以很容易、方便地绘制二元关系图。以下代码能生成图8-3所示的图形：

```
library(car)
scatterplot(weight ~ height, data=women,
  spread=FALSE, smoother.args=list(lty=2), pch=19,
  main="Women Age 30-39",
  xlab="Height (inches)",
  ylab="Weight (lbs.)")
```

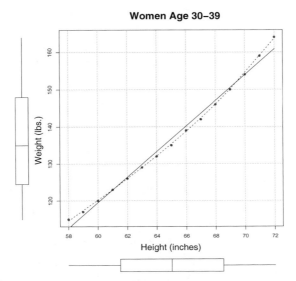

图8-3　身高与体重的散点图。直线为线性拟合，虚线为曲线平滑拟合，边界为箱线图

这个功能加强的图形，既提供了身高与体重的散点图、线性拟合曲线和平滑拟合（loess）曲线，还在相应边界展示了每个变量的箱线图。spread=FALSE选项删除了残差正负均方根在平滑曲线上的展开和非对称信息。smoother.args=list(lty=2)选项设置loess拟合曲线为虚线。pch=19选项设置点为实心圆（默认为空心圆）。粗略地看一下图8-3可知，两个变量基本对称，曲线拟合得比直线更好。

8.2.4　多元线性回归

当预测变量不止一个时，简单线性回归就变成了多元线性回归，分析也稍微复杂些。从技术上来说，多项式回归可以算是多元线性回归的特例：二次回归有两个预测变量（X和X^2），三次回归有三个预测变量（X、X^2和X^3）。现在让我们看一个更一般的例子。

以基础包中的state.x77数据集为例，我们想探究一个州的犯罪率和其他因素的关系，包括人口、文盲率、平均收入和结霜天数（温度在冰点以下的平均天数）。

因为lm()函数需要一个数据框（state.x77数据集是矩阵），为了以后处理方便，你需要做如下转化：

```
states <- as.data.frame(state.x77[,c("Murder", "Population",
                        "Illiteracy", "Income", "Frost")])
```

这行代码创建了一个名为states的数据框，包含了我们感兴趣的变量。本章的余下部分，我们都将使用这个新的数据框。

多元回归分析中，第一步最好检查一下变量间的相关性。cor()函数提供了二变量之间的相关系数，car包中scatterplotMatrix()函数则会生成散点图矩阵（参见代码清单8-3和图8-4）。

代码清单8-3   检测二变量关系

```
> states <- as.data.frame(state.x77[,c("Murder", "Population",
                         "Illiteracy", "Income", "Frost")])

> cor(states)
            Murder Population Illiteracy Income Frost
Murder        1.00       0.34       0.70  -0.23 -0.54
Population     0.34       1.00       0.11   0.21 -0.33
Illiteracy     0.70       0.11       1.00  -0.44 -0.67
Income        -0.23       0.21      -0.44   1.00  0.23
Frost         -0.54      -0.33      -0.67   0.23  1.00

> library(car)
> scatterplotMatrix(states, spread=FALSE, smoother.args=list(lty=2),
    main="Scatter Plot Matrix")
```

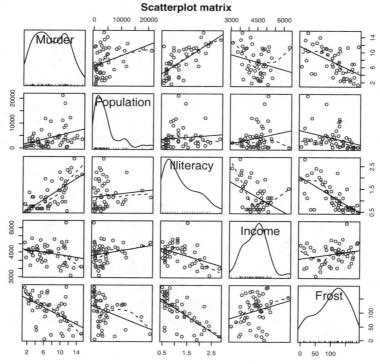

图8-4   州府数据中因变量与自变量的散点图矩阵。（包含线性和平滑拟合曲线，以及
         相应的边际分布（核密度图和轴须图））

scatterplotMatrix()函数默认在非对角线区域绘制变量间的散点图，并添加平滑和线性
拟合曲线。对角线区域绘制每个变量的密度图和轴须图。

从图中可以看到，谋杀率是双峰的曲线，每个预测变量都一定程度上出现了偏斜。谋杀率随着人口和文盲率的增加而增加，随着收入水平和结霜天数增加而下降。同时，越冷的州府文盲率越低，收入水平越高。

现在使用lm()函数拟合多元线性回归模型（参见代码清单8-4）。

代码清单8-4 多元线性回归

```
> states <- as.data.frame(state.x77[,c("Murder", "Population",
                          "Illiteracy", "Income", "Frost")])

> fit <- lm(Murder ~ Population + Illiteracy + Income + Frost,
            data=states)
> summary(fit)
Call:
lm(formula=Murder ~ Population + Illiteracy + Income + Frost,
    data=states)

Residuals:
    Min      1Q  Median      3Q     Max
-4.7960 -1.6495 -0.0811  1.4815  7.6210

Coefficients:
             Estimate Std. Error t value Pr(>|t|)
(Intercept) 1.23e+00   3.87e+00    0.32    0.751
Population  2.24e-04   9.05e-05    2.47    0.017 *
Illiteracy  4.14e+00   8.74e-01    4.74  2.2e-05 ***
Income      6.44e-05   6.84e-04    0.09    0.925
Frost       5.81e-04   1.01e-02    0.06    0.954
---
Signif. codes: 0 '***' 0.001 '**' 0.01 '*' 0.05 '.v 0.1 'v' 1

Residual standard error: 2.5 on 45 degrees of freedom
Multiple R-squared: 0.567,      Adjusted R-squared: 0.528
F-statistic: 14.7 on 4 and 45 DF,  p-value: 9.13e-08
```

当预测变量不止一个时，回归系数的含义为：一个预测变量增加一个单位，其他预测变量保持不变时，因变量将要增加的数量。例如本例中，文盲率的回归系数为4.14，表示控制人口、收入和温度不变时，文盲率上升1%，谋杀率将会上升4.14%，它的系数在$p<0.001$的水平下显著不为0。相反，Frost的系数没有显著不为0（$p=0.954$），表明当控制其他变量不变时，Frost与Murder不呈线性相关。总体来看，所有的预测变量解释了各州谋杀率57%的方差。

以上分析中，我们没有考虑预测变量的交互项。在接下来的一节中，我们将考虑一个包含此因素的例子。

8.2.5 有交互项的多元线性回归

许多很有趣的研究都会涉及交互项的预测变量。以mtcars数据框中的汽车数据为例，若你对汽车重量和马力感兴趣，可以把它们作为预测变量，并包含交互项来拟合回归模型，参见代码清单8-5。

代码清单8-5　有显著交互项的多元线性回归

```
> fit <- lm(mpg ~ hp + wt + hp:wt, data=mtcars)
> summary(fit)
Call:
lm(formula=mpg ~ hp + wt + hp:wt, data=mtcars)

Residuals:
   Min     1Q Median     3Q    Max
-3.063 -1.649 -0.736  1.421  4.551

Coefficients:
            Estimate Std. Error t value Pr(>|t|)
(Intercept) 49.80842    3.60516   13.82  5.0e-14 ***
hp          -0.12010    0.02470   -4.86  4.0e-05 ***
wt          -8.21662    1.26971   -6.47  5.2e-07 ***
hp:wt        0.02785    0.00742    3.75  0.00081 ***
---
Signif. codes:  0 '***' 0.001 '**' 0.01 '*' 0.05 '.' 0.1 ' ' 1

Residual standard error: 2.1 on 28 degrees of freedom
Multiple R-squared: 0.885,      Adjusted R-squared: 0.872
F-statistic: 71.7 on 3 and 28 DF,  p-value: 2.98e-13
```

你可以看到 Pr(>|t|) 栏中，马力与车重的交互项是显著的，这意味着什么呢？若两个预测变量的交互项显著，说明响应变量与其中一个预测变量的关系依赖于另外一个预测变量的水平。因此此例说明，每加仑汽油行驶英里数与汽车马力的关系依车重不同而不同。

预测 mpg 的模型为 $\widehat{mpg}$ =49.81 –0.12×hp–8.22×wt+0.03×hp×wt。为更好地理解交互项，你可以赋给 wt 不同的值，并简化等式。例如，可以试试 wt 的均值（3.2），少于均值一个标准差和多于均值一个标准差的值（分别是 2.2 和 4.2）。若 wt=2.2，则等式可以化简为 $\widehat{mpg}$ =49.81–0.12×hp–8.22×(2.2) + 0.03×hp×(2.2) =31.41–0.06×hp；若 wt=3.2，则变成了 $\widehat{mpg}$=23.37–0.03×hp；若 wt=4.2，则等式为 $\widehat{mpg}$=15.33–0.003×hp。你将发现，随着车重增加（2.2、3.2、4.2），hp 每增加一个单位引起的 mpg 预期改变却在减少（0.06、0.03、0.003）。

通过 effects 包中的 effect() 函数，你可以用图形展示交互项的结果。格式为：

```
plot(effect(term, mod,, xlevels), multiline=TRUE)
```

term 即模型要画的项，mod 为通过 lm() 拟合的模型，xlevels 是一个列表，指定变量要设定的常量值，multiline=TRUE 选项表示添加相应直线。对于上例，即：

```
library(effects)
plot(effect("hp:wt", fit,, list(wt=c(2.2,3.2,4.2))), multiline=TRUE)
```

结果展示在图8-5中。

从图中可以很清晰地看出，随着车重的增加，马力与每加仑汽油行驶英里数的关系减弱了。当 wt=4.2 时，直线几乎是水平的，表明随着 hp 的增加，mpg 不会发生改变。

然而，拟合模型只不过是分析的第一步，一旦拟合了回归模型，在信心十足地进行推断之前，必须对方法中暗含的统计假设进行检验。这正是下节的主题。

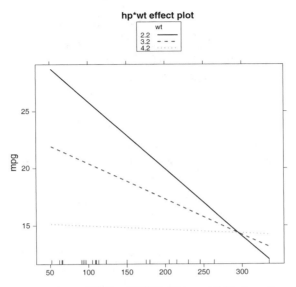

图8-5 hp*wt的交互项图形。图形展示了wt三种值时mpg和hp的关系

8.3 回归诊断

在上一节中，你使用lm()函数来拟合OLS回归模型，通过summary()函数获取模型参数和相关统计量。但是，没有任何输出告诉你模型是否合适，你对模型参数推断的信心依赖于它在多大程度上满足OLS模型统计假设。虽然在代码清单8-4中summary()函数对模型有了整体的描述，但是它没有提供关于模型在多大程度上满足统计假设的任何信息。

为什么这很重要？因为数据的无规律性或者错误设定了预测变量与响应变量的关系，都将致使你的模型产生巨大的偏差。一方面，你可能得出某个预测变量与响应变量无关的结论，但事实上它们是相关的；另一方面，情况可能恰好相反。当你的模型应用到真实世界中时，预测效果可能很差，误差显著。

现在让我们通过confint()函数的输出来看看8.2.4节中states多元回归的问题。

```
> states <- as.data.frame(state.x77[,c("Murder", "Population",
                          "Illiteracy", "Income", "Frost")])
> fit <- lm(Murder ~ Population + Illiteracy + Income + Frost, data=states)
> confint(fit)
                  2.5 %      97.5 %
(Intercept) -6.55e+00    9.021318
Population   4.14e-05    0.000406
Illiteracy   2.38e+00    5.903874
Income      -1.31e-03    0.001441
Frost       -1.97e-02    0.020830
```

结果表明，文盲率改变1%，谋杀率就在95%的置信区间[2.38, 5.90]中变化。另外，因为Frost

的置信区间包含0，所以可以得出结论：当其他变量不变时，温度的改变与谋杀率无关。不过，你对这些结果的信念，都只建立在你的数据满足统计假设的前提之上。

回归诊断技术向你提供了评价回归模型适用性的必要工具，它能帮助发现并纠正问题。首先，我们探讨使用R基础包中函数的标准方法，然后再看看car包中改进了的新方法。

8.3.1   标准方法

R基础安装中提供了大量检验回归分析中统计假设的方法。最常见的方法就是对lm()函数返回的对象使用plot()函数，可以生成评价模型拟合情况的四幅图形。下面是简单线性回归的例子：

```
fit <- lm(weight ~ height, data=women)
par(mfrow=c(2,2))
plot(fit)
```

生成图形见图8-6。par(mfrow=c(2,2))将plot()函数绘制的四幅图形组合在一个大的2×2的图中。par()函数的介绍可参见第3章。

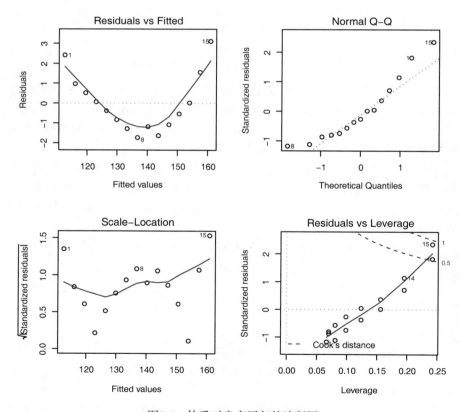

图8-6   体重对身高回归的诊断图

为理解这些图形，我们来回顾一下OLS回归的统计假设。

❑ **正态性**　当预测变量值固定时，因变量成正态分布，则残差值也应该是一个均值为0的正态分布。"正态Q-Q图"（Normal Q-Q，右上）是在正态分布对应的值下，标准化残差的概率图。若满足正态假设，那么图上的点应该落在呈45度角的直线上；若不是如此，那么就违反了正态性的假设。

❑ **独立性**　你无法从这些图中分辨出因变量值是否相互独立，只能从收集的数据中来验证。上面的例子中，没有任何先验的理由去相信一位女性的体重会影响另外一位女性的体重。假若你发现数据是从一个家庭抽样得来的，那么可能必须要调整模型独立性的假设。

❑ **线性**　若因变量与自变量线性相关，那么残差值与预测（拟合）值就没有任何系统关联。换句话说，除了白噪声，模型应该包含数据中所有的系统方差。在"残差图与拟合图"（Residuals vs Fitted，左上）中可以清楚地看到一个曲线关系，这暗示着你可能需要对回归模型加上一个二次项。

❑ **同方差性**　若满足不变方差假设，那么在"位置尺度图"（Scale-Location Graph，左下）中，水平线周围的点应该随机分布。该图似乎满足此假设。

最后一幅"残差与杠杆图"（Residuals vs Leverage，右下）提供了你可能关注的单个观测点的信息。从图形可以鉴别出离群点、高杠杆值点和强影响点。下面来详细介绍。

❑ 一个观测点是离群点，表明拟合回归模型对其预测效果不佳（产生了巨大的或正或负的残差）。

❑ 一个观测点有很高的杠杆值，表明它是一个异常的预测变量值的组合。也就是说，在预测变量空间中，它是一个离群点。因变量值不参与计算一个观测点的杠杆值。

❑ 一个观测点是强影响点（influential observation），表明它对模型参数的估计产生的影响过大，非常不成比例。强影响点可以通过Cook距离即Cook's D统计量来鉴别。

不过老实说，我觉得残差—杠杆图的可读性差而且不够实用。在接下来的章节中，你将会看到对这一信息更好的呈现方法。

为了章节的完整性，让我们再看看二次拟合的诊断图。代码为：

```
fit2 <- lm(weight ~ height + I(height^2), data=women)
par(mfrow=c(2,2))
plot(fit2)
```

结果见图8-7。

这第二组图表明多项式回归拟合效果比较理想，基本符合了线性假设、残差正态性（除了观测点13）和同方差性（残差方差不变）。观测点15看起来像是强影响点（根据是它有较大的Cook距离值），删除它将会影响参数的估计。事实上，删除观测点13和15，模型会拟合得会更好。使用：

```
newfit <- lm(weight~ height + I(height^2), data=women[-c(13,15),])
```

即可拟合剔除点后的模型。但是对于删除数据，要非常小心，因为本应是你的模型去匹配数据，而不是反过来。

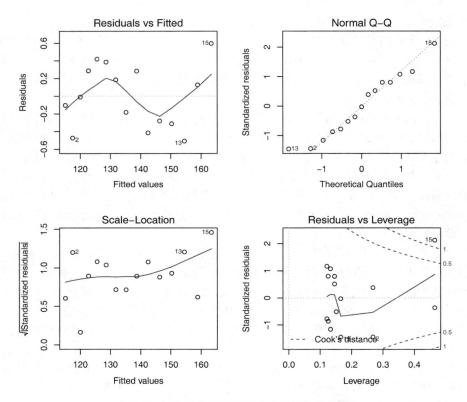

图8-7   体重对身高和身高平方的回归诊断图

最后，我们再应用这个基本的方法，来看看states的多元回归问题。

```
states <- as.data.frame(state.x77[,c("Murder", "Population",
                        "Illiteracy", "Income", "Frost")])
fit <- lm(Murder ~ Population + Illiteracy + Income + Frost, data=states)
par(mfrow=c(2,2))
plot(fit)
```

结果展示在图8-8中。正如从图上看到的，除去Nevada一个离群点，模型假设得到了很好的满足。

虽然这些标准的诊断图形很有用，但是R中还有更好的工具可用，相比plot(*fit*)方法，我更推荐它们。

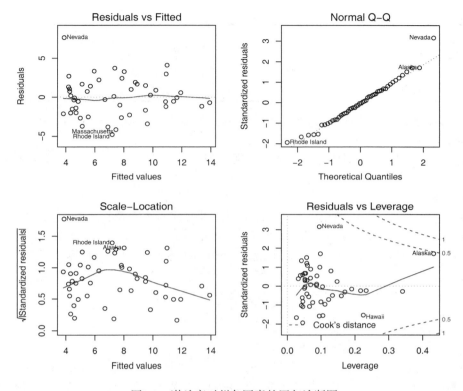

图8-8　谋杀率对州各因素的回归诊断图

8.3.2　改进的方法

car包提供了大量函数，大大增强了拟合和评价回归模型的能力（参见表8-4）。

表8-4　（car包中的）回归诊断实用函数

函　　数	目　　的
qqPlot()	分位数比较图
durbinWatsonTest()	对误差自相关性做 Durbin-Watson 检验
crPlots()	成分与残差图
ncvTest()	对非恒定的误差方差做得分检验
spreadLevelPlot()	分散水平检验
outlierTest()	Bonferroni 离群点检验
avPlots()	添加的变量图形
inluencePlot()	回归影响图

（续）

函　　　数	目　　　的
scatterplot()	增强的散点图
scatterplotMatrix()	增强的散点图矩阵
vif()	方差膨胀因子

值得注意的是，car包的2.x版本相对1.x版本作了许多改变，包括函数的名字和用法。本章基于2.x版本。

另外，gvlma包提供了对所有线性模型假设进行检验的方法。作为比较，我们将把它们应用到之前的多元回归例子中。

1. 正态性

与基础包中的plot()函数相比，qqPlot()函数提供了更为精确的正态假设检验方法，它画出了在n–p–1个自由度的t分布下的学生化残差（studentized residual，也称学生化删除残差或折叠化残差）图形，其中n是样本大小，p是回归参数的数目（包括截距项）。代码如下：

```
library(car)
states <- as.data.frame(state.x77[,c("Murder", "Population",
                        "Illiteracy", "Income", "Frost")])
fit <- lm(Murder ~ Population + Illiteracy + Income + Frost, data=states)
qqPlot(fit, labels=row.names(states), id.method="identify",
       simulate=TRUE, main="Q-Q Plot")
```

qqPlot()函数生成的概率图见图8-9。id.method = "identify"选项能够交互式绘图——待图形绘制后，用鼠标单击图形内的点，将会标注函数中labels选项的设定值。敲击Esc键，从图形下拉菜单中选择Stop，或者在图形上右击，都将会关闭这种交互模式。此处，我已经鉴定出了Nevada异常。当simulate=TRUE时，95%的置信区间将会用参数自助法（自助法可参见第12章）生成。

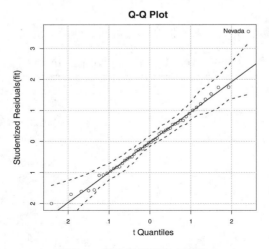

图8-9　学生化残差的Q-Q图

　　除了Nevada，所有的点都离直线很近，并都落在置信区间内，这表明正态性假设符合得很好。但是你也必须关注Nevada，它有一个很大的正残差值（真实值－预测值），表明模型低估了该州的谋杀率。特别地：

```
> states["Nevada",]

       Murder Population Illiteracy Income Frost
Nevada 11.5          590        0.5   5149   188

> fitted(fit)["Nevada"]

  Nevada
3.878958

> residuals(fit)["Nevada"]

  Nevada
7.621042

> rstudent(fit)["Nevada"]

  Nevada
3.542929
```

　　可以看到，Nevada的谋杀率是11.5%，而模型预测的谋杀率为3.9%。

　　你应该会提出这样的问题："为什么Nevada的谋杀率会比根据人口、收入、文盲率和温度预测所得的谋杀率高呢？"没有看过电影《盗亦有道》（*Goodfellas*）的你愿意猜一猜吗？

　　可视化误差还有其他方法，比如使用代码清单8-6中的代码。residplot()函数生成学生化残差柱状图（即直方图），并添加正态曲线、核密度曲线和轴须图。它不需要加载car包。

代码清单8-6　绘制学生化残差图的函数

```
residplot <- function(fit, nbreaks=10) {
            z <- rstudent(fit)
            hist(z, breaks=nbreaks, freq=FALSE,
                xlab="Studentized Residual",
                main="Distribution of Errors")
            rug(jitter(z), col="brown")
            curve(dnorm(x, mean=mean(z), sd=sd(z)),
                add=TRUE, col="blue", lwd=2)
            lines(density(z)$x, density(z)$y,
                col="red", lwd=2, lty=2)
            legend("topright",
                legend = c( "Normal Curve", "Kernel Density Curve"),
                lty=1:2, col=c("blue","red"), cex=.7)
        }

residplot(fit)
```

结果如图8-10所示。

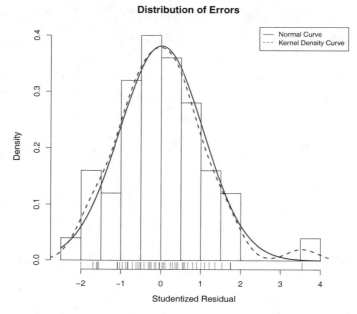

图8-10　用residplot()函数绘制的学生化残差分布图

正如你所看到的，除了一个很明显的离群点，误差很好地服从了正态分布。虽然Q-Q图已经蕴藏了很多信息，但我总觉得从一个柱状图或者密度图测量分布的斜度比使用概率图更容易。因此为何不一起使用这两幅图呢？

2. 误差的独立性

之前章节提过，判断因变量值（或残差）是否相互独立，最好的方法是依据收集数据方式的先验知识。例如，时间序列数据通常呈现自相关性——相隔时间越近的观测相关性大于相隔越远的观测。car包提供了一个可做Durbin-Watson检验的函数，能够检测误差的序列相关性。在多元回归中，使用下面的代码可以做Durbin-Watson检验：

```
> durbinWatsonTest(fit)
 lag Autocorrelation D-W Statistic p-value
   1          -0.201          2.32   0.282
Alternative hypothesis: rho != 0
```

p值不显著（p=0.282）说明无自相关性，误差项之间独立。滞后项（lag=1）表明数据集中每个数据都是与其后一个数据进行比较的。该检验适用于时间独立的数据，对于非聚集型的数据并不适用。注意，durbinWatsonTest()函数使用自助法（参见第12章）来导出p值。如果添加了选项simulate=TRUE，则每次运行测试时获得的结果都将略有不同。

3. 线性

通过成分残差图（component plus residual plot）也称偏残差图（partial residual plot），你可以看看因变量与自变量之间是否呈非线性关系，也可以看看是否有不同于已设定线性模型的系统偏差，图形可用car包中的crPlots()函数绘制。

创建变量X的成分残差图，需要绘制点$\varepsilon_i + (\hat{\beta}_0 + \hat{\beta}_1 \times X_{1i} + \cdots + \hat{\beta}_k \times X_{ki})$ vs.X_i。其中残差项ε_i是基于所有模型的，$i=1\cdots n$。每幅图都会给出$(\hat{\beta}_0 + \hat{\beta}_1 \times X_{1i} + \cdots + \hat{\beta}_k \times X_{ki})$ vs.X_i的直线。平滑拟合曲线（loess）将在第11章介绍。代码如下：

```
> library(car)
> crPlots(fit)
```

结果如图8-11所示。若图形存在非线性，则说明你可能对预测变量的函数形式建模不够充分，那么就需要添加一些曲线成分，比如多项式项，或对一个或多个变量进行变换（如用log(X)代替x），或用其他回归变体形式而不是线性回归。本章稍后会介绍变量变换。

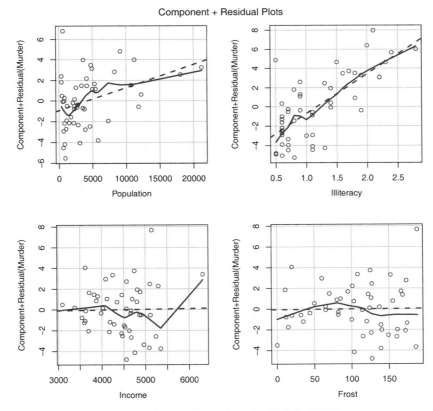

图8-11　谋杀率对州各因素回归的成分残差图

从图8-11中可以看出，成分残差图证实了你的线性假设，线性模型形式对该数据集看似是合适的。

4. 同方差性

car包提供了两个有用的函数，可以判断误差方差是否恒定。ncvTest()函数生成一个计分检验，零假设为误差方差不变，备择假设为误差方差随着拟合值水平的变化而变化。若检验显著，则说明存在异方差性（误差方差不恒定）。

`spreadLevelPlot()`函数创建一个添加了最佳拟合曲线的散点图，展示标准化残差绝对值与拟合值的关系。函数应用如代码清单8-7所示。

代码清单8-7　检验同方差性

```
> library(car)
> ncvTest(fit)

Non-constant Variance Score Test
Variance formula: ~ fitted.values
Chisquare=1.7     Df=1       p=0.19

> spreadLevelPlot(fit)

Suggested power transformation: 1.2
```

可以看到，计分检验不显著（$p=0.19$），说明满足方差不变假设。你还可以通过分布水平图（图8-12）看到这一点，其中的点在水平的最佳拟合曲线周围呈水平随机分布。若违反了该假设，你将会看到一个非水平的曲线。代码结果建议幂次变换（suggested power transformation）的含义是，经过p次幂（Y^p）变换，非恒定的误差方差将会平稳。例如，若图形显示出了非水平趋势，建议幂次转换为0.5，在回归等式中用$\sqrt{Y}$代替Y，可能会使模型满足同方差性。若建议幂次为0，则使用对数变换。对于当前例子，异方差性很不明显，因此建议幂次接近1（不需要进行变换）。

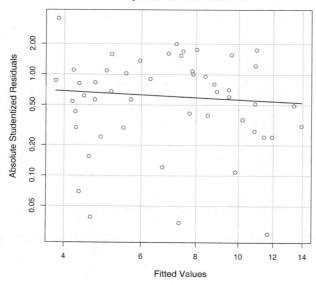

图8-12　评估不变方差的分布水平图

8.3.3 线性模型假设的综合验证

最后，让我们一起学习gvlma包中的gvlma()函数。gvlma()函数由Pena和Slate（2006）编写，能对线性模型假设进行综合验证，同时还能做偏斜度、峰度和异方差性的评价。换句话说，它给模型假设提供了一个单独的综合检验（通过/不通过）。代码清单8-8是对states数据的检验。

代码清单8-8　线性模型假设的综合检验

```
> library(gvlma)
> gvmodel <- gvlma(fit)
> summary(gvmodel)

ASSESSMENT OF THE LINEAR MODEL ASSUMPTIONS
USING THE GLOBAL TEST ON 4 DEGREES-OF-FREEDOM:
Level of Significance= 0.05

Call:
 gvlma(x=fit)

                    Value p-value                   Decision
Global Stat         2.773   0.597 Assumptions acceptable.
Skewness            1.537   0.215 Assumptions acceptable.
Kurtosis            0.638   0.425 Assumptions acceptable.
Link Function       0.115   0.734 Assumptions acceptable.
Heteroscedasticity  0.482   0.487 Assumptions acceptable.
```

从输出项（Global Stat中的文字栏）我们可以看到数据满足OLS回归模型所有的统计假设（$p=0.597$）。若Decision下的文字表明违反了假设条件（比如$p<0.05$），你可以使用前几节讨论的方法来判断哪些假设没有被满足。

8.3.4 多重共线性

在即将结束回归诊断这一节前，让我们来看一个比较重要的问题，它与统计假设没有直接关联，但是对于解释多元回归的结果非常重要。

假设你正在进行一项握力研究，自变量包括DOB（Date Of Birth，出生日期）和年龄。你用握力对DOB和年龄进行回归，F检验显著，$p<0.001$。但是当你观察DOB和年龄的回归系数时，却发现它们都不显著（也就是说无法证明它们与握力相关）。到底发生了什么呢？

原因是DOB与年龄在四舍五入后相关性极大。回归系数测量的是当其他预测变量不变时，某个预测变量对响应变量的影响。那么此处就相当于假定年龄不变，然后测量握力与年龄的关系，这种问题就称作多重共线性（multicollinearity）。它会导致模型参数的置信区间过大，使单个系数解释起来很困难。

多重共线性可用统计量VIF（Variance Inflation Factor，方差膨胀因子）进行检测。VIF的平方根表示变量回归参数的置信区间能膨胀为与模型无关的预测变量的程度（因此而得名）。car包中的vif()函数提供VIF值。一般原则下，$\sqrt{vif}>2$就表明存在多重共线性问题。代码参见代码清单8-9，结果表明预测变量不存在多重共线性问题。

代码清单8-9　检测多重共线性

```
> library(car)
> vif(fit)

Population Illiteracy      Income      Frost
      1.2        2.2         1.3        2.1

> sqrt(vif(fit)) > 2 # problem?

Population Illiteracy      Income      Frost
    FALSE      FALSE       FALSE      FALSE
```

8.4　异常观测值

一个全面的回归分析要覆盖对异常值的分析，包括离群点、高杠杆值点和强影响点。这些数据点需要更深入的研究，因为它们在一定程度上与其他观测点不同，可能对结果产生较大的负面影响。下面我们依次学习这些异常值。

8.4.1　离群点

离群点是指那些模型预测效果不佳的观测点。它们通常有很大的、或正或负的残差（$Y_i - \hat{Y}_i$）。正的残差说明模型低估了响应值，负的残差则说明高估了响应值。

你已经学习过一种鉴别离群点的方法：图8-9的Q-Q图，落在置信区间带外的点即可被认为是离群点。另外一个粗糙的判断准则：标准化残差值大于2或者小于–2的点可能是离群点，需要特别关注。

car包也提供了一种离群点的统计检验方法。outlierTest()函数可以求得最大标准化残差绝对值Bonferroni调整后的p值：

```
> library(car)
> outlierTest(fit)

       rstudent unadjusted p-value Bonferonni p
Nevada      3.5            0.00095        0.048
```

此处，你可以看到Nevada被判定为离群点（$p=0.048$）。注意，该函数只是根据单个最大（或正或负）残差值的显著性来判断是否有离群点。若不显著，则说明数据集中没有离群点；若显著，则你必须删除该离群点，然后再检验是否还有其他离群点存在。

8.4.2　高杠杆值点

高杠杆值观测点，即与其他预测变量有关的离群点。换句话说，它们是由许多异常的预测变量值组合起来的，与响应变量值没有关系。

　　高杠杆值的观测点可通过帽子统计量（hat statistic）判断。对于一个给定的数据集，帽子均值为p/n，其中p是模型估计的参数数目（包含截距项），n是样本量。一般来说，若观测点的帽子值大于帽子均值的2或3倍，就可以认定为高杠杆值点。下面代码画出了帽子值的分布：

```
hat.plot <- function(fit) {
            p <- length(coefficients(fit))
            n <- length(fitted(fit))
            plot(hatvalues(fit), main="Index Plot of Hat Values")
            abline(h=c(2,3)*p/n, col="red", lty=2)
            identify(1:n, hatvalues(fit), names(hatvalues(fit)))
        }
hat.plot(fit)
```

结果见图8-13。

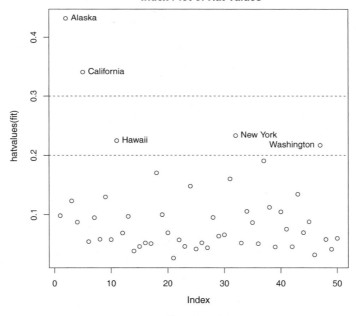

图8-13　用帽子值来判定高杠杆值点

　　水平线标注的即帽子均值2倍和3倍的位置。定位函数（locator function）能以交互模式绘图：单击感兴趣的点，然后进行标注，停止交互时，用户可按Esc键退出，或从图形下拉菜单中选择Stop，或直接右击图形。

　　此图中，可以看到Alaska和California非常异常，查看它们的预测变量值，与其他48个州进行比较发现：Alaska收入比其他州高得多，而人口和温度却很低；California人口比其他州府多得多，但收入和温度也很高。

　　高杠杆值点可能是强影响点，也可能不是，这要看它们是否是离群点。

8.4.3　强影响点

强影响点，即对模型参数估计值影响有些比例失衡的点。例如，若移除模型的一个观测点时模型会发生巨大的改变，那么你就需要检测一下数据中是否存在强影响点了。

有两种方法可以检测强影响点：Cook距离，或称D统计量，以及变量添加图（added variable plot）。一般来说，Cook's D值大于$4/(n-k-1)$，则表明它是强影响点，其中n为样本量大小，k是预测变量数目。可通过如下代码绘制Cook's D图形（图8-14）：

```
cutoff <- 4/(nrow(states)-length(fit$coefficients)-2)
plot(fit, which=4, cook.levels=cutoff)
abline(h=cutoff, lty=2, col="red")
```

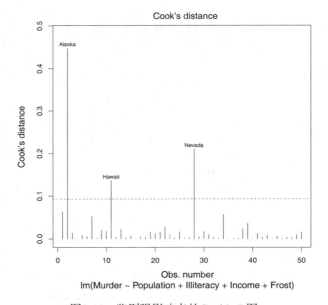

图8-14　鉴别强影响点的Cook's D图

通过图形可以判断Alaska、Hawaii和Nevada是强影响点。若删除这些点，将会导致回归模型截距项和斜率发生显著变化。注意，虽然该图对搜寻强影响点很有用，但我逐渐发现以1为分割点比$4/(n-k-1)$更具一般性。若设定D=1为判别标准，则数据集中没有点看起来像是强影响点。

Cook's D图有助于鉴别强影响点，但是并不提供关于这些点如何影响模型的信息。变量添加图弥补了这个缺陷。对于一个响应变量和k预测变量，你可以如下图创建k个变量添加图。

所谓变量添加图，即对于每个预测变量X_k，绘制X_k在其他$k-1$个预测变量上回归的残差值相对于响应变量在其他$k-1$个预测变量上回归的残差值的关系图。car包中的avPlots()函数可提供变量添加图：

```
library(car)
avPlots(fit, ask=FALSE, id.method="identify")
```

结果如图8-15所示。图形一次生成一个，用户可以通过单击点来判断强影响点。按下Esc，或从图形菜单中选择Stop，或右击，便可移动到下一个图形。我已在左下图中鉴别出Alaska为强影响点。

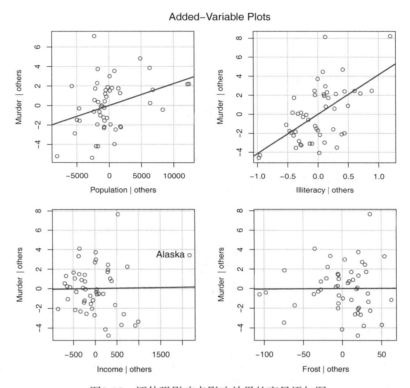

图8-15　评估强影响点影响效果的变量添加图

图中的直线表示相应预测变量的实际回归系数。你可以想象删除某些强影响点后直线的改变，以此来估计它的影响效果。例如，来看左下角的图（"Murder | others" vs. "Income | others"），若删除点Alaska，直线将往负向移动。事实上，删除Alaska，Income的回归系数将会从0.000 06变为–0.000 85。

当然，利用car包中的influencePlot()函数，你还可以将离群点、杠杆值和强影响点的信息整合到一幅图形中：

```
library(car)
influencePlot(fit, id.method="identify", main="Influence Plot",
            sub="Circle size is proportional to Cook's distance")
```

图8-16反映出Nevada和Rhode Island是离群点，New York、California、Hawaii和Washington有高杠杆值，Nevada、Alaska和Hawaii为强影响点。

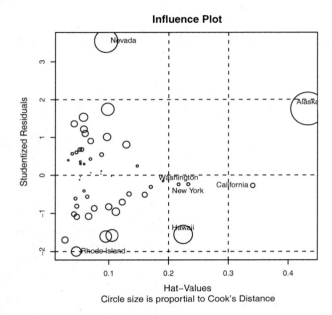

图8-16   影响图。纵坐标超过+2或小于−2的州可被认为是离群点，水平轴超过0.2或0.3的州有高杠杆值（通常为预测值的组合）。圆圈大小与影响成比例，圆圈很大的点可能是对模型参数的估计造成的不成比例影响的强影响点

8.5   改进措施

我们已经花费了不少篇幅来学习回归诊断，你可能会问："如果发现了问题，那么能做些什么呢？"有四种方法可以处理违背回归假设的问题：

❑ 删除观测点；
❑ 变量变换；
❑ 添加或删除变量；
❑ 使用其他回归方法。

下面让我们依次学习。

8.5.1   删除观测点

删除离群点通常可以提高数据集对于正态假设的拟合度，而强影响点会干扰结果，通常也会被删除。删除最大的离群点或者强影响点后，模型需要重新拟合。若离群点或强影响点仍然存在，重复以上过程直至获得比较满意的拟合。

我对删除观测点持谨慎态度。若是因为数据记录错误，或是没有遵守规程，或是受试对象误解了指导说明，这种情况下的点可以判断为离群点，删除它们是十分合理的。

不过在其他情况下，所收集数据中的异常点可能是最有趣的东西。发掘为何该观测点不同于其他点，有助于你更深刻地理解研究的主题，或者发现其他你可能没有想过的问题。我们一些最伟大的进步正是源自于意外地发现了那些不符合我们先验认知的东西（抱歉，我说得夸张了）。

8.5.2 变量变换

当模型不符合正态性、线性或者同方差性假设时，一个或多个变量的变换通常可以改善或调整模型效果。变换多用 Y^λ 替代 Y，λ 的常见值和解释见表8-5。若 Y 是比例数，通常使用logit变换 `[ln(Y/1-Y)]`。

表8-5 常见的变换

λ	−2	−1	−0.5	0	0.5	1	2
变换	$1/Y^2$	$1/Y$	$1/\sqrt{Y}$	$\log(Y)$	$\sqrt{Y}$	无	Y^2

当模型违反正态假设时，通常可以对响应变量尝试某种变换。car包中的 `powerTransform()` 函数通过 λ 的最大似然估计来正态化变量 X^λ。代码清单8-10是对数据 `states` 的应用。

代码清单8-10 Box-Cox正态变换

```
> library(car)
> summary(powerTransform(states$Murder))
bcPower Transformation to Normality
              Est.Power Std.Err. Wald Lower Bound Wald Upper Bound
states$Murder      0.6     0.26            0.088              1.1

Likelihood ratio tests about transformation parameters
                   LRT df pval
LR test, lambda=(0) 5.7  1 0.017
LR test, lambda=(1) 2.1  1 0.145
```

结果表明，你可以用 $Murder^{0.6}$ 来正态化变量Murder。由于0.6很接近0.5，你可以尝试用平方根变换来提高模型正态性的符合程度。但在本例中，$\lambda=1$ 的假设也无法拒绝（$p=0.145$），因此没有强有力的证据表明本例需要变量变换，这与图8-9的Q-Q图结果一致。

当违反了线性假设时，对预测变量进行变换常常会比较有用。car包中的 `boxTidwell()` 函数通过获得预测变量幂数的最大似然估计来改善线性关系。下面的例子用州的人口和文盲率来预测谋杀率，对模型进行了Box-Tidwell变换：

```
> library(car)
> boxTidwell(Murder~Population+Illiteracy,data=states)

           Score Statistic p-value MLE of lambda
Population           -0.32    0.75          0.87
Illiteracy            0.62    0.54          1.36
```

结果显示，使用变换 $Population^{0.87}$ 和 $Illiteracy^{1.36}$ 能够大大改善线性关系。但是对 Population（$p=0.75$）和 Illiteracy（$p=0.54$）的计分检验又表明变量并不需要变换。这些结

果与图8-11的成分残差图是一致的。

　　响应变量变换还能改善异方差性（误差方差非恒定）。在代码清单8-7中，你可以看到car包中spreadLevelPlot()函数提供的幂次变换应用，不过，states例子满足了方差不变性，不需要进行变量变换。

> **谨慎对待变量变换**
>
> 　　统计学中流传着一个很老的笑话：如果你不能证明A，那就证明B，假装它就是A。（对于统计学家来说，这很滑稽好笑。）此处引申的意思是，如果你变换了变量，你的解释必须基于变换后的变量，而不是初始变量。如果变换得有意义，比如收入的对数变换、距离的逆变换，解释起来就会容易得多。但是若变换得没有意义，你就应该避免这样做。比如，你怎样解释自杀意念的频率与抑郁程度的立方根间的关系呢？

8.5.3　增删变量

　　改变模型的变量将会影响模型的拟合度。有时，添加一个重要变量可以解决我们已经讨论过的许多问题，删除一个冗余变量也能达到同样的效果。

　　删除变量在处理多重共线性时是一种非常重要的方法。如果你仅仅是做预测，那么多重共线性并不构成问题，但是如果还要对每个预测变量进行解释，那么就必须解决这个问题。最常见的方法就是删除某个存在多重共线性的变量（某个变量 $\sqrt{vif} > 2$）。另外一个可用的方法便是岭回归——多元回归的变体，专门用来处理多重共线性问题。

8.5.4　尝试其他方法

　　正如刚才提到的，处理多重共线性的一种方法是拟合一种不同类型的模型（本例中是岭回归）。其实，如果存在离群点和/或强影响点，可以使用稳健回归模型替代OLS回归。如果违背了正态性假设，可以使用非参数回归模型。如果存在显著的非线性，能尝试非线性回归模型。如果违背了误差独立性假设，还能用那些专门研究误差结构的模型，比如时间序列模型或者多层次回归模型。最后，你还能转向广泛应用的广义线性模型，它能适用于许多OLS回归假设不成立的情况。

　　在第13章中，我们将会介绍其中一些方法。至于什么时候需要提高OLS回归拟合度，什么时候需要换一种方法，这些判断是很复杂的，需要依靠你对主题知识的理解，判断出哪个模型提供最佳结果。

　　既然提到最佳结果，现在我们就先讨论一下回归模型中的预测变量选择问题。

8.6 选择"最佳"的回归模型

尝试获取一个回归方程时，实际上你就面对着从众多可能的模型中做选择的问题。是不是所有的变量都要包括？还是去掉那个对预测贡献不显著的变量？是否需要添加多项式项和/或交互项来提高拟合度？最终回归模型的选择总是会涉及预测精度（模型尽可能地拟合数据）与模型简洁度（一个简单且能复制的模型）的调和问题。如果有两个几乎相同预测精度的模型，你肯定喜欢简单的那个。本节讨论的问题，就是如何在候选模型中进行筛选。注意，"最佳"是打了引号的，因为没有评价的唯一标准，最终的决定需要调查者的评判。（把它看作工作保障吧。）

8.6.1 模型比较

用基础安装中的anova()函数可以比较两个嵌套模型的拟合优度。所谓嵌套模型，即它的一些项完全包含在另一个模型中。在states的多元回归模型中，我们发现Income和Frost的回归系数不显著，此时你可以检验不含这两个变量的模型与包含这两项的模型预测效果是否一样好（见代码清单8-11）。

代码清单8-11　用anova()函数比较

```
> states <- as.data.frame(state.x77[,c("Murder", "Population",
                          "Illiteracy", "Income", "Frost")])
> fit1 <- lm(Murder ~ Population + Illiteracy + Income + Frost,
          data=states)
> fit2 <- lm(Murder ~ Population + Illiteracy, data=states)
> anova(fit2, fit1)

Analysis of Variance Table

Model 1: Murder ~ Population + Illiteracy
Model 2: Murder ~ Population + Illiteracy + Income + Frost
  Res.Df     RSS  Df   Sum of Sq      F  Pr(>F)
1     47 289.246
2     45 289.167   2       0.079 0.0061   0.994
```

此处，模型1嵌套在模型2中。anova()函数同时还对是否应该添加Income和Frost到线性模型中进行了检验。由于检验不显著（$p=0.994$），我们可以得出结论：不需要将这两个变量添加到线性模型中，可以将它们从模型中删除。

AIC（Akaike Information Criterion，赤池信息准则）也可以用来比较模型，它考虑了模型的统计拟合度以及用来拟合的参数数目。AIC值较小的模型要优先选择，它说明模型用较少的参数获得了足够的拟合度。该准则可用AIC()函数实现（见代码清单8-12）。

代码清单8-12　用AIC来比较模型

```
> fit1 <- lm(Murder ~ Population + Illiteracy + Income + Frost,
          data=states)
> fit2 <- lm(Murder ~ Population + Illiteracy, data=states)
> AIC(fit1,fit2)
```

```
        df      AIC
fit1   6 241.6429
fit2   4 237.6565
```

此处AIC值表明没有Income和Frost的模型更佳。注意，ANOVA需要嵌套模型，而AIC方法不需要。

比较两模型相对来说更为直接，但如果有4个、10个或者100个可能的模型该怎么办呢？这便是下节的主题。

8.6.2　变量选择

从大量候选变量中选择最终的预测变量有以下两种流行的方法：逐步回归法（stepwise method）和全子集回归（all-subsets regression）。

1. 逐步回归

逐步回归中，模型会一次添加或者删除一个变量，直到达到某个判停准则为止。例如，向前逐步回归（forward stepwise regression）每次添加一个预测变量到模型中，直到添加变量不会使模型有所改进为止。向后逐步回归（backward stepwise regression）从模型包含所有预测变量开始，一次删除一个变量直到会降低模型质量为止。而向前向后逐步回归（stepwise stepwise regression，通常称作逐步回归，以避免听起来太冗长），结合了向前逐步回归和向后逐步回归的方法，变量每次进入一个，但是每一步中，变量都会被重新评价，对模型没有贡献的变量将会被删除，预测变量可能会被添加、删除好几次，直到获得最优模型为止。

逐步回归法的实现依据增删变量的准则不同而不同。MASS包中的stepAIC()函数可以实现逐步回归模型（向前、向后和向前向后），依据的是精确AIC准则。代码清单8-13中，我们应用的是向后回归。

代码清单8-13　向后回归

```
> library(MASS)
> states <- as.data.frame(state.x77[,c("Murder", "Population",
                          "Illiteracy", "Income", "Frost")])

> fit <- lm(Murder ~ Population + Illiteracy + Income + Frost,
         data=states)
> stepAIC(fit, direction="backward")

Start:  AIC=97.75
Murder ~ Population + Illiteracy + Income + Frost

             Df Sum of Sq    RSS    AIC
- Frost       1      0.02 289.19  95.75
- Income      1      0.06 289.22  95.76
<none>                    289.17  97.75
- Population  1     39.24 328.41 102.11
- Illiteracy  1    144.26 433.43 115.99
```

```
Step:  AIC=95.75
Murder ~ Population + Illiteracy + Income

             Df Sum of Sq      RSS     AIC
- Income      1     0.06 289.25   93.76
<none>                    289.19   95.75
- Population  1    43.66 332.85  100.78
- Illiteracy  1   236.20 525.38  123.61
Step:  AIC=93.76
Murder ~ Population + Illiteracy

             Df Sum of Sq      RSS     AIC
<none>                    289.25   93.76
- Population  1    48.52 337.76   99.52
- Illiteracy  1   299.65 588.89  127.31

Call:
lm(formula=Murder ~ Population + Illiteracy, data=states)

Coefficients:
(Intercept)    Population    Illiteracy
  1.6515497    0.0002242     4.0807366
```

开始时模型包含4个(全部)预测变量,然后每一步中,AIC列提供了删除一个行中变量后模型的AIC值,<none>中的AIC值表示没有变量被删除时模型的AIC。第一步,Frost被删除,AIC从97.75降低到95.75;第二步,Income被删除,AIC继续下降,成为93.76。然后再删除变量将会增加AIC,因此终止选择过程。

逐步回归法其实存在争议,虽然它可能会找到一个好的模型,但是不能保证模型就是最佳模型,因为不是每一个可能的模型都被评价了。为克服这个限制,便有了全子集回归法。

2. 全子集回归

顾名思义,全子集回归是指所有可能的模型都会被检验。分析员可以选择展示所有可能的结果,也可以展示n个不同子集大小(一个、两个或多个预测变量)的最佳模型。例如,若nbest=2,先展示两个最佳的单预测变量模型,然后展示两个最佳的双预测变量模型,以此类推,直到包含所有的预测变量。

全子集回归可用leaps包中的regsubsets()函数实现。你能通过R平方、调整R平方或Mallows Cp统计量等准则来选择"最佳"模型。

R平方含义是预测变量解释响应变量的程度;调整R平方与之类似,但考虑了模型的参数数目。R平方总会随着变量数目的增加而增加。当与样本量相比,预测变量数目很大时,容易导致过拟合。R平方很可能会丢失数据的偶然变异信息,而调整R平方则提供了更为真实的R平方估计。另外,Mallows Cp统计量也用来作为逐步回归的判停规则。广泛研究表明,对于一个好的模型,它的Cp统计量非常接近于模型的参数数目(包括截距项)。

在代码清单8-14中,我们对states数据进行了全子集回归。结果可用leaps包中的plot()函数绘制(如图8-17所示),或者用car包中的subsets()函数绘制(如图8-18所示)。

代码清单8-14   全子集回归

```
library(leaps)
states <- as.data.frame(state.x77[,c("Murder", "Population",
           "Illiteracy", "Income", "Frost")])

leaps <-regsubsets(Murder ~ Population + Illiteracy + Income +
                    Frost, data=states, nbest=4)
plot(leaps, scale="adjr2")

library(car)
subsets(leaps, statistic="cp",
        main="Cp Plot for All Subsets Regression")
abline(1,1,lty=2,col="red")
```

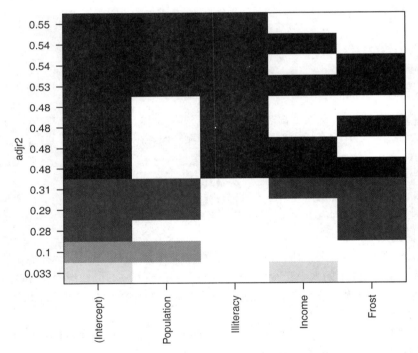

图8-17   基于调整R平方，不同子集大小的四个最佳模型

初看图8-17可能比较费解。第一行中（图底部开始），可以看到含intercept（截距项）和Income的模型调整R平方为0.33，含intercept和Population的模型调整R平方为0.1。跳至第12行，你会看到含intercept、Population、Illiteracy和Income的模型调整R平方值为0.54，而仅含intercept、Population和Illiteracy的模型调整R平方为0.55。此处，你会发现含预测变量越少的模型调整R平方越大（对于非调整的R平方，这是不可能的）。图形表明，双预测变量模型（Population和Illiteracy）是最佳模型。

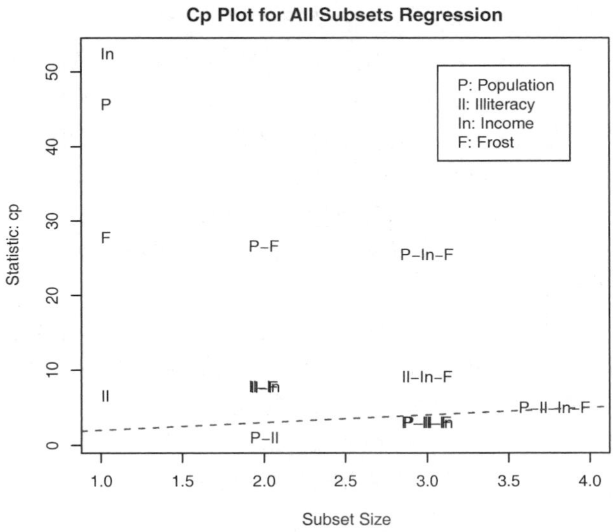

图8-18　基于Mallows Cp统计量，不同子集大小的四个最佳模型

在图8-18中，你会看到对于不同子集大小，基于Mallows Cp统计量的四个最佳模型。越好的模型离截距项和斜率均为1的直线越近。图形表明，你可以选择这几个模型，其余可能的模型都可以不予考虑：含Population和Illiteracy的双变量模型；含Population、Illiteracy和Frost的三变量模型，或Population、Illiteracy和Income的三变量模型（它们在图形上重叠了，不易分辨）；含Population、Illiteracy、Income和Frost的四变量模型。

大部分情况中，全子集回归要优于逐步回归，因为考虑了更多模型。但是，当有大量预测变量时，全子集回归会很慢。一般来说，变量自动选择应该被看做是对模型选择的一种辅助方法，而不是直接方法。拟合效果佳而没有意义的模型对你毫无帮助，主题背景知识的理解才能最终指引你获得理想的模型。

8.7　深层次分析

让我们来结束本章对于回归模型的讨论，介绍评价模型泛化能力和变量相对重要性的方法。

8.7.1　交叉验证

上一节我们学习了为回归方程选择变量的方法。若你最初的目标只是描述性分析，那么只需要做回归模型的选择和解释。但当目标是预测时，你肯定会问："这个方程在真实世界中表现如何呢？"提这样的问题也是无可厚非的。

从定义来看，回归方法本就是用来从一堆数据中获取最优模型参数。对于OLS回归，通过使得预测误差（残差）平方和最小和对响应变量的解释度（R平方）最大，可获得模型参数。由于等式只是最优化已给出的数据，所以在新数据集上表现并不一定好。

在本章开始，我们讨论了一个例子，生理学家想通过个体锻炼的时间和强度、年龄、性别与BMI来预测消耗的卡路里数。如果用OLS回归方程来拟合该数据，那么仅仅是对一个特殊的观测集最大化R平方，但是研究员想用该等式预测一般个体消耗的卡路里数，而不是原始数据。你知道该等式对于新观测样本表现并不一定好，但是预测的损失会是多少呢？你可能并不知道。通过交叉验证法，我们便可以评价回归方程的泛化能力。

所谓交叉验证，即将一定比例的数据挑选出来作为训练样本，另外的样本作保留样本，先在训练样本上获取回归方程，然后在保留样本上做预测。由于保留样本不涉及模型参数的选择，该样本可获得比新数据更为精确的估计。

在k重交叉验证中，样本被分为k个子样本，轮流将k−1个子样本组合作为训练集，另外1个子样本作为保留集。这样会获得k个预测方程，记录k个保留样本的预测表现结果，然后求其平均值。（当n是观测总数目，且k为n时，该方法又称作刀切法，jackknifing。）

bootstrap包中的crossval()函数可以实现k重交叉验证。在代码清单8-15中，shrinkage()函数对模型的R平方统计量做了k重交叉验证。

代码清单8-15　R平方的k重交叉验证

```
shrinkage <- function(fit, k=10){
  require(bootstrap)

  theta.fit <- function(x,y){lsfit(x,y)}
  theta.predict <- function(fit,x){cbind(1,x)%*%fit$coef}

  x <- fit$model[,2:ncol(fit$model)]
  y <- fit$model[,1]

  results <- crossval(x, y, theta.fit, theta.predict, ngroup=k)
  r2 <- cor(y, fit$fitted.values)^2
  r2cv <- cor(y, results$cv.fit)^2
  cat("Original R-square =", r2, "\n")
  cat(k, "Fold Cross-Validated R-square =", r2cv, "\n")
  cat("Change =", r2-r2cv, "\n")
  }
```

代码清单8-15中定义了shrinkage()函数，创建了一个包含预测变量和预测值的矩阵，可获得初始R平方以及交叉验证的R平方。（第12章会更详细地讨论自助法。）

对states数据所有预测变量进行回归，然后再用shrinkage()函数做10重交叉验证：

```
> states <- as.data.frame(state.x77[,c("Murder", "Population",
      "Illiteracy", "Income", "Frost")])
> fit <- lm(Murder ~ Population + Income + Illiteracy + Frost, data=states)
> shrinkage(fit)

Original R-square=0.567
10 Fold Cross-Validated R-square=0.4481
Change=0.1188
```

可以看到，基于初始样本的R平方（0.567）过于乐观了。对新数据更好的方差解释率估计是交叉验证后的R平方（0.448）。（注意，观测被随机分配到*k*个群组中，因此每次运行shrinkage()函数，得到的结果都会有少许不同。）

通过选择有更好泛化能力的模型，还可以用交叉验证来挑选变量。例如，含两个预测变量（Population和Illiteracy）的模型，比全变量模型R平方减少得更少（0.03 vs. 0.12）：

```
> fit2 <- lm(Murder ~ Population + Illiteracy,data=states)
> shrinkage(fit2)

Original R-square=0.5668327
10 Fold Cross-Validated R-square=0.5346871
Change=0.03214554
```

这使得双预测变量模型显得更有吸引力。

其他情况类似，基于大训练样本的回归模型和更接近于感兴趣分布的回归模型，其交叉验证效果更好。R平方减少得越少，预测则越精确。

8.7.2 相对重要性

本章我们一直都有一个疑问："哪些变量对预测有用呢？"但你内心真正感兴趣的其实是："哪些变量对预测最为重要？"潜台词就是想根据相对重要性对预测变量进行排序。这个问题很有实际用处。例如，假设你能对团队组织成功所需的领导特质依据相对重要性进行排序，那么就可以帮助管理者关注他们最需要改进的行为。

若预测变量不相关，过程就相对简单得多，你可以根据预测变量与响应变量的相关系数来进行排序。但大部分情况中，预测变量之间有一定相关性，这就使得评价变得复杂很多。

评价预测变量相对重要性的方法一直在涌现。最简单的莫过于比较标准化的回归系数，它表示当其他预测变量不变时，该预测变量一个标准差的变化可引起的响应变量的预期变化（以标准差单位度量）。在进行回归分析前，可用scale()函数将数据标准化为均值为0、标准差为1的数据集，这样用R回归即可获得标准化的回归系数。（注意，scale()函数返回的是一个矩阵，而lm()函数要求一个数据框，你需要用一个中间步骤来转换一下。）代码和多元回归的结果如下：

```
> states <- as.data.frame(state.x77[,c("Murder", "Population",
                          "Illiteracy", "Income", "Frost")])
> zstates <- as.data.frame(scale(states))
> zfit <- lm(Murder~Population + Income + Illiteracy + Frost, data=zstates)
> coef(zfit)

(Intercept)   Population       Income    Illiteracy        Frost
  -9.406e-17    2.705e-01    1.072e-02     6.840e-01    8.185e-03
```

此处可以看到，当其他因素不变时，文盲率一个标准差的变化将增加0.68个标准差的谋杀率。根据标准化的回归系数，我们可认为Illiteracy是最重要的预测变量，而Frost是最不重要的。

还有许多其他方法可定量分析相对重要性。比如，可以将相对重要性看作每个预测变量（本身或与其他预测变量组合）对R平方的贡献。Ulrike Grömping写的relaimpo包涵盖了一些相对重要性的评价方法（http://prof.beuth-hochschule.de/groemping/relaimpo/）。

8

　　相对权重（relative weight）是一种比较有前景的新方法，它是对所有可能子模型添加一个预测变量引起的R平方平均增加量的一个近似值（Johnson，2004；Johnson & Lebreton，2004；LeBreton & Tonidandel，2008）。代码清单8-16提供了一个生成相对权重的函数。

代码清单8-16　relweights()函数，计算预测变量的相对权重

```
relweights <- function(fit,...){
  R <- cor(fit$model)
  nvar <- ncol(R)
  rxx <- R[2:nvar, 2:nvar]
  rxy <- R[2:nvar, 1]
  svd <- eigen(rxx)
  evec <- svd$vectors
  ev <- svd$values
  delta <- diag(sqrt(ev))
  lambda <- evec %*% delta %*% t(evec)
  lambdasq <- lambda ^ 2
  beta <- solve(lambda) %*% rxy
  rsquare <- colSums(beta ^ 2)
  rawwgt <- lambdasq %*% beta ^ 2
  import <- (rawwgt / rsquare) * 100
  import <- as.data.frame(import)
  row.names(import) <- names(fit$model[2:nvar])
  names(import) <- "Weights"
  import <- import[order(import),1, drop=FALSE]
  dotchart(import$Weights, labels=row.names(import),
     xlab="% of R-Square", pch=19,
     main="Relative Importance of Predictor Variables",
     sub=paste("Total R-Square=", round(rsquare, digits=3)),
     ...)
return(import)
}
```

注意　代码清单8-16中的代码改编自Johnson博士提供的SPSS程序。可以参考Johnson（2000，*Multivariate Behavioral Research*，35，1–19）了解如何推导相对权重。

　　现将代码清单8-17中的relweights()函数应用到states数据集。

代码清单8-17　relweights()函数的应用

```
> states <- as.data.frame(state.x77[,c("Murder", "Population",
       "Illiteracy", "Income", "Frost")])
> fit <- lm(Murder ~ Population + Illiteracy + Income + Frost, data=states)
> relweights(fit, col="blue")
          Weights
Income        5.49
Population   14.72
Frost        20.79
Illiteracy   59.00
```

　　通过图8-19可以看到各个预测变量对模型方差的解释程度（R平方=0.567），Illiteracy解释了

59%的R平方，Frost解释了20.79%，等等。根据相对权重法，Illiteracy有最大的相对重要性，余下依次是Frost、Population和Income。

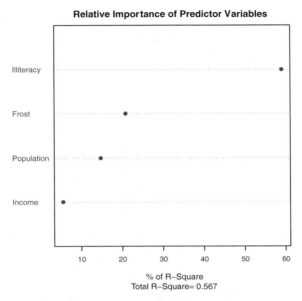

图8-19　`states`多元回归中各变量相对权重的点图。较大的权重表明这些预测变量相对而言更加重要。例如，Illiteracy解释了59%的R平方（0.567），Income解释了5.49%。因此在这个模型中Illiteracy比Income相对更重要

　　相对重要性的测量（特别是相对权重方法）有广泛的应用，它比标准化回归系数更为直观，我期待将来有更多的人使用它。

8.8　小结

　　在统计中，回归分析是许多方法的一个总称。相信你已经看到，它是一个交互性很强的方法，包括拟合模型、检验统计假设、修正数据和模型，以及为达到最终结果的再拟合等过程。从很多角度来看，获得模型的最终结果不仅是一种科学，也是一种艺术和技巧。

　　由于回归分析是一个有很多步骤的过程，所以本章相对较长。我们先讨论了如何拟合OLS回归模型、如何使用回归诊断评估数据是否符合统计假设，以及一些修正数据使其符合假设的方法。然后，我们介绍了一些从众多可能模型中选出最终回归模型的途径，学习了如何评价模型在新样本上的表现。最后，我们解决了变量重要性这个恼人的问题：鉴别哪个变量对预测最为重要。

　　在本章的每个例子中，预测变量都是定量的。但是，并没有任何限制不允许使用类别型变量作为预测变量。使用诸如性别、处理方式或者生产过程这类类别型变量，可以鉴别出响应变量或结果变量的组间差别。这便是我们下章的主题。

第9章

方差分析

本章内容
- ☐ R中基本的实验设计建模
- ☐ 拟合并解释方差分析模型
- ☐ 检验模型假设

　　第7章中，我们已经看到了通过量化的预测变量来预测量化的响应变量的回归模型。这并不意味着我们不能将名义型或有序型因子作为预测变量进行建模。当包含的因子是解释变量时，我们关注的重点通常会从预测转向组别差异的分析，这种分析法称作方差分析（ANOVA）。ANOVA在各种实验和准实验设计的分析中都有广泛应用。本章将介绍用于常见研究设计分析的R函数。

　　首先我们将回顾实验设计中的术语，随后讨论R拟合ANOVA模型的方法，然后再通过示例对常见的实验设计分析进行阐释。在这些示例中，你将遇到许多有趣的实验，比如治疗焦虑症，降低胆固醇水平，帮助怀孕小鼠生下胖宝宝，确保豚鼠的牙齿长长，促进植物呼吸，学习如何摆放货架等。

　　对于这些例子，除了R中的基础包，你还需加载`car`、`gplots`、`HH`、`rrcov`、`multicomp`、`effects`、`MASS`和`mvoutlier`包。运行后面的代码示例时，请确保已安装以上这些包。

9.1　术语速成

　　实验设计和方差分析都有自己相应的语言。在讨论实验设计分析前，我们先快速回顾一些重要的术语，并通过对一系列复杂度逐步增加的实验设计的学习，引入模型最核心的思想。

　　以焦虑症治疗为例，现有两种治疗方案：认知行为疗法（CBT）和眼动脱敏再加工法（EMDR）。我们招募10位焦虑症患者作为志愿者，随机分配一半的人接受为期五周的CBT，另外一半接受为期五周的EMDR，设计方案如表9-1所示。在治疗结束时，要求每位患者都填写状态特质焦虑问卷（STAI），也就是一份焦虑度测量的自我评测报告。

表9-1　单因素组间方差分析

治疗方案	
CBT	EMDR
s1	s6
s2	s7
s3	s8
s4	s9
s5	s10

在这个实验设计中，治疗方案是两水平（CBT、EMDR）的组间因子。之所以称其为组间因子，是因为每位患者都仅被分配到一个组别中，没有患者同时接受CBT和EMDR。表中字母s代表受试者（患者）。STAI是因变量，治疗方案是自变量。由于在每种治疗方案下观测数相等，因此这种设计也称为均衡设计（balanced design）；若观测数不同，则称作非均衡设计（unbalanced design）。

因为仅有一个类别型变量，表9-1的统计设计又称为单因素方差分析（one-way ANOVA），或进一步称为单因素组间方差分析。方差分析主要通过F检验来进行效果评测，若治疗方案的F检验显著，则说明五周后两种疗法的STAI得分均值不同。

假设你只对CBT的效果感兴趣，则需将10个患者都放在CBT组中，然后在治疗五周和六个月后分别评价疗效，设计方案如表9-2所示。

表9-2　单因素组内方差分析

患　者	时　间	
	5周	6个月
s1		
s2		
s3		
s4		
s5		
s6		
s7		
s8		
s9		
s10		

此时，时间（time）是两水平（五周、六个月）的组内因子。因为每位患者在所有水平下都进行了测量，所以这种统计设计称单因素组内方差分析；又由于每个受试者都不止一次被测量，也称作重复测量方差分析。当时间的F检验显著时，说明患者的STAI得分均值在五周和六个月间发生了改变。

现假设你对治疗方案差异和它随时间的改变都感兴趣，则将两个设计结合起来即可：随机分配五位患者到CBT，另外五位到EMDR，在五周和六个月后分别评价他们的STAI结果（见表9-3）。

表9-3　含组间和组内因子的双因素方差分析

		患　者	时　间	
			5周	6个月
疗　法	CBT	s1		
		s2		
		s3		
		s4		
		s5		
	EMDR	s6		
		s7		
		s8		
		s9		
		s10		

　　疗法（therapy）和时间（time）都作为因子时，我们既可分析疗法的影响（时间跨度上的平均）和时间的影响（疗法类型跨度上的平均），又可分析疗法和时间的交互影响。前两个称作主效应，交互部分称作交互效应。

　　当设计包含两个甚至更多的因子时，便是因素方差分析设计，比如两因子时称作双因素方差分析，三因子时称作三因素方差分析，以此类推。若因子设计包括组内和组间因子，又称作混合模型方差分析，当前的例子就是典型的双因素混合模型方差分析。

　　本例中，你将做三次F检验：疗法因素一次，时间因素一次，两者交互因素一次。若疗法结果显著，说明CBT和EMDR对焦虑症的治疗效果不同；若时间结果显著，说明焦虑度从五周到六个月发生了变化；若两者交互效应显著，说明两种疗法随着时间变化对焦虑症治疗影响不同（也就是说，焦虑度从五周到六个月的改变程度在两种疗法间是不同的）。

　　现在，我们对上面的实验设计稍微做些扩展。众所周知，抑郁症对病症治疗有影响，而且抑郁症和焦虑症常常同时出现。即使受试者被随机分配到不同的治疗方案中，在研究开始时，两组疗法中的患者抑郁水平就可能不同，任何治疗后的差异都有可能是最初的抑郁水平不同导致的，而不是由于实验的操作问题。抑郁症也可以解释因变量的组间差异，因此它常称为混淆因素（confounding factor）。由于你对抑郁症不感兴趣，它也被称作干扰变数（nuisance variable）。

　　假设招募患者时使用抑郁症的自我评测报告，比如白氏抑郁症量表（BDI），记录了他们的抑郁水平，那么你可以在评测疗法类型的影响前，对任何抑郁水平的组间差异进行统计性调整。本案例中，BDI为协变量，该设计为协方差分析（ANCOVA）。

　　以上设计只记录了单个因变量情况（STAI），为增强研究的有效性，可以对焦虑症进行其他的测量（比如家庭评分、医师评分，以及焦虑症对日常行为的影响评价）。当因变量不止一个时，设计被称作多元方差分析（MANOVA），若协变量也存在，那么就叫多元协方差分析（MANCOVA）。

　　学习进行到现在，你已经掌握了基本的方差分析术语。此时，应该可以让朋友们大开眼界，并和他们讨论如何使用R拟合ANOVA/ANCOVA/MANOVA模型了。

9.2 ANOVA 模型拟合

虽然ANOVA和回归方法都是独立发展而来，但是从函数形式上看，它们都是广义线性模型的特例。用第7章讨论回归时用到的`lm()`函数也能分析ANOVA模型。不过，本章我们基本都使用`aov()`函数。两个函数的结果是等同的，但ANOVA的方法学习者更熟悉`aov()`函数展示结果的格式。为保证完整性，在本章最后我们将提供一个使用`lm()`的例子。

9.2.1 `aov()`函数

`aov()`函数的语法为`aov(formula, data=dataframe)`，表9-4列举了表达式中可以使用的特殊符号。表9-4中的y是因变量，字母A、B、C代表因子。

表9-4 R表达式中的特殊符号

符　号	用　法
~	分隔符号，左边为响应变量，右边为解释变量。例如，用A、B和C预测y，代码为 y ~ A + B + C
:	表示变量的交互项。例如，用A、B和A与B的交互项来预测y，代码为 y ~ A + B + A:B
*	表示所有可能交互项。代码 y ~ A * B * C 可展开为 y ~ A + B + C + A:B + A:C + B:C + A:B:C
^	表示交互项达到某个次数。代码 y ~ (A + B + C)^2 可展开为 y ~ A + B + C + A:B + A:C + B:C
.	表示包含除因变量外的所有变量。例如，若一个数据框包含变量 y、A、B 和 C，代码 y ~.可展开为 y ~ A + B + C

表9-5列举了一些常见的研究设计表达式。在表9-5中，小写字母表示定量变量，大写字母表示组别因子，`Subject`是对被试者独有的标识变量。

表9-5 常见研究设计的表达式

设　计	表　达　式
单因素 ANOVA	y ~ A
含单个协变量的单因素 ANCOVA	y ~ x + A
双因素 ANOVA	y ~ A * B
含两个协变量的双因素 ANCOVA	y ~ x1 + x2 + A*B
随机化区组	y ~ B + A（B是区组因子）
单因素组内 ANOVA	y ~ A + Error(Subject/A)
含单个组内因子（W）和单个组间因子（B）的重复测量 ANOVA	y ~ B * W + Error(Subject/W)

本章后面将深入探讨几个实验设计的例子。

9

9.2.2   表达式中各项的顺序

表达式中效应的顺序在两种情况下会造成影响：(a)因子不止一个，并且是非平衡设计；(b)存在协变量。出现任意一种情况时，等式右边的变量都与其他每个变量相关。此时，我们无法清晰地划分它们对因变量的影响。例如，对于双因素方差分析，若不同处理方式中的观测数不同，那么模型y ~ A*B与模型y ~ B*A的结果不同。

R默认类型I（序贯型）方法计算ANOVA效应（参考补充内容"顺序很重要！"）。第一个模型可以这样写：y ~ A + B + A:B。R中的ANOVA表的结果将评价：

- ❑ A对y的影响；
- ❑ 控制A时，B对y的影响；
- ❑ 控制A和B的主效应时，A与B的交互效应。

顺序很重要！

当自变量与其他自变量或者协变量相关时，没有明确的方法可以评价自变量对因变量的贡献。例如，含因子A、B和因变量y的双因素不平衡因子设计，有三种效应：A和B的主效应，A和B的交互效应。假设你正使用如下表达式对数据进行建模：

Y ~ A + B + A:B

有三种类型的方法可以分解等式右边各效应对y所解释的方差。

类型 I（序贯型）

效应根据表达式中先出现的效应做调整。A不做调整，B根据A调整，A:B交互项根据A和B调整。

类型 II（分层型）

效应根据同水平或低水平的效应做调整。A根据B调整，B依据A调整，A:B交互项同时根据A和B调整。

类型 III（边界型）

每个效应根据模型其他各效应做相应调整。A根据B和A:B做调整，A:B交互项根据A和B调整。

R默认调用类型I方法，其他软件（比如SAS和SPSS）默认调用类型III方法。

样本大小越不平衡，效应项的顺序对结果的影响越大。一般来说，越基础性的效应越需要放在表达式前面。具体来讲，首先是协变量，然后是主效应，接着是双因素的交互项，再接着是三因素的交互项，以此类推。对于主效应，越基础性的变量越应放在表达式前面，因此性别要放在处理方式之前。有一个基本的准则：若研究设计不是正交的（也就是说，因子和/或协变量相关），一定要谨慎设置效应的顺序。

在讲解具体的例子前，请注意car包中的Anova()函数（不要与标准anova()函数混淆）提供了使用类型II或类型III方法的选项，而aov()函数使用的是类型I方法。若想使结果与其他软件（如SAS和SPSS）提供的结果保持一致，可以使用Anova()函数，细节可参考help(Anova, package="car")。

9.3 单因素方差分析

单因素方差分析中，你感兴趣的是比较分类因子定义的两个或多个组别中的因变量均值。以multcomp包中的cholesterol数据集为例（取自Westfall、Tobia、Rom、Hochberg，1999），50个患者均接受降低胆固醇药物治疗（trt）五种疗法中的一种疗法。其中三种治疗条件使用药物相同，分别是20mg一天一次（1time）、10mg一天两次（2times）和5mg一天四次（4times）。剩下的两种方式（drugD和drugE）代表候选药物。哪种药物疗法降低胆固醇（响应变量）最多呢？分析过程见代码清单9-1。

代码清单9-1　单因素方差分析

```
> library(multcomp)
> attach(cholesterol)
> table(trt)                                  ❶ 各组样本大小
trt
 1time 2times 4times  drugD  drugE
    10     10     10     10     10

> aggregate(response, by=list(trt), FUN=mean)  ❷ 各组均值
  Group.1     x
1   1time  5.78
2  2times  9.22
3  4times 12.37
4   drugD 15.36
5   drugE 20.95
                                              ❸ 各组标准差
> aggregate(response, by=list(trt), FUN=sd)
  Group.1    x
1   1time 2.88
2  2times 3.48
3  4times 2.92
4   drugD 3.45
5   drugE 3.35

> fit <- aov(response ~ trt)                   ❹ 检验组间差异（ANOVA）
> summary(fit)
          Df Sum Sq  Mean Sq   F value       Pr(>F)
trt        4   1351      338      32.4      9.8e-13  ***
Residuals 45    469       10
---
Signif. codes:  0 '***' 0.001 '**' 0.01 '*' 0.05 '.' 0.1 ' ' 1

> library(gplots)                              ❺ 绘制各组均
> plotmeans(response ~ trt, xlab="Treatment", ylab="Response",    值及其置信
    main="Mean Plot\nwith 95% CI")                                区间的图形
> detach(cholesterol)
```

从输出结果可以看到，每10个患者接受其中一个药物疗法❶。均值显示drugE降低胆固醇最多，而1time降低胆固醇最少❷，各组的标准差相对恒定，在2.88到3.48间浮动❸。ANOVA对治疗方式（trt）的F检验非常显著（*p*<0.0001），说明五种疗法的效果不同❹。

gplots包中的plotmeans()可以用来绘制带有置信区间的组均值图形❺。如图9-1所示，图形展示了带有95%的置信区间的各疗法均值，可以清楚看到它们之间的差异。

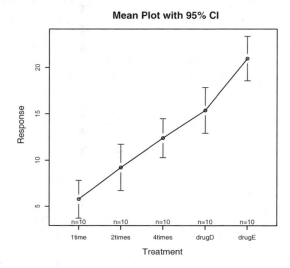

图9-1　五种降低胆固醇药物疗法的均值，含95%的置信区间

9.3.1　多重比较

虽然ANOVA对各疗法的F检验表明五种药物疗法效果不同，但是并没有告诉你哪种疗法与其他疗法不同。多重比较可以解决这个问题。例如，TukeyHSD()函数提供了对各组均值差异的成对检验（见代码清单9-2）。

代码清单9-2　Tukey HSD的成对组间比较

```
> TukeyHSD(fit)
  Tukey multiple comparisons of means
    95% family-wise confidence level

Fit: aov(formula = response ~ trt)

$trt
              diff    lwr    upr p adj
2times-1time  3.44 -0.658   7.54 0.138
4times-1time  6.59  2.492  10.69 0.000
drugD-1time   9.58  5.478  13.68 0.000
drugE-1time  15.17 11.064  19.27 0.000
4times-2times 3.15 -0.951   7.25 0.205
```

```
drugD-2times    6.14   2.035  10.24  0.001
drugE-2times   11.72   7.621  15.82  0.000
drugD-4times    2.99  -1.115   7.09  0.251
drugE-4times    8.57   4.471  12.67  0.000
drugE-drugD     5.59   1.485   9.69  0.003

> par(las=2)
> par(mar=c(5,8,4,2))
> plot(TukeyHSD(fit))
```

可以看到，1time和2times的均值差异不显著（$p=0.138$），而1time和4times间的差异非常显著（$p<0.001$）。

成对比较图形如图9-2所示。第一个par语句用来旋转轴标签，第二个用来增大左边界的面积，可使标签摆放更美观（par选项参见第3章）。图形中置信区间包含0的疗法说明差异不显著（$p>0.5$）。

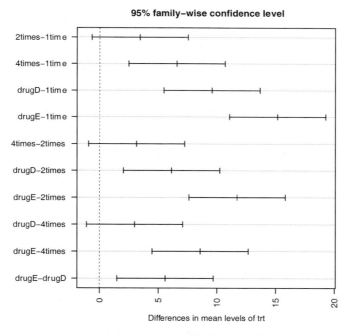

图9-2　Tukey HSD均值成对比较图

multcomp包中的glht()函数提供了多重均值比较更为全面的方法，既适用于线性模型（如本章各例），也适用于广义线性模型（见第13章）。下面的代码重现了Tukey HSD检验，并用一个不同的图形对结果进行展示（图9-3）：

```
> library(multcomp)
> par(mar=c(5,4,6,2))
> tuk <- glht(fit, linfct=mcp(trt="Tukey"))
> plot(cld(tuk, level=.05),col="lightgrey")
```

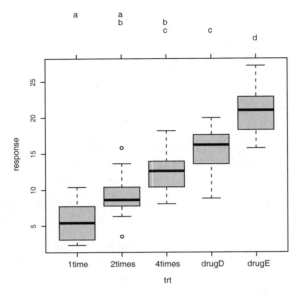

图9-3   multcomp包中的Tukey HSD检验

上面的代码中，为适合字母阵列摆放，par语句增大了顶部边界面积。cld()函数中的level选项设置了使用的显著水平（0.05，即本例中的95%的置信区间）。

有相同字母的组（用箱线图表示）说明均值差异不显著。可以看到，1time和2times差异不显著（有相同的字母a），2times和4times差异也不显著（有相同的字母b），而1time和4times差异显著（它们没有共同的字母）。个人认为，图9-3比图9-2更好理解，而且还提供了各组得分的分布信息。

从结果来看，使用降低胆固醇的药物时，一天四次5mg剂量比一天一次20mg剂量效果更佳，也优于候选药物drugD，但药物drugE比其他所有药物和疗法都更优。

多重比较方法是一个复杂但正迅速发展的领域，想了解更多，可参考Bretz、Hothorn和Westfall的*Multiple Comparisons Using R*（2010）一书。

9.3.2   评估检验的假设条件

上一章已经提过，我们对于结果的信心依赖于做统计检验时数据满足假设条件的程度。单因素方差分析中，我们假设因变量服从正态分布，各组方差相等。可以使用Q-Q图来检验正态性假设：

```
> library(car)
> qqPlot(lm(response ~ trt, data=cholesterol),
          simulate=TRUE, main="Q-Q Plot", labels=FALSE)
```

注意qqPlot()要求用lm()拟合。图形如图9-4所示。数据落在95%的置信区间范围内，说明满足正态性假设。

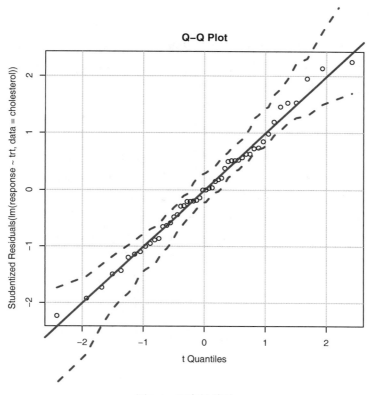

图9-4 正态性检验

R提供了一些可用来做方差齐性检验的函数。例如，可以通过如下代码来做Bartlett检验：

```
> bartlett.test(response ~ trt, data=cholesterol)

        Bartlett test of homogeneity of variances

data:  response by trt
Bartlett's K-squared = 0.5797, df = 4, p-value = 0.9653
```

Bartlett检验表明五组的方差并没有显著不同（$p=0.97$）。其他检验如Fligner-Killeen检验（fligner.test()函数）和Brown-Forsythe检验（HH包中的hov()函数）此处没有做演示，但它们获得的结果与Bartlett检验相同。

不过，方差齐性分析对离群点非常敏感。可利用car包中的outlierTest()函数来检测离群点：

```
> library(car)
> outlierTest(fit)

No Studentized residuals with Bonferonni p < 0.05
Largest |rstudent|:
```

```
          rstudent unadjusted p-value Bonferonni p
19 2.251149             0.029422            NA
```

从输出结果来看，并没有证据说明胆固醇数据中含有离群点（当$p>1$时将产生NA）。因此根据Q-Q图、Bartlett检验和离群点检验，该数据似乎可以用ANOVA模型拟合得很好。这些方法反过来增强了我们对于所得结果的信心。

9.4　单因素协方差分析

单因素协方差分析（ANCOVA）扩展了单因素方差分析（ANOVA），包含一个或多个定量的协变量。下面的例子来自于multcomp包中的litter数据集（见Westfall et al., 1999）。怀孕小鼠被分为四个小组，每个小组接受不同剂量（0、5、50或500）的药物处理。产下幼崽的体重均值为因变量，怀孕时间为协变量。分析代码见代码清单9-3。

代码清单9-3　单因素ANCOVA

```
> data(litter, package="multcomp")
> attach(litter)
> table(dose)
dose
  0   5  50 500
 20  19  18  17
> aggregate(weight, by=list(dose), FUN=mean)
  Group.1    x
1       0 32.3
2       5 29.3
3      50 29.9
4     500 29.6
> fit <- aov(weight ~ gesttime + dose)
> summary(fit)
            Df  Sum Sq Mean Sq F value   Pr(>F)
gesttime     1  134.30  134.30  8.0493 0.005971 **
dose         3  137.12   45.71  2.7394 0.049883 *
Residuals   69 1151.27   16.69
---
Signif. codes:  0 '***' 0.001 '**' 0.01 '*' 0.05 '.' 0.1 ' ' 1
```

利用table()函数，可以看到每种剂量下所产的幼崽数并不相同：0剂量时（未用药）产崽20个，500剂量时产崽17个。再用aggregate()函数获得各组均值，可以发现未用药组幼崽体重均值最高（32.3）。ANCOVA的F检验表明：(a)怀孕时间与幼崽出生体重相关；(b)控制怀孕时间，药物剂量与出生体重相关。控制怀孕时间，确实发现每种药物剂量下幼崽出生体重均值不同。

由于使用了协变量，你可能想要获取调整的组均值，即去除协变量效应后的组均值。可使用effects包中的effects()函数来计算调整的均值：

```
> library(effects)
> effect("dose", fit)

 dose effect
```

```
dose
   0    5   50  500
32.4 28.9 30.6 29.3
```

本例中，调整的均值与aggregate()函数得出的未调整的均值类似，但并非所有的情况都是如此。总之，effects包为复杂的研究设计提供了强大的计算调整均值的方法，并能将结果可视化，更多细节可参考CRAN上的文档。

和上一节的单因素ANOVA例子一样，剂量的F检验虽然表明了不同的处理方式幼崽的体重均值不同，但无法告知我们哪种处理方式与其他方式不同。同样，我们使用multcomp包来对所有均值进行成对比较。另外，multcomp包还可以用来检验用户自定义的均值假设。

假定你对未用药条件与其他三种用药条件影响是否不同感兴趣。代码清单9-4可以用来检验你的假设。

代码清单9-4 对用户定义的对照的多重比较

```
> library(multcomp)
> contrast <- rbind("no drug vs. drug" = c(3, -1, -1, -1))
> summary(glht(fit, linfct=mcp(dose=contrast)))

Multiple Comparisons of Means: User-defined Contrasts

Fit: aov(formula = weight ~ gesttime + dose)

Linear Hypotheses:
                        Estimate Std. Error t value Pr(>|t|)
no drug vs. drug == 0      8.284      3.209   2.581   0.0120 *
---
Signif. codes: 0 '***' 0.001 '**' 0.01 '*' 0.05 '.' 0.1 ' ' 1
```

对照c(3, -1, -1, -1)设定第一组和其他三组的均值进行比较。假设检验的t统计量（2.581）在$p<0.05$水平下显著，因此，可以得出未用药组比其他用药条件下的出生体重高的结论。其他对照可用rbind()函数添加（详见help(glht)）。

9.4.1 评估检验的假设条件

ANCOVA与ANOVA相同，都需要正态性和同方差性假设，可以用9.3.2节中相同的步骤来检验这些假设条件。另外，ANCOVA还假定回归斜率相同。本例中，假定四个处理组通过怀孕时间来预测出生体重的回归斜率都相同。ANCOVA模型包含怀孕时间×剂量的交互项时，可对回归斜率的同质性进行检验。交互效应若显著，则意味着时间和幼崽出生体重间的关系依赖于药物剂量的水平。代码和结果见代码清单9-5。

代码清单9-5 检验回归斜率的同质性

```
> library(multcomp)
> fit2 <- aov(weight ~ gesttime*dose, data=litter)
> summary(fit2)
              Df Sum Sq Mean Sq F value Pr(>F)
```

9

```
Gesttime        1    134    134    8.29 0.0054 **
dose            3    137     46    2.82 0.0456 *
gesttime:dose   3     82     27    1.68 0.1789
Residuals      66   1069     16
---
Signif. codes:  0 '***' 0.001 '**' 0.01 '*' 0.05 '.' 0.1 ' ' 1
```

可以看到交互效应不显著，支持了斜率相等的假设。若假设不成立，可以尝试变换协变量或因变量，或使用能对每个斜率独立解释的模型，或使用不需要假设回归斜率同质性的非参数ANCOVA方法。sm包中的sm.ancova()函数为后者提供了一个例子。

9.4.2　结果可视化

HH包中的ancova()函数可以绘制因变量、协变量和因子之间的关系图。例如代码：

```
> library(HH)
> ancova(weight ~ gesttime + dose, data=litter)
```

生成的图形如图9-5所示。注意，为了适应黑白印刷，图形已经过修改。因此，你自己运行上面代码所得图形会略有不同。

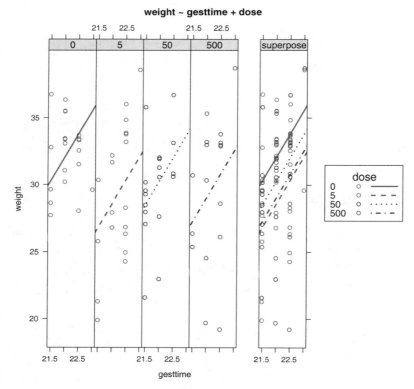

图9-5　四种药物处理组的怀孕时间和出生体重的关系图

从图中可以看到，用怀孕时间来预测出生体重的回归线相互平行，只是截距项不同。随着怀孕时间增加，幼崽出生体重也会增加。另外，还可以看到0剂量组截距项最大，5剂量组截距项最小。由于你上面的设置，直线会保持平行，若用ancova(weight ~ gesttime*dose)，生成的图形将允许斜率和截距项依据组别而发生变化，这对可视化那些违背回归斜率同质性的实例非常有用。

9.5　双因素方差分析

在双因素方差分析中，受试者被分配到两因子的交叉类别组中。以基础安装中的ToothGrowth数据集为例，随机分配60只豚鼠，分别采用两种喂食方法（橙汁或维生素C），各喂食方法中抗坏血酸含量有三种水平（0.5mg、1mg或2mg），每种处理方式组合都被分配10只豚鼠。牙齿长度为因变量，分析的代码见代码清单9-6。

代码清单9-6　双因素ANOVA

```
> attach(ToothGrowth)
> table(supp, dose)
    dose
supp 0.5  1  2
  OJ  10 10 10
  VC  10 10 10

> aggregate(len, by=list(supp, dose), FUN=mean)
  Group.1 Group.2     x
1      OJ     0.5 13.23
2      VC     0.5  7.98
3      OJ     1.0 22.70
4      VC     1.0 16.77
5      OJ     2.0 26.06
6      VC     2.0 26.14

> aggregate(len, by=list(supp, dose), FUN=sd)
  Group.1 Group.2    x
1      OJ     0.5 4.46
2      VC     0.5 2.75
3      OJ     1.0 3.91
4      VC     1.0 2.52
5      OJ     2.0 2.66
6      VC     2.0 4.80

> dose <- factor(dose)
> fit <- aov(len ~ supp*dose)
> summary(fit)

            Df Sum Sq Mean Sq F value  Pr(>F)
supp         1    205     205   15.57 0.00023 ***
dose         2   2426    1213   92.00 < 2e-16 ***
supp:dose    2    108      54    4.11 0.02186 *
Residuals   54    712      13
```

9

```
---
Signif. codes:  0 '***' 0.001 '**' 0.01 '*' 0.05 '.' 0.1 ' ' 1

> detach(ToothGrowth)
```

table语句的预处理表明该设计是均衡设计（各设计单元中样本大小都相同），aggregate 语句处理可获得各单元的均值和标准差。dose变量被转换为因子变量，这样aov()函数就会将它当做一个分组变量，而不是一个数值型协变量。用summary()函数得到方差分析表，可以看到主效应（supp和dose）和交互效应都非常显著。

有多种方式对结果进行可视化处理。此处可用interaction.plot()函数来展示双因素方差分析的交互效应。代码为：

```
interaction.plot(dose, supp, len, type="b",
                 col=c("red","blue"), pch=c(16, 18),
                 main = "Interaction between Dose and Supplement Type")
```

结果如图9-6所示。图形展示了各种剂量喂食下豚鼠牙齿长度的均值。

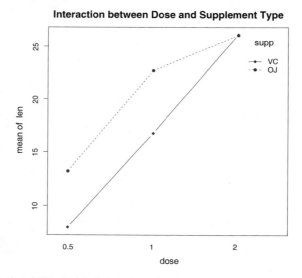

图9-6   喂食方法和剂量对牙齿生长的交互作用。用interaction.plot()函数绘制
         了牙齿长度的均值

还可以用gplots包中的plotmeans()函数来展示交互效应。生成图形如图9-7所示，代码如下：

```
library(gplots)
plotmeans(len ~ interaction(supp, dose, sep=" "),
          connect=list(c(1,3,5),c(2,4,6)),
          col=c("red", "darkgreen"),
          main = "Interaction Plot with 95% CIs",
          xlab="Treatment and Dose Combination")
```

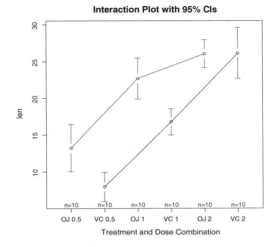

图9-7 喂食方法和剂量对牙齿生长的交互作用。用`plotmeans()`函数绘制的95%的置信区间的牙齿长度均值

图形展示了均值、误差棒（95%的置信区间）和样本大小。

最后，你还能用HH包中的`interaction2wt()`函数来可视化结果，图形对任意顺序的因子设计的主效应和交互效应都会进行展示（图9-8）。

```
library(HH)
interaction2wt(len~supp*dose)
```

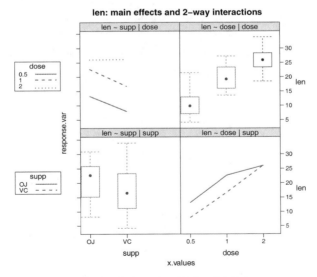

图9-8 `ToothGrowth`数据集的主效应和交互效应。图形由`interaction2wt()`函数创建

同样，图9-8为适合黑白印刷做了修改，若你运行上面的代码，生成的图形会略有不同。

以上三幅图形都表明随着橙汁和维生素C中的抗坏血酸剂量的增加，牙齿长度变长。对于0.5mg和1mg剂量，橙汁比维生素C更能促进牙齿生长；对于2mg剂量的抗坏血酸，两种喂食方法下牙齿长度增长相同。

三种绘图方法中，我更推荐HH包中的interaction2wt()函数，因为它能展示任意复杂度设计（双因素方差分析、三因素方差分析等）的主效应（箱线图）和交互效应。

此处没有涵盖模型假设检验和均值比较的内容，因为它们只是之前方法的一个自然扩展而已。此外，该设计是均衡的，故而不用担心效应顺序的影响。

9.6 重复测量方差分析

所谓重复测量方差分析，即受试者被测量不止一次。本节重点关注含一个组内和一个组间因子的重复测量方差分析（这是一个常见的设计）。示例来源于生理生态学领域，研究方向是生命系统的生理和生化过程如何响应环境因素的变异（此为应对全球变暖的一个非常重要的研究领域）。基础安装包中的CO2数据集包含了北方和南方牧草类植物Echinochloa crus-galli（Potvin、Lechowicz、Tardif，1990）的寒冷容忍度研究结果，在某浓度二氧化碳的环境中，对寒带植物与非寒带植物的光合作用率进行了比较。研究所用植物一半来自于加拿大的魁北克省（Quebec），另一半来自美国的密西西比州（Mississippi）。

首先，我们关注寒带植物。因变量是二氧化碳吸收量（uptake），单位为ml/L，自变量是植物类型Type（魁北克VS.密西西比）和七种水平（95~1000 umol/m^2 sec）的二氧化碳浓度（conc）。另外，Type是组间因子，conc是组内因子。Type已经被存储为一个因子变量，但你还需要先将conc转换为因子变量。分析过程见代码清单9-7。

代码清单9-7 含一个组间因子和一个组内因子的重复测量方差分析

```
> CO2$conc <- factor(CO2$conc)
> w1b1 <- subset(CO2, Treatment=='chilled')
> fit <- aov(uptake ~ conc*Type + Error(Plant/(conc)), w1b1)
> summary(fit)

Error: Plant
          Df Sum Sq Mean Sq F value Pr(>F)
Type       1   2667    2667    60.4 0.0015 **
Residuals  4    177      44
---
Signif. codes:  0 '***' 0.001 '**' 0.01 '*' 0.05 '.' 0.1 ' ' 1

Error: Plant:conc
          Df Sum Sq Mean Sq F value  Pr(>F)
conc       6   1472   245.4    52.5 1.3e-12 ***
conc:Type  6    429    71.5    15.3 3.7e-07 ***
Residuals 24    112     4.7
---
Signif. codes:  0 '***' 0.001 '**' 0.01 '*' 0.05 '.' 0.1 ' ' 1
```

```
> par(las=2)
> par(mar=c(10,4,4,2))
> with(w1b1, interaction.plot(conc,Type,uptake,
        type="b", col=c("red","blue"), pch=c(16,18),
        main="Interaction Plot for Plant Type and Concentration"))
> boxplot(uptake ~ Type*conc, data=w1b1, col=(c("gold", "green")),
        main="Chilled Quebec and Mississippi Plants",
        ylab="Carbon dioxide uptake rate (umol/m^2 sec)")
```

方差分析表表明在0.01的水平下，主效应类型和浓度以及交叉效应类型×浓度都非常显著，图9-9中通过interaction.plot()函数展示了交互效应。

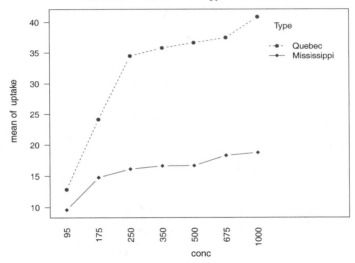

图9-9　CO_2浓度和植物类型对CO_2吸收的交互影响。图形由interaction.plot()函数绘制

若想展示交互效应其他不同的侧面，可以使用boxplot()函数对相同的数据画图，结果见图9-10。

9

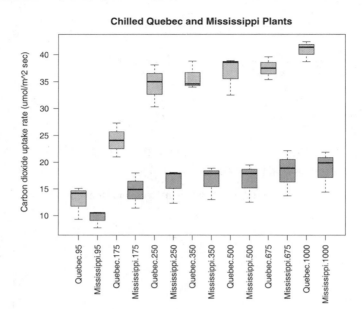

图9-10　CO_2浓度和植物类型对CO_2吸收的交互效应。图形由`boxplot()`函数绘制

　　从以上任意一幅图都可以看出，魁北克省的植物比密西西比州的植物二氧化碳吸收率高，而且随着CO_2浓度的升高，差异越来越明显。

注意　通常处理的数据集是**宽格式**（wide format），即列是变量，行是观测值，而且一行一个受试对象。9.4节中的`litter`数据框就是一个很好的例子。不过在处理重复测量设计时，需要有**长格式**（long format）数据才能拟合模型。在长格式中，因变量的每次测量都要放到它独有的行中，`CO2`数据集即该种形式。幸运的是，5.6.3节的`reshape`包可方便地将数据转换为相应的格式。

混合模型设计的各种方法

　　在分析本节关于CO_2的例子时，我们使用了传统的重复测量方差分析。该方法假设任意组内因子的协方差矩阵为**球形**，并且任意组内因子两水平间的方差之差都相等。但在现实中这种假设不可能满足，于是衍生了一系列备选方法：

- □使用`lme4`包中的`lmer()`函数拟合线性混合模型（Bates，2005）；
- □使用`car`包中的`Anova()`函数调整传统检验统计量以弥补球形假设的不满足（例如Geisser-Greenhouse校正）；
- □使用`nlme`包中的`gls()`函数拟合给定方差-协方差结构的广义最小二乘模型（UCLA，2009）；

❏ 用多元方差分析对重复测量数据进行建模（Hand，1987）。

以上方法已超出本书范畴，如果你对这些方法感兴趣，可以参考Pinheiro & Bates（2000）、Zuur et al.（2009）。

目前为止，本章都只是对单个因变量的情况进行分析。在下一节，我们将简略介绍多个结果变量的设计。

9.7 多元方差分析

当因变量（结果变量）不止一个时，可用多元方差分析（MANOVA）对它们同时进行分析。以MASS包中的UScereal数据集为例（Venables，Ripley（1999）），我们将研究美国谷物中的卡路里、脂肪和糖含量是否会因为储存架位置的不同而发生变化；其中1代表底层货架，2代表中层货架，3代表顶层货架。卡路里、脂肪和糖含量是因变量，货架是三水平（1、2、3）的自变量。分析过程见代码清单9-8。

代码清单9-8 单因素多元方差分析

```
> library(MASS)
> attach(UScereal)
> shelf <- factor(shelf)
> y <- cbind(calories, fat, sugars)
> aggregate(y, by=list(shelf), FUN=mean)

  Group.1 calories   fat sugars
1       1      119 0.662    6.3
2       2      130 1.341   12.5
3       3      180 1.945   10.9

> cov(y)

         calories   fat sugars
calories   3895.2 60.67 180.38
fat          60.7  2.71   4.00
sugars      180.4  4.00  34.05

> fit <- manova(y ~ shelf)
> summary(fit)

          Df Pillai approx F num Df den Df Pr(>F)
shelf      2  0.402     5.12      6    122  1e-04 ***
Residuals 62
---
Signif. codes:  0 '***' 0.001 '**' 0.01 '*' 0.05 '.' 0.1 ' ' 1

> summary.aov(fit)

Response calories :
            Df Sum Sq Mean Sq F value  Pr(>F)
```

❶ 输出单变量结果

```
shelf          2  50435   25218     7.86 0.00091 ***
Residuals     62 198860    3207
---
Signif. codes:  0 '***' 0.001 '**' 0.01 '*' 0.05 '.' 0.1 ' ' 1

 Response fat :
             Df Sum Sq Mean Sq F value Pr(>F)
shelf          2   18.4    9.22    3.68  0.031 *
Residuals     62  155.2    2.50
---
Signif. codes:  0 '***' 0.001 '**' 0.01 '*' 0.05 '.' 0.1 ' ' 1

 Response sugars :
             Df Sum Sq Mean Sq F value Pr(>F)
shelf          2    381     191    6.58 0.0026 **
Residuals     62   1798      29
---
Signif. codes:  0 '***' 0.001 '**' 0.01 '*' 0.05 '.' 0.1 ' ' 1
```

首先，我们将shelf变量转换为因子变量，从而使它在后续分析中能作为分组变量。cbind()函数将三个因变量（卡路里、脂肪和糖）合并成一个矩阵。aggregate()函数可获取货架的各个均值，cov()则输出各谷物间的方差和协方差。

manova()函数能对组间差异进行多元检验。上面F值显著，说明三个组的营养成分测量值不同。注意shelf变量已经转成了因子变量，因此它可以代表一个分组变量。

由于多元检验是显著的，可以使用summary.aov()函数对每一个变量做单因素方差分析❶。从上述结果可以看到，三组中每种营养成分的测量值都是不同的。另外，还可以用均值比较步骤（比如TukeyHSD）来判断对于每个因变量，哪种货架与其他货架都是不同的（此处已略去，以节省空间）。

9.7.1 评估假设检验

单因素多元方差分析有两个前提假设，一个是多元正态性，一个是方差–协方差矩阵同质性。第一个假设即指因变量组合成的向量服从一个多元正态分布。可以用Q-Q图来检验该假设条件（参见"理论补充"对其工作原理的统计解释）。

理论补充

若有一个$p \times 1$的多元正态随机向量x，均值为μ，协方差矩阵为$\sum$，那么x与μ的马氏距离的平方服从自由度为p的卡方分布。Q-Q图展示卡方分布的分位数，横纵坐标分别是样本量与马氏距离平方值。如果点全部落在斜率为1、截距项为0的直线上，则表明数据服从多元正态分布。

分析代码见代码清单9-9，结果见图9-11。

代码清单9-9　检验多元正态性

```
> center <- colMeans(y)
```

```
> n <- nrow(y)
> p <- ncol(y)
> cov <- cov(y)
> d <- mahalanobis(y,center,cov)
> coord <- qqplot(qchisq(ppoints(n),df=p),
    d, main="Q-Q Plot Assessing Multivariate Normality",
    ylab="Mahalanobis D2")
> abline(a=0,b=1)
> identify(coord$x, coord$y, labels=row.names(UScereal))
```

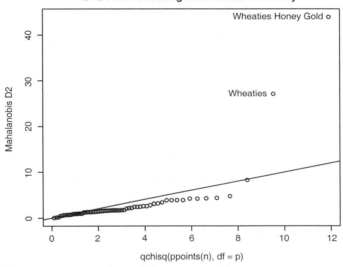

图9-11　检验多元正态性的Q-Q图

若数据服从多元正态分布，那么点将落在直线上。你能通过`identify()`函数（参见16.4节）交互性地对图中的点进行鉴别。从图形上看，观测点"Wheaties Honey Gold"和"Wheaties"异常，数据集似乎违反了多元正态性。可以删除这两个点再重新分析。

方差-协方差矩阵同质性即指各组的协方差矩阵相同，通常可用Box's M检验来评估该假设。由于R中没有Box's M函数，可以通过网络搜索找到合适的代码。另外，该检验对正态性假设很敏感，会导致在大部分案例中直接拒绝同质性假设。也就是说，对于这个重要的假设的检验，我们目前还没有一个好方法（但是可以参考Anderson（2006）和Silva et al.（2008）提供的一些有趣的备选方法，虽然在R中还没有实现）。

最后，还可以使用mvoutlier包中的`ap.plot()`函数来检验多元离群点。代码如下：

```
library(mvoutlier)
outliers <- aq.plot(y)
outliers
```

自己尝试一下，看看会得到什么结果吧！

9.7.2 稳健多元方差分析

如果多元正态性或者方差–协方差均值假设都不满足，或者你担心多元离群点，那么可以考虑用稳健或非参数版本的MANOVA检验。稳健单因素MANOVA可通过rrcov包中的Wilks.test()函数实现。vegan包中的adonis()函数则提供了非参数MANOVA的等同形式。代码清单9-10是Wilks.test()的应用。

代码清单9-10　稳健单因素MANOVA

```
library(rrcov)
> Wilks.test(y,shelf,method="mcd")

        Robust One-way MANOVA (Bartlett Chi2)

data:  x
Wilks' Lambda = 0.511, Chi2-Value = 23.96, DF = 4.98, p-value =
0.0002167
sample estimates:
  calories   fat  sugars
1      120 0.701    5.66
2      128 1.185   12.54
3      161 1.652   10.35
```

从结果来看，稳健检验对离群点和违反MANOVA假设的情况不敏感，而且再一次验证了存储在货架顶部、中部和底部的谷物营养成分含量不同。

9.8　用回归来做 ANOVA

在9.2节中，我们提到ANOVA和回归都是广义线性模型的特例。因此，本章所有的设计都可以用lm()函数来分析。但是，为了更好地理解输出结果，需要弄明白在拟合模型时，R是如何处理类别型变量的。

以9.3节的单因素ANOVA问题为例，即比较五种降低胆固醇药物疗法（trt）的影响。

```
> library(multcomp)
> levels(cholesterol$trt)

[1] "1time" "2times" "4times" "drugD" "drugE"
```

首先，用aov()函数拟合模型：

```
> fit.aov <- aov(response ~ trt, data=cholesterol)
> summary(fit.aov)

            Df  Sum Sq  Mean Sq  F value    Pr(>F)
trt          4 1351.37   337.84   32.433  9.819e-13 ***
Residuals   45  468.75    10.42
```

现在，用lm()函数拟合同样的模型。结果见代码清单9-11。

代码清单9-11 解决9.3节ANOVA问题的回归方法

```
> fit.lm <- lm(response ~ trt, data=cholesterol)
> summary(fit.lm)
Coefficients:
            Estimate Std. Error t value  Pr(>|t|)
(Intercept)    5.782      1.021    5.665  9.78e-07 ***
trt2times      3.443      1.443    2.385    0.0213 *
trt4times      6.593      1.443    4.568  3.82e-05 ***
trtdrugD       9.579      1.443    6.637  3.53e-08 ***
trtdrugE      15.166      1.443   10.507  1.08e-13 ***

Residual standard error: 3.227 on 45 degrees of freedom
Multiple R-squared: 0.7425,    Adjusted R-squared: 0.7196
F-statistic: 32.43 on 4 and 45 DF,  p-value: 9.819e-13
```

我们能发现什么？因为线性模型要求预测变量是数值型，当lm()函数碰到因子时，它会用一系列与因子水平相对应的数值型对照变量来代替因子。如果因子有k个水平，将会创建$k-1$个对照变量。R提供了五种创建对照变量的内置方法（见表9-6），你也可以自己重新创建（此处不做介绍）。默认情况下，对照处理用于无序因子，正交多项式用于有序因子。

表9-6 内置对照

对照变量创建方法	描 述
contr.helmert	第二个水平对照第一个水平，第三个水平对照前两个的均值，第四个水平对照前三个的均值，以此类推
contr.poly	基于正交多项式的对照，用于趋势分析（线性、二次、三次等）和等距水平的有序因子
contr.sum	对照变量之和限制为0。也称作偏差找对，对各水平的均值与所有水平的均值进行比较
contr.treatment	各水平对照基线水平（默认第一个水平）。也称作虚拟编码
contr.SAS	类似于 contr.treatment，只是基线水平变成了最后一个水平。生成的系数类似于大部分SAS过程中使用的对照变量

以对照（treatment contrast）为例，因子的第一个水平变成了参考组，随后的变量都以它为标准。可以通过contrasts()函数查看它的编码过程。

```
> contrasts(cholesterol$trt)
       2times 4times drugD drugE
1time       0      0     0     0
2times      1      0     0     0
4times      0      1     0     0
drugD       0      0     1     0
drugE       0      0     0     1
```

若患者处于drugD条件下，变量drugD等于1，其他变量2times、4times和drugE都等于0。无需列出第一组的变量值，因为其他四个变量都为0，这已经说明患者处于1time条件。

在代码清单9-11中，变量trt2times表示水平1time和2times的一个对照。类似地，trt4times是1time和4times的一个对照，其余以此类推。从输出的概率值来看，各药物条件与第一组（1time）显著不同。

通过设定 contrasts 选项，可以修改 lm() 中默认的对照方法。例如，若使用 Helmert 对照：

```
fit.lm <- lm(response ~ trt, data=cholesterol, contrasts="contr.helmert")
```

还能通过 options() 函数修改 R 会话中的默认对照方法，例如，

```
options(contrasts = c("contr.SAS", "contr.helmert"))
```

设定无序因子的默认对比方法为 contr.SAS，有序因子的默认对比方法为 contr.helmert。虽然我们一直都是在线性模型范围中讨论对照方法的使用，但是在 R 中，你完全可以将其应用到其他模型中，包括第 13 章将会介绍的广义线性模型。

9.9　小结

本章中，我们回顾了基本实验和准实验设计的分析方法，包括 ANOVA/ANCOVA/MANOVA。然后通过组内和组间设计的示例介绍了基本方法的使用，如单因素 ANOVA、单因素 ANCOVA、双因素 ANOVA、重复测量 ANOVA 和单因素 MANOVA。

除了这些基本分析，我们还回顾了模型的假设检验，以及应用多重比较过程来进行综合检验的方法。最后，对各种结果可视化方法也进行了探索。如果你对用 R 分析 DOE（Design Of Experiment，实验设计）感兴趣，请参阅 "CRAN Task View: Design of Experiments (DoE) & Analysis of Experimental Data"（2009）[1]中 Groemping 提供的方法。

第 8 章和第 9 章已经涵盖了各领域研究者常用的统计方法。在下一章中，我们将介绍功效分析。功效分析可以帮助我们在给定置信度的情况下，判断达到要求效果所需的样本大小，这一点对于研究设计非常重要。

---

① CRAN 上实验设计的 Task View 页面地址为 http://cran.r-project.org/web/views/ExperimentalDesign.html。——译者注

功效分析

$$10$$

作为统计咨询师，我经常会被问到这样一个问题："我的研究到底需要多少个受试者呢？"或者换个说法："对于我的研究，现有*x*个可用的受试者，这样的研究值得做吗？"这类问题都可用通过功效分析（power analysis）来解决，它在实验设计中占有重要地位。

功效分析可以帮助在给定置信度的情况下，判断检测到给定效应值时所需的样本量。反过来，它也可以帮助你在给定置信度水平情况下，计算在某样本量内能检测到给定效应值的概率。如果概率低得难以接受，修改或者放弃这个实验将是一个明智的选择。

在本章中，你将学习如何对多种统计检验进行功效分析，包括比例检验、t检验、卡方检验、平衡的单因素ANOVA、相关性分析，以及线性模型分析。由于功效分析针对的是假设检验，我们将首先简单回顾零假设显著性检验（NHST）过程，然后学习如何用R进行功效分析，主要关注pwr包。最后，我们还会学习R中其他可用的功效分析方法。

10.1 假设检验速览

为了帮助你逐步理解功效分析，我们将首先简要回顾统计假设检验的概念。如果你有统计学背景，可直接从10.2节开始阅读。

在统计假设检验中，首先要对总体分布参数设定一个假设（零假设，H_0），然后从总体分布中抽样，通过样本计算所得的统计量来对总体参数进行推断。假定零假设为真，如果计算获得观测样本的统计量的概率非常小，便可以拒绝原假设，接受它的对立面（称作备择假设或者研究假设，H_1）。

下面通过一个例子来阐述整个过程。假设你想评价使用手机对驾驶员反应时间的影响，则零假设为H_0: $\mu_1 - \mu_2 = 0$，其中μ_1是驾驶员使用手机时的反应时间均值，μ_2是驾驶员不使用手机时的反应时间均值（此处，$\mu_1 - \mu_2$即感兴趣的总体参数）。假如你拒绝该零假设，备择假设或研究假设就是H$_1$：$\mu_1-\mu_2\neq0$。这等同于$\mu_1\neq\mu_2$，即两种条件下反应时间的均值不相等。

现挑选一个由不同个体构成的样本，将他们随机分配到任意一种情况中。第一种情况，参与者边打手机，边在一个模拟器中应对一系列驾驶挑战；第二种情况，参与者在一个模拟器中完成一系列相同的驾驶挑战，但不打手机。然后评估每个个体的总体反应时间。

基于样本数据，可计算如下统计量：

$$(\bar{X}_1 - \bar{X}_2) / \left(\frac{S}{\sqrt{n}} \right)$$

其中，$\bar{X}_1$和$\bar{X}_2$分别表示两种情况下的反应时间均值。S是样本标准差，n是各条件下的参与者数目。如果零假设为真，那么可以假定反应时间呈正态分布，该样本统计量服从$2n-2$自由度的t分布。依据此事实，你能计算获得当前或更大样本统计量的概率。但如果概率（p）比预先设定的阈值小（如$p<0.05$），那么你便可以拒绝原假设接受备择假设。预先约定的阈值（0.05）称为检验的显著性水平（significance level）。

注意，这里是使用取自总体的样本数据来对总体做推断。你的零假设是所有打手机的驾驶员的反应时间均值不同于所有（而不仅仅是你样本中）不打手机的驾驶员的反应时间均值。你的判断有下列四种可能的结果。

- ❑ 如果零假设是错误的，统计检验也拒绝它，那么你便做了一个正确的判断。你可以断言使用手机影响反应时间。
- ❑ 如果零假设是真实的，你没有拒绝它，那么你再次做了一个正确的判断。说明反应时间不受打手机的影响。
- ❑ 如果零假设是真实的，但你却拒绝了它，那么你便犯了 I 型错误。你会得到使用手机会影响反应时间的结论，而实际上不会。
- ❑ 如果零假设是错误的，而你没有拒绝它，那么你便犯了 II 型错误。使用手机影响反应时间，但你却没有判断出来。

每种结果的解释见下表。

		判断	
		拒绝H$_0$	不拒绝H$_0$
真实的	H$_0$为真	I 型错误	正确
	H$_0$为假	正确	II 型错误

零假设显著性检验中的争论

零假设显著性检验并不是没有争议的，批评者早就提出了一大堆质疑，特别是有关它在心理学领域中的应用。他们指出对p值存在一个广泛的误解，它依赖的统计显著性比实际显著性大，因此事实上零假设永远不可能为真，对于足够大的样本也总是被拒绝，这会造成许多逻辑上的不一致。

本书不会深度探讨这一主题，有兴趣的读者可以参考Harlow、Mulaik和Steiger的书*What If There Were No Significance Tests?*（1997）。

在研究过程时，研究者通常关注四个量：样本大小、显著性水平、功效和效应值（见图10-1）。

☐ 样本大小指的是实验设计中每种条件/组中观测的数目。

☐ 显著性水平（也称为alpha）由Ⅰ型错误的概率来定义。也可以把它看作发现效应不发生的概率。

☐ 功效通过1减去Ⅱ型错误的概率来定义。我们可以把它看作真实效应发生的概率。

☐ 效应值指的是在备择或研究假设下效应的量。效应值的表达式依赖于假设检验中使用的统计方法。

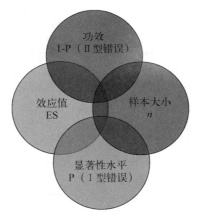

图10-1 在功效分析中研究设计的四个基本量。给定任意三个，你可以推算第四个

虽然研究者可以直接控制样本大小和显著性水平，但是对于功效和效应值的影响却是间接的。例如，放宽显著性水平时（换句话说，使得拒绝原假设更容易时），检验的功效便会增加。类似地，样本量增加，功效也会增加。

通常来说，研究目标是维持一个可接受的显著性水平，尽量使用较少的样本，然后最大化统计检验的功效。也就是说，最大化发现真实效应的几率，并最小化发现错误效应的几率，同时把研究成本控制在合理的范围内。

四个量（样本大小、显著性水平、功效和效应值）紧密相关，给定其中任意三个量，便可推算第四个量。接下来，本章将利用这一点进行各种各样的功效分析。下一节将学习如何用R中的pwr包实现功效分析。随后，我们还会简要回顾一些专门在生物学和遗传学中使用的功效函数。

10.2 用 `pwr` 包做功效分析

Stéphane Champely开发的`pwr`包可以实现Cohen（1988）描述的功效分析。表10-1列出了一些非常重要的函数。对于每个函数，用户可以设定四个量（样本大小、显著性水平、功效和效应值）

中的三个量，第四个量将由软件计算出来。

表10-1　pwr包中的函数

函　数	功效计算的对象
pwr.2p.test()	两比例（n 相等）
pwr.2p2n.test()	两比例（n 不相等）
pwr.anova.test()	平衡的单因素 ANOVA
pwr.chisq.test()	卡方检验
pwr.f2.test()	广义线性模型
pwr.p.test()	比例（单样本）
pwr.r.test()	相关系数
pwr.t.test()	t 检验（单样本、两样本、配对）
pwr.t2n.test()	t 检验（n 不相等的两样本）

　　四个量中，效应值是最难规定的。计算效应值通常需要一些相关估计的经验和对过去研究知识的理解。但是如果在一个特定的研究中，你对需要的效应值一无所知，该怎么做呢？10.2.7节将会讨论这个难题。本节接下来介绍pwr包在常见统计检验中的应用。在调用以上函数时，请确定已经安装并载入pwr包。

10.2.1　t检验

　　对于t检验，pwr.t.test()函数提供了许多有用的功效分析选项，格式为：

pwr.t.test(n=, d=, sig.level=, power=, type=, alternative=)

　　其中元素解释如下。

❑ n为样本大小。

❑ d为效应值，即标准化的均值之差。

$$d = \frac{\mu_1 - \mu_2}{\sigma}$$　　其中，μ_1= 组1均值

　　　　　　　　　　　μ_2= 组2均值

　　　　　　　　　　　σ^2 = 误差方差

❑ sig.level表示显著性水平（默认为0.05）。

❑ power为功效水平。

❑ type指检验类型：双样本t检验（"two.sample"）、单样本t检验（"one.sample"）或相依样本t检验（"paired"）。默认为双样本t检验。

❑ "alternative"指统计检验是双侧检验（"two.sided"）还是单侧检验（"less"或"greater"）。默认为双侧检验。

让我们举例说明函数的用法。仍继续10.1节使用手机与驾驶反应时间的实验，假定将使用双尾独立样本t检验来比较两种情况下驾驶员的反应时间均值。

如果你根据过去的经验知道反应时间有1.25s的标准偏差，并认定反应时间1s的差值是巨大的差异，那么在这个研究中，可设定要检测的效应值为d=1/1.25=0.8或者更大。另外，如果差异存在，你希望有90%的把握检测到它，由于随机变异性的存在，你也希望有95%的把握不会误报差异显著。这时，对于该研究需要多少受试者呢？

将这些信息输入pwr.t.test()函数中，形式如下：

```
> library(pwr)
> pwr.t.test(d=.8, sig.level=.05, power=.9, type="two.sample",
             alternative="two.sided")
    Two-sample t test power calculation

              n = 34
              d = 0.8
      sig.level = 0.05
          power = 0.9
    alternative = two.sided

NOTE: n is number in *each* group
```

结果表明，每组中你需要34个受试者（总共68人），这样才能保证有90%的把握检测到0.8的效应值，并且最多5%的可能性会误报差异存在。

现在变化一下这个问题。假定在比较这两种情况时，你想检测到总体均值0.5个标准偏差的差异，并且将误报差异的几率限制在1%内。此外，你能获得的受试者只有40人。那么在该研究中，你能检测到这么大总体均值差异的概率是多少呢？

假定每种情况下受试者数目相同，可以进行如下操作：

```
> pwr.t.test(n=20, d=.5, sig.level=.01, type="two.sample",
             alternative="two.sided")

    Two-sample t test power calculation

              n = 20
              d = 0.5
      sig.level = 0.01
          power = 0.14
    alternative = two.sided

NOTE: n is number in *each* group
```

结果表明，在0.01的先验显著性水平下，每组20个受试者，因变量的标准差为1.25s，有低于14%的可能性断言差值为0.625s或者不显著（d=0.5=0.625/1.25）。换句话说，你将有86%的可能性错过你要寻找的效应值。因此，可能需要慎重考虑要投入到该研究中的时间和精力。

上面的例子都是假定两组中样本大小相等，如果两组中样本大小不同，可用函数：

```
pwr.t2n.test(n1=, n2=, d=, sig.level=, power=, alternative=)
```

10

此处，n1和n2是两组的样本大小，其他参数含义与pwr.t.test()的相同。可以尝试改变pwr.t2n.test()[1]函数中的参数值，看看输出的效应值如何变化。

10.2.2　方差分析

pwr.anova.test()函数可以对平衡单因素方差分析进行功效分析。格式为：

pwr.anova.test(k=, n=, f=, sig.level=, power=)

其中，k是组的个数，n是各组中的样本大小。

对于单因素方差分析，效应值可通过f来衡量：

$$f = \sqrt{\dfrac{\sum\limits_{i-1}^{k} p_i \times (\mu_i - \mu)^2}{\sigma^2}}$$

　　其中，$p_i = n_i/N$
　　　　　$n_i = $ 组i的观测数目
　　　　　$N = $ 总观测数目
　　　　　$\mu_i = $ 组i均值
　　　　　$\mu = $ 总体均值
　　　　　$\sigma^2 = $ 组内误差方差

让我们举例说明函数用法。现对五个组做单因素方差分析，要达到0.8的功效，效应值为0.25，并选择0.05的显著性水平，计算各组需要的样本大小。代码如下：

```
> pwr.anova.test(k=5, f=.25, sig.level=.05, power=.8)

    Balanced one-way analysis of variance power calculation

              k = 5
              n = 39
              f = 0.25
      sig.level = 0.05
          power = 0.8

NOTE: n is number in each group
```

结果表明，总样本大小为5×39，即195。注意，本例中需要估计在同方差时五个组的均值。如果你对上述情况都一无所知，10.2.7节提供的方法可能会有所帮助。

10.2.3　相关性

pwr.r.test()函数可以对相关性分析进行功效分析。格式如下：

pwr.r.test(n=, r=, sig.level=, power=, alternative=)

其中，n是观测数目，r是效应值（通过线性相关系数衡量），sig.level是显著性水平，power

---

[1] R中函数名称后面最好加上()。——译者注

是功效水平,`alternative`指定显著性检验是双边检验(`"tow.sided"`)还是单边检验(`"less"`或`"greater"`)。

假定正在研究抑郁与孤独的关系。你的零假设和研究假设为:

H$_0$: $\rho \leq 0.25$ 和 H$_1$: $\rho > 0.25$

其中,ρ是两个心理变量的总体相关性大小。你设定显著性水平为0.05,而且如果H$_0$是错误的,你想有90%的信心拒绝H$_0$,那么研究需要多少观测呢?下面的代码给出了答案:

```
> pwr.r.test(r=.25, sig.level=.05, power=.90, alternative="greater")

    approximate correlation power calculation (arctangh transformation)

              n = 134
              r = 0.25
      sig.level = 0.05
          power = 0.9
    alternative = greater
```

因此,要满足以上要求,你需要134个受试者来评价抑郁与孤独的关系,以便在零假设为假的情况下有90%的信心拒绝它。

10.2.4 线性模型

对于线性模型(比如多元回归),`pwr.f2.test()`函数可以完成相应的功效分析,格式为:

```
pwr.f2.test(u=, v=, f2=, sig.level=, power=)
```

其中,u和v分别是分子自由度和分母自由度,f2是效应值。

$$f^2 = \frac{R^2}{1-R^2}$$ 其中,R^2 = 多重相关性的总体平方值

$$f^2 = \frac{R_{AB}^2 - R_A^2}{1-R_{AB}^2}$$ 其中,$R_A{}^2$ = 集合A中变量对总体方差的解释率[1]

$R_{AB}{}^2$ = 集合A和B中变量对总体方差的解释率

当要评价一组预测变量对结果的影响程度时,适宜用第一个公式来计算f2;当要评价一组预测变量对结果的影响超过第二组变量(协变量)多少时,适宜用第二个公式。

现假设你想研究老板的领导风格对员工满意度的影响,是否超过薪水和工作小费对员工满意度的影响。领导风格可用四个变量来评估,薪水和小费与三个变量有关。过去的经验表明,薪水和小费能够解释约30%的员工满意度的方差。而从现实出发,领导风格至少能解释35%的方差。假定显著性水平为0.05,那么在90%的置信度情况下,你需要多少受试者才能得到这样的方差贡献率呢?

此处,`sig.level=0.05`,`power=0.90`,u=3(总预测变量数减去集合B中的预测变量数),效应值为f2=(0.35–0.30)/(1–0.35) = 0.0769。将这些信息输入到函数中:

---

① 也常称作方差贡献率。——译者注

```
> pwr.f2.test(u=3, f2=0.0769, sig.level=0.05, power=0.90)

     Multiple regression power calculation

               u = 3
               v = 184.2426
              f2 = 0.0769
       sig.level = 0.05
           power = 0.9
```

在多元回归中，分母的自由度等于 $N–k–1$，N 是总观测数，k 是预测变量数。本例中，$N–7–1=185$，即需要样本大小 $N=185+7+1=193$。

10.2.5   比例检验

当比较两个比例时，可使用 pwr.2p.test() 函数进行功效分析。格式为：

```
pwr.2p.test(h=, n=, sig.level=, power=)
```

其中，h 是效应值，n 是各组相同的样本量。效应值 h 定义如下：

$$h = 2\arcsin(\sqrt{p_1}) - 2\arcsin(\sqrt{p_2})$$

可用 ES.h(p1, p2) 函数进行计算。

当各组中 n 不相同时，则使用函数：

```
pwr.2p2n.test(h=, n1=, n2=, sig.level=, power=)
```

alternative= 选项可以设定检验是双尾检验（ "two.sided" ）还是单尾检验（ "less" 或 "greater" ）。默认是双尾检验。

假定你对某流行药物能缓解 60% 使用者的症状感到怀疑。而一种更贵的新药如果能缓解 65% 使用者的症状，就会被投放到市场中。此时，在研究中你需要多少受试者才能够检测到两种药物存在这一特定的差异？

假设你想有 90% 的把握得出新药更有效的结论，并且希望有 95% 的把握不会误得结论。另外，你只对评价新药是否比标准药物更好感兴趣，因此只需用单边检验，代码如下：

```
> pwr.2p.test(h=ES.h(.65, .6), sig.level=.05, power=.9,
              alternative="greater")

     Difference of proportion power calculation for binomial
     distribution (arcsine transformation)
                h = 0.1033347
                n = 1604.007
        sig.level = 0.05
            power = 0.9
      alternative = greater

NOTE: same sample sizes
```

根据结果可知，为满足以上要求，在本研究中需要1605个人试用新药，1605个人试用已有药物。

10.2.6　卡方检验

卡方检验常常用来评价两个类别型变量的关系。典型的零假设是变量之间独立，备择假设是不独立。pwr.chisq.test()函数可以评估卡方检验的功效、效应值和所需的样本大小。格式为：

```
pwr.chisq.test(w=, N=, df=, sig.level=, power=)
```

其中，w是效应值，N是总样本大小，df是自由度。此处，效应值w定义如下：

$$w = \sqrt{\sum_{i=1}^{m} \frac{(p0_i - p1_i)^2}{p0_i}} \qquad \begin{array}{l} 其中，p0_i = \text{H}_0时第i单元格中的概率 \\ p1_i = \text{H}_1时第i单元格中的概率 \end{array}$$

此处从1到m进行求和，连加号上的m指的是列联表中单元格的数目。函数ES.w2(P)可以计算双因素列联表中备择假设的效应值，P是一个假设的双因素概率表。

举一个简单的例子，假设你想研究人种与工作晋升的关系。你预期样本中70%是白种人，10%是美国黑人，20%是西班牙裔人。而且，你认为相比30%的美国黑人和50%的西班牙裔人，60%的白种人更容易晋升。研究假设的晋升概率如表10-2所示。

表10-2　研究假设下预期晋升的人群比例

人　　种	晋升比例	未晋升者比例
白种人	0.42	0.28
美国黑人	0.03	0.07
西班牙裔	0.10	0.10

从表中看到，你预期总人数的42%是晋升的白种人（0.42=0.70×0.60），总人数的7%是未晋升的美国黑人（0.07=0.10×0.70）。让我们取0.05的显著性水平和0.90的预期功效水平。双因素列联表的自由度为$(r-1)(c-1)$，r是行数，c是列数。编写如下代码，你可以计算假设的效应值：

```
> prob <- matrix(c(.42, .28, .03, .07, .10, .10), byrow=TRUE, nrow=3)
> ES.w2(prob)

[1] 0.1853198
```

使用该信息，你又可以计算所需的样本大小：

```
> pwr.chisq.test(w=.1853, df=2, sig.level=.05, power=.9)

     Chi squared power calculation

          w = 0.1853
          N = 368.5317
          df = 2
```

10

```
        sig.level = 0.05
            power = 0.9
```

```
NOTE: N is the number of observations
```

结果表明，在既定的效应值、功效水平和显著性水平下，该研究需要369个受试者才能检验人种与工作晋升的关系。

10.2.7   在新情况中选择合适的效应值

功效分析中，预期效应值是最难决定的参数。它通常需要你对主题有一定的了解，并有相应的测量经验。例如，过去研究中的数据可以用来计算效应值，这能为后面深层次的研究提供一些参考。

但是当面对全新的研究情况，没有任何过去的经验可借鉴时，你能做些什么呢？在行为科学领域，Cohen（1988）曾尝试提出一个基准，可为各种统计检验划分"小""中""大"三种效应值。表10-3列出了这些基准值。

表10-3   Cohen效应值基准

统计方法	效应值测量	建议的效应值基准		
		小	中	大
t检验	d	0.20	0.50	0.80
方差分析	f	0.10	0.25	0.40
线性模型	f2	0.02	0.15	0.35
比例检验	h	0.20	0.50	0.80
卡方检验	w	0.10	0.30	0.50

当你对研究的效应值一无所知时，这个表可给你提供一些指引。例如，假如你想在0.05的显著性水平下，对5个组、每组25个受试者的设计进行单因素方差分析，那么拒绝错误零假设（也就是发现真实的效应值）的概率是多大呢？

使用pwr.anova.test()函数和表10-3中f的建议值，得到对于小效应值功效水平为0.118，中等效应值的为0.574，大效应值的为0.957。给定样本大小的限制，在大效应值时你才可能发现要研究的效应。

另外，你一定要牢记Cohen的基准值仅仅是根据许多社科类研究得出的一般性建议，对于特殊的研究领域可能并不适用。其他可选择的方法是改变研究参数，记录其对诸如样本大小和功效等方面的影响。仍以五个分组的单因素方差分析（显著性水平为0.05）为例，代码清单10-1计算了为检测一系列效应值所需的样本大小，结果见图10-2。

代码清单10-1   单因素ANOVA中检测显著效应所需的样本大小

```
library(pwr)
es <- seq(.1, .5, .01)
nes <- length(es)
```

```
samsize <- NULL
for (i in 1:nes){
    result <- pwr.anova.test(k=5, f=es[i], sig.level=.05, power=.9)
    samsize[i] <- ceiling(result$n)
}

plot(samsize,es, type="l", lwd=2, col="red",
    ylab="Effect Size",
    xlab="Sample Size (per cell)",
    main="One Way ANOVA with Power=.90 and Alpha=.05")
```

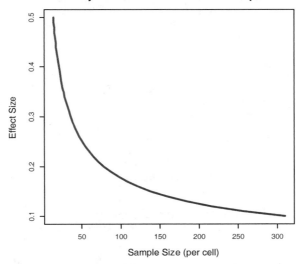

图10-2　五分组的单因素ANOVA中检测显著效应所需的样本大小（假定0.90的功效和
0.05的显著性水平）

实验设计中，这样的图形有助于估计不同条件时的影响值。例如，从图形可以看到各组样本量高于200个观测时，再增加样本已经效果不大了。下一节我们将看看其他图形示例。

10.3　绘制功效分析图形

结束pwr包的探讨前，我们再学习一个涉及面更广的绘图示例。假设对于相关系数统计显著性的检验，你想计算一系列效应值和功效水平下所需的样本量，此时可用pwr.r.test()函数和for循环来完成任务，参见代码清单10-2。

代码清单10-2　检验各种效应值下的相关性所需的样本量曲线

```
library(pwr)
r <- seq(.1,.5,.01)
nr <- length(r)

p <- seq(.4,.9,.1)
np <- length(p)

samsize <- array(numeric(nr*np), dim=c(nr,np))
for (i in 1:np){
  for (j in 1:nr){
    result <- pwr.r.test(n = NULL, r = r[j],
    sig.level = .05, power = p[i],
    alternative = "two.sided")
    samsize[j,i] <- ceiling(result$n)
  }
}

xrange <- range(r)
yrange <- round(range(samsize))
colors <- rainbow(length(p))
plot(xrange, yrange, type="n",
     xlab="Correlation Coefficient (r)",
     ylab="Sample Size (n)" )

for (i in 1:np){
  lines(r, samsize[,i], type="l", lwd=2, col=colors[i])
}

abline(v=0, h=seq(0,yrange[2],50), lty=2, col="grey89")
abline(h=0, v=seq(xrange[1],xrange[2],.02), lty=2, col="gray89")

title("Sample Size Estimation for Correlation Studies\n
      Sig=0.05 (Two-tailed)")
legend("topright", title="Power", as.character(p),
       fill=colors)
```

❶ 生成一系列相关系数和功效值

❷ 获取样本大小

❸ 创建图形

❹ 添加功效曲线

❺ 添加网格线

❻ 添加注释

　　代码清单10-2使用seq函数来生成一系列的效应值r（H_1时的相关系数）和功效水平p❶。然后，利用两个for循环来循环读取这些效应值和功效水平，并计算相应所需的样本大小，将其存储在数组samsize中❷。随后，创建图形，设置合适的水平轴和垂直轴以及标签❸。使用曲线形式（lines）而不是点形式（points）来添加功效曲线❹。最后，添加网格❺和图例❻，以使图形易于理解。结果见图10-3。

　　从图10-3中可以看到，在40%的置信度下，要检测到0.20的相关性，需要约75的样本量。在90%的置信度下，要检测到相同的相关性，需要大约185个额外的观测（n=260）。做少许改动，这个方法便可以用来对许多统计检验创建样本量和功效的曲线图。

　　最后，让我们来看一下功效分析可能会用到的其他R函数。

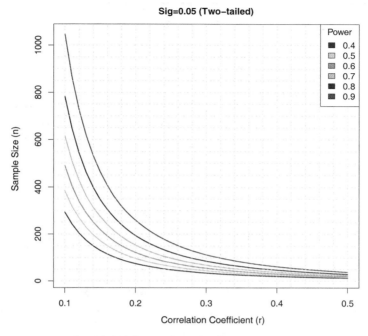

图10-3 在不同功效水平下检测到显著的相关性所需的样本量

10.4 其他软件包

对于研究的规划阶段，R还提供了不少其他有用的软件包（见表10-4）。它们有的包含一般性的分析工具，而有的则可能是高度专业化的。最后5个包聚焦于基因研究中的功效分析。识别基因与可观测特征的关联性的研究称为全基因组关联研究（GWAS）。例如，它们可能关注为什么一些人会得某种特殊类型的心脏病。

表10-4 专业化的功效分析软件包

软 件 包	目 的
asypow	通过渐进似然比方法计算功效
longpower	纵向数据中样本量的计算
PwrGSD	组序列设计的功效分析
pamm	混合模型中随机效应的功效分析
powerSurvEpi	流行病研究的生存分析中功效和样本量的计算
powerMediation	线性、Logistic、泊松和 Cox 回归的中介效应中功效和样本量的计算
powerpkg	患病同胞配对法和 TDT（Transmission Disequilibrium Test，传送不均衡检验）设计的功效分析

10

（续）

软　件　包	目　　　　的
powerGWASin-teraction	GWAS 交互作用的功效计算
pedantics	一些有助于种群基因研究功效分析的函数
gap	一些病例队列研究设计中计算功效和样本量的函数
ssize.fdr	微阵列实验中样本量的计算

　　最后，MBESS 包也包含了可供各种形式功效分析所用的函数。这些函数主要供行为学、教育学和社会科学的研究者使用。

10.5　小结

　　在第 7 章、第 8 章和第 9 章，我们探索了各种各样的统计假设检验 R 函数。本章中，我们主要关注研究的筹备阶段。功效分析不仅可以帮助你判断在给定置信度和效应值的前提下所需的样本量，也能说明在给定样本量时检测到要求效应值的概率。对于限定误报效应显著性的可能性（I 型错误）和正确检测真实效应（功效）的可能性的平衡，你也有了一个直观的了解。

　　本章主要内容是 pwr 包中函数的使用方法。这些函数可以对常见的统计方法（包括 t 检验、卡方检验、比例检验、ANOVA 和回归）进行功效和样本量的计算。本章最后还介绍了一些专业化的功效分析方法。

　　典型的功效分析是一个交互性的过程。研究者会通过改变样本量、效应值、预期显著性水平和预期功效水平等参数，来观测它们对于其他参数的影响。这些结果对于研究的筹备是非常有意义的。过去研究的信息（特别是效应值）可以帮助你在未来设计更有用和高效的研究。

　　功效分析的一个重要附加效益是引起方向性的转变，它鼓励不要仅仅关注于二值型（即效应存在还是不存在）的假设检验，而应该仔细思考效应值增加的意义。期刊编辑越来越多地要求作者在报告研究结果的时候既包含 p 值又包含效应值。因为它们不仅能够帮助你判断研究的实际意义，还能提供用于未来研究的信息。

　　下一章，我们将学习一些可视化多元关系的新方法。这些可视化的图形不仅能补充和加强到目前为止我们已经讨论过的分析方法，还能为你学习第三部分的高级方法做一些准备。

中级绘图

11

本章内容

❑ 二元变量和多元变量关系的可视化

❑ 绘制散点图和折线图

❑ 理解相关图

❑ 学习马赛克图和关联图

第6章（基本图形）中，我们学习了许多应用广泛的图形，它们主要用于展示单类别型或连续型变量的分布情况。第8章（回归）中，我们又回顾了一些用于通过一系列预测变量来预测连续型结果变量的实用图形方法。第9章（方差分析）中，我们学习了其他很有用的绘图技巧，用于展示连续型结果变量的组间差异。从各方面来看，本章将是对之前图形主题的延伸与扩展。

本章，我们主要关注用于展示双变量间关系（二元关系）和多变量间关系（多元关系）的绘图方法。比如下面的例子。

❑ 汽车里程与车重的关系是怎样的？它是否随着汽车的汽缸数目不同而变化？

❑ 如何在一个图形中展示汽车里程、车重、排量和后轴比之间的关系？

❑ 当展示大数据集（如10 000个观测）中的两个变量的关系时，如何处理数据点严重重叠的情况？换句话说，当图形变成了一个大黑点时怎么办？

❑ 如何一次性展示三个变量间的多元关系（给你一个电脑屏幕或一张纸，并且预算没有《阿凡达》那么多）？

❑ 如何展示一些树随时间推移的生长情况？

❑ 如何在单幅图中展示一堆变量的相关性？它又如何帮助你理解数据的结构？

❑ 对于"泰坦尼克号"中幸存者的数据，如何可视化他们的船舱等级、性别和年龄间的关系？可以从这样的图形中得出什么样的结论？

以上这些问题都可以通过本章讲解的方法来解决。我们将尽量使用真实的数据集。不过，最重要的问题还是要掌握一般的绘图方法。如果你对汽车属性或树木生长的例子不感兴趣，可以使用自己的数据。

本章将首先从散点图和散点图矩阵讲起，然后探索各种各样的折线图。这些方法都非常有名，在研究中有广泛的应用。接着，将回顾用于相关性可视化的相关图，以及用于类别型变量中多元关系可视化的马赛克图。这些方法也非常实用，不过了解这些方法的研究人员和数据分析师并不多。通过这些绘图方法的示例，你将能更好地理解数据，并将你的发现展示给其他人。

11.1   散点图

在之前各章中，我们了解到散点图可用来描述两个连续型变量间的关系。本节，我们首先描述一个二元变量关系（*x*对*y*），然后探究各种通过添加额外信息来增强图形表达功能的方法。接着，我们将学习如何把多个散点图组合起来形成一个散点图矩阵，以便可以同时浏览多个二元变量关系。我们还将回顾一些数据点重叠的特殊案例，由于重叠将会削弱图形描述数据的能力，所以我们将围绕该难点讨论多种解决途径。最后，通过添加第三个连续型变量，我们将把二维图形扩展到三维，包括三维散点图和气泡图。它们都可帮助你更好地迅速理解三变量间的多元关系。

R中创建散点图的基础函数是plot(*x, y*)，其中，*x*和*y*是数值型向量，代表着图形中的(*x, y*)点。下面的代码清单展示了一个例子。

代码清单11-1   添加了最佳拟合曲线的散点图

```
attach(mtcars)
plot(wt, mpg,
     main="Basic Scatter plot of MPG vs. Weight",
     xlab="Car Weight (lbs/1000)",
     ylab="Miles Per Gallon ", pch=19)
abline(lm(mpg~wt), col="red", lwd=2, lty=1)
lines(lowess(wt,mpg), col="blue", lwd=2, lty=2)
```

图形结果参见图11-1。

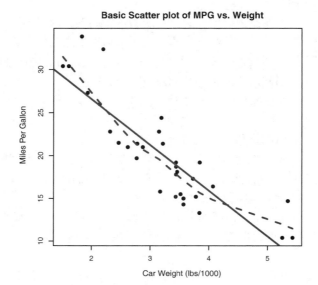

图11-1   汽车英里数对车重的散点图，添加了线性拟合直线和lowess拟合曲线

代码清单11-1中的代码加载了mtcars数据框，创建了一幅基本的散点图，图形的符号[①]是实心圆圈。与预期结果相同，随着车重的增加，每加仑英里数减少，虽然它们不是完美的线性关系。abline()函数用来添加最佳拟合的线性直线，而lowess()函数则用来添加一条平滑曲线。该平滑曲线拟合是一种基于局部加权多项式回归的非参数方法。算法细节可参见Cleveland（1981）。

注意 R有两个平滑曲线拟合函数：lowess()和loess()。loess()是基于lowess()表达式版本的更新和更强大的拟合函数。这两个函数的默认值不同，因此要小心使用，不要把它们弄混淆了。

---

car包中的scatterplot()函数增强了散点图的许多功能，它可以很方便地绘制散点图，并能添加拟合曲线、边界箱线图和置信椭圆，还可以按子集绘图和交互式地识别点。例如，以下代码可生成一个比之前图形更复杂的版本：

```
library(car)
scatterplot(mpg ~ wt | cyl, data=mtcars, lwd=2, span=0.75,
            main="Scatter Plot of MPG vs. Weight by # Cylinders",
            xlab="Weight of Car (lbs/1000)",
            ylab="Miles Per Gallon",
            legend.plot=TRUE,
            id.method="identify",
            labels=row.names(mtcars),
            boxplots="xy"
)
```

此处，scatterplot()函数用来绘制四缸、六缸和八缸汽车每加仑英里数对车重的图形。表达式mpg ~ wt | cyl表示按条件绘图（即按cyl的水平分别绘制mpg和wt的关系图）。结果见图11-2。

默认地，各子集会通过颜色和图形符号加以区分，并同时绘制线性拟合和平滑拟合曲线。span参数控制loess曲线中的平滑量。它的参数值越大，拟合得就越好。id.method选项的设定表明可通过鼠标单击来交互式地识别数据点，直到用户选择Stop（通过图形或者背景菜单）或者敲击Esc键。labels选项的设定表明可通过点的行名称来识别点。此图中可以看到，给定Toyata Corolla和Fiat 128的车重，通常每加仑燃油可行驶得更远。legend.plot选项表明在左上边界添加图例，而mpg和weight的边界箱线图可通过boxplots选项来绘制。总之，scatterplot()函数还有许多特性值得探究，比如本节未讨论的稳健性选项和数据集中度椭圆选项。更多细节可参见help(scatterplot)。

散点图可以一次对两个定量变量间的关系进行可视化。但是如果想观察下汽车里程、车重、排量（立方英寸）和后轴比间的二元关系，该怎么做呢？一种途径就是将六幅散点图绘制到一个矩阵中，这便是下节即将介绍的散点图矩阵。

11

---

① 即指plot()函数中的pch参数。——译者注

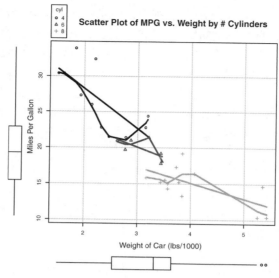

图11-2   各子集的散点图与其相应的拟合曲线

11.1.1   散点图矩阵

R中有很多创建散点图矩阵的实用函数。`pairs()`函数可以创建基础的散点图矩阵。下面的代码生成了一个散点图矩阵，包含mpg、disp、drat和wt四个变量：

```
pairs(~mpg+disp+drat+wt, data=mtcars,
      main="Basic Scatter Plot Matrix")
```

图中包含~右边的所有变量，参见图11-3。

在图11-3中，你可以看到所有指定变量间的二元关系。例如，mpg和disp的散点图可在两变量的行列交叉处找到。值得注意的是，主对角线的上方和下方的六幅散点图是相同的，这也是为了方便摆放图形的缘故。通过调整参数，可以只展示下三角或者上三角的图形。例如，选项`upper.panel = NULL`将只生成下三角的图形。

car包中的`scatterplotMatrix()`函数也可以生成散点图矩阵，并有以下可选操作：

❑ 以某个因子为条件绘制散点图矩阵；

❑ 包含线性和平滑拟合曲线；

❑ 在主对角线放置箱线图、密度图或者直方图；

❑ 在各单元格的边界添加轴须图。

例如：

```
library(car)
scatterplotMatrix(~ mpg + disp + drat + wt, data=mtcars,
                  spread=FALSE, smoother.args=list(lty=2),
                  main="Scatter Plot Matrix via car Package")
```

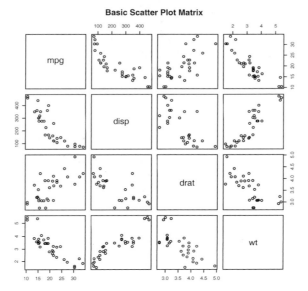

图11-3 pairs()函数创建的散点图矩阵

结果见图11-4。可以看到线性和平滑（loess）拟合曲线被默认添加，主对角线处添加了核密度曲线和轴须图。spread = FALSE选项表示不添加展示分散度和对称信息的直线，smoother.args=list(lty=2)设定平滑（loess）拟合曲线使用虚线而不是实线。

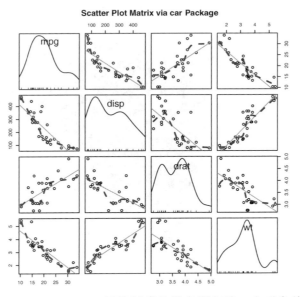

图11-4 scatterplotMatrix()函数创建的散点图矩阵。主对角线上有核密度
曲线和轴须图，其余图形都含有线性和平滑拟合曲线

R提供了许多其他的方式来创建散点图矩阵。你可能想探索glus包中的cpars()函数，TeachingDemos包中的pairs2()函数，HH包中的xysplom()函数，ResourceSelection包中的kdepairs()函数和SMPracticals包中的pairs.mod()函数。每个包都加入了自己独特的曲线。分析师必定会爱上散点图矩阵！

11.1.2   高密度散点图

当数据点重叠很严重时，用散点图来观察变量关系就显得"力不从心"了。下面是一个人为设计的例子，其中10 000个观测点分布在两个重叠的数据群中：

```
set.seed(1234)
n <- 10000
c1 <- matrix(rnorm(n, mean=0, sd=.5), ncol=2)
c2 <- matrix(rnorm(n, mean=3, sd=2), ncol=2)
mydata <- rbind(c1, c2)
mydata <- as.data.frame(mydata)
names(mydata) <- c("x", "y")
```

若用下面的代码生成一幅标准的散点图：

```
with(mydata,
     plot(x, y, pch=19, main="Scatter Plot with 10,000 Observations"))
```

你将会得到如图11-5所示的图形。

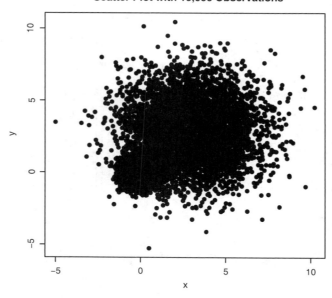

图11-5   10 000个观测点的散点图，严重的重叠导致很难识别哪里数据点的密度最大

图11-5中，数据点的重叠导致识别*x*与*y*间的关系变得异常困难。针对这种情况，R提供了一些解决办法。你可以使用封箱、颜色和透明度来指明图中任意点上重叠点的数目。

smoothScatter()函数可利用核密度估计生成用颜色密度来表示点分布的散点图。代码如下：

```
with(mydata,
     smoothScatter(x, y, main="Scatter Plot Colored by Smoothed Densities"))
```

生成图形见图11-6。

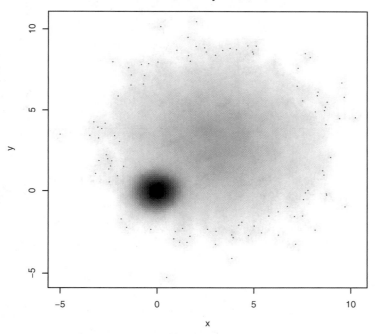

图11-6　smoothScatter()利用光平滑密度估计绘制的散点图。此处密度易读性更强

与上面的方法不同，hexbin包中的hexbin()函数将二元变量的封箱放到六边形单元格中（图形比名称更直观）。示例如下：

```
library(hexbin)
with(mydata, {
    bin <- hexbin(x, y, xbins=50)
    plot(bin, main="Hexagonal Binning with 10,000 Observations")
    })
```

你将得到如图11-7所示的散点图。

11

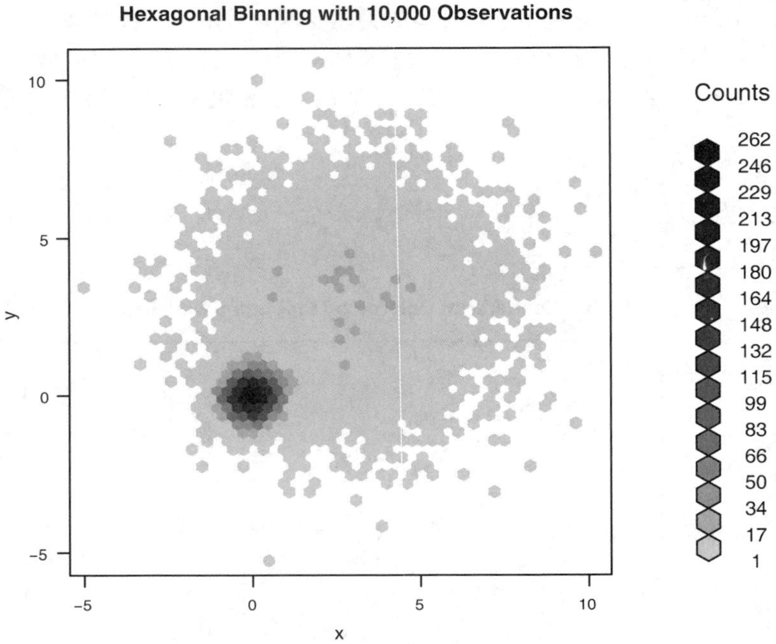

图11-7   用六边形封箱图展示的各点上覆盖观测点数目的散点图。通过图例，数据的
集中度很容易计算和观察

综上可见，基础包中的smoothScatter()函数以及IDPmisc包中的ipairs()函数都可以对大数据集创建可读性较好的散点图矩阵。通过?smoothScatter和?ipairs可获得更多的示例。

11.1.3   三维散点图

散点图和散点图矩阵展示的都是二元变量关系。倘若你想一次对三个定量变量的交互关系进行可视化呢？本节例子中，你可以使用三维散点图。

例如，假使你对汽车英里数、车重和排量间的关系感兴趣，可用scatterplot3d包中的scatterplot3d()函数来绘制它们的关系。格式如下：

```
scatterplot3d(x, y, z)
```

x被绘制在水平轴上，y被绘制在竖直轴上，z被绘制在透视轴上。继续我们的例子：

```
library(scatterplot3d)
attach(mtcars)
scatterplot3d(wt, disp, mpg,
    main="Basic 3D Scatter Plot")
```

生成一幅三维散点图，见图11-8。

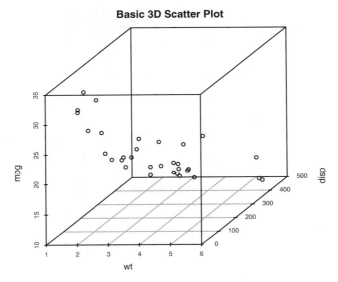

图11-8 每加仑英里数、车重和排量的三维散点图

satterplot3d()函数提供了许多选项，包括设置图形符号、轴、颜色、线条、网格线、突出显示和角度等功能。例如代码：

```
library(scatterplot3d)
attach(mtcars)
scatterplot3d(wt, disp, mpg,
              pch=16,
              highlight.3d=TRUE,
              type="h",
              main="3D Scatter Plot with Vertical Lines")
```

生成一幅突出显示效果的三维散点图，增强了纵深感，添加了连接点与水平面的垂直线（见图11-9）。

作为最后一个例子，我们在刚才那幅图上添加一个回归面。所需代码为：

```
library(scatterplot3d)
attach(mtcars)
s3d <-scatterplot3d(wt, disp, mpg,
     pch=16,
     highlight.3d=TRUE,
     type="h",
     main="3D Scatter Plot with Vertical Lines and Regression Plane")
fit <- lm(mpg ~ wt+disp)
s3d$plane3d(fit)
```

结果见图11-10。

11

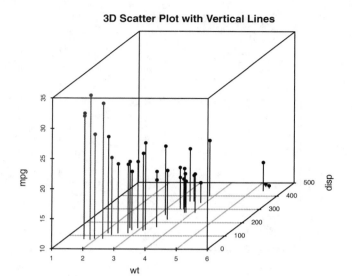

3D Scatter Plot with Vertical Lines
mpg
10
15
20
25
30
35
wt
1
2
3
4
5
6
disp
0
100
200
300
400
500

图11-9　添加了垂直线和阴影的三维散点图

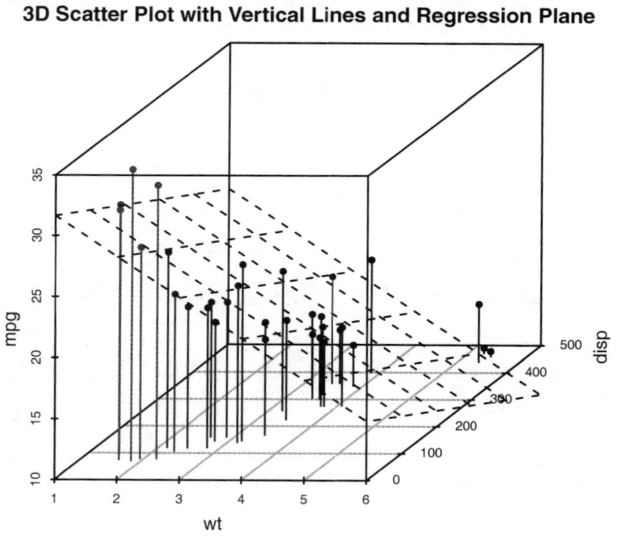

3D Scatter Plot with Vertical Lines and Regression Plane
mpg
10
15
20
25
30
35
wt
1
2
3
4
5
6
disp
0
100
200
300
400
500

图11-10　添加了垂直线、阴影和回归平面的三维散点图

图形利用多元回归方程，对通过车重和排量预测每加仑英里数进行了可视化处理。平面代表预测值，图中的点是实际值。平面到点的垂直距离表示残差值。若点在平面之上则表明它的预测值被低估了，而点在平面之下则表明它的预测值被高估了。多元回归内容见第8章。

11.1.4 旋转三维散点图

如果你能对三维散点图进行交互式操作，那么图形将会更好解释。R提供了一些旋转图形的功能，让你可以从多个角度观测绘制的数据点。

例如，你可用rgl包中的plot3d()函数创建可交互的三维散点图。你能通过鼠标对图形进行旋转。函数格式为：

```
plot3d(x, y, z)
```

其中x、y和z是数值型向量，代表着各个点。你还可以添加如col和size这类的选项来分别控制点的颜色和大小。继续上面的例子，使用代码：

```
library(rgl)
attach(mtcars)
plot3d(wt, disp, mpg, col="red", size=5)
```

可获得如图11-11所示的图形。通过鼠标旋转坐标轴，你会发现三维散点图的旋转能使你更轻松地理解图形。

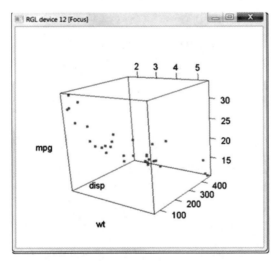

图11-11 rgl包中的plot3d()函数生成的旋转三维散点图

你也可以使用car包中类似的函数scatter3d()：

```
library(car)
with(mtcars,
     scatter3d(wt, disp, mpg))
```

结果图形见图11-12。

11

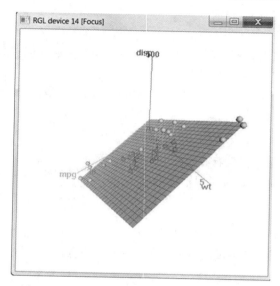

图11-12   car包中的scatter3d()生成的旋转三维散点图

scatter3d()函数可包含各种回归曲面，比如线性、二次、平滑和附加等类型。图形默认添加线性平面。另外，函数中还有可用于交互式识别点的选项。通过help(scatter3d)可获得函数的更多细节。

11.1.5　气泡图

在之前的章节中，我们通过三维散点图来展示三个定量变量间的关系。现在介绍另外一种思路：先创建一个二维散点图，然后用点的大小来代表第三个变量的值。这便是气泡图（bubble plot）。

你可用symbols()函数来创建气泡图。该函数可以在指定的(x, y)坐标上绘制圆圈图、方形图、星形图、温度计图和箱线图。以绘制圆圈图为例：

```
symbols(x, y, circle=radius)
```

其中x、y和radius是需要设定的向量，分别表示x、y坐标和圆圈半径。

你可能想用面积而不是半径来表示第三个变量，那么按照圆圈半径的公式（$r=\sqrt{\dfrac{A}{\pi}}$）变换即可：

```
symbols(x, y, circle=sqrt(z/pi))
```

z即第三个要绘制的变量。

现在我们把该方法应用到mtcars数据集上，x轴代表车重，y轴代表每加仑英里数，气泡大小代表发动机排量。代码如下：

```
attach(mtcars)
r <- sqrt(disp/pi)
symbols(wt, mpg, circle=r, inches=0.30,
        fg="white", bg="lightblue",
        main="Bubble Plot with point size proportional to displacement",
        ylab="Miles Per Gallon",
        xlab="Weight of Car (lbs/1000)")
text(wt, mpg, rownames(mtcars), cex=0.6)
detach(mtcars)
```

生成图形见图11-13。选项inches是比例因子，控制着圆圈大小（默认最大圆圈为1英寸）。text()函数是可选函数，此处用来添加各个汽车的名称。从图中可以看到，随着每加仑汽油所行驶里程的增加，车重和发动机排量都逐渐减少。

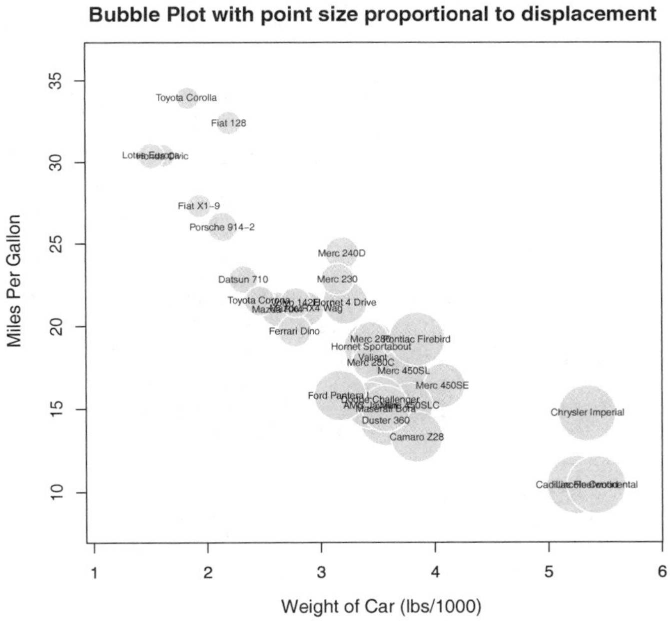

图11-13　车重与每加仑英里数的气泡图，点大小与发动机排量成正比

一般来说，统计人员使用R时都倾向于避免用气泡图，原因和避免使用饼图一样：相比对长度的判断，人们对体积/面积的判断通常更困难。但是气泡图在商业应用中非常受欢迎，因此我还是将其包含在了本章里。

对于散点图，我已经介绍非常多了，之所以论述这么多的细节，主要是因为它在数据分析中占据着非常重要的位置。虽然散点图很简单，但是它们能帮你以最直接的方式展示数据，发现可能会被忽略的隐藏关系。

11.2 折线图

如果将散点图上的点从左往右连接起来，就会得到一个折线图。以基础安装中的`Orange`数据集为例，它包含五种橘树的树龄和年轮数据。现要考察第一种橘树的生长情况，绘制图形11-14。左图为散点图，右图为折线图。可以看到，折线图是一个刻画变动的优秀工具。

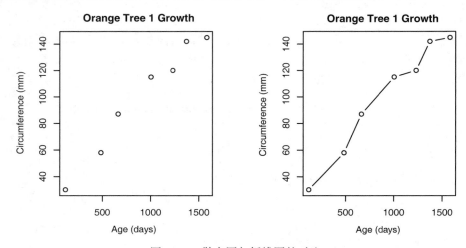

图11-14　散点图与折线图的对比

图11-14是由代码清单11-2中的代码创建的。

代码清单11-2　创建散点图和折线图

```
opar <- par(no.readonly=TRUE)
par(mfrow=c(1,2))
t1 <- subset(Orange, Tree==1)
plot(t1$age, t1$circumference,
     xlab="Age (days)",
     ylab="Circumference (mm)",
     main="Orange Tree 1 Growth")
plot(t1$age, t1$circumference,
     xlab="Age (days)",
     ylab="Circumference (mm)",
     main="Orange Tree 1 Growth",
     type="b")
par(opar)
```

你已经在第3章见过代码中的基本参数，因此此处不做过多讲解。图11-14中两幅图的主要区别取决于参数`type="b"`。折线图一般可用下列两个函数之一来创建：

```
plot(x, y, type=)
lines(x, y, type=)
```

其中，*x*和*y*是要连接的(*x*, *y*)点的数值型向量。参数`type=`的可选值见表11-1。

表11-1 折线图类型

类 型	图形外观
p	只有点
l	只有线
o	实心点和线（即线覆盖在点上）
b、c	线连接点（c时不绘制点）
s、S	阶梯线
h	直方图式的垂直线
n	不生成任何点和线（通常用来为后面的命令创建坐标轴）

图11-15给出了各类型的示例。可以看到，type="p"生成了典型的散点图，type="b"是最常见的折线图。b和c间的不同之处在于点是否出现或者线之间是否有空隙。type="s"和type="S"都生成阶梯线（阶梯函数），但第一种类型是先横着画线，然后再上升，而第二种类型则是先上升，再横着画线。

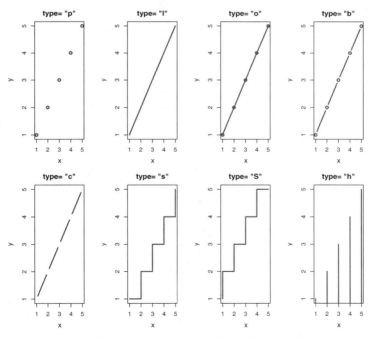

图11-15 plot()和lines()函数中的type参数值

注意，plot()和lines()函数工作原理并不相同。plot()函数是在被调用时创建一幅新图，而lines()函数则是在已存在的图形上添加信息，并不能自己生成图形。

因此，lines()函数通常是在plot()函数生成一幅图形后再被调用。如果对图形有要求，你可以先通过plot()函数中的type="n"选项来创建坐标轴、标题和其他图形特征，然后再使用lines()函数添加各种需要绘制的曲线。

我们以绘制五种橘树随时间推移的生长状况为例，逐步展示一个更复杂折线图的创建过程。每种树都有自己独有的线条。代码见代码清单11-3，结果见图11-16。

代码清单11-3   展示五种橘树随时间推移的生长状况的折线图

```
Orange$Tree <- as.numeric(Orange$Tree)              ← 为方便起见，将因
ntrees <- max(Orange$Tree)                            子转化为数值型

xrange <- range(Orange$age)
yrange <- range(Orange$circumference)

plot(xrange, yrange,
     type="n",
     xlab="Age (days)",                             创建图形
     ylab="Circumference (mm)"
  )

colors <- rainbow(ntrees)
linetype <- c(1:ntrees)
plotchar <- seq(18, 18+ntrees, 1)

for (i in 1:ntrees) {
    tree <- subset(Orange, Tree==i)
    lines(tree$age, tree$circumference,
          type="b",
          lwd=2,                                     添加线条
          lty=linetype[i],
          col=colors[i],
          pch=plotchar[i]
      )
}

title("Tree Growth", "example of line plot")

legend(xrange[1], yrange[2],
       1:ntrees,
       cex=0.8,
       col=colors,
       pch=plotchar,                                 添加图例
       lty=linetype,
       title="Tree"
  )
```

在代码清单11-3中，plot()函数先用来创建空图形，只设定了轴标签和轴范围，并没有绘制任何数据点，每种橘树独有的折线和点都是随后通过lines()函数来添加的。可以看到，Tree 4和Tree 5在整个时间段中一直保持着最快的生长速度，而且Tree 5在大约664天的时候超过了Tree 4。

图11-16　展示五种橘树生长状况的折线图

　　代码清单11-3使用了许多R中的编程惯例，这些惯例在第2章、第3章和第4章都已讨论过。通过亲手一行一行地敲入代码，观察可视化结果，你可以检验是否对这些惯例有了深刻的理解。如果答案是肯定的，那么恭喜你，你正在成为严肃的R程序员（声名和机遇都唾手可得了）！在下一节中，我们将会探索各种同时检验多个相关系数的方法。

11.3　相关图

　　相关系数矩阵是多元统计分析的一个基本方面。哪些被考察的变量与其他变量相关性很强，而哪些并不强？相关变量是否以某种特定的方式聚集在一起？随着变量数的增加，这类问题将变得更难回答。相关图作为一种相对现代的方法，可以通过对相关系数矩阵的可视化来回答这些问题。

　　相关图非常容易解释，你只要看到它就会立刻明白。以mtcars数据框中的变量相关性为例，它含有11个变量，对每个变量都测量了32辆汽车。利用下面的代码，你可以获得该数据的相关系数：

```
> options(digits=2)
> cor(mtcars)
       mpg   cyl  disp    hp   drat    wt   qsec    vs    am  gear   carb
mpg   1.00 -0.85 -0.85 -0.78  0.681 -0.87  0.419  0.66  0.600  0.48 -0.551
cyl  -0.85  1.00  0.90  0.83 -0.700  0.78 -0.591 -0.81 -0.523 -0.49  0.527
```

```
disp -0.85  0.90  1.00  0.79 -0.710  0.89 -0.434 -0.71 -0.591 -0.56  0.395
hp   -0.78  0.83  0.79  1.00 -0.449  0.66 -0.708 -0.72 -0.243 -0.13  0.750
drat  0.68 -0.70 -0.71 -0.45  1.000 -0.71  0.091  0.44  0.713  0.70 -0.091
wt   -0.87  0.78  0.89  0.66 -0.712  1.00 -0.175 -0.55 -0.692 -0.58  0.428
qsec  0.42 -0.59 -0.43 -0.71  0.091 -0.17  1.000  0.74 -0.230 -0.21 -0.656
vs    0.66 -0.81 -0.71 -0.72  0.440 -0.55  0.745  1.00  0.168  0.21 -0.570
am    0.60 -0.52 -0.59 -0.24  0.713 -0.69 -0.230  0.17  1.000  0.79  0.058
gear  0.48 -0.49 -0.56 -0.13  0.700 -0.58 -0.213  0.21  0.794  1.00  0.274
carb -0.55  0.53  0.39  0.75 -0.091  0.43 -0.656 -0.57  0.058  0.27  1.000
```

哪些变量相关性最强？哪些变量相对独立？是否存在某种聚集模式？如果不花点时间和精力（可能还需要用些彩笔做些注释），单利用这个相关系数矩阵来回答这些问题是比较困难的。

利用corrgram包中的corrgram()函数，你可以用图形的方式展示该相关系数矩阵（见图11-17）。代码为：

```
library(corrgram)
corrgram(mtcars, order=TRUE, lower.panel=panel.shade,
         upper.panel=panel.pie, text.panel=panel.txt,
         main="Corrgram of mtcars intercorrelations")
```

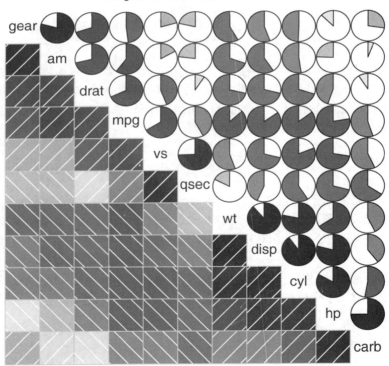

图11-17   mtcars数据框中变量的相关系数图。矩阵行和列都通过主成分分析法进行
了重新排序

我们先从下三角单元格（在主对角线下方的单元格）开始解释这幅图形。默认地，蓝色和从左下指向右上的斜杠表示单元格中的两个变量呈正相关。反过来，红色和从左上指向右下的斜杠表示变量呈负相关。色彩越深，饱和度越高，说明变量相关性越大。相关性接近于0的单元格基本无色。本图为了将有相似相关模式的变量聚集在一起，对矩阵的行和列都重新进行了排序（使用主成分法）。

从图中含阴影的单元格中可以看到，gear、am、drat和mpg相互间呈正相关，wt、disp、hp和carb相互间也呈正相关。但第一组变量与第二组变量呈负相关。你还可以看到carb和am、vs和gear、vs和am以及drat和qsec四组变量间的相关性很弱。

上三角单元格用饼图展示了相同的信息。颜色的功能同上，但相关性大小由被填充的饼图块的大小来展示。正相关性将从12点钟处开始顺时针填充饼图，而负相关性则逆时针方向填充饼图。

corrgram()函数的格式如下：

```
corrgram(x, order=, panel=, text.panel=, diag.panel=)
```

其中，x是一行一个观测的数据框。当order=TRUE时，相关矩阵将使用主成分分析法对变量重排序，这将使得二元变量的关系模式更为明显。

选项panel设定非对角线面板使用的元素类型。你可以通过选项lower.panel和upper.panel来分别设置主对角线下方和上方的元素类型。而text.panel和diag.panel选项控制着主对角线元素类型。可用的panel值见表11-2。

表11-2　corrgram()函数的panel选项

位　　置	面板选项	描　　述
非对角线	panel.pie	用饼图的填充比例来表示相关性大小
	panel.shade	用阴影的深度来表示相关性大小
	panel.ellipse	画一个置信椭圆和平滑曲线
	panel.pts	画一个散点图
	panel.conf	画出相关性及置信区间
主对角线	panel.txt	输出变量名
	panel.minmax	输出变量的最大最小值和变量名
	panel.density	输出核密度曲线和变量名

让我们尝试第二个例子。代码如下：

```
library(corrgram)
corrgram(mtcars, order=TRUE, lower.panel=panel.ellipse,
         upper.panel=panel.pts, text.panel=panel.txt,
         diag.panel=panel.minmax,
         main="Corrgram of mtcars data using scatter plots
               and ellipses")
```

生成的图形见图11-18。此处，我们在下三角区域使用平滑拟合曲线和置信椭圆，上三角区域使用散点图。

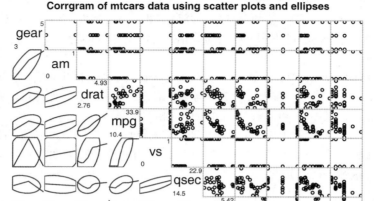

Corrgram of mtcars data using scatter plots and ellipses

图11-18 mtcars数据框中变量的相关系数图。下三角区域包含平滑拟合曲线和置信椭圆圆，上三角区域包含散点图。主对角面板包含变量最小和最大值。矩阵的行和列利用主成分分析法进行了重排序

为何散点图看起来怪怪的？

图11-18中绘制的散点图限制了一些变量的可用值。例如，挡位数必须取3、4或5，汽缸数必须取4、6或者8。am（传动类型）和vs（V/S）都是二值型。因此上三角区域的散点图看起来很奇怪。

为数据选择合适的统计方法时，你一定要保持谨慎的心态。指定变量是有序因子还是无序因子可以为之提供有用的诊断。当R知道变量是类别型还是有序型时，它会使用适合于当前测量水平的统计方法。

最后，我们再看一个例子。代码如下：

```
library(corrgram)
corrgram(mtcars, lower.panel=panel.shade,
        upper.panel=NULL, text.panel=panel.txt,
        main="Car Mileage Data (unsorted)")
```

生成的图形见图11-19。此处，我们在下三角区域使用了阴影，并保持原变量顺序不变，上三角区域留白。

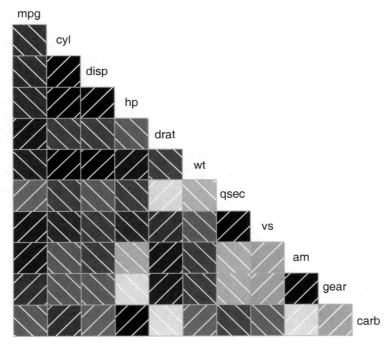

Car Mileage Data (unsorted)

图11-19 mtcars数据框中变量的相关系数图。下三角区域的阴影代表相关系数的大小和正负。变量按初始顺序排列

在继续下文之前，这里说明一下，你能自主控制corrgram()函数中使用的颜色。例如，你可在col.corrgram()函数中用colorRampPallette()函数来指定四种颜色：

```
library(corrgram)
cols <- colorRampPalette(c("darkgoldenrod4", "burlywood1",
                           "darkkhaki", "darkgreen"))
corrgram(mtcars, order=TRUE, col.regions=cols,
         lower.panel=panel.shade,
         upper.panel=panel.conf, text.panel=panel.txt,
         main="A Corrgram (or Horse) of a Different Color")
```

运行代码，看看所得的结果。

相关系数图是检验定量变量中众多二元关系的一种有效方式。由于图形相对比较新颖，因此教会目标读者看懂图形将是最大的挑战。想了解相关图的更多内容，可参考Michael Friendly的文章"Corrgrams: Exploratory Displays for Correlation Matrices"（下载网址为 www.math.yorku.ca/SCS/Papers/corrgram.pdf）。

11

11.4   马赛克图

到目前为止，我们已经学习了许多可视化定量或连续型变量间关系的方法。但如果变量是类别型的呢？若只观察单个类别型变量，可以使用柱状图或者饼图；若存在两个类别型变量，可以使用三维柱状图（不过，这在R中不太容易做到）；但若有两个以上的类别型变量，该怎么办呢？

一种办法是绘制马赛克图（mosaic plot）。在马赛克图中，嵌套矩形面积正比于单元格频率，其中该频率即多维列联表中的频率。颜色和/或阴影可表示拟合模型的残差值。更多图形细节可参考Meyer、Zeileis和Hornick（2006），或者Michael Friendly的优秀教程（http://datavis.ca）。Steve Simon曾编辑过一个非常优秀的绘制马赛克图的概念教程，可在http://www.childrensmercy.org/stats/definitions/mosaic.htm获取。

vcd包中的mosaic()函数可以绘制马赛克图。（R基础安装中的mosaicplot()也可绘制马赛克图，但我还是推荐vcd包，因为它具有更多扩展功能。）以基础安装中的Titanic数据集为例，它包含存活或者死亡的乘客数、乘客的船舱等级（一等、二等、三等和船员）、性别（男性、女性），以及年龄层（儿童、成人）。这是一个被充分研究过的数据集。利用如下代码，你可以看到分类细节：

```
> ftable(Titanic)
                       Survived  No Yes
Class Sex    Age
1st   Male   Child            0    5
             Adult          118   57
      Female Child            0    1
             Adult            4  140
2nd   Male   Child            0   11
             Adult          154   14
      Female Child            0   13
             Adult           13   80
3rd   Male   Child           35   13
             Adult          387   75
      Female Child           17   14
             Adult           89   76
Crew  Male   Child            0    0
             Adult          670  192
      Female Child            0    0
             Adult            3   20
```

mosaic()函数可按如下方式调用：

```
mosaic(table)
```

其中table是数组形式的列联表。另外，也可用：

```
mosaic(formula, data=)
```

其中formula是标准的R表达式，data设定一个数据框或者表格。添加选项shade=TRUE将根据拟合模型的皮尔逊残差值对图形上色，添加选项legend=TRUE将展示残差的图例。

例如，使用：

```
library(vcd)
mosaic(Titanic, shade=TRUE, legend=TRUE)
```

和：

```
library(vcd)
mosaic(~Class+Sex+Age+Survived, data=Titanic, shade=TRUE, legend=TRUE)
```

都将生成图11-20，但表达式版本的代码可使你对图形中变量的选择和摆放拥有更多的控制权。

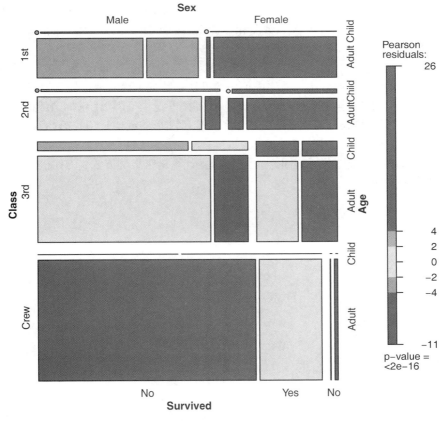

图11-20 按船舱等级、乘客性别和年龄层绘制的泰坦尼克号幸存者的马赛克图

马赛克图隐含着大量的数据信息。例如：(1) 从船员到头等舱，存活率陡然提高；(2) 大部分孩子都处在三等舱和二等舱中；(3) 在头等舱中的大部分女性都存活了下来，而三等舱中仅有一半女性存活；(4) 船员中女性很少，导致该组的Survived标签重叠（图底部的No和Yes）。继续观察，你将发现更多有趣的信息。关注矩形的相对宽度和高度，你还能发现那晚其他什么秘密吗？

扩展的马赛克图添加了颜色和阴影来表示拟合模型的残差值。在本例中，蓝色阴影表明，在假定生存率与船舱等级、性别和年龄层无关的条件下，该类别下的生存率通常超过预期值。红色阴影则含义相反。一定要运行该例子的代码，这样你才可以真实感受着色图形的效果。图形表明，在模型的独立条件下，头等舱女性存活数和男性船员死亡数超过模型预期值。如果存活数与船舱等级、性别和年龄层独立，三等舱男性的存活数比模型预期值低。尝试运行example(mosaic)，可以了解更多马赛克图的细节。

11.5 小结

本章中，我们学习了许多展示两个或更多变量间关系的图形方法，包括二维和三维散点图、散点图矩阵、气泡图、折线图、相关系数图和马赛克图。其中一些方法是标准的图形方法，而其他的则相对更新颖。

这样，图形的定制（第3章）、单变量分布的展示（第6章）、回归模型的探究（第8章）和组间差异的可视化（第9章）等方法，就构成了你的可视化数据和提取数据信息的完备工具箱。

在后续各章中，通过学习其他专业化技术，比如潜变量模型图形绘制（第14章）、时间序列（第15章）、聚类数据（第16章）和单条件或多条件变量图形的创建技巧（第18章），你还可以大幅度提升自己的绘图能力。

下一章，我们将探究重抽样和自助法。它们都是计算机密集型方法，为你提供了一种分析数据的全新而独特的视角。

重抽样与自助法

本章内容
- 理解置换检验的逻辑
- 在线性模型中应用置换检验
- 利用自助法获得置信区间

在第7章、第8章和第9章中,通过假定观测数据抽样自正态分布或者其他性质较好的理论分布,我们学习了假设检验和总体参数的置信区间估计等统计方法。但在许多实际情况中统计假设并不一定满足,比如数据抽样于未知或混合分布、样本量过小、存在离群点、基于理论分布设计合适的统计检验过于复杂且数学上难以处理等情况,这时基于随机化和重抽样的统计方法就可派上用场。

本章,我们将探究两种应用广泛的依据随机化思想的统计方法:置换检验和自助法。过去,这些方法只有娴熟的编程者和统计专家才有能力使用。而现在,R中有了对应该方法的软件包,更多受众也可以轻松将它们应用到数据分析中了。

我们将重温一些用传统方法(如t检验、卡方检验、方差分析和回归)分析过的问题,看看如何用这些稳健的、计算机密集型的新方法来解决它们。为更好地理解12.2节,你最好首先回顾下第7章,而阅读12.3节则需要回顾第8章和第9章,本章其他各节可自由阅读。

12.1 置换检验

置换检验,也称随机化检验或重随机化检验,数十年前就已经被提出,但直到高速计算机的出现,该方法才有了真正的应用价值。

为理解置换检验的逻辑,考虑如下虚拟的问题。有两种处理条件的实验,十个受试者已经被随机分配到其中一种条件(A或B)中,相应的结果变量(score)也已经被记录。实验结果如表12-1所示。

表12-1 虚拟的两分组问题

A 处理	B 处理
40	57
57	64

（续）

A 处 理	B 处 理
45	55
55	62
58	65

图12-1以带状图形式展示了数据。此时，存在足够的证据说明两种处理方式的影响不同吗？

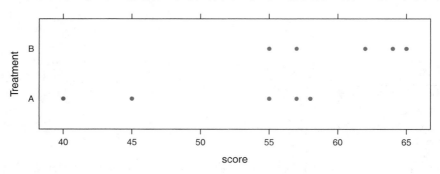

图12-1   表12-1中虚拟数据的带状图

在参数方法中，你可能会假设数据抽样自等方差的正态分布，然后使用假设独立分组的双尾t检验来验证结果。此时，零假设为A处理的总体均值与B处理的总体均值相等，你根据数据计算了t统计量，将其与理论分布进行比较，如果观测到的t统计量值十分极端，比如落在理论分布值的95%置信区间外，那么你将会拒绝零假设，断言在0.05的显著性水平下两组的总体均值不相等。

置换检验的思路与之不同。如果两种处理方式真的等价，那么分配给观测得分的标签（A处理或B处理）便是任意的。为检验两种处理方式的差异，我们可遵循如下步骤：

(1) 与参数方法类似，计算观测数据的t统计量，称为t0；

(2) 将10个得分放在一个组中；

(3) 随机分配五个得分到A处理中，并分配五个得分到B处理中；

(4) 计算并记录新观测的t统计量；

(5) 对每一种可能随机分配重复步骤(3)~(4)，此处有252种可能的分配组合；

(6) 将252个t统计量按升序排列，这便是基于（或以之为条件）样本数据的经验分布；

(7) 如果t0落在经验分布中间95%部分的外面，则在0.05的显著性水平下，拒绝两个处理组的总体均值相等的零假设。

注意，置换方法和参数方法都计算了相同的t统计量。但置换方法并不是将统计量与理论分布进行比较，而是将其与置换观测数据后获得的经验分布进行比较，根据统计量值的极端性判断是否有足够的理由拒绝零假设。这种逻辑可以延伸至大部分经典统计检验和线性模型上来。

在先前的例子中，经验分布依据的是数据所有可能的排列组合。此时的置换检验称作"精确"检验。随着样本量的增加，获取所有可能排列的时间开销会非常大。这种情况下，你可以使用蒙特卡洛模拟，从所有可能的排列中进行抽样，获得一个近似的检验。

假如你觉得假定数据成正态分布并不合适，或者担心离群点的影响，又或者感觉对于标准的参数方法来说数据集太小，那么置换检验便提供了一个非常不错的选择。

R目前有一些非常全面而复杂的软件包可以用来做置换检验。本节剩余部分将关注两个有用的包：coin和lmPerm包。coin包对于独立性问题提供了一个非常全面的置换检验的框架，而lmPerm包则专门用来做方差分析和回归分析的置换检验。我们将依次对其进行介绍，并在本节最后简述R中其他可用于置换检验的包。

要安装coin包，可以使用：

```
install.packages("coin")
```

然而可悲的是，lmPerm包的作者Bob Wheeler于2012年去世了，并且源代码已被移动到不支持包的CRAN归档。因此，包的安装比平时更为复杂，操作步骤如下。

(1) 从http://cran.r-project.org/src/contrib/Archive/lmPerm下载文件lmPerm_1.1-2.tar.gz，并将其保存在硬盘上。

(2) MS Windows用户：从http://cran.r-project.org/bin/windows/RTools安装RTools。Mac和Linux用户可以跳过此步骤。

(3) 在R内部执行函数：

```
install.packages(file.choose(), repos=NULL, type="source")
```

当弹出对话框，找到并选择lmPerm_1.1-2.tar.gz文件。把这个包安在我们的计算机上。

设置随机数种子

在继续话题之前，请牢记：置换检验都是使用伪随机数来从所有可能的排列组合中进行抽样（当作近似检验时）。因此，每次检验的结果都有所不同。在R中设置随机数种子便可固定所生成的随机数。这样在你向别人分享自己的示例时，结果便可以重现。设定随机数种子为1234（即set.seed(1234)），可以重现本章所有的结果。

12.2 用 coin 包做置换检验

对于独立性问题，coin包提供了一个进行置换检验的一般性框架。通过该包，你可以回答如下问题。

- ❑ 响应值与组的分配独立吗？
- ❑ 两个数值变量独立吗？
- ❑ 两个类别型变量独立吗？

使用包中提供的函数（见表12-2），我们可以很便捷地进行置换检验，它们与第7章的大部分传统统计检验是等价的。

表12-2   相对于传统检验，提供可选置换检验的coin函数

检　　验	coin函数
两样本和K样本置换检验	oneway_test(y ~ A)
含一个分层（区组）因子的两样本和K样本置换检验	oneway_test(y ~ A | C)
Wilcoxon-Mann-Whitney秩和检验	wilcox_test(y ~ A)
Kruskal-Wallis检验	kruskal_test(y ~ A)
Pearson卡方检验	chisq_test(A ~ B)
Cochran-Mantel-Haenszel检验	cmh_test(A ~ B | C)
线性关联检验	lbl_test(D ~ E)
Spearman检验	spearman_test(y ~ x)
Friedman检验	friedman_test(y ~ A | C)
Wilcoxon符号秩检验	wilcoxsign_test(y1 ~ y2)

注：在coin函数中，y和x是数值变量，A和B是分类因子，C是类别型区组变量，D和E是有序因子，y1和y2是相匹配的
数值变量。

表12-2列出来的每个函数都是如下形式：

function_name(*formula*, *data*, distribution=)

其中：

- ❑ *formula*描述的是要检验变量间的关系，示例可参见表12-2；
- ❑ *data*是一个数据框；
- ❑ distribution指定经验分布在零假设条件下的形式，可能值有exact、asymptotic和
  approximate。

若distribution="exact"，那么在零假设条件下，分布的计算是精确的（即依据所有可
能的排列组合）。当然，也可以根据它的渐进分布（distribution="asymptotic"）或蒙特卡
洛重抽样（distribution="approxiamate(B=#)"）来做近似计算，其中#指所需重复的次数。
distribution="exact"当前仅可用于两样本问题。

注意   在coin包中，类别型变量和序数变量必须分别转化为因子和有序因子。另外，数据要以
数据框形式存储。

在本节余下部分，我们将把表12-2中的一些置换检验应用到在先前章节出现的问题中，这样
你可以对传统的参数方法和非参数方法进行比较。本节最后，我们将通过一些高级拓展应用对
coin包进行讨论。

12.2.1　独立两样本和 K 样本检验

首先，根据表12-2的虚拟数据，我们对独立样本t检验和单因素精确检验进行比较。结果见代

码清单12-1。

代码清单12-1 虚拟数据中的t检验与单因素置换检验

```
> library(coin)
> score <- c(40, 57, 45, 55, 58, 57, 64, 55, 62, 65)
> treatment <- factor(c(rep("A",5), rep("B",5)))
> mydata <- data.frame(treatment, score)
> t.test(score~treatment, data=mydata, var.equal=TRUE)
        Two Sample t-test

data: score by treatment
t = -2.3, df = 8, p-value = 0.04705
alternative hypothesis: true difference in means is not equal to 0
95 percent confidence interval:
 -19.04  -0.16
sample estimates:
mean in group A mean in group B
            51              61

> oneway_test(score~treatment, data=mydata, distribution="exact")

        Exact 2-Sample Permutation Test
data: score by treatment (A, B)
Z = -1.9, p-value = 0.07143
alternative hypothesis: true mu is not equal to 0
```

传统t检验表明存在显著性差异（$p<0.05$），而精确检验却表明差异并不显著（$p>0.072$）。由于只有10个观测，我更倾向于相信置换检验的结果，在做出最后结论之前，还要多收集些数据。

现在来看Wilcoxon-Mann-Whitney U检验。第7章中，我们用wilcox.test()函数检验了美国南部监禁概率与非南部间的差异。现使用Wilcoxon秩和检验，可得：

```
> library(MASS)
> UScrime <- transform(UScrime, So = factor(So))
> wilcox_test(Prob ~ So, data=UScrime, distribution="exact")

        Exact Wilcoxon Mann-Whitney Rank Sum Test

data:  Prob by So (0, 1)
Z = -3.7, p-value = 8.488e-05
alternative hypothesis: true mu is not equal to 0
```

结果表明监禁在南部可能更多。注意在上面的代码中，数值变量So被转化为因子，因为coin包规定所有的类别型变量都必须以因子形式编码。另外，聪明的读者可能会发现此处结果与第7章wilcox.test()计算结果一样，这是因为wilcox.test()默认计算的也是精确分布。

最后，探究K样本检验问题。在第9章，对于50个患者的样本，我们使用了单因素方差分析来评价五种药物疗法对降低胆固醇的效果。下面代码对其做了近似的K样本置换检验：

```
> library(multcomp)
> set.seed(1234)
> oneway_test(response~trt, data=cholesterol,
```

12

```
distribution=approximate(B=9999))

         Approximative K-Sample Permutation Test

data:   response by
          trt (1time, 2times, 4times, drugD, drugE)
maxT = 4.7623, p-value < 2.2e-16
```

此处，参考分布得自于数据9999次的置换。设定随机数种子可让结果重现。结果表明各组间病人的响应值显著不同。

12.2.2 列联表中的独立性

通过chisq_test()或cmh_test()函数，我们可用置换检验判断两类别型变量的独立性。当数据可根据第三个类别型变量进行分层时，需要使用后一个函数。若变量都是有序型，可使用lbl_test()函数来检验是否存在线性趋势。

第7章中，我们用卡方检验评价了关节炎的治疗（treatment）与效果（improvement）间的关系。治疗有两个水平（安慰剂、治疗），效果有三个水平（无、部分、显著），变量Improved以有序因子形式编码。

若想实施卡方检验的置换版本，可用如下代码：

```
> library(coin)
> library(vcd)
> Arthritis <- transform(Arthritis,
    Improved=as.factor(as.numeric(Improved)))
> set.seed(1234)
> chisq_test(Treatment~Improved, data=Arthritis,
             distribution=approximate(B=9999))

          Approximative Pearson's Chi-Squared Test

data:   Treatment by Improved (1, 2, 3)
chi-squared = 13.055, p-value = 0.0018
```

此处经过9999次的置换，可获得一个近似的卡方检验。你可能会有疑问，为什么需要把变量Improved从一个有序因子变成一个分类因子？（好问题！）这是因为，如果你用有序因子，coin()将会生成一个线性与线性趋势检验，而不是卡方检验。虽然趋势检验在本例中是一个不错的选择，但是此处使用卡方检验可以同第7章所得的结果进行比较。

12.2.3 数值变量间的独立性

spearman_test()函数提供了两数值变量的独立性置换检验。第7章中，我们检验了美国文盲率与谋杀率间的相关性。如下代码可进行相关性的置换检验：

```
> states <- as.data.frame(state.x77)
> set.seed(1234)
> spearman_test(Illiteracy~Murder, data=states,
```

```
        distribution=approximate(B=9999))

        Approximative Spearman Correlation Test

data:  Illiteracy by Murder
Z = 4.7065, p-value < 2.2e-16
alternative hypothesis: true mu is not equal to 0
```

基于9999次重复的近似置换检验可知：独立性假设并不被满足。注意，state.x77是一个矩阵，在coin包中，必须将其转化为一个数据框。

12.2.4 两样本和 K 样本相关性检验

当处于不同组的观测已经被分配得当，或者使用了重复测量时，样本相关检验便可派上用场。对于两配对组的置换检验，可使用wilcoxsign_test()函数；多于两组时，使用friedman_test()函数。

第7章中，我们比较了城市男性中14～24年龄段（U1）与35～39年龄段（U2）间的失业率差异。由于两个变量对于美国50个州都有记录，你便有了一个两依赖组设计（state是匹配变量），可使用精确Wilcoxon符号秩检验来判断两个年龄段间的失业率是否相等：

```
> library(coin)
> library(MASS)
> wilcoxsign_test(U1~U2, data=UScrime, distribution="exact")

        Exact Wilcoxon-Signed-Rank Test

data:  y by x (neg, pos)
        stratified by block
Z = 5.9691, p-value = 1.421e-14
alternative hypothesis: true mu is not equal to 0
```

结果表明两者的失业率是不同的。

12.2.5 深入探究

coin包提供了一个置换检验的一般性框架，可以分析一组变量相对于其他任意变量，是否与第二组变量（可根据一个区组变量分层）相互独立。特别地，independence_test()函数可以让我们从置换角度来思考大部分传统检验，进而在面对无法用传统方法解决的问题时，使用户可以自己构建新的统计检验。当然，这种灵活性也是有门槛的：要正确使用该函数必须具备丰富的统计知识。更多函数细节请参阅包附带的文档（运行vignette("coin")即可）。

下一节，你将学习lmPerm包，它提供了线性模型的置换方法，包括回归和方差分析。

12.3 lmPerm 包的置换检验

lmPerm包可做线性模型的置换检验。比如lmp()和aovp()函数即lm()和aov()函数的修改版，能够进行置换检验，而非正态理论检验。

 `lmp()`和`aovp()`函数的参数与`lm()`和`aov()`函数类似，只额外添加了`perm=`参数。`perm=`选项的可选值有`Exact`、`Prob`或`SPR`。`Exact`根据所有可能的排列组合生成精确检验。`Prob`从所有可能的排列中不断抽样，直至估计的标准差在估计的p值0.1之下，判停准则由可选的`Ca`参数控制。`SPR`使用贯序概率比检验来判断何时停止抽样。注意，若观测数大于10，`perm="Exact"`将自动默认转为`perm="Prob"`，因为精确检验只适用于小样本问题。

 为深入了解函数的工作原理，我们将对简单回归、多项式回归、多元回归、单因素方差分析、单因素协方差分析和双因素因子设计进行置换检验。

12.3.1 简单回归和多项式回归

 第8章中，我们使用线性回归研究了15名女性的身高和体重间的关系。用`lmp()`代替`lm()`，可获得代码清单12-2中置换检验的结果。

代码清单12-2 简单线性回归的置换检验

```
> library(lmPerm)
> set.seed(1234)
> fit <- lmp(weight~height, data=women, perm="Prob")
[1] "Settings:  unique SS : numeric variables centered"
> summary(fit)

Call:
lmp(formula = weight ~ height, data = women, perm = "Prob")

Residuals:
   Min     1Q Median     3Q    Max
-1.733 -1.133 -0.383  0.742  3.117

Coefficients:
       Estimate Iter Pr(Prob)
Height     3.45 5000   <2e-16 ***
---
Signif. codes:  0 '***' 0.001 '**' 0.01 '*' 0.05 '.' 0.1 ' ' 1

Residual standard error: 1.5 on 13 degrees of freedom
Multiple R-Squared: 0.991,      Adjusted R-squared: 0.99
F-statistic: 1.43e+03 on 1 and 13 DF,  p-value: 1.09e-14
```

 要拟合二次方程，可使用代码清单12-3中的代码。

代码清单12-3 多项式回归的置换检验

```
> library(lmPerm)
> set.seed(1234)
> fit <- lmp(weight~height + I(height^2), data=women, perm="Prob")
[1] "Settings:  unique SS : numeric variables centered"
> summary(fit)
```

```
Call:
lmp(formula = weight ~ height + I(height^2), data = women, perm = "Prob")

Residuals:
    Min      1Q  Median     3Q    Max
-0.5094 -0.2961 -0.0094 0.2862 0.5971

Coefficients:
            Estimate Iter Pr(Prob)
height       -7.3483 5000   <2e-16 ***
I(height^2)   0.0831 5000   <2e-16 ***
---
Signif. codes: 0 '***' 0.001 '**' 0.01 '*' 0.05 '.' 0.1 ' ' 1

Residual standard error: 0.38 on 12 degrees of freedom
Multiple R-Squared: 0.999,      Adjusted R-squared: 0.999
F-statistic: 1.14e+04 on 2 and 12 DF,  p-value: <2e-16
```

可以看到，用置换检验来检验这些回归是非常容易的，修改一点代码即可。输出结果也与 lm()
函数非常相似。值得注意的是，增添的 Iter 栏列出了要达到判停准则所需的迭代次数。

12.3.2 多元回归

在第 8 章，多元回归被用来通过美国 50 个州的人口数、文盲率、收入水平和结霜天数预测犯
罪率。将 lmp() 函数应用到此问题，结果参见代码清单 12-4。

代码清单 12-4 多元回归的置换检验

```
> library(lmPerm)
> set.seed(1234)
> states <- as.data.frame(state.x77)
> fit <- lmp(Murder~Population + Illiteracy+Income+Frost,
            data=states, perm="Prob")
[1] "Settings:  unique SS : numeric variables centered"
> summary(fit)

Call:
lmp(formula = Murder ~ Population + Illiteracy + Income + Frost,
    data = states, perm = "Prob")

Residuals:
     Min       1Q   Median      3Q      Max
-4.79597 -1.64946 -0.08112 1.48150 7.62104

Coefficients:
            Estimate Iter Pr(Prob)
Population 2.237e-04   51   1.0000
Illiteracy 4.143e+00 5000   0.0004 ***
Income     6.442e-05   51   1.0000
Frost      5.813e-04   51   0.8627
---
Signif. codes: 0 '***' 0.001 '**' 0.01 '*' 0.05 '.' 0.1 ' ' 1
```

12

```
Residual standard error: 2.535 on 45 degrees of freedom
Multiple R-Squared: 0.567,      Adjusted R-squared: 0.5285
F-statistic: 14.73 on 4 and 45 DF,  p-value: 9.133e-08
```

回顾第8章，正态理论中Population和Illiteracy均显著（$p<0.05$）。而该置换检验中，Population不再显著。当两种方法所得结果不一致时，你需要更加谨慎地审视数据，这很可能是因为违反了正态性假设或者存在离群点。

12.3.3　单因素方差分析和协方差分析

第9章中任意一种方差分析设计都可进行置换检验。首先，让我们看看9.1节中的单因素方差分析问题——各种疗法对降低胆固醇的影响。代码和结果见代码清单12-5。

代码清单12-5　单因素方差分析的置换检验

```
> library(lmPerm)
> library(multcomp)
> set.seed(1234)
> fit <- aovp(response~trt, data=cholesterol, perm="Prob")
[1] "Settings: unique SS "
> anova(fit)
Component 1 :
           Df R Sum Sq R Mean Sq Iter   Pr(Prob)
trt         4  1351.37    337.84 5000 < 2.2e-16 ***
Residuals  45   468.75     10.42
---
Signif. codes: 0 '***' 0.001 '**' 0.01 '*' 0.05 '.' 0.1 ' ' 1
```

结果表明各疗法的效果不全相同。

协方差分析的置换检验取自第9章的问题：当控制妊娠期时间相同时，观测四种药物剂量对鼠崽体重的影响。代码和结果参见代码清单12-6。

代码清单12-6　单因素协方差分析的置换检验

```
> library(lmPerm)
> set.seed(1234)
> fit <- aovp(weight ~ gesttime + dose, data=litter, perm="Prob")
[1] "Settings: unique SS : numeric variables centered"
> anova(fit)
Component 1 :
           Df R Sum Sq R Mean Sq Iter Pr(Prob)
gesttime    1   161.49   161.493 5000   0.0006 ***
dose        3   137.12    45.708 5000   0.0392 *
Residuals  69  1151.27    16.685
---
Signif. codes: 0 '***' 0.001 '**' 0.01 '*' 0.05 '.' 0.1 ' ' 1
```

依据p值可知，当控制妊娠期时间相同时，四种药物剂量对鼠崽的体重影响不相同。

12.3.4　双因素方差分析

本节最后，我们对析因实验设计进行置换检验。以第9章中的维生素C对豚鼠牙齿生长的影响为例，该实验两个可操作的因子是剂量（三水平）和喂食方式（两水平）。10只豚鼠分别被分配到每种处理组合中，形成一个3×2的析因实验设计。置换检验结果参见代码清单12-7。

代码清单12-7　双因素方差分析的置换检验

```
> library(lmPerm)
> set.seed(1234)
> fit <- aovp(len~supp*dose, data=ToothGrowth, perm="Prob")
[1] "Settings:  unique SS : numeric variables centered"
> anova(fit)
Component 1 :
          Df R Sum Sq R Mean Sq Iter Pr(Prob)
supp       1   205.35    205.35 5000 < 2e-16 ***
dose       1  2224.30   2224.30 5000 < 2e-16 ***
supp:dose  1    88.92     88.92 2032 0.04724 *
Residuals 56   933.63     16.67
---
Signif. codes:  0 '***' 0.001 '**' 0.01 '*' 0.05 '.' 0.1 ' ' 1
```

在0.05的显著性水平下，三种效应都不等于0；在0.01的水平下，只有主效应显著。

值得注意的是，当将aovp()应用到方差分析设计中时，它默认使用唯一平方和法（也称为SAS类型Ⅲ平方和）。每种效应都会依据其他效应做相应调整。R中默认的参数化方差分析设计使用的是序贯平方和（SAS类型Ⅰ平方和）。每种效应依据模型中先出现的效应做相应调整。对于平衡设计，两种方法结果相同，但是对于每个单元格观测数不同的不平衡设计，两种方法结果则不同。不平衡性越大，结果分歧越大。若在aovp()函数中设定seqs=TRUE，可以生成你想要的序贯平方和。关于类型Ⅰ和类型Ⅲ平方和的更多细节，请参考9.2节。

12.4　置换检验点评

除coin和lmPerm包外，R还提供了其他可做置换检验的包。perm包能实现coin包中的部分功能，因此可作为coin包所得结果的验证。corrperm包提供了有重复测量的相关性的置换检验。logregperm包提供了Logistic回归的置换检验。另外一个非常重要的包是glmperm，它涵盖了广义线性模型的置换检验。对于广义线性模型，请参见第13章。

依靠基础的抽样分布理论知识，置换检验提供了另外一个十分强大的可选检验思路。对于上面描述的每一种置换检验，我们完全可以在做统计假设检验时不理会正态分布、t分布、F分布或者卡方分布。

你可能已经注意到，基于正态理论的检验与上面置换检验的结果非常接近。在这些问题中数据表现非常好，两种方法结果的一致性也验证了正态理论方法适用于上述示例。

当然，置换检验真正发挥功用的地方是处理非正态数据（如分布偏倚很大）、存在离群点、样本很小或无法做参数检验等情况。不过，如果初始样本对感兴趣的总体情况代表性很差，即使是置换检验也无法提高推断效果。

　　置换检验主要用于生成检验零假设的p值，它有助于回答"效应是否存在"这样的问题。不过，置换方法对于获取置信区间和估计测量精度是比较困难的。幸运的是，这正是自助法大显神通的地方。

12.5　自助法

　　所谓自助法，即从初始样本重复随机替换抽样，生成一个或一系列待检验统计量的经验分布。无需假设一个特定的理论分布，便可生成统计量的置信区间，并能检验统计假设。

　　举一个例子便可非常清楚地阐释自助法的思路。比如，你想计算一个样本均值95%的置信区间。样本现有10个观测，均值为40，标准差为5。如果假设均值的样本分布为正态分布，那么$(1-\alpha/2)$%的置信区间计算如下：

$$\bar{X} - t\frac{s}{\sqrt{n}} < \mu < \bar{X} + t\frac{s}{\sqrt{n}}$$

　　其中，t是自由度为$n-1$的t分布的$1-\alpha$上界值。对于95%的置信区间，可得40–2.262(5/3.163)<μ<40+2.262(5/3.162) 或者36.424<μ<43.577。以这种方式创建的95%置信区间将会包含真实的总体均值。

　　倘若你假设均值的样本分布不是正态分布，该怎么办呢？可使用自助法。

　　(1) 从样本中随机选择10个观测，抽样后再放回。有些观测可能会被选择多次，有些可能一直都不会被选中。

　　(2) 计算并记录样本均值。

　　(3) 重复1和2一千次。

　　(4) 将1000个样本均值从小到大排序。

　　(5) 找出样本均值2.5%和97.5%的分位点。此时即初始位置和最末位置的第25个数，它们就限定了95%的置信区间。

　　本例中，样本均值很可能服从正态分布，自助法优势不太明显。但在其他许多案例中，自助法优势会十分明显。比如，你想估计样本中位数的置信区间，或者两样本中位数之差，该怎么做呢？正态理论没有现成的简单公式可套用，而自助法此时却是不错的选择。即使潜在分布未知，或出现了离群点，或者样本量过小，再或者是没有可供选择的参数方法，自助法将是生成置信区间和做假设检验的一个利器。

12.6　`boot` 包中的自助法

　　`boot`包扩展了自助法和重抽样的相关用途。你可以对一个统计量（如中位数）或一个统计量向量（如一列回归系数）使用自助法。使用自助法前请确保下载并安装了`boot`包：

```
install.packages("boot")
```

自助法过程看起来复杂，但你一看例子就会十分明了。

一般来说，自助法有三个主要步骤。

(1) 写一个能返回待研究统计量值的函数。如果只有单个统计量（如中位数），函数应该返回一个数值；如果有一列统计量（如一列回归系数），函数应该返回一个向量。

(2) 为生成R中自助法所需的有效统计量重复数，使用boot()函数对上面所写的函数进行处理。

(3) 使用boot.ci()函数获取步骤(2)生成的统计量的置信区间。

现在举例说明。

主要的自助法函数是boot()，它的格式为：

```
bootobject <- boot(data=, statistic=, R=, ...)
```

参数描述见表12-3。

表12-3　boot()函数的参数

参　　数	描　　述
data	向量、矩阵或者数据框
statistic	生成k个统计量以供自举的函数（k=1时对单个统计量进行自助抽样）。函数需包括indices参数，以便boot()函数用它从每个重复中选择实例（例子见下文）
R	自助抽样的次数
...	其他对生成待研究统计量有用的参数，可在函数中传输

boot()函数调用统计量函数R次，每次都从整数1:nrow(data)中生成一列有放回的随机指标，这些指标被统计量函数用来选择样本。统计量将根据所选样本进行计算，结果存储在bootobject中。bootobject结构的描述见表12-4。

表12-4　boot()函数中返回对象所含的元素

元　　素	描　　述
t0	从原始数据得到的k个统计量的观测值
t	一个R×k矩阵，每行即k个统计量的自助重复值

你可以如bootobject$t0和bootobject$t这样来获取这些元素。

一旦生成了自助样本，可通过print()和plot()来检查结果。如果结果看起来还算合理，使用boot.ci()函数获取统计量的置信区间。格式如下：

```
boot.ci(bootobject, conf=, type= )
```

参数见表12-5。

表12-5　boot.ci()函数的参数

参　　数	描　　述
bootobject	boot()函数返回的对象
conf	预期的置信区间（默认：conf=0.95）
type	返回的置信区间类型。可能值为norm、basic、stud、perc、bca和all（默认：type="all"）

12

type参数设定了获取置信区间的方法。perc方法（分位数）展示的是样本均值，bca将根据偏差对区间做简单调整。我发现bca在大部分情况中都是更可取的。参见Mooney & Duval（1993），他们对以上方法都有介绍。

本节接下来介绍如何对单个统计量和统计量向量使用自助法。

12.6.1 对单个统计量使用自助法

以1974年*Motor Trend*杂志中的mtcars数据集为例，它包含32辆汽车的信息。假设你正使用多元回归根据车重（1b/1000）和发动机排量（cu.in.，即立方英寸）来预测汽车每加仑行驶的英里数，除了标准的回归统计量，你还想获得95%的R平方值的置信区间（预测变量对响应变量可解释的方差比），那么便可使用非参数的自助法来获取置信区间。

首要任务是写一个获取R平方值的函数：

```
rsq <- function(formula, data, indices) {
        d <- data[indices,]
        fit <- lm(formula, data=d)
        return(summary(fit)$r.square)
}
```

函数返回回归的R平方值。d <- data[indices,]必须声明，因为boot()要用其来选择样本。

你能做大量的自助抽样（比如1000），代码如下：

```
library(boot)
set.seed(1234)
results <- boot(data=mtcars, statistic=rsq,
                R=1000, formula=mpg~wt+disp)
```

boot的对象可以输出，代码如下：

```
> print(results)

ORDINARY NONPARAMETRIC BOOTSTRAP


Call:
boot(data = mtcars, statistic = rsq, R = 1000, formula = mpg ~
    wt + disp)


Bootstrap Statistics :
     original      bias    std. error
t1* 0.7809306  0.01333670  0.05068926
```

也可用plot(results)来绘制结果，图形见图12-2。

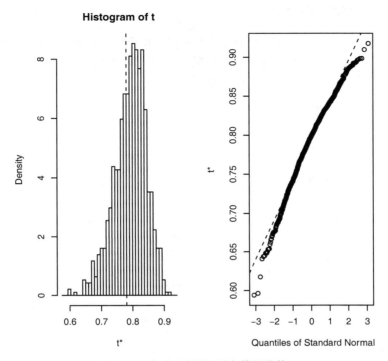

图12-2　自助法所得R平方值的均值

在图12-2中可以看到，自助的R平方值不呈正态分布。它的95%的置信区间可以通过如下代码获得：

```
> boot.ci(results, type=c("perc", "bca"))
BOOTSTRAP CONFIDENCE INTERVAL CALCULATIONS
Based on 1000 bootstrap replicates

CALL :
boot.ci(boot.out = results, type = c("perc", "bca"))

Intervals :
Level     Percentile          BCa
95%    ( 0.6838, 0.8833 )   ( 0.6344, 0.8549 )
Calculations and Intervals on Original Scale
Some BCa intervals may be unstable
```

从该例可以看到，生成置信区间的不同方法将会导致获得不同的区间。本例中的依偏差调整区间方法与分位数方法稍有不同。两例中，由于0都在置信区间外，零假设H_0：R平方值=0都被拒绝。

本节中，我们估计了单个统计量的置信区间，下一节我们将估计多个统计量的置信区间。

12

12.6.2 多个统计量的自助法

在先前的例子中,自助法被用来估计单个统计量(R平方)的置信区间。继续该例,让我们获取一个统计量向量——三个回归系数(截距项、车重和发动机排量)——95%的置信区间。

首先,创建一个返回回归系数向量的函数:

```
bs <- function(formula, data, indices) {
        d <- data[indices,]
        fit <- lm(formula, data=d)
        return(coef(fit))
}
```

然后使用该函数自助抽样1000次:

```
library(boot)
set.seed(1234)
results <- boot(data=mtcars, statistic=bs,
                R=1000, formula=mpg~wt+disp)
> print(results)
ORDINARY NONPARAMETRIC BOOTSTRAP
Call:
boot(data = mtcars, statistic = bs, R = 1000, formula = mpg ~
    wt + disp)

Bootstrap Statistics :
    original     bias    std. error
t1* 34.9606  0.137873     2.48576
t2* -3.3508 -0.053904     1.17043
t3* -0.0177 -0.000121     0.00879
```

当对多个统计量自助抽样时,添加一个索引参数,指明plot()和boot.ci()函数所分析bootobject$t的列。在本例中,索引1指截距项,索引2指车重,索引3指发动机排量。如下代码即用于绘制车重结果:

```
plot(results, index=2)
```

图形结果见图12-3。

为获得车重和发动机排量95%的置信区间,使用代码:

```
> boot.ci(results, type="bca", index=2)
BOOTSTRAP CONFIDENCE INTERVAL CALCULATIONS
Based on 1000 bootstrap replicates

CALL :
boot.ci(boot.out = results, type = "bca", index = 2)

Intervals :
Level       BCa
95%    (-5.66, -1.19 )
Calculations and Intervals on Original Scale
```

```
> boot.ci(results, type="bca", index=3)

BOOTSTRAP CONFIDENCE INTERVAL CALCULATIONS
Based on 1000 bootstrap replicates

CALL :
boot.ci(boot.out = results, type = "bca", index = 3)

Intervals :
Level     BCa
95%  (-0.0331, 0.0010 )
Calculations and Intervals on Original Scale
```

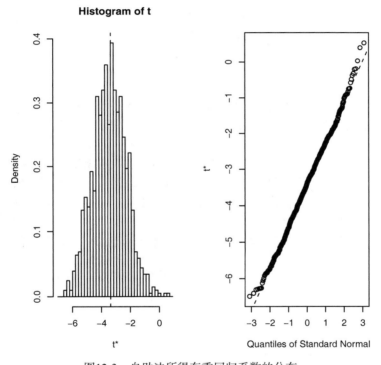

Histogram of t

图12-3　自助法所得车重回归系数的分布

注意　在先前的例子中，我们每次都对整个样本数据进行重抽样。如果假定预测变量有固定水平（如精心设计的实验），那么我们最好仅对残差项进行重抽样。参考Mooney & Duval（1993，pp.16-17），其中有简单的解释和算法。

在结束自助法介绍前，我们来关注两个常被提出的有价值的问题。

❑ 初始样本需要多大？

12

❑ 应该重复多少次？

对于第一个问题，我们无法给出简单的回答。有些人认为只要样本能够较好地代表总体，初始样本大小为20～30即可得到足够好的结果。从感兴趣的总体中随机抽样的方法可信度最高，它能够保证初始样本的代表性。对于第二个问题，我发现1000次重复在大部分情况下都可满足要求。由于计算机资源变得廉价，如果你愿意，也可以增加重复的次数。

置换检验和自助法的信息资源非常丰富。一个非常优秀的入门教程是Yu的在线文章"Resampling Methods: Concepts, Applications, and Justification"（2003）。Good的书 *Resampling Methods: A Practical Guide to Data Analysis*（2006）则是一份很全面的重抽样概要参考资料，其中包含R代码。关于自助法，Mooney & Duval（1993）给出了一个不错的简介。当然，基础性的自助法资料还是出自Efron & Tibshirani（1998）。最后，还有许多非常不错的在线资源，比如Simon（1997）、Canty（2002）、Shah（2005）和Fox（2002）。

12.7　小结

本章我们介绍了一系列基于随机化和重抽样的计算机密集型方法，它们使你无需理论分布的知识便能够进行假设检验，获得置信区间。当数据来自未知分布，或者存在严重的离群点，或者样本量过小，又或者没有参数方法可以回答你感兴趣的假设问题时，这些方法是非常实用的。

本章的这些方法真的是令人振奋，因为当标准的数据假设不满足，或者你对于解决这些问题毫无头绪时，利用它们可以另辟蹊径。但是，置换检验和自助法并不是万能的，它们无法将烂数据转化为好数据。如果初始样本对于总体情况的代表性不佳，或者样本量过小而无法准确地反映总体情况，这些方法也是爱莫能助。

在下一章，我们将学习一些数据模型，它们的变量服从已知但不必为正态的分布。

Part 4

高级方法

在本书的这一部分，我们将学习统计分析和绘图的高级方法，从而让你拥有一个完整的数据分析工具包。这一部分的方法在日趋增长的数据挖掘和预测分析领域发挥着关键的作用。

第 13 章将第 8 章中的回归方法扩展至非参数方法，适用于非正态分布的数据。这一章首先讨论广义线性模型，然后重点讲解结果变量为类别型变量（Logistic 回归）或计数型变量（泊松回归）时的案例。

由于多元变量内在的复杂性，高维变量的处理变得非常具有挑战性。第 14 章介绍了两种探究和简化多元数据的流行方法：主成分分析和因子分析。主成分分析用来将大量相关变量转化为一组较少的不相关复合变量，因子分析则通过一组潜在的变量来发现潜在的数据结构。这一章将逐步介绍实施步骤。

第 15 章探索了与时间有关的数据。分析师经常需要理解事物趋势和预测未来事件。第 15 章详细介绍了对时间序列数据的分析和预测。在描述了时间序列数据的一般特性之后，展现了两个最流行的预测方法（指数预测和 ARIMA）。

聚类分析是第 16 章的内容。主成分分析和因子分析通过把多个单个变量组合成复合变量简化了多变量数据，而聚类分析试图通过把多个观测值组合成子组（类，cluster）的从而简化多变量数据。类里面包含了彼此相似的观测值，而且类和类之间的观测值有所不同。这一章介绍了确定数据集中类的个数和将观测值聚合成类的方法。

第 17 章讨论重要的分类问题。在分类问题中，分析师尝试建立一个模型，来基于一组（很可能是一大组）预测变量来预测新案例的分类（比如，好 / 不好的信用风险、良性 / 恶性、通过 / 未通过）。这一章探讨了很多方法，包括逻辑回归、决策树、随机森林、支持向量机等。这一章也描述了评估分类方法效率的方法。

在现实生活中，研究者常常必须处理不完整数据集。第 18 章讲解普遍存在的缺失值问题的现代处理方法。另外，R 支持多种分析不完整数据集的优雅方法。这一章将会介绍一些最佳的方法，同时还会就哪些方法适用、哪些方法应避免使用给出提示。

学完第四部分，你便可应用这些工具来处理各种复杂的数据分析问题了。比如对非正态结果变量的建模，处理大量高相关性的变量，把大量案例减少到少量有类似性质的群组，建立模型以预测未来数值或类别，以及处理散乱的、不完整的数据。

广义线性模型 13

第8章（回归）和第9章（方差分析）中，我们探究了线性模型，它们可以通过一系列连续型和/或类别型预测变量来预测正态分布的响应变量。但在许多情况下，假设因变量为正态分布（甚至连续型变量）并不合理，例如下面这几种情况。

- 结果变量可能是类别型的。二值变量（比如：是/否、通过/未通过、活着/死亡）和多分类变量（比如差/良好/优秀）都显然不是正态分布。
- 结果变量可能是计数型的（比如，一周交通事故的数目，每日酒水消耗的数量）。这类变量都是非负的有限值，而且它们的均值和方差通常都是相关的（正态分布变量间不是如此，而是相互独立）。

广义线性模型扩展了线性模型的框架，它包含了非正态因变量的分析。

在本章中，我们将首先简要概述广义线性模型，并介绍如何使用glm()函数来进行估计。然后重点关注该框架中两种流行的模型：Logistic回归（因变量为类别型）和泊松回归（因变量为计数型）。

为了让讨论更有吸引力，我们将把广义线性模型应用到两个用标准线性模型无法轻易解决的问题上。

- 什么样的个人信息、人口统计信息和人际关系信息可以作为变量，用来预测婚姻出轨问题？此时，结果变量为二值型（出轨/未出轨）。
- 药物治疗对于八周中所发生的癫痫次数有何影响？此时，结果变量为计数型（癫痫次数）。

我们将利用Logistic回归来阐释第一个问题，用泊松回归阐释第二个问题。建模过程中，将还考虑对每种方法进行扩展。

13.1　广义线性模型和 **glm()** 函数

许多广泛应用的、流行的数据分析方法其实都归属于广义线性模型框架。本节中，我们将简短回顾这些方法背后的理论。你可跳过本节，稍后再回头阅读，这对于模型理解没有太大影响。

现假设你想要对响应变量 Y 和 p 个预测变量 $X_1 \cdots X_p$ 间的关系进行建模。在标准线性模型中，你可以假设 Y 呈正态分布，关系的形式为：

$$\mu_Y = \beta_0 + \sum_{j=1}^{p} \beta_j X_j$$

该等式表明响应变量的条件均值是预测变量的线性组合。参数 β_j 指一单位 X_j 的变化造成的 Y 预期的变化，β_0 指当所有预测变量都为 0 时 Y 的预期值。对于该等式，你可通俗地理解为：给定一系列 X 变量的值，赋予 X 变量合适的权重，然后将它们加起来，便可预测 Y 观测值分布的均值。

值得注意的是，你并没有对预测变量 X_j 做任何分布的假设。与 Y 不同，它们不需要呈正态分布。实际上，它们常为类别型变量（比如方差分析设计）。另外，对预测变量使用非线性函数也是允许的，比如你常会使用预测变量 X^2 或者 $X_1 \times X_2$，只要等式的参数（$\beta_0, \beta_1, \cdots, \beta_p$）为线性即可。

广义线性模型拟合的形式为：

$$g(\mu_Y) = \beta_0 + \sum_{j=1}^{p} \beta_j X_j$$

其中 $g(\mu_Y)$ 是条件均值的函数（称为连接函数）。另外，你可放松 Y 为正态分布的假设，改为 Y 服从指数分布族中的一种分布即可。设定好连接函数和概率分布后，便可以通过最大似然估计的多次迭代推导出各参数值。

13.1.1　**glm()** 函数

R 中可通过 glm() 函数（还可用其他专门的函数）拟合广义线性模型。它的形式与 lm() 类似，只是多了一些参数。函数的基本形式为：

```
glm(formula, family=family(link=function), data=)
```

表 13-1 列出了概率分布（*family*）和相应默认的连接函数（*function*）。

表 13-1　**glm()** 的参数

分　布　族	默认的连接函数
binomial	(link = "logit")
gaussian	(link = "identity")
gamma	(link = "inverse")
inverse.gaussian	(link = "1/mu^2")
poisson	(link = "log")
quasi	(link = "identity", variance = "constant")
quasibinomial	(link = "logit")
quasipoisson	(link = "log")

glm() 函数可以拟合许多流行的模型，比如 Logistic 回归、泊松回归和生存分析（此处不考虑）。

下面对前两个模型进行阐述。假设你有一个响应变量（Y）、三个预测变量（X1、X2、X3）和一个包含数据的数据框（mydata）。

Logistic回归适用于二值响应变量（0和1）。模型假设Y服从二项分布，线性模型的拟合形式为：

$$\log_e\left(\frac{\pi}{1-\pi}\right) = \beta_0 + \sum_{j=1}^{p} \beta_j X_j$$

其中$\pi=\mu_Y$是Y的条件均值（即给定一系列X的值时Y=1的概率），$(\pi/1-\pi)$为Y=1时的优势比，$\log(\pi/1-\pi)$为对数优势比，或logit。本例中，$\log(\pi/1-\pi)$为连接函数，概率分布为二项分布，可用如下代码拟合Logistic回归模型：

```
glm(Y~X1+X2+X3, family=binomial(link="logit"), data=mydata)
```

Logistic回归在13.2节有更详细的介绍。

泊松回归适用于在给定时间内响应变量为事件发生数目的情形。它假设Y服从泊松分布，线性模型的拟合形式为：

$$\log_e(\lambda) = \beta_0 + \sum_{j=1}^{p} \beta_j X_j$$

其中λ是Y的均值（也等于方差）。此时，连接函数为$\log(\lambda)$，概率分布为泊松分布，可用如下代码拟合泊松回归模型：

```
glm(Y~X1+X2+X3, family=poisson(link="log"), data=mydata)
```

泊松回归在13.3节有介绍。

值得注意的是，标准线性模型也是广义线性模型的一个特例。如果令连接函数$g(\mu_Y)=\mu_Y$或恒等函数，并设定概率分布为正态（高斯）分布，那么：

```
glm(Y~X1+X2+X3, family=gaussian(link="identity"), data=mydata)
```

生成的结果与下列代码的结果相同：

```
lm(Y~X1+X2+X3, data=mydata)
```

总之，广义线性模型通过拟合响应变量的条件均值的一个函数（不是响应变量的条件均值），假设响应变量服从指数分布族中的某个分布（并不仅限于正态分布），极大地扩展了标准线性模型。模型参数估计的推导依据的是极大似然估计，而非最小二乘法。

13.1.2　连用的函数

与分析标准线性模型时lm()连用的许多函数在glm()中都有对应的形式，其中一些常见的函数见表13-2。

表13-2　与`glm()`连用的函数

函　　数	描　　述
summary()	展示拟合模型的细节

（续）

函　　数	描　　述
coefficients()、coef()	列出拟合模型的参数（截距项和斜率）
confint()	给出模型参数的置信区间（默认为95%）
residuals()	列出拟合模型的残差值
anova()	生成两个拟合模型的方差分析表
plot()	生成评价拟合模型的诊断图
predict()	用拟合模型对新数据集进行预测
deviance()	拟合模型的偏差
df.residual()	拟合模型的残差自由度

我们将在后面章节讲解这些函数的示例。在下一节中，我们将简要介绍模型适用性的评价。

13.1.3　模型拟合和回归诊断

与标准（OLS）线性模型一样，模型适用性的评价对于广义线性模型也非常重要。但遗憾的是，对于标准的评价过程，统计圈子仍莫衷一是。一般来说，你可以使用第8章中描述的方法，但要牢记以下建议。

当评价模型的适用性时，你可以绘制初始响应变量的预测值与残差的图形。例如，如下代码可绘制一个常见的诊断图：

```
plot(predict(model, type="response"),
     residuals(model, type= "deviance"))
```

其中，model为glm()函数返回的对象。

R将列出帽子值（hat value）、学生化残差值和Cook距离统计量的近似值。不过，对于识别异常点的阈值，现在并没统一答案，它们都是通过相互比较来进行判断。其中一个方法就是绘制各统计量的参考图，然后找出异常大的值。例如，如下代码可创建三幅诊断图：

```
plot(hatvalues(model))
plot(rstudent(model))
plot(cooks.distance(model))
```

你还可以用其他方法，代码如下：

```
library(car)
influencePlot(model)
```

它可以创建一个综合性的诊断图。在后面的图形中，横轴代表杠杆值，纵轴代表学生化残差值，而绘制的符号大小与Cook距离大小成正比。

当响应变量有许多值时，诊断图非常有用；而当响应变量只有有限个值时（比如Logistic回归），诊断图的功效就会降低很多。

若想更深入了解广义线性模型的回归诊断，可参考Fox（2008）和Faraway（2006）。本章后面几节将详细介绍两个最流行的广义线性模型：Logistic回归和泊松回归。

13.2　Logistic 回归

当通过一系列连续型和/或类别型预测变量来预测二值型结果变量时，Logistic回归是一个非常有用的工具。以AER包中的数据框Affairs为例，我们将通过探究一些数据来阐述Logistic回归的过程。首次使用该数据前，请确保已下载和安装了此软件包（使用install.packages("AER")）。

这份数据即著名的"Fair's Affairs"，取自于1969年《今日心理》（*Psychology Today*）所做的一个非常有代表性的调查，而Greene（2003）和Fair（1978）都对它进行过分析。该数据从601个参与者身上收集了9个变量，包括参与者性别、年龄、婚龄、是否有小孩、宗教信仰程度（5分制，1分表示反对，5分表示非常信仰）、学历、职业（逆向编号的戈登7种分类），还有对婚姻的自我评分（5分制，1表示非常不幸福，5表示非常幸福）。

我们先看一些描述性的统计信息：

```
> data(Affairs, package="AER")
> summary(Affairs)
    affairs          gender         age          yearsmarried      children
 Min.   : 0.000   female:315   Min.   :17.50   Min.   : 0.125   no :171
 1st Qu.: 0.000   male  :286   1st Qu.:27.00   1st Qu.: 4.000   yes:430
 Median : 0.000                Median :32.00   Median : 7.000
 Mean   : 1.456                Mean   :32.49   Mean   : 8.178
 3rd Qu.: 0.000                3rd Qu.:37.00   3rd Qu.:15.000
 Max.   :12.000                Max.   :57.00   Max.   :15.000
 Religiousness     education      occupation        rating
 Min.   :1.000   Min.   : 9.00   Min.   :1.000   Min.   :1.000
 1st Qu.:2.000   1st Qu.:14.00   1st Qu.:3.000   1st Qu.:3.000
 Median :3.000   Median :16.00   Median :5.000   Median :4.000
 Mean   :3.116   Mean   :16.17   Mean   :4.195   Mean   :3.932
 3rd Qu.:4.000   3rd Qu.:18.00   3rd Qu.:6.000   3rd Qu.:5.000
 Max.   :5.000   Max.   :20.00   Max.   :7.000   Max.   :5.000

> table(Affairs$affairs)
  0   1   2   3   7  12
451  34  17  19  42  38
```

从这些统计信息可以看到，52%的调查对象是女性，72%的人有孩子，样本年龄的中位数为32岁。对于响应变量，72%的调查对象表示过去一年中没有婚外情（451/601），而婚外偷腥的最多次数为12（占了6%）。

虽然这些婚姻的轻率举动次数被记录下来，但此处我们感兴趣的是二值型结果（有过一次婚外情/没有过婚外情）。按照如下代码，你可将affairs转化为二值型因子ynaffair。

```
> Affairs$ynaffair[Affairs$affairs > 0] <- 1
> Affairs$ynaffair[Affairs$affairs == 0] <- 0
> Affairs$ynaffair <- factor(Affairs$ynaffair,
                             levels=c(0,1),
                             labels=c("No","Yes"))
> table(Affairs$ynaffair)
No Yes
```

```
451 150
```

该二值型因子现可作为Logistic回归的结果变量:

```
> fit.full <- glm(ynaffair ~ gender + age + yearsmarried + children +
                religiousness + education + occupation +rating,
                data=Affairs, family=binomial())
> summary(fit.full)

Call:
glm(formula = ynaffair ~ gender + age + yearsmarried + children +
    religiousness + education + occupation + rating, family = binomial(),
    data = Affairs)

Deviance Residuals:
   Min      1Q   Median      3Q     Max
-1.571  -0.750  -0.569  -0.254   2.519

Coefficients:
              Estimate Std. Error z value Pr(>|z|)
(Intercept)     1.3773     0.8878    1.55  0.12081
gendermale      0.2803     0.2391    1.17  0.24108
age            -0.0443     0.0182   -2.43  0.01530 *
yearsmarried    0.0948     0.0322    2.94  0.00326 **
childrenyes     0.3977     0.2915    1.36  0.17251
religiousness  -0.3247     0.0898   -3.62  0.00030 ***
education       0.0211     0.0505    0.42  0.67685
occupation      0.0309     0.0718    0.43  0.66663
rating         -0.4685     0.0909   -5.15  2.6e-07 ***
---
Signif. codes:  0 '***' 0.001 '**' 0.01 '*' 0.05 '.' 0.1 ' ' 1

(Dispersion parameter for binomial family taken to be 1)

    Null deviance: 675.38 on 600 degrees of freedom
Residual deviance: 609.51 on 592 degrees of freedom
AIC: 627.5

Number of Fisher Scoring iterations: 4
```

从回归系数的p值(最后一栏)可以看到,性别、是否有孩子、学历和职业对方程的贡献都不显著(你无法拒绝参数为0的假设)。去除这些变量重新拟合模型,检验新模型是否拟合得好:

```
> fit.reduced <- glm(ynaffair ~ age + yearsmarried + religiousness +
                rating, data=Affairs, family=binomial())
> summary(fit.reduced)
Call:
glm(formula = ynaffair ~ age + yearsmarried + religiousness + rating,
    family = binomial(), data = Affairs)

Deviance Residuals:
   Min      1Q   Median      3Q     Max
-1.628  -0.755  -0.570  -0.262   2.400
```

```
Coefficients:
              Estimate Std. Error z value Pr(>|z|)
(Intercept)     1.9308     0.6103    3.16  0.00156 **
age            -0.0353     0.0174   -2.03  0.04213 *
yearsmarried    0.1006     0.0292    3.44  0.00057 ***
religiousness  -0.3290     0.0895   -3.68  0.00023 ***
rating         -0.4614     0.0888   -5.19  2.1e-07 ***
---
Signif. codes: 0 '***' 0.001 '**' 0.01 '*' 0.05 '.' 0.1 ' ' 1

(Dispersion parameter for binomial family taken to be 1)

    Null deviance: 675.38 on 600 degrees of freedom
Residual deviance: 615.36 on 596 degrees of freedom
AIC: 625.4

Number of Fisher Scoring iterations: 4
```

新模型的每个回归系数都非常显著（$p<0.05$）。由于两模型嵌套（fit.reduced是fit.full的一个子集），你可以使用anova()函数对它们进行比较，对于广义线性回归，可用卡方检验。

```
> anova(fit.reduced, fit.full, test="Chisq")
Analysis of Deviance Table

Model 1: ynaffair ~ age + yearsmarried + religiousness + rating
Model 2: ynaffair ~ gender + age + yearsmarried + children +
    religiousness + education + occupation + rating
  Resid. Df Resid. Dev Df Deviance P(>|Chi|)
1       596        615
2       592        610  4     5.85      0.21
```

结果的卡方值不显著（$p=0.21$），表明四个预测变量的新模型与九个完整预测变量的模型拟合程度一样好。这使得你更加坚信添加性别、孩子、学历和职业变量不会显著提高方程的预测精度，因此可以依据更简单的模型进行解释。

13.2.1　解释模型参数

先看看回归系数：

```
> coef(fit.reduced)
  (Intercept)           age yearsmarried religiousness       rating
        1.931        -0.035        0.101        -0.329       -0.461
```

在Logistic回归中，响应变量是$Y=1$的对数优势比（log）。回归系数的含义是当其他预测变量不变时，一单位预测变量的变化可引起的响应变量对数优势比的变化。

由于对数优势比解释性差，你可对结果进行指数化：

```
> exp(coef(fit.reduced))
  (Intercept)           age yearsmarried religiousness       rating
        6.895         0.965        1.106         0.720        0.630
```

可以看到婚龄增加一年，优势比将乘以1.106（保持年龄、宗教信仰和婚姻评定不变）；相反，年龄增加一岁，优势比则乘以0.965。因此，随着婚龄的增加和年龄、宗教信仰与婚姻评分的降低，优势比将上升。因为预测变量不能等于0，截距项在此处没有什么特定含义。

如果有需要，你还可使用confint()函数获取系数的置信区间。例如，`exp(confint(fit.reduced))`可在优势比尺度上得到系数95%的置信区间。

最后，预测变量一单位的变化可能并不是我们最想关注的。对于二值型Logistic回归，某预测变量n单位的变化引起的较高值上优势比的变化为$\exp(\beta_j)\hat{}n$，它反映的信息可能更为重要。比如，保持其他预测变量不变，婚龄增加一年，优势比将乘以1.106，而如果婚龄增加10年，优势比将乘以$1.106\hat{}10$，即2.7。

13.2.2   评价预测变量对结果概率的影响

对于我们大多数人来说，以概率的方式思考比使用优势比更直观。使用predict()函数，可以观察某个预测变量在各个水平时对结果概率的影响。首先创建一个包含你感兴趣预测变量值的虚拟数据集，然后对该数据集使用predict()函数，以预测这些值的结果概率。

现在我们使用该方法评价婚姻评分对婚外情概率的影响。首先，创建一个虚拟数据集，设定年龄、婚龄和宗教信仰为它们的均值，婚姻评分的范围为1～5。

```
> testdata <- data.frame(rating=c(1, 2, 3, 4, 5), age=mean(Affairs$age),
                         yearsmarried=mean(Affairs$yearsmarried),
                         religiousness=mean(Affairs$religiousness))
> testdata
  rating  age yearsmarried religiousness
1      1 32.5         8.18          3.12
2      2 32.5         8.18          3.12
3      3 32.5         8.18          3.12
4      4 32.5         8.18          3.12
5      5 32.5         8.18          3.12
```

接下来，使用测试数据集预测相应的概率：

```
> testdata$prob <- predict(fit.reduced, newdata=testdata, type="response")
  testdata
  rating  age yearsmarried religiousness  prob
1      1 32.5         8.18          3.12 0.530
2      2 32.5         8.18          3.12 0.416
3      3 32.5         8.18          3.12 0.310
4      4 32.5         8.18          3.12 0.220
5      5 32.5         8.18          3.12 0.151
```

从这些结果可以看到，当婚姻评分从1（很不幸福）变为5（非常幸福）时，婚外情概率从0.53降低到了0.15（假定年龄、婚龄和宗教信仰不变）。下面我们再看看年龄的影响：

```
> testdata <- data.frame(rating=mean(Affairs$rating),
                         age=seq(17, 57, 10),
                         yearsmarried=mean(Affairs$yearsmarried),
                         religiousness=mean(Affairs$religiousness))
```

```
> testdata
  rating age yearsmarried religiousness
1   3.93  17         8.18          3.12
2   3.93  27         8.18          3.12
3   3.93  37         8.18          3.12
4   3.93  47         8.18          3.12
5   3.93  57         8.18          3.12

> testdata$prob <- predict(fit.reduced, newdata=testdata, type="response")
> testdata
  rating age yearsmarried religiousness   prob
1   3.93  17         8.18          3.12  0.335
2   3.93  27         8.18          3.12  0.262
3   3.93  37         8.18          3.12  0.199
4   3.93  47         8.18          3.12  0.149
5   3.93  57         8.18          3.12  0.109
```

此处可以看到，当其他变量不变，年龄从17增加到57时，婚外情的概率将从0.34降低到0.11。
利用该方法，你可探究每一个预测变量对结果概率的影响。

13.2.3　过度离势

抽样于二项分布的数据的期望方差是$\sigma^2 = n\pi(1-\pi)$，n为观测数，π为属于$Y=1$组的概率。所谓
过度离势，即观测到的响应变量的方差大于期望的二项分布的方差。过度离势会导致奇异的标准
误检验和不精确的显著性检验。

当出现过度离势时，仍可使用glm()函数拟合Logistic回归，但此时需要将二项分布改为类二
项分布（quasibinomial distribution）。

检测过度离势的一种方法是比较二项分布模型的残差偏差与残差自由度，如果比值：

$$\phi = \frac{残差偏差}{残差自由度}$$

比1大很多，你便可认为存在过度离势。回到婚外情的例子，可得：

```
> deviance(fit.reduced)/df.residual(fit.reduced)
[1] 1.032
```

它非常接近于1，表明没有过度离势。

你还可以对过度离势进行检验。为此，你需要拟合模型两次，第一次使用family=
binomial"，第二次使用family="quasibinomial"。假设第一次glm()返回对象记为fit，
第二次返回对象记为fit.od，那么：

```
pchisq(summary(fit.od)$dispersion * fit$df.residual,
       fit$df.residual, lower = F)
```

提供的p值即可对零假设H_0：$\phi = 1$与备择假设H_1：$\phi \neq 1$进行检验。若p很小（小于0.05），你便可拒
绝零假设。

将其应用到婚外情数据集，可得：

13

```
> fit <- glm(ynaffair ~ age + yearsmarried + religiousness +
              rating, family = binomial(), data = Affairs)
> fit.od <- glm(ynaffair ~ age + yearsmarried + religiousness +
                rating, family = quasibinomial(), data = Affairs)
> pchisq(summary(fit.od)$dispersion * fit$df.residual,
         fit$df.residual, lower = F)
```

```
[1] 0.34
```

此处p值（0.34）显然不显著（$p>0.05$），这更增强了我们认为不存在过度离势的信心。下节介绍泊松回归时，我们仍将对过度离势问题进行讨论。

13.2.4　扩展

R中扩展的Logistic回归和变种如下所示。

❑ **稳健Logistic回归**　robust包中的glmRob()函数可用来拟合稳健的广义线性模型，包括稳健Logistic回归。当拟合Logistic回归模型数据出现离群点和强影响点时，稳健Logistic回归便可派上用场。

❑ **多项分布回归**　若响应变量包含两个以上的无序类别（比如，已婚/寡居/离婚），便可使用mlogit包中的mlogit()函数拟合多项Logistic回归。

❑ **序数Logistic回归**　若响应变量是一组有序的类别（比如，信用风险为差/良/好），便可使用rms包中的lrm()函数拟合序数Logistic回归。

可对多类别的响应变量（无论是否有序）进行建模是非常重要的扩展，但它也面临着解释性更复杂的困难。同时，在这种情况下评价模型拟合优度和回归诊断也变得更为复杂。

在婚外情的例子中，婚外偷腥的次数被二值化为一个"是/否"的响应变量，这是因为我们最感兴趣的是在过去一年中调查对象是否有过一次婚外情。如果兴趣转移到量上（过去一年中婚外情的次数），便可直接对计数型数据进行分析。分析计数型数据的一种流行方法是泊松回归，这便是我们接下来的话题。

13.3　泊松回归

当通过一系列连续型和/或类别型预测变量来预测计数型结果变量时，泊松回归是一个非常有用的工具。一个全面而易懂的泊松回归简介参见Coxe、West和Aiken的"The Analysis of Count Data: A Gentle Introduction to Poisson Regression and Its Alternatives"（2009）。

为阐述泊松回归模型的拟合过程，并探讨一些可能出现的问题，我们将使用robust包中的Breslow癫痫数据（Breslow, 1993）。特别地，我们将讨论在治疗初期的八周内，抗癫痫药物对癫痫发病数的影响。继续下文前，请确定已安装robust包。

我们就遭受轻微或严重间歇性癫痫的病人的年龄和癫痫发病数收集了数据，包含病人被随机分配到药物组或者安慰剂组前八周和随机分配后八周两种情况。响应变量为sumY（随机化后八周内癫痫发病数），预测变量为治疗条件（Trt）、年龄（Age）和前八周内的基础癫痫发病数

（Base）。之所以包含基础癫痫发病数和年龄，是因为它们对响应变量有潜在影响。在解释这些协变量后，我们感兴趣的是药物治疗是否能减少癫痫发病数。

首先，看看数据集的统计汇总信息：

```
> data(breslow.dat, package="robust")
> names(breslow.dat)
 [1] "ID"    "Y1"    "Y2"    "Y3"    "Y4"    "Base"   "Age"    "Trt"    "Ysum"
[10] "sumY"  "Age10" "Base4"

> summary(breslow.dat[c(6,7,8,10)])
      Base          Age            Trt           sumY
 Min.   : 6.0   Min.   :18.0   placebo  :28   Min.   :  0.0
 1st Qu.: 12.0  1st Qu.:23.0   progabide:31   1st Qu.: 11.5
 Median : 22.0  Median :28.0                  Median : 16.0
 Mean   : 31.2  Mean   :28.3                  Mean   : 33.1
 3rd Qu.: 41.0  3rd Qu.:32.0                  3rd Qu.: 36.0
 Max.   :151.0  Max.   :42.0                  Max.   :302.0
```

注意，虽然数据集有12个变量，但是我们只关注之前描述的四个变量。基础和随机化后的癫痫发病数都有很高的偏度。现在，我们更详细地考察响应变量。如下代码可生成的图形如图13-1所示。

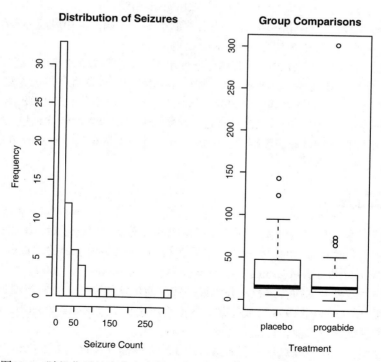

图13-1   随机化后的癫痫发病数的分布情况（来源：Breslow癫痫数据）

从图13-1中可以清楚地看到因变量的偏倚特性以及可能的离群点。初看图形时，药物治疗下癫痫发病数似乎变小了，且方差也变小了（泊松分布中，较小的方差伴随着较小的均值）。与标准最小二乘回归不同，泊松回归并不关注方差异质性。

```
opar <- par(no.readonly=TRUE)
par(mfrow=c(1,2))
attach(breslow.dat)
hist(sumY, breaks=20, xlab="Seizure Count",
     main="Distribution of Seizures")
boxplot(sumY ~ Trt, xlab="Treatment", main="Group Comparisons")
par(opar)
```

接下来拟合泊松回归：

```
> fit <- glm(sumY ~ Base + Age + Trt, data=breslow.dat, family=poisson())
> summary(fit)
Call:
glm(formula = sumY ~ Base + Age + Trt, family = poisson(), data =
    breslow.dat)

Deviance Residuals:
   Min      1Q  Median      3Q     Max
-6.057  -2.043  -0.940   0.793  11.006

Coefficients:
              Estimate Std. Error z value Pr(>|z|)
(Intercept)   1.948826   0.135619   14.37  < 2e-16 ***
Base          0.022652   0.000509   44.48  < 2e-16 ***
Age           0.022740   0.004024    5.65  1.6e-08 ***
Trtprogabide -0.152701   0.047805   -3.19   0.0014 **
---
Signif. codes: 0 '***' 0.001 '**' 0.01 '*' 0.05 '.' 0.1 ' ' 1

(Dispersion parameter for poisson family taken to be 1)

    Null deviance: 2122.73  on 58  degrees of freedom
Residual deviance:  559.44  on 55  degrees of freedom
AIC: 850.7

Number of Fisher Scoring iterations: 5
```

输出结果列出了偏差、回归参数、标准误和参数为0的检验。注意，此处预测变量在$p<0.05$的水平下都非常显著。

13.3.1 解释模型参数

使用coef()函数可获取模型系数，或者调用summary()函数的输出结果中的Coefficients表格：

```
> coef(fit)
 (Intercept)         Base         Age Trtprogabide
      1.9488       0.0227      0.0227      -0.1527
```

在泊松回归中，因变量以条件均值的对数形式$\log_e(\lambda)$来建模。年龄的回归参数为0.0227，表明保持其他预测变量不变，年龄增加一岁，癫痫发病数的对数均值将相应增加0.03。截距项即当预测变量都为0时，癫痫发病数的对数均值。由于不可能为0岁，且调查对象的基础癫痫发病数均不为0，因此本例中截距项没有意义。

通常在因变量的初始尺度（癫痫发病数，而非发病数的对数）上解释回归系数比较容易。为此，指数化系数：

```
> exp(coef(fit))
 (Intercept)        Base       Age Trtprogabide
       7.020       1.023     1.023        0.858
```

现在可以看到，保持其他变量不变，年龄增加一岁，期望的癫痫发病数将乘以1.023。这意味着年龄的增加与较高的癫痫发病数相关联。更为重要的是，一单位Trt的变化（即从安慰剂到治疗组），期望的癫痫发病数将乘以0.86，也就是说，保持基础癫痫发病数和年龄不变，服药组相对于安慰剂组癫痫发病数降低了20%。

另外需要牢记的是，与Logistic回归中的指数化参数相似，泊松模型中的指数化参数对响应变量的影响都是成倍增加的，而不是线性相加。同样，你还需要评价泊松模型的过度离势。

13.3.2　过度离势

泊松分布的方差和均值相等。当响应变量观测的方差比依据泊松分布预测的方差大时，泊松回归可能发生过度离势。处理计数型数据时经常发生过度离势，且过度离势会对结果的可解释性造成负面影响，因此我们需要花些时间讨论该问题。

可能发生过度离势的原因有如下几个（Coxe et al.，2009）。

❑ 遗漏了某个重要的预测变量。

❑ 可能因为事件相关。在泊松分布的观测中，计数中每次事件都被认为是独立发生的。以癫痫数据为例，这意味着对于任何病人，每次癫痫发病的概率与其他癫痫发病的概率相互独立。但是这个假设通常都无法满足。对于某个病人，在已知他已经发生了39次癫痫时，第一次发生癫痫的概率不可能与第40次发生癫痫的概率相同。

❑ 在纵向数据分析中，重复测量的数据由于内在群聚特性可导致过度离势。此处并不讨论纵向泊松模型。

如果存在过度离势，在模型中你无法进行解释，那么可能会得到很小的标准误和置信区间，并且显著性检验也过于宽松（也就是说，你将会发现并不真实存在的效应）。

与Logistic回归类似，此处如果残差偏差与残差自由度的比例远远大于1，那么表明存在过度离势。对于癫痫数据，它的比例为：

```
> deviance(fit)/df.residual(fit)
[1] 10.17
```

很显然，比例远远大于1。

qcc包提供了一个对泊松模型过度离势的检验方法。（在首次使用前，请确保已经下载和安装此包。）如下代码可进行癫痫数据过度离势的检验：

```
> library(qcc)
> qcc.overdispersion.test(breslow.dat$sumY, type="poisson")
Overdispersion test Obs.Var/Theor.Var Statistic p-value
        poisson data             62.9      3646       0
```

意料之中，显著性检验的p值果然小于0.05，进一步表明确实存在过度离势。

通过用family="quasipoisson"替换family="poisson"，你仍然可以使用glm()函数对该数据进行拟合。这与Logistic回归处理过度离势的方法是相同的。

```
> fit.od <- glm(sumY ~ Base + Age + Trt, data=breslow.dat,
                family=quasipoisson())
> summary(fit.od)

Call:
glm(formula = sumY ~ Base + Age + Trt, family = quasipoisson(),
    data = breslow.dat)

Deviance Residuals:
   Min      1Q  Median      3Q     Max
-6.057  -2.043  -0.940   0.793  11.006

Coefficients:
              Estimate Std. Error t value Pr(>|t|)
(Intercept)    1.94883    0.46509    4.19  0.00010 ***
Base           0.02265    0.00175   12.97  < 2e-16 ***
Age            0.02274    0.01380    1.65  0.10509
Trtprogabide  -0.15270    0.16394   -0.93  0.35570
---
Signif. codes: 0 '***' 0.001 '**' 0.01 '*' 0.05 '.' 0.1 ' ' 1

(Dispersion parameter for quasipoisson family taken to be 11.8)

    Null deviance: 2122.73 on 58 degrees of freedom
Residual deviance:  559.44 on 55 degrees of freedom
AIC: NA

Number of Fisher Scoring iterations: 5
```

注意，使用类泊松（quasi-Poisson）方法所得的参数估计与泊松方法相同，但标准误变大了许多。此处，标准误越大将会导致Trt（和Age）的p值越大于0.05。当考虑过度离势，并控制基础癫痫数和年龄时，并没有充足的证据表明药物治疗相对于使用安慰剂能显著降低癫痫发病次数。

不过请记住，本例只是用于阐释泊松模型，它的结果并不能用来反映真实世界中的普罗加比（治疗癫痫）药效问题。我不是医生（至少不是一个药剂师），也未在电视中扮演过这类角色，数据只是用来阐释模型的。

最后，我们以探究泊松回归的一些重要变种和扩展结束本节。

13.3.3　扩展

R提供了基本泊松回归模型的一些有用扩展，包括允许时间段变化、存在过多0时会自动修正的模型，以及当数据存在离群点和强影响点时有用的稳健模型。下面分别对它们进行介绍。

1. 时间段变化的泊松回归

对于泊松回归的讨论，我们一直将响应变量局限在一个固定长度时间段中进行测量（例如，八周内的癫痫发病数、过去一年内交通事故数、一天中亲近社会的举动次数），整个观测集中时间长度都是不变的。不过，你也可以拟合允许时间段变化的泊松回归模型。此处假设结果变量是一个比率。

为分析比率，必须包含一个记录每个观测的时间长度的变量（如time）。然后，将模型从：

$$\log_e(\lambda) = \beta_0 + \sum_{j=1}^{p} \beta_j X_j$$

修改为：

$$\log_e\left(\frac{\lambda}{time}\right) = \beta_0 + \sum_{j=1}^{p} \beta_j X_j$$

或等价的：

$$\log_e(\lambda) = \log_e(time) + \beta_0 + \sum_{j=1}^{p} \beta_j X_j$$

为拟合新模型，你需要使用glm()函数中的offset选项。例如在Breslow癫痫研究中，假设病人随机分组后检测的时间长度在14天到60天间变化。你可以将癫痫发病率作为因变量（假设已记录了每个病人发病的时间），然后拟合模型：

```
fit <- glm(sumY ~ Base + Age + Trt, data=breslow.dat,
           offset= log(time), family=poisson)
```

其中sumY指随机化分组后在每个病人被研究期间其癫痫发病的次数。此处假定比率不随时间变化（比如，4天中发生2次癫痫与20天发生10次癫痫比率相同）。

2. 零膨胀的泊松回归

在一个数据集中，0计数的数目时常比用泊松模型预测的数目多。当总体的一个子群体无任何被计数的行为时，就可能发生这种问题。以Logistic回归中的婚外情数据为例，初始结果变量（affairs）记录了调查对象在过去一年中的婚外偷腥次数。在整个调查期间，很有可能有一群对配偶忠诚的群体从未有过婚外情。这便称为结构零值（相对于调查中那群有婚外情的人）。

此时，你可以使用零膨胀的泊松回归（zero-inflated Poisson regression）分析该数据。它将同时拟合两个模型：一个用来预测哪些人又会发生婚外情，另外一个用来预测排除了婚姻忠诚者后的调查对象会发生多少次婚外情。你可以把该模型看作Logistic回归（预测结构零值）和泊松回归（预测无结构零值观测的计数）的组合。pscl包中的zeroinfl()函数可做零膨胀泊松回归。

3. 稳健泊松回归

robust包中的glmRob()函数可以拟合稳健广义线性模型，包含稳健泊松回归。正如上文所提到的，当存在离群点和强影响点时，该方法会很有效。

深入探究

广义线性模型是一种数学上的复杂模型，有许多可用的学习资源。Dunteman和Ho的*An Introduction to Generalized Linear Models*（2006）是一个较好的简介，可供参考；McCullagh和Nelder的*Generalized Linear Models, Second Edition*（1989）则是经典的广义线性模型的（高级）材料。Dobson和Barnett的*An Introduction to Generalized Linear Models, Third Edition*（2008）和Fox的*Applied Regression Analysis and Generalized Linear Models*（2008）给出了全面而易懂的讲义，另外还有以R为背景的优秀简介可参考：Faraway（2006）和Fox（2002）。

13.4　小结

　　为帮助你更好地理解数据，本章使用广义线性模型扩展了经典方法的方法适用范围。具体来讲，该框架可以用来分析非正态的响应变量，包括分类数据和离散的计数型数据。在简短介绍了这些通用方法后，我们重点探究了Logistic回归（分析二值型结果变量）和泊松回归（分析计数型或比率结果变量）。

　　随后，我们讨论了过度离势问题，包括如何检测以及依据它进行调整等方法。最后，学习了它们在R中的一些可用扩展和变种。

　　到目前为止，我们介绍的每种统计方法都是直接处理可观测、可记录的变量。在下一章中，我们将看看处理潜变量的统计模型，即那些你坚信存在并能解释可观测变量的、无法被观测到的、理论上的变量。具体而言，你将学习如何使用因子分析方法检测和检验这些无法被观测到的变量的假设。

主成分分析和因子分析

本章内容
- 主成分分析
- 探索性因子分析
- 理解其他潜变量模型

　　信息过度复杂是多变量数据最大的挑战之一。若数据集有100个变量，如何了解其中所有的交互关系呢？即使只有20个变量，当试图理解各个变量与其他变量的关系时，也需要考虑190对相互关系。主成分分析和探索性因子分析是两种用来探索和简化多变量复杂关系的常用方法，它们之间有联系也有区别。

　　主成分分析（PCA）是一种数据降维技巧，它能将大量相关变量转化为一组很少的不相关变量，这些无关变量称为主成分。例如，使用PCA可将30个相关（很可能冗余）的环境变量转化为5个无关的成分变量，并且尽可能地保留原始数据集的信息。

　　相对而言，探索性因子分析（EFA）是一系列用来发现一组变量的潜在结构的方法。它通过寻找一组更小的、潜在的或隐藏的结构来解释已观测到的、显式的变量间的关系。例如，Harman74.cor包含了24个心理测验间的相互关系，受试对象为145个七年级或八年级的学生。假使应用EFA来探索该数据，结果表明276个测验间的相互关系可用四个学生能力的潜在因子（语言能力、反应速度、推理能力和记忆能力）来进行解释。

　　PCA与EFA模型间的区别参见图14-1。主成分（PC1和PC2）是观测变量（X1到X5）的线性组合。形成线性组合的权重都是通过最大化各主成分所解释的方差来获得，同时还要保证各主成分间不相关。

　　相反，因子（F1和F2）被当作观测变量的结构基础或"原因"，而不是它们的线性组合。代表观测变量方差的误差（e1到e5）无法用因子来解释。图中的圆圈表示因子和误差无法直接观测，但是可通过变量间的相互关系推导得到。在本例中，因子间带曲线的箭头表示它们之间有相关性。在EFA模型中，相关因子是常见的，但并不是必需的。

　　本章介绍的两种方法都需要大样本来支撑稳定的结果，但是多大样本量才足够也是一个复杂的问题。目前，数据分析师常使用经验法则："因子分析需要5~10倍于变量数的样本数。"最近研究表明，所需样本量依赖于因子数目、与各因子相关联的变量数，以及因子对变量方差的解释程度（Bandalos & Boehm-Kaufman，2009）。我冒险推测一下：如果你有几百个观测，样本量便已充足。本章中，为保证输出结果（和篇幅原因）可控性，我们将人为设定一些小问题。

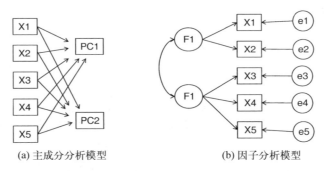

(a) 主成分分析模型　　　　　　　　(b) 因子分析模型

图14-1　主成分分析和因子分析模型。图中展示了可观测变量（X1到X5）、主成分（PC1、PC2）、因子（F1、F2）和误差（e1到e5）

首先，我们将回顾R中可用来做PCA或EFA的函数，并简略看一看相关分析流程。然后，逐步分析两个PCA示例，以及一个扩展的EFA示例。最后，本章简要列出R中其他拟合潜变量模型的软件包，包括用于验证性因子分析、结构方程模型、对应分析和潜在类别分析的软件包。

14.1 R 中的主成分和因子分析

R的基础安装包提供了PCA和EFA的函数，分别为`princomp()`和`factanal()`。本章我们将重点介绍psych包中提供的函数。它们提供了比基础函数更丰富和有用的选项。另外，输出的结果形式也更为社会学家所熟悉，与其他统计软件如（SAS和SPSS）所提供的输出十分相似。

表14-1列出了psych包中相关度最高的函数。在使用这些函数前请确保已安装该软件包。

表14-1　psych包中有用的因子分析函数

函　　数	描　　述
`principal()`	含多种可选的方差旋转方法的主成分分析
`fa()`	可用主轴、最小残差、加权最小平方或最大似然法估计的因子分析
`fa.parallel()`	含平行分析的碎石图
`factor.plot()`	绘制因子分析或主成分分析的结果
`fa.diagram()`	绘制因子分析或主成分的载荷矩阵
`scree()`	因子分析和主成分分析的碎石图

初学者常会对EFA（和自由度较少的PCA）感到困惑。因为它们提供了一系列应用广泛的方法，而且每种方法都需要一些步骤（和决策）才能获得最终结果。最常见的步骤如下。

(1) 数据预处理。PCA和EFA都根据观测变量间的相关性来推导结果。用户可以输入原始数据矩阵或者相关系数矩阵到`principal()`和`fa()`函数中。若输入初始数据，相关系数矩阵将会被自动计算，在计算前请确保数据中没有缺失值。

(2) 选择因子模型。判断是PCA（数据降维）还是EFA（发现潜在结构）更符合你的研究目标。如果选择EFA方法，你还需要选择一种估计因子模型的方法（如最大似然估计）。

(3) 判断要选择的主成分/因子数目。

(4) 选择主成分/因子。

(5) 旋转主成分/因子。

(6) 解释结果。

(7) 计算主成分或因子得分。

后面几节将从PCA开始，详细讨论分析的每一个步骤。本章最后，会给出一个详细的PCA/EFA分析流程图（图14-7）。结合相关材料，流程图能够进一步加深你对模型的理解。

14.2　主成分分析

PCA的目标是用一组较少的不相关变量代替大量相关变量，同时尽可能保留初始变量的信息，这些推导所得的变量称为主成分，它们是观测变量的线性组合。如第一主成分为：

$$PC_1 = a_1X_1 + a_2X_2 + \cdots + a_kX_k$$

它是k个观测变量的加权组合，对初始变量集的方差解释性最大。第二主成分也是初始变量的线性组合，对方差的解释性排第二，同时与第一主成分正交（不相关）。后面每一个主成分都最大化它对方差的解释程度，同时与之前所有的主成分都正交。理论上来说，你可以选取与变量数相同的主成分，但从实用的角度来看，我们都希望能用较少的主成分来近似全变量集。下面看一个简单的示例。

数据集`USJudgeRatings`包含了律师对美国高等法院法官的评分。数据框包含43个观测，12个变量。表14-2列出了所有的变量。

表14-2　`USJudgeRatings`数据集中的变量

变　　量	描　　述	变　　量	描　　述
CONT	律师与法官的接触次数	PREP	审理前的准备工作
INTG	法官正直程度	FAMI	对法律的熟稔程度
DMNR	风度	ORAL	口头裁决的可靠度
DILG	勤勉度	WRIT	书面裁决的可靠度
CFMG	案例流程管理水平	PHYS	体能
DECI	决策效率	RTEN	是否值得保留

从实用的角度来看，你是否能够用较少的变量来总结这11个变量（从`INTG`到`RTEN`）评估的信息呢？如果可以，需要多少个？如何对它们进行定义呢？因为我们的目标是简化数据，所以可使用PCA。数据保持初始得分的格式，没有缺失值。因此，下一步便是判断需要多少个主成分。

14.2.1　判断主成分的个数

以下是一些可用来判断PCA中需要多少个主成分的准则：

❑ 根据先验经验和理论知识判断主成分数；

❑ 根据要解释变量方差的积累值的阈值来判断需要的主成分数；

❑ 通过检查变量间$k×k$的相关系数矩阵来判断保留的主成分数。

最常见的是基于特征值的方法。每个主成分都与相关系数矩阵的特征值相关联，第一主成分与最大的特征值相关联，第二主成分与第二大的特征值相关联，依此类推。Kaiser-Harris准则建议保留特征值大于1的主成分，特征值小于1的成分所解释的方差比包含在单个变量中的方差更少。Cattell碎石检验则绘制了特征值与主成分数的图形。这类图形可以清晰地展示图形弯曲状况，在图形变化最大处之上的主成分都可保留。最后，你还可以进行模拟，依据与初始矩阵相同大小的随机数据矩阵来判断要提取的特征值。若基于真实数据的某个特征值大于一组随机数据矩阵相应的平均特征值，那么该主成分可以保留。该方法称作平行分析（详见Hayton、Allen和Scarpello的"Factor Retention Decisions in Exploratory Factor Analysis: A Tutorial on Parallel Analysis"，2004）。

利用fa.parallel()函数，你可以同时对三种特征值判别准则进行评价。对于11种评分（删去了CONT变量），代码如下：

```
library(psych)
fa.parallel(USJudgeRatings[,-1], fa="pc", n.iter=100,
           show.legend=FALSE, main="Scree plot with parallel analysis")
```

代码生成图形见图14-2，展示了基于观测特征值的碎石检验（由线段和x符号组成）、根据100个随机数据矩阵推导出来的特征值均值（虚线），以及大于1的特征值准则（$y=1$的水平线）。

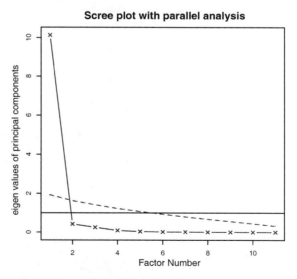

图14-2　评价美国法官评分中要保留的主成分个数。碎石图（直线与x符号）、特征值大于1准则（水平线）和100次模拟的平行分析（虚线）都表明保留一个主成分即可

三种准则表明选择一个主成分即可保留数据集的大部分信息。下一步是使用principal()

函数挑选出相应的主成分。

14.2.2　提取主成分

之前已经介绍过，`principal()`函数可以根据原始数据矩阵或者相关系数矩阵做主成分分析。格式为：

```
principal(r, nfactors=, rotate=, scores=)
```

其中：

- ❑ r是相关系数矩阵或原始数据矩阵；
- ❑ nfactors设定主成分数（默认为1）；
- ❑ rotate指定旋转的方法（默认最大方差旋转（varimax），见14.2.3节）；
- ❑ scores设定是否需要计算主成分得分（默认不需要）。

使用代码清单14-1中的代码可获取第一主成分。

代码清单14-1　美国法官评分的主成分分析

```
> library(psych)
> pc <- principal(USJudgeRatings[,-1], nfactors=1)
> pc

Principal Components Analysis
Call: principal(r = USJudgeRatings[, -1], nfactors=1)
Standardized loadings based upon correlation matrix
      PC1   h2    u2
INTG 0.92 0.84 0.157
DMNR 0.91 0.83 0.166
DILG 0.97 0.94 0.061
CFMG 0.96 0.93 0.072
DECI 0.96 0.92 0.076
PREP 0.98 0.97 0.030
FAMI 0.98 0.95 0.047
ORAL 1.00 0.99 0.009
WRIT 0.99 0.98 0.020
PHYS 0.89 0.80 0.201
RTEN 0.99 0.97 0.028


                 PC1
SS loadings    10.13
Proportion Var  0.92
[……已删除额外输出……]
```

此处，你输入的是没有CONT变量的原始数据，并指定获取一个未旋转（参见14.3.3节）的主成分。由于PCA只对相关系数矩阵进行分析，在获取主成分前，原始数据将会被自动转换为相关系数矩阵。

PC1栏包含了成分载荷，指观测变量与主成分的相关系数。如果提取不止一个主成分，那么还将会有PC2、PC3等栏。成分载荷（component loadings）可用来解释主成分的含义。此处可以看到，第一主成分（PC1）与每个变量都高度相关，也就是说，它是一个可用来进行一般性评价的维度。

　　h2栏指成分公因子方差，即主成分对每个变量的方差解释度。u2栏指成分唯一性，即方差无法被主成分解释的比例（1–h2）。例如，体能（PHYS）80%的方差都可用第一主成分来解释，20%不能。相比而言，PHYS是用第一主成分表示性最差的变量。

　　SS loadings行包含了与主成分相关联的特征值，指的是与特定主成分相关联的标准化后的方差值（本例中，第一主成分的值为10）。最后，Proportion Var行表示的是每个主成分对整个数据集的解释程度。此处可以看到，第一主成分解释了11个变量92%的方差。

　　让我们再来看看第二个例子，它的结果不止一个主成分。Harman23.cor数据集包含305个女孩的8个身体测量指标。本例中，数据集由变量的相关系数组成，而不是原始数据集（见表14-3）。

表14-3　305个女孩的身体指标间的相关系数（Harman23.cor）

	身高	指距	前臂	小腿	体重	股骨转子间径	胸围	胸宽
身高	1.00	0.85	0.80	0.86	0.47	0.40	0.30	0.38
指距	0.85	1.00	0.88	0.83	0.38	0.33	0.28	0.41
前臂	0.80	0.88	1.00	0.80	0.38	0.32	0.24	0.34
小腿	0.86	0.83	0.80	1.00	0.44	0.33	0.33	0.36
体重	0.47	0.38	0.38	0.44	1.00	0.76	0.73	0.63
股骨转子间径	0.40	0.33	0.32	0.33	0.76	1.00	0.58	0.58
胸围	0.30	0.28	0.24	0.33	0.73	0.58	1.00	0.54
胸宽	0.38	0.41	0.34	0.36	0.63	0.58	0.54	1.00

来源：Harman, H. H. (1976) *Modern Factor Analysis, Third Edition Revised*, University of Chicago Press, Table 2.3

　　同样地，我们希望用较少的变量替换这些原始身体指标。如下代码可判断要提取的主成分数。此处，你需要填入相关系数矩阵（Harman23.cor对象中的cov部分），并设定样本大小（n.obs）：

```
library(psych)
fa.parallel(Harman23.cor$cov, n.obs=302, fa="pc", n.iter=100,
            show.legend=FALSE, main="Scree plot with parallel analysis")
```

结果见图14-3。

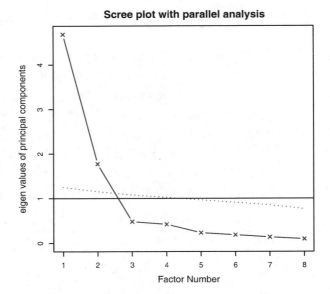

图14-3 判断身体测量数据集所需的主成分数。碎石图（直线和x符号）、特征值大于 1准则（水平线）和100次模拟（虚线）的平行分析建议保留两个主成分

与第一个例子类似，图形中的Kaiser-Harris准则、碎石检验和平行分析都建议选择两个主成分。但是三个准备并不总是相同，你可能需要依据实际情况提取不同数目的主成分，选择最优解决方案。代码清单清单14-2从相关系数矩阵中提取了前两个主成分。

代码清单14-2 身体测量指标的主成分分析

```
> library(psych)
> pc <- principal(Harman23.cor$cov, nfactors=2, rotate="none")
> pc

Principal Components Analysis
Call: principal(r = Harman23.cor$cov, nfactors = 2, rotate = "none")
Standardized loadings based upon correlation matrix
                PC1   PC2   h2    u2
height         0.86 -0.37 0.88 0.123
arm.span       0.84 -0.44 0.90 0.097
forearm        0.81 -0.46 0.87 0.128
lower.leg      0.84 -0.40 0.86 0.139
weight         0.76  0.52 0.85 0.150
bitro.diameter 0.67  0.53 0.74 0.261
chest.girth    0.62  0.58 0.72 0.283
chest.width    0.67  0.42 0.62 0.375

                PC1   PC2
SS loadings    4.67  1.77
Proportion Var 0.58  0.22
Cumulative Var 0.58  0.81
```

[……已删除额外输出……]

从代码清单14-2中的PC1和PC2栏可以看到，第一主成分解释了身体测量指标58%的方差，而第二主成分解释了22%，两者总共解释了81%的方差。对于高度变量，两者则共解释了其88%的方差。

载荷阵解释了成分和因子的含义。第一主成分与每个身体测量指标都正相关，看起来似乎是一个一般性的衡量因子；第二主成分与前四个变量（height、arm.span、forearm和lower.leg）负相关，与后四个变量（weight、bitro.diameter、chest.girth和chest.width）正相关，因此它看起来似乎是一个长度－容量因子。但理念上的东西都不容易构建，当提取了多个成分时，对它们进行旋转可使结果更具解释性，接下来我们便讨论该问题。

14.2.3　主成分旋转

旋转是一系列将成分载荷阵变得更容易解释的数学方法，它们尽可能地对成分去噪。旋转方法有两种：使选择的成分保持不相关（正交旋转），和让它们变得相关（斜交旋转）。旋转方法也会依据去噪定义的不同而不同。最流行的正交旋转是方差极大旋转，它试图对载荷阵的列进行去噪，使得每个成分只由一组有限的变量来解释（即载荷阵每列只有少数几个很大的载荷，其他都是很小的载荷）。对身体测量数据使用方差极大旋转，你可以得到如代码清单14-3所示的结果。14.4节将介绍斜交旋转的示例。

代码清单14-3　方差极大旋转的主成分分析

```
> rc <- principal(Harman23.cor$cov, nfactors=2, rotate="varimax")
> rc

Principal Components Analysis
Call: principal(r = Harman23.cor$cov, nfactors = 2, rotate = "varimax")
Standardized loadings based upon correlation matrix
                RC1  RC2  h2   u2
height          0.90 0.25 0.88 0.123
arm.span        0.93 0.19 0.90 0.097
forearm         0.92 0.16 0.87 0.128
lower.leg       0.90 0.22 0.86 0.139
weight          0.26 0.88 0.85 0.150
bitro.diameter  0.19 0.84 0.74 0.261
chest.girth     0.11 0.84 0.72 0.283
chest.width     0.26 0.75 0.62 0.375

                RC1  RC2
SS loadings     3.52 2.92
Proportion Var  0.44 0.37
Cumulative Var  0.44 0.81
```

[……已删除额外输出……]

列的名字都从PC变成了RC，以表示成分被旋转。观察RC1栏的载荷，你可以发现第一主成分主要由前四个变量来解释（长度变量）。RC2栏的载荷表示第二主成分主要由变量5到变量8来解释（容量变量）。注意两个主成分仍不相关，对变量的解释性不变，这是因为变量的群组没有发生变化。另外，两个主成分旋转后的累积方差解释性没有变化（81%），变的只是各个主成分对方差的解释度（成分1从58%变为44%，成分2从22%变为37%）。各成分的方差解释度趋同，准确来说，此时应该称它们为成分而不是主成分（因为单个主成分方差最大化性质没有保留）。

我们的最终目标是用一组较少的变量替换一组较多的相关变量，因此，你还需要获取每个观测在成分上的得分。

14.2.4 获取主成分得分

在美国法官评分例子中，我们根据原始数据中的11个评分变量提取了一个主成分。利用`principal()`函数，你很容易获得每个调查对象在该主成分上的得分（见代码清单14-4）。

代码清单14-4 从原始数据中获取成分得分

```
> library(psych)
> pc <- principal(USJudgeRatings[,-1], nfactors=1, score=TRUE)
> head(pc$scores)
                      PC1
AARONSON,L.H.  -0.1857981
ALEXANDER,J.M.  0.7469865
ARMENTANO,A.J.  0.0704772
BERDON,R.I.     1.1358765
BRACKEN,J.J.   -2.1586211
BURNS,E.B.      0.7669406
```

当`scores = TRUE`时，主成分得分存储在`principal()`函数返回对象的`scores`元素中。如果有需要，你还可以获得律师与法官的接触频数与法官评分间的相关系数：

```
> cor(USJudgeRatings$CONT, pc$score)
                PC1
[1,] -0.008815895
```

显然，律师与法官的熟稔度与律师的评分毫无关联。

当主成分分析基于相关系数矩阵时，原始数据便不可用了，也不可能获取每个观测的主成分得分，但是你可以得到用来计算主成分得分的系数。

在身体测量数据中，你有各个身体测量指标间的相关系数，但是没有305个女孩的个体测量值。按照代码清单14-5，你可得到得分系数。

代码清单14-5 获取主成分得分的系数

```
> library(psych)
> rc <- principal(Harman23.cor$cov, nfactors=2, rotate="varimax")
> round(unclass(rc$weights), 2)
            RC1   RC2
height     0.28 -0.05
arm.span   0.30 -0.08
forearm    0.30 -0.09
```

```
lower.leg        0.28 -0.06
weight          -0.06  0.33
bitro.diameter  -0.08  0.32
chest.girth     -0.10  0.34
chest.width     -0.04  0.27
```

利用如下公式可得到主成分得分：

```
PC1 = 0.28*height + 0.30*arm.span + 0.30*forearm + 0.29*lower.leg -
      0.06*weight - 0.08*bitro.diameter - 0.10*chest.girth -
      0.04*chest.width
```

和：

```
PC2 = -0.05*height - 0.08*arm.span - 0.09*forearm - 0.06*lower.leg +
      0.33*weight + 0.32*bitro.diameter + 0.34*chest.girth +
      0.27*chest.width
```

两个等式都假定身体测量指标都已标准化（mean=0，sd=1）。注意，体重在PC1上的系数约为0.3或0，对于PC2也是一样。从实际角度考虑，你可以进一步简化方法，将第一主成分看作前四个变量标准化得分的均值；类似地，将第二主成分看作后四个变量标准化得分的均值，这正是我通常在实际中采用的方法。

> ### "小瞬间"（Little Jiffy）征服世界
>
> 许多数据分析师都对PCA和EFA存有或多或少的疑惑。一个是历史原因，它可以追溯到一个叫作Little Jiffy的软件（不是玩笑）。Little Jiffy是因子分析早期最流行的一款软件，默认做主成分分析，选用方差极大旋转法，提取特征值大于1的成分。这款软件应用得如此广泛，以至于许多社会科学家都默认它与EFA同义。许多后来的统计软件包在它们的EFA程序中都默认如此处理。
>
> 但我希望你通过学习下一节内容发现PCA与EFA间重要的、基础性的不同之处。想更多了解PCA/EFA的混淆点，可参阅Hayton、Allen和Scarpello的"Factor Retention Decisions in Exploratory Factor Analysis: A Tutorial on Parallel Analysis"（2004）。

如果你的目标是寻求可解释观测变量的潜在隐含变量，可使用因子分析，这正是下一节的主题。

14.3 探索性因子分析

EFA的目标是通过发掘隐藏在数据下的一组较少的、更为基本的无法观测的变量，来解释一组可观测变量的相关性。这些虚拟的、无法观测的变量称作因子。（每个因子被认为可解释多个观测变量间共有的方差，因此准确来说，它们应该称作公共因子。）

模型的形式为：

$$X_i = a_1F_1 + a_2F_2 + \cdots + a_pF_p + U_i$$

其中X_i是第i个可观测变量（$i=1\cdots k$），F_j是公共因子（$j=1\cdots p$），并且$p<k$。U_i是X_i变量独有的部分（无法被公共因子解释）。a_i可认为是每个因子对复合而成的可观测变量的贡献值。回到本章开头的Harman74.cor的例子，我们认为每个个体在24个心理学测验上的观测得分，是根据四个潜在心理学因素的加权能力值组合而成。

虽然PCA和EFA存在差异，但是它们的许多分析步骤都是相似的。为阐述EFA的分析过程，我们用它来对六个心理学测验间的相关性进行分析。112个人参与了六个测验，包括非语言的普通智力测验（general）、画图测验（picture）、积木图案测验（blocks）、迷宫测验（maze）、阅读测验（reading）和词汇测验（vocab）。我们如何用一组较少的、潜在的心理学因素来解释参与者的测验得分呢？

数据集ability.cov提供了变量的协方差矩阵，你可用cov2cor()函数将其转化为相关系数矩阵。数据集没有缺失值。

```
> options(digits=2)
> covariances <- ability.cov$cov
> correlations <- cov2cor(covariances)
> correlations
        general picture blocks maze reading vocab
general    1.00    0.47   0.55 0.34    0.58  0.51
picture    0.47    1.00   0.57 0.19    0.26  0.24
blocks     0.55    0.57   1.00 0.45    0.35  0.36
maze       0.34    0.19   0.45 1.00    0.18  0.22
reading    0.58    0.26   0.35 0.18    1.00  0.79
vocab      0.51    0.24   0.36 0.22    0.79  1.00
```

因为要寻求用来解释数据的潜在结构，可使用EFA方法。与使用PCA相同，下一步工作为判断需要提取几个因子。

14.3.1 判断需提取的公共因子数

用fa.parallel()函数可判断需提取的因子数：

```
> library(psych)
> covariances <- ability.cov$cov
> correlations <- cov2cor(covariances)
> fa.parallel(correlations, n.obs=112, fa="both", n.iter=100,
            main="Scree plots with parallel analysis")
```

结果见图14-4。注意，代码中使用了fa="both"，因子图形将会同时展示主成分和公共因子分析的结果。

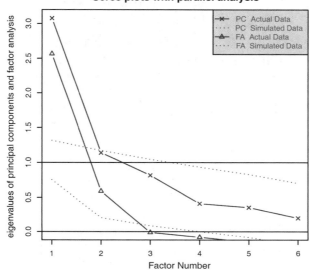

图14-4　判断心理学测验需要保留的因子数。图中同时展示了PCA和EFA的结果。
PCA结果建议提取一个或者两个成分，EFA建议提取两个因子

　　图形中有几个值得注意的地方。如果使用PCA方法，你可能会选择一个成分（碎石检验和平行分析）或者两个成分（特征值大于1）。当摇摆不定时，高估因子数通常比低估因子数的结果好，因为高估因子数一般较少曲解"真实"情况。

　　观察EFA的结果，显然需提取两个因子。碎石检验的前两个特征值（三角形）都在拐角处之上，并且大于基于100次模拟数据矩阵的特征值均值。对于EFA，Kaiser-Harris准则的特征值数大于0，而不是1。（大部分人都没有意识到这一点。）图形中该准则也建议选择两个因子。

14.3.2　提取公共因子

　　现在你决定提取两个因子，可以使用fa()函数获得相应的结果。fa()函数的格式如下：

```
fa(r, nfactors=, n.obs=, rotate=, scores=, fm=)
```

其中：
- □ r是相关系数矩阵或者原始数据矩阵；
- □ nfactors设定提取的因子数（默认为1）；
- □ n.obs是观测数（输入相关系数矩阵时需要填写）；
- □ rotate设定旋转的方法（默认互变异数最小法）；
- □ scores设定是否计算因子得分（默认不计算）；
- □ fm设定因子化方法（默认极小残差法）。

与PCA不同，提取公共因子的方法很多，包括最大似然法（ml）、主轴迭代法（pa）、加权最小二乘法（wls）、广义加权最小二乘法（gls）和最小残差法（minres）。统计学家青睐使用最大似然法，因为它有良好的统计性质。不过有时候最大似然法不会收敛，此时使用主轴迭代法效果会很好。欲了解更多提取公共因子的方法，可参阅Mulaik（2009）和Corsuch（1983）。

本例使用主轴迭代法（fm="pa"）提取未旋转的因子。结果见代码清单14-6。

代码清单14-6　未旋转的主轴迭代因子法

```
> fa <- fa(correlations, nfactors=2, rotate="none", fm="pa")
> fa
Factor Analysis using method = pa
Call: fa(r = correlations, nfactors = 2, rotate = "none", fm = "pa")
Standardized loadings based upon correlation matrix
          PA1   PA2   h2   u2
general  0.75  0.07 0.57 0.43
picture  0.52  0.32 0.38 0.62
blocks   0.75  0.52 0.83 0.17
maze     0.39  0.22 0.20 0.80
reading  0.81 -0.51 0.91 0.09
vocab    0.73 -0.39 0.69 0.31

                 PA1  PA2
SS loadings     2.75 0.83
Proportion Var  0.46 0.14
Cumulative Var  0.46 0.60
[……已删除额外输出……]
```

可以看到，两个因子解释了六个心理学测验60%的方差。不过因子载荷阵的意义并不太好解释，此时使用因子旋转将有助于因子的解释。

14.3.3　因子旋转

你可以使用正交旋转或者斜交旋转来旋转14.3.4节中两个因子的结果。现在我们同时尝试两种方法，看看它们的异同。首先使用正交旋转（见代码清单14-7）。

代码清单14-7　用正交旋转提取因子

```
> fa.varimax <- fa(correlations, nfactors=2, rotate="varimax", fm="pa")
> fa.varimax
Factor Analysis using method = pa
Call: fa(r = correlations, nfactors = 2, rotate = "varimax", fm = "pa")
Standardized loadings based upon correlation matrix
          PA1  PA2   h2   u2
general  0.49 0.57 0.57 0.43
picture  0.16 0.59 0.38 0.62
blocks   0.18 0.89 0.83 0.17
maze     0.13 0.43 0.20 0.80
reading  0.93 0.20 0.91 0.09
vocab    0.80 0.23 0.69 0.31
```

```
                 PA1  PA2
SS loadings      1.83 1.75
Proportion Var   0.30 0.29
Cumulative Var   0.30 0.60
```

［……已删除额外输出……］

结果显示因子变得更好解释了。阅读和词汇在第一因子上载荷较大，画图、积木图案和迷宫在第二因子上载荷较大，非语言的普通智力测量在两个因子上载荷较为平均，这表明存在一个语言智力因子和一个非语言智力因子。

使用正交旋转将人为地强制两个因子不相关。如果想允许两个因子相关该怎么办呢？此时可以使用斜交转轴法，比如promax（见代码清单14-8）。

代码清单14-8　用斜交旋转提取因子

```
> fa.promax <- fa(correlations, nfactors=2, rotate="promax", fm="pa")
> fa.promax
Factor Analysis using method = pa
Call: fa(r = correlations, nfactors = 2, rotate = "promax", fm = "pa")
Standardized loadings based upon correlation matrix
          PA1   PA2   h2   u2
General   0.36  0.49  0.57 0.43
picture  -0.04  0.64  0.38 0.62
blocks   -0.12  0.98  0.83 0.17
maze     -0.01  0.45  0.20 0.80
reading   1.01 -0.11  0.91 0.09
vocab     0.84 -0.02  0.69 0.31

                 PA1  PA2
SS loadings      1.82 1.76
Proportion Var   0.30 0.29
Cumulative Var   0.30 0.60

With factor correlations of
     PA1  PA2
PA1 1.00 0.57
PA2 0.57 1.00
```
［……已删除额外输出……］

根据以上结果，你可以看出正交旋转和斜交旋转的不同之处。对于正交旋转，因子分析的重点在于因子结构矩阵（变量与因子的相关系数），而对于斜交旋转，因子分析会考虑三个矩阵：因子结构矩阵、因子模式矩阵和因子关联矩阵。

因子模式矩阵即标准化的回归系数矩阵。它列出了因子预测变量的权重。因子关联矩阵即因子相关系数矩阵。

在代码清单14-8中，PA1和PA2栏中的值组成了因子模式矩阵。它们是标准化的回归系数，而不是相关系数。注意，矩阵的列仍用来对因子进行命名（虽然此处存在一些争论）。你同样可以得到一个语言因子和一个非语言因子。

因子关联矩阵显示两个因子的相关系数为0.57，相关性很大。如果因子间的关联性很低，你可能需要重新使用正交旋转来简化问题。

因子结构矩阵（或称因子载荷阵）没有被列出来，但你可以使用公式F = P*Phi很轻松地得到它，其中F是因子载荷阵，P为因子模式矩阵，Phi为因子关联矩阵。下面的函数即可进行该乘法运算：

```
fsm <- function(oblique) {
if (class(oblique)[2]=="fa" & is.null(oblique$Phi)) {
    warning("Object doesn't look like oblique EFA")
} else {
    P <- unclass(oblique$loading)
    F <- P %*% oblique$Phi
    colnames(F) <- c("PA1", "PA2")
    return(F)
}
}
```

对上面的例子使用该函数，可得：

```
> fsm(fa.promax)
          PA1  PA2
general 0.64 0.69
picture 0.33 0.61
blocks  0.44 0.91
maze    0.25 0.45
reading 0.95 0.47
vocab   0.83 0.46
```

现在你可以看到变量与因子间的相关系数。将它们与正交旋转所得因子载荷阵相比，你会发现该载荷阵列的噪音比较大，这是因为之前你允许潜在因子相关。虽然斜交方法更为复杂，但模型将更符合真实数据。

使用factor.plot()或fa.diagram()函数，你可以绘制正交或者斜交结果的图形。来看以下代码：

```
factor.plot(fa.promax, labels=rownames(fa.promax$loadings))
```

它的生成图形见图14-5。

14

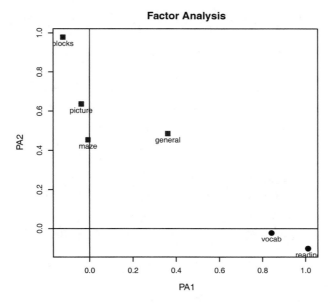

图14-5 数据集`ability.cov`中心理学测验的两因子图形。词汇和阅读在第一个因子（PA1）上载荷较大，而积木图案、画图和迷宫在第二个因子（PA2）上载荷较大。普通智力测验在两个因子上较为平均

代码：

```
fa.diagram(fa.promax, simple=FALSE)
```

生成的图形见图14-6。若使`simple = TRUE`，那么将仅显示每个因子下最大的载荷，以及因子间的相关系数。这类图形在有多个因子时十分实用。

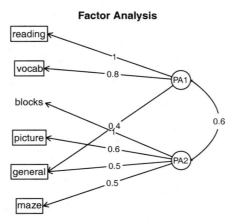

图14-6 数据集`ability.cov`中心理学测验的两因子斜交旋转结果图

当处理真实生活中的数据时，你不可能只对这么少的变量进行因子分析。此处只是为了操作方便，如果你想检测自己的能力，可尝试对 Harman74.cor 中的24个心理学测验进行因子分析。以下代码：

```
library(psych)
fa.24tests <- fa(Harman74.cor$cov, nfactors=4, rotate="promax")
```

应该是个不错的开头。

14.3.4　因子得分

相比PCA，EFA并不那么关注计算因子得分。在 fa() 函数中添加 score = TRUE 选项（原始数据可得时）便可很轻松地获得因子得分。另外还可以得到得分系数（标准化的回归权重），它在返回对象的 weights 元素中。

对于 ability.cov 数据集，通过二因子斜交旋转法便可获得用来计算因子得分的权重：

```
> fa.promax$weights
          [,1]   [,2]
general 0.080 0.210
picture 0.021 0.090
blocks  0.044 0.695
maze    0.027 0.035
reading 0.739 0.044
vocab   0.176 0.039
```

与可精确计算的主成分得分不同，因子得分只是估计得到的。它的估计方法有多种，fa() 函数使用的是回归方法。若想更多地了解因子得分，可参阅 DiStefano、Zhu 和 Mîndrilă 的 "Understanding and Using Factor Scores: Considerations for the Applied Researcher"（2009）。

在继续下文之前，让我们简单了解其他用于探索性因子分析的实用R软件包。

14.3.5　其他与 EFA 相关的包

R包含了其他许多对因子分析非常有用的软件包。FactoMineR包不仅提供了PCA和EFA方法，还包含潜变量模型。它有许多此处我们并没考虑的参数选项，比如数值型变量和类别型变量的使用方法。FAiR包使用遗传算法来估计因子分析模型，它增强了模型参数估计能力，能够处理不等式的约束条件，GPArotation包则提供了许多因子旋转方法。最后，还有nFactors包，它提供了用来判断因子数目的许多复杂方法。

14.4　其他潜变量模型

EFA只是统计中一种应用广泛的潜变量模型。在结束本章之前，我们简要看看R中其他的潜变量模型，包括检验先验知识的模型、处理混合数据类型（数值型和类别型）的模型，以及仅基于类别型多因素表的模型。

14

在EFA中，你可以用数据来判断需要提取的因子数以及它们的含义。但是你也可以先从一些先验知识开始，比如变量背后有几个因子、变量在因子上的载荷是怎样的、因子间的相关性如何，然后通过收集数据检验这些先验知识。这种方法称作验证性因子分析（CFA）。

CFA是结构方程模型（SEM）中的一种方法。SEM不仅可以假定潜在因子的数目以及组成，还能假定因子间的影响方式。你可以将SEM看做是验证性因子分析（对变量）和回归分析（对因子）的组合，它的结果输出包含统计检验和拟合度的指标。R中有几个可做CFA和SEM的非常优秀的软件包，如sem、openMx和lavaan。

ltm包可以用来拟合测验和问卷中各项目的潜变量模型。该方法常用来创建大规模标准化测试，比如学术能力测验（SAT）和美国研究生入学考试（GRE）。

潜类别模型（潜在的因子被认为是类别型而非连续型）可通过FlexMix、lcmm、randomLCA和poLCA包进行拟合。lcda包可做潜类别判别分析，而lsa可做潜在语义分析———一种自然语言处理中的方法。

ca包提供了可做简单和多重对应分析的函数。利用这些函数，可以分别在二维列联表和多维列联表中探索类别型变量的结构。

最后，R中还包含了众多的多维标度法（MDS）计算工具。所谓MDS，即可用来发现解释相似性和可测对象（如国家）间距离的潜在维度。基础安装中的cmdscale()函数可做经典的MDS，而MASS包中的isoMDS()函数可做非线性MDS。vagan包则包含了可做两种MDS的函数。

14.5　小结

本章，我们主要学习了主成分分析（PCA）和探索性因子分析（EFA）两种方法。PCA在数据降维方面非常有用，它能用一组较少的不相关变量来替代大量相关变量，进而简化分析过程。EFA包含很多方法，可用来发现一组可观测变量背后潜在的或无法观测的结构（因子）。

与PCA综合数据和降低维度的目标不同，EFA是假设生成工具，它在帮助理解众多变量间的关系时非常有用，常用于社会科学的理论研究。

虽然两种方法表面上有许多相似之处，但也有重要的差异。本章中，我们探究了这两种方法的模型，学习了判断需提取的主成分/因子数的方法、提取主成分/因子和通过旋转增强解释力的方法，以及获得主成分/因子得分的技巧。图14-7总结了PCA和EFA的分析步骤。在本章最后，我们还简单介绍了R中其他可用的潜变量模型。

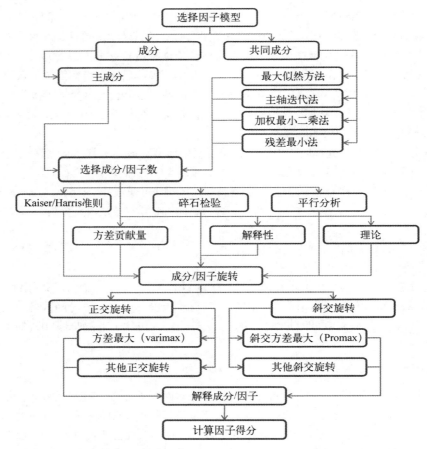

图14-7　主成分/探索性因子分析的分析步骤图

在下一章中，我们将学习处理时间序列数据的方法。

第 15 章

时间序列

15

本章内容
- ❏ 生成时间序列
- ❏ 分解时间序列
- ❏ 建立预测模型
- ❏ 预测未来值

全球变暖的速度有多快？十年后会产生什么影响？除了9.6节中的重复测量方差分析外，前面各章节探讨的都是横截面（cross-sectional）数据。在横截面数据集中，我们是在一个给定的时间点测量变量值。与之相反，纵向（longitudinal）数据则是随着时间的变化反复测量变量值。若持续跟踪某一现象，可能会获得很多了解。

本章，我们将研究在给定的一段时间内有规律地记录的观测值。对于这样的观测值，我们可以将其整合成形如 $Y_1, Y_2, Y_3, \cdots, Y_t, \cdots, Y_T$ 的时间序列，其中 Y_t 为 Y 在时间点 t 的值，T 是时间序列中观测值的个数。

图15-1中是两个完全不同的时间序列（简称时序）。左边的序列为1960～1980年每股Johnson & Johnson的季度收入（单位：美元），数据集中共有84个观测值，即观测值依次对应21年间的每个季度。右边的序列为1749～1983年瑞士联邦观测台和东京天文观测台所观测到的月均相对太阳黑子数。太阳黑子时序更长一些，共有2820个观测值，对应235年间的每个月。

对时序数据的研究包括两个基本问题：对数据的描述（这段时间内发生了什么）以及预测（接下来将会发生什么）。对于Johnson & Johnson数据，我们可能有如下疑问。

- ❏ Johnson & Johnson股价在这段时间内有变化吗？
- ❏ 数据会受到季度影响吗？股价是不是存在某种固定的季度变化？
- ❏ 我们可以预测未来的股价吗？如果可以的话，准确率有多高？

对于太阳黑子数据，我们可能有如下疑问。

- ❏ 哪个统计模型可以更好地描述太阳黑子的活动？
- ❏ 是不是有些模型可以更好地拟合数据？
- ❏ 在一个给定时间内，太阳黑子的数目是否是可预测的？在多大程度上可预测？

正确预测股价的能力关系到我能否早点退休去一个热带岛屿，而预测太阳黑子活动的能力则关系到我能否在这个热带岛屿上保持手机通信畅通。

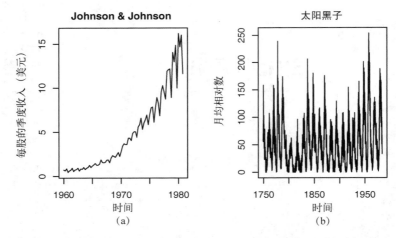

图15-1　(a) 1960～1980年Johnson & Johnson每股季度收入（美元）的时序图；
(b) 1749～1983年月均相对太阳黑子数的时序图

　　对时间序列数据未来值进行预测是基本的人类活动，对时序数据的研究在现实世界中也有着广泛的应用。经济学家尝试通过时序分析理解并预测金融市场；城市规划者基于时序数据预测未来的交通需求；气候学家通过时序数据预测全球气候变化；公司需要时序分析来预测产品的需求及未来销量；医疗保健人员需要根据时序数据研究疾病传播范围及某区域内可能出现的病例数；地震学家通过时序数据预测地震。在这些研究中，对于历史时间序列的分析都是必不可少的。由于不同类型的时间序列数据可能需要不同的方法，本章将研究多个不同的时序数据集。

　　描述时序数据和预测未来值的方法有很多，而R软件具备很多其他软件都不具备的精细时序分析工具。本章将介绍一些最常用的时序数据描述和预测方法以及对应的R函数。表15-1按在本章中的出现顺序给出了这些函数。

表15-1　时序分析会用到的函数

函　　数	程　序　包	用　　　途
ts()	stats	生成时序对象
plot()	graphics	画出时间序列的折线图
start()	stats	返回时间序列的开始时间
end()	stats	返回时间序列的结束时间
frequency()	stats	返回时间序列中时间点的个数
window()	stats	对时序对象取子集
ma()	forecast	拟合一个简单的移动平均模型
stl()	stats	用LOESS光滑将时序分解为季节项、趋势项和随机项
monthplot()	stats	画出时序中的季节项
seasonplot()	forecast	生成季节图

（续）

函　　数	程　序　包	用　　途
HoltWinters()	stats	拟合指数平滑模型
forecast()	forecast	预测时序的未来值
accuracy()	forecast	返回时序的拟合优度度量
ets()	forecast	拟合指数平滑模型，同时也可以自动选取最优模型
lag()	stats	返回取过指定滞后项后的时序
Acf()	forecast	估计自相关函数
Pacf()	forecast	估计偏自相关函数
diff()	base	返回取过滞后项和（或）差分后的序列
ndiffs()	forecast	找到最优差分次数以移除序列中的趋势项
adf.test()	tseries	对序列做ADF检验以判断其是否平稳
arima()	stats	拟合ARIMA模型
Box.test()	stats	进行Ljung-Box检验以判断模型的残差是否独立
bds.test()	tseries	进行BDS检验以判断序列中的随机变量是否服从独立同分布
auto.arima()	forecast	自动选择ARIMA模型

　　表15-2给出了我们将分析的几个时序数据集，这些数据集在R中都可以找到，它们各有特点，适用的模型也各不相同。

表15-2　本章用到的数据集

时间序列	描　　述
AirPassengers	1949～1960年每个月乘坐飞机的乘客数
JohnsonJohnson	每股Johnson & Johnson股份每季度的收入
nhtemp	康涅狄格州纽黑文地区从1912年至1971年每年的平均气温
Nile	尼罗河的流量
sunspots	1749～1983年每月太阳黑子的数量

　　本章首先介绍生成、操作时序数据的方法，对它们进行描述并画图，将它们分解成水平、趋势、季节性和随机（误差）等四个不同部分。在此基础上，我们采用不同的统计模型对其进行预测。将要介绍的方法包括基于加权平均的指数模型，以及基于附近数据点和预测误差间关联的自回归积分移动平均（ARIMA）模型。我们还将介绍模型拟合和预测准确性的评价指标。最后，本章将给出关于时间序列的更多参考书目，以便读者继续学习。

15.1　在 R 中生成时序对象

　　在R中分析时间序列的前提是我们将分析对象转成时间序列对象（time-series object），即R中一种包括观测值、起始时间、终止时间以及周期（如月、季度或年）的结构。只有将数据转成时间序列对象后，我们才能用各种时序方法对其进行分析、建模和绘图。

一个数值型向量或数据框中的一列可通过ts()函数存储为时序对象：

myseries <- ts(*data*, start=, end=, frequency=)

其中*myseries*是所生成的时序对象，*data*是原始的包含观测值的数值型向量，start参数和end参数（可选）给出时序的起始时间和终止时间，frequency为每个单位时间所包含的观测值数量（如frequency=1对应年度数据，frequency=12对应月度数据，frequency=4对应季度数据）。

代码清单15-1给出了一个示例。数据中包含从2003年1月开始，两年内的月度销量数据。

代码清单15-1 生成时序对象

```
> sales <- c(18, 33, 41, 7, 34, 35, 24, 25, 24, 21, 25, 20,
             22, 31, 40, 29, 25, 21, 22, 54, 31, 25, 26, 35)

> tsales <- ts(sales, start=c(2003, 1), frequency=12)       生成时序
> tsales                                                  ❶ 对象

      Jan Feb Mar Apr May Jun Jul Aug Sep Oct Nov Dec
2003   18  33  41   7  34  35  24  25  24  21  25  20
2004   22  31  40  29  25  21  22  54  31  25  26  35

> plot(tsales)
> start(tsales)                          获得这个对
                                       ❷ 象的信息
[1] 2003     1

> end(tsales)

[1] 2004    12

> frequency(tsales)
                                        对对象取子集 ❸
[1] 12

> tsales.subset <- window(tsales, start=c(2003, 5), end=c(2004, 6))
> tsales.subset

     Jan Feb Mar Apr May Jun Jul Aug Sep Oct Nov Dec
2003                  34  35  24  25  24  21  25  20
2004  22  31  40  29  25  21
```

在代码清单中，ts()函数被用于生成时序对象❶。生成后，我们可以将它以图像的形式显示在屏幕上，图15-2为时序数据对应的图像。我们可以用第3章中介绍的方法将图像变得更精炼，比如通过plot(tsales, type="o", pch=19)可以将线条变为连接起来的实心点。生成时序对象后，我们可以通过start()、end()、frequency()函数查看其性质❷，也可以通过window()函数生成原始数据的一个子时序❸。

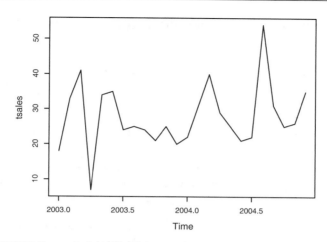

图15-2 由代码清单15-1生成的销量数据的时序图。时间轴中的小数点用来表示一年中的某个位置，比如2003.5表示2003年7月1日（即2003年全年的一半）

15.2 时序的平滑化和季节性分解

正如对横截面数据集分析与建模的第一步是描述性统计和画图一样，对时序数据建立复杂模型之前也需要对其进行描述和可视化。在本节中，我们将对时序进行平滑化以探究其总体趋势，并对其进行分解以观察时序中是否存在季节性因素。

15.2.1 通过简单移动平均进行平滑处理

处理时序数据的第一步是画图（如代码清单15-1）。这里介绍Nile数据集。这一数据集是埃及阿斯旺市在1871年至1970年间所记录的尼罗河的年度流量，图15-3（左上）画出了这一数据集。从图15-3来看，数据总体呈下降趋势，但不同年份的变动非常大。

时序数据集中通常有很显著的随机或误差成分。为了辨明数据中的规律，我们总是希望能够撇开这些波动，画出一条平滑曲线。画出平滑曲线的最简单办法是简单移动平均。比如每个数据点都可用这一点和其前后两个点的平均值来表示，这就是居中移动平均（centered moving average），它的数学表达是：

$$S_t = (Y_{t-q} + \cdots + Y_t + \cdots + Y_{t+q}) / (2q+1)$$

其中S_t是时间点t的平滑值，$k=2q+1$是每次用来平均的观测值的个数，一般我们会将其设为一个奇数（本例中为3）。居中移动平均法的代价是，每个时序集中我们会损失最后的$(k-1)/2$个观测值。

R中有几个函数都可以做简单移动平均，包括TTR包中的SMA()函数，zoo包中的rollmean()函数，forecast包中的ma()函数。这里我们用R中自带的ma()函数来对Nile时序数据进行平滑处理。

代码清单15-2中的代码给出了时序数据的原始数据图，以及平滑后的图（对应k=3、7和15），生成的图像见图15-3。

代码清单15-2　简单移动平均

```
library(forecast)
opar <- par(no.readonly=TRUE)
par(mfrow=c(2,2))
ylim <- c(min(Nile), max(Nile))
plot(Nile, main="Raw time series")
plot(ma(Nile, 3), main="Simple Moving Averages (k=3)", ylim=ylim)
plot(ma(Nile, 7), main="Simple Moving Averages (k=7)", ylim=ylim)
plot(ma(Nile, 15), main="Simple Moving Averages (k=15)", ylim=ylim)
par(opar)
```

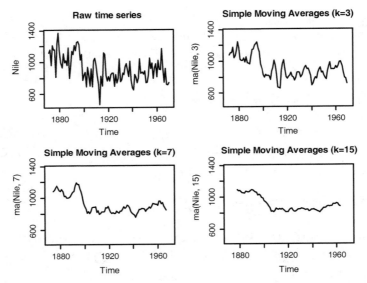

图15-3　1871～1970年阿斯旺水站观测到的尼罗河的年度流量（左上），其余三幅图对应简单移动平均在不同光滑水平上（k=3、7和15）做过光滑处理后的序列

从图像来看，随着k的增大，图像变得越来越平滑。因此我们需要找到最能画出数据中规律的k，避免过平滑或者欠平滑。这里并没有什么特别的科学理论来指导k的选取，我们只是需要先尝试多个不同的k，再决定一个最好的k。从本例的图像来看，尼罗河的流量从1892年到1900年有明显下降；其他的变动则并不是太好解读，比如1941年到1961年水量似乎略有上升，但这也可能只是一个随机波动。

对于间隔大于1的时序数据（即存在季节性因子），我们需要了解的就不仅仅是总体趋势了。此时，我们需要通过季节性分解帮助我们探究季节性波动以及总体趋势。

15.2.2　季节性分解

　　存在季节性因素的时间序列数据（如月度数据、季度数据等）可以被分解为趋势因子、季节性因子和随机因子。趋势因子（trend component）能捕捉到长期变化；季节性因子（seasonal component）能捕捉到一年内的周期性变化；而随机（误差）因子（irregular/error component）则能捕捉到那些不能被趋势或季节效应解释的变化。

　　此时，可以通过相加模型，也可以通过相乘模型来分解数据。在相加模型中，各种因子之和应等于对应的时序值，即：

$$Y_t = Trend_t + Seasonal_t + Irregular_t$$

其中时刻 t 的观测值即这一时刻的趋势值、季节效应以及随机影响之和。

　　而相乘模型则将时间序列表示为：

$$Y_t = Trend_t \times Seasonal_t \times Irregular_t$$

即趋势项、季节项和随机影响相乘。图15-4给出了对应的实例。

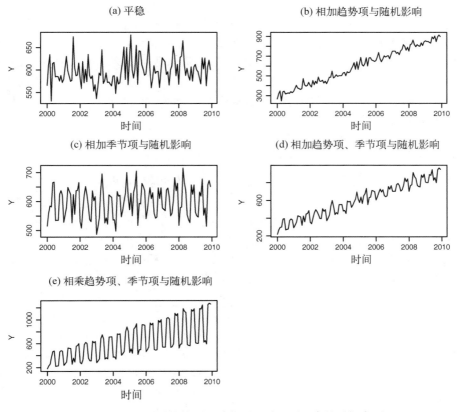

图15-4　由不同的趋势项、季节项和随机项组合的时间序列

　　图(a)中的序列没有趋势项也没有季节项，序列中的波动都表现为一个给定水平上的随机波动。图(b)的序列中有一个向上的趋势，以及围绕这个趋势的一些随机波动。图(c)的序列中有季节效应和随机波动，但并没有表现出某种趋势。图(d)的序列中则同时出现了增长性趋势、季节效应以及随机波动。图(e)的序列也同时出现了这三种因子，但此时时间序列通过相乘模型分解。注意(e)中序列的波动是与趋势成正比的，即整体增长时波动越大。这种基于现有水平的放大（或者缩减）决定了相乘模型更适合这类情况。

　　这里通过一个小例子进一步说明相加模型与相乘模型的区别。假设我们有一个时序，记录了10年来摩托车的月销量。在可加模型中，11月和12月（圣诞节）的销量一般会增加500，而1月（一般是销售淡季）的销量则会减少200。此时季节性的波动量和当时的销量无关。在相乘模型中，11月和12月的销量则会增加20%，1月的销量减少10%，即季节性的波动量和当时的销量是成比例的。这也使得在很多时候，相乘模型比相加模型更现实一些。

　　将时序分解为趋势项、季节项和随机项的常用方法是用LOESS光滑做季节性分解。这可以通过R中的stl()函数实现：

```
stl(ts, s.window=, t.window=)
```

其中ts是将要分解的时序，参数s.window控制季节效应变化的速度，t.window控制趋势项变化的速度。较小的值意味着更快的变化速度。令s.windows="periodic"可使得季节效应在各年间都一样。这一函数中，参数ts和s.windows是必须提供的。我们可以通过help(stl)看到更多关于stl()函数的细节。

　　虽然stl()函数只能处理相加模型，但这也不算一个多严重的限制，因为相乘模型总可以通过对数变换转换成相加模型：

```
log(Yt) = log(Trendt * Seasonalt * Irregulart)
        = log(Trendt) + log(Seasonalt) + log(Irregulart)
```

用经过对数变换的序列拟合出的相加模型也总可以再转化回原始尺度。下面给出一个例子。

　　R中自带的AirPassengers序列描述了1949～1960年每个月国际航班的乘客（单位：千）。序列图见图15-5的上图。从图像来看，序列的波动随着整体水平的增长而增长，即相乘模型更适合这个序列。

　　图15-5中的第二幅图是经过对数变换后的序列。这样序列的波动就稳定了下来，对数变换后的序列就可以用相加模型来拟合了。具体过程见代码清单15-3。

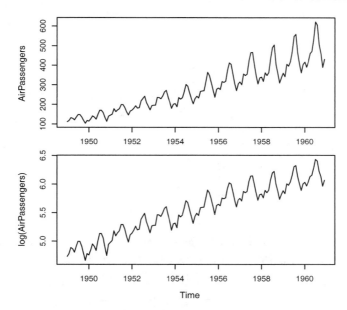

15

图15-5 `AirPassengers`时间序列的折线图（上图），这一时间序列表示的是
1949 ~ 1960年每个月国际航班的乘客数（单位：千）。下图对原始序列取了对
数变换，使得序列的方差稳定下来，从而可以对其拟合一个可加性季节模型

代码清单15-3 用`stl()`函数做季节性分解

```
> plot(AirPassengers)                                         ❶ 画出时间序列
> lAirPassengers <- log(AirPassengers)
> plot(lAirPassengers, ylab="log(AirPassengers)")

> fit <- stl(lAirPassengers, s.window="period")              ❷ 分解时间序列
> plot(fit)

> fit$time.series                            ❸ 每个观测值各
                                                分解项的值
         seasonal trend   remainder
Jan 1949 -0.09164 4.829 -0.0192494
Feb 1949 -0.11403 4.830  0.0543448
Mar 1949  0.01587 4.831  0.0355884
Apr 1949 -0.01403 4.833  0.0404633
May 1949 -0.01502 4.835 -0.0245905
Jun 1949  0.10979 4.838 -0.0426814
Jul 1949  0.21640 4.841 -0.0601152
Aug 1949  0.20961 4.843 -0.0558625
Sep 1949  0.06747 4.846 -0.0008274
Oct 1949 -0.07025 4.851 -0.0015113
Nov 1949 -0.21353 4.856  0.0021631
Dec 1949 -0.10064 4.865  0.0067347
... output omitted ...
```

```
> exp(fit$time.series)

          seasonal trend remainder
Jan 1949   0.9124  125.1   0.9809
Feb 1949   0.8922  125.3   1.0558
Mar 1949   1.0160  125.4   1.0362
Apr 1949   0.9861  125.6   1.0413
May 1949   0.9851  125.9   0.9757
Jun 1949   1.1160  126.2   0.9582
Jul 1949   1.2416  126.6   0.9417
Aug 1949   1.2332  126.9   0.9457
Sep 1949   1.0698  127.2   0.9992
Oct 1949   0.9322  127.9   0.9985
Nov 1949   0.8077  128.5   1.0022
Dec 1949   0.9043  129.6   1.0068
... output omitted ...
```

我们首先画出序列，并对其进行对数变换❶。然后对其进行季节性分解，将结果存储在 fit 中❷。图15-6给出了1949～1960年的时序图、季节效应图、趋势图以及随机波动项。注意此时将季节效应限定为每年都一样（即设定s.window="period"）。序列的趋势为单调增长，季节效应表明夏季乘客数量更多（可能因为假期）。每个图的 y 轴尺度不同，因此我们通过图中右侧的灰色长条来指示量级，即每个长条代表的量级一样。

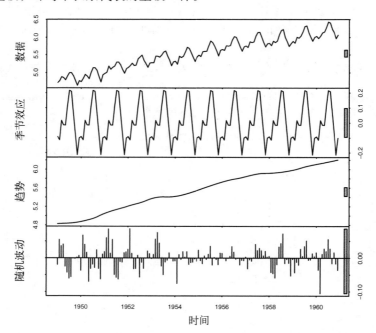

图15-6   使用stl()函数对对数变换后的AirPassengers时序进行季节性分解。时序
            （数据）被分解为季节效应图、趋势图以及随机波动项

　　`stl()`函数返回的对象中有一项是`time.series`，它包括每个观测值中的趋势、季节以及随机效应的具体组成❸。此时，直接用`fit$time.series`则返回对数变换后的时序，而通过`exp(fit$time.series)`可将结果转化为原始尺度。观察季节效应可发现，7月的乘客数增长了24%（即乘子为1.24），而11月的乘客数减少了20%（即乘子为0.8）。

　　我们还可以通过两幅图来对季节分解进行可视化，即用R中自带的`monthplot()`函数和`forecast`包中的`seasonplot()`函数来画图：

```
par(mfrow=c(2,1))
library(forecast)
monthplot(AirPassengers, xlab="", ylab="")
seasonplot(AirPassengers, year.labels="TRUE", main="")
```

这样我们可得到图15-7。

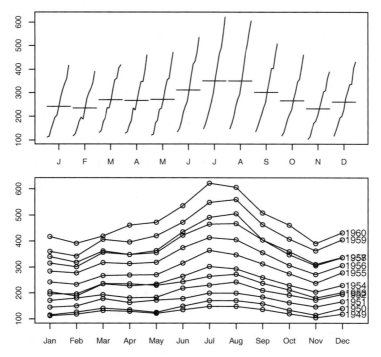

　　图15-7　AirPassengers序列的月度图（上）和季度图（下），从两幅图中都可以看出总体的增长趋势以及相似的季节模式

　　图15-7中的第一幅图是月度图，表示的是每个月份组成的子序列（连接所有1月的点、连接所有2月的点，以此类推），以及每个子序列的平均值。从这幅图来看，每个月的增长趋势几乎是一致的。另外，我们还可以看到7月和8月的乘客数量最多。图15-7中的第二幅图是季节图（season plot），这幅图以年份为子序列。从这幅图中我们也可以观测到同样的趋势性和季节效应。

　　到此为止，我们已经对时间序列做了很多描述，但还没有对其进行预测。在下一节中，我们将基于指数模型对数据进行预测。

15.3　指数预测模型

指数模型是用来预测时序未来值的最常用模型。这类模型相对比较简单，但是实践证明它们的短期预测能力较好。不同指数模型建模时选用的因子可能不同。比如单指数模型（simple/single exponential model）拟合的是只有常数水平项和时间点 i 处随机项的时间序列，这时认为时间序列不存在趋势项和季节效应；双指数模型（double exponential model；也叫Holt指数平滑，Holt exponential smoothing）拟合的是有水平项和趋势项的时序；三指数模型（triple exponential model；也叫Holt-Winters指数平滑，Holt-Winters exponential smoothing）拟合的是有水平项、趋势项以及季节效应的时序。

R中自带的`HoltWinters()`函数或者`forecast`包中的`ets()`函数可以拟合指数模型。`ets()`函数的备选参数更多，因此更实用。本节中我们只讨论`ets()`函数。

`ets()`函数如下：

```
ets(ts, model="ZZZ")
```

其中 `ts` 是要分析的时序，限定模型的字母有三个。第一个字母代表误差项，第二个字母代表趋势项，第三个字母则代表季节项。可选的字母包括：相加模型（`A`）、相乘模型（`M`）、无（`N`）、自动选择（`Z`）。表15-3中列出了常用的模型。

表15-3　用于拟合三种指数模型的函数

类　型	参　数	函　数
单指数	水平项	`ets(ts, model="ANN")` `ses(ts)`
双指数	水平项、斜率	`ets(ts, model="AAN")` `holt(ts)`
三指数	水平项、斜率、季节项	`ets(ts, model="AAA")` `hw(ts)`

`ses()`、`holt()`、和`hw()`函数都是`ets()`函数的便捷包装（convenience wrapper），函数中有事先默认设定的参数值。

首先我们讨论最基础的指数模型，也即单指数平滑。在此之前，请先确保你的电脑已安装`forecast`包（`install.packages("forecast")`）。

15.3.1　单指数平滑

单指数平滑根据现有的时序值的加权平均对未来值做短期预测，其中权数选择的宗旨是使得距离现在越远的观测值对平均数的影响越小。

单指数平滑模型假定时序中的观测值可被表示为：

$$Y_t = level + irregular_t$$

在时间点Y_{t+1}的预测值（一步向前预测，1-step ahead forecast）可写作

$$Y_{t+1} = c_0Y_t + c_1Y_{t-1} + c_2Y_{t-2} + \cdots$$

其中$c_i = \alpha(1-\alpha)^i$，$t = 0, 1, 2, \cdots$并且$0 \le \alpha \le 1$。权数c_i的总和为1，则一步向前预测可看作当前值和全部历史值的加权平均。式中α参数控制权数下降的速度，α越接近于1，则近期观测值的权重越大；反之，α越接近于0，则历史观测值的权重越大。为最优化某种拟合标准，α的实际值一般由计算机选择，常见的拟合标准是真实值和预测值之间的残差平方和。下文将给出一个具体例子。

nhtemp时序中有康涅狄格州纽黑文市从1912年到1971年每一年的平均华氏温度。图15-8给出了时序的折线图。

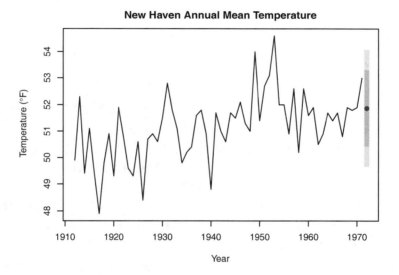

New Haven Annual Mean Temperature

图15-8　康涅狄格州纽黑文地区的年平均气温，以及ets()函数拟合的单指数模型所得到的一步向前预测

从图15-8可以看到，时序中不存在某种明显的趋势，而且无法从年度数据看出季节性因素，因此我们可以先选择拟合一个单指数模型。代码清单15-4中给出了用ses()函数做一步向前预测的代码。

代码清单15-4　单指数平滑

```
> library(forecast)
> fit <- ets(nhtemp, model="ANN")          ❶ 拟合模型
> fit

ETS(A,N,N)

Call:
 ets(y = nhtemp, model = "ANN")

  Smoothing parameters:
```

```
     alpha = 0.182

     Initial states:
       l = 50.2759

     sigma:  1.126

      AIC  AICc    BIC
   263.9 264.1 268.1
```

❷ 一步向前预测

```
> forecast(fit, 1)
```

```
     Point Forecast Lo 80 Hi 80 Lo 95 Hi 95
   1972          51.87 50.43 53.31 49.66 54.08
```

```
> plot(forecast(fit, 1), xlab="Year",
     ylab=expression(paste("Temperature (", degree*F,")",)),
     main="New Haven Annual Mean Temperature")
```

```
> accuracy(fit)
```

❸ 得到准确性度量

```
                  ME  RMSE    MAE    MPE  MAPE   MASE
   Training set 0.146 1.126 0.8951 0.2419 1.749 0.9228
```

❶中的ets(mode="ANN")语句对nhtemp时序拟合单指数模型,其中A表示可加误差,NN表示时序中不存在趋势项和季节项。α值比较小(α=0.18)说明预测时同时考虑了离现在较近和较远的观测值,这样的α值可以最优化模型在给定数据集上的拟合效果。

forecast()函数用于预测时序未来的k步,其形式为forecast(*fit, k*)。这一数据集中一步向前预测的结果是51.9°F,其95%的置信区间为49.7°F到54.1°F❷。图15-8中给出了时序值、预测值以及80%和95%的置信区间❸。

forecast包同时提供了accuracy()函数,展示了时序预测中最主流的几个准确性度量。表15-4中给出了这几个度量的描述。e_t代表第t个观测值的误差项(随机项),即$(Y_t - \hat{Y}_i)$。

表15-4 预测准确性度量

度量标准	简　写	定　义
平均误差	ME	mean(e_t)
平均残差平方和的平方根	RMSE	sqrt(mean(e_t^2))
平均绝对误差	MAE	mean($\lvert e_t \rvert$)
平均百分比误差	MPE	mean($100 \times e_t / Y_t$)
平均绝对百分误差	MAPE	mean($\lvert 100 \times e_t / Y_t \rvert$)
平均绝对标准化误差	MASE	mean($\lvert q_t \rvert$),其中 $q_t = e_t / (1 / (T-1) \times sum(\lvert y_t - y_{t-1} \rvert))$,$T$是观测值的个数,对$t$=2到$t$=$T$求累加

一般来说,平均误差和平均百分比误差用处不大,因为正向和负向的误差会抵消掉。RMSE给出了平均误差平方和的平方根,本例中即1.13°F。平均绝对百分误差给出了误差在真实值中的

占比，它没有单位，因此可以用于比较不同时序间的预测准确性；但它同时假定测量尺度中存在一个真实为零的点（比如每天的游客数量），但华氏温度中并没有一个真实为零（即不存在分子运动动能）的点，因此这里不能用这个统计量。平均绝对标准化误差是最新的一种准确度测量，通常用于比较不同尺度的时序间的预测准确性。这几种预测准确性度量中，并不存在某种最优度量，不过RMSE相对最有名、最常用。

单指数平滑假定时序中缺少趋势项和季节项，下节介绍的指数模型则可兼容这些情况。

15.3.2　Holt 指数平滑和 Holt-Winters 指数平滑

Holt指数平滑可以对有水平项和趋势项（斜率）的时序进行拟合。时刻t的观测值可表示为：

$$Y_t = level + slope \times t + irregular_t$$

平滑参数α（alpha）控制水平项的指数型下降，beta控制斜率的指数型下降。同样，两个参数的有效范围都是[0,1]，参数取值越大意味着越近的观测值的权重越大。

Holt-Winters指数光滑可用来拟合有水平项、趋势项以及季节项的时间序列。此时，模型可表示为：

$$Y_t = level + slope \times t + s_t + irregular_t$$

其中s_t代表时刻t的季节效应。除alpha和beta参数外，gamma光滑参数控制季节项的指数下降。gamma参数的取值范围同样是[0,1]，gamma值越大，意味着越近的观测值的季节效应权重越大。

在15.2节中，我们对一个描述每月国际航线乘客数（对数形式）的时序进行分解，得到一个可加的趋势、季节项和随机项。这里我们用指数模型预测未来的乘客量。类似地，我们需要对原始数据取对数，使得它满足可加模型。这里我们用Holt-Winters指数光滑来预测`AirPassengers`时序中接下来的五个值。

代码清单15-5　有水平项、斜率以及季节项的指数模型

```
> library(forecast)
> fit <- ets(log(AirPassengers), model="AAA")
> fit

ETS(A,A,A)

Call:
 ets(y = log(AirPassengers), model = "AAA")

  Smoothing parameters:
    alpha = 0.8528                          ❶ 光滑参数
    beta  = 4e-04
    gamma = 0.0121

  Initial states:
   l = 4.8362
   b = 0.0097
   s=-0.1137 -0.2251 -0.0756 0.0623 0.2079 0.2222
```

```
        0.1235 -0.009 0 0.0203 -0.1203 -0.0925

  sigma: 0.0367

    AIC   AICc   BIC
-204.1 -199.8 -156.5

>accuracy(fit)

                     ME     RMSE      MAE       MPE   MAPE    MASE
Training set -0.0003695 0.03672 0.02835 -0.007882 0.5206 0.07532

> pred <- forecast(fit, 5)
> pred
```

❷ 未来值预测

```
          Point Forecast Lo 80 Hi 80 Lo 95 Hi 95
Jan 1961           6.101 6.054 6.148 6.029 6.173
Feb 1961           6.084 6.022 6.146 5.989 6.179
Mar 1961           6.233 6.159 6.307 6.120 6.346
Apr 1961           6.222 6.138 6.306 6.093 6.350
May 1961           6.225 6.131 6.318 6.082 6.367

> plot(pred, main="Forecast for Air Travel",
    ylab="Log(AirPassengers)", xlab="Time")
> pred$mean <- exp(pred$mean)
> pred$lower <- exp(pred$lower)
> pred$upper <- exp(pred$upper)
> p <- cbind(pred$mean, pred$lower, pred$upper)
> dimnames(p)[[2]] <- c("mean", "Lo 80", "Lo 95", "Hi 80", "Hi 95")
> p
```

❸ 用原始尺度预测

```
          mean Lo 80 Lo 95 Hi 80 Hi 95
Jan 1961 446.3 425.8 415.3 467.8 479.6
Feb 1961 438.8 412.5 399.2 466.8 482.3
Mar 1961 509.2 473.0 454.9 548.2 570.0
Apr 1961 503.6 463.0 442.9 547.7 572.6
May 1961 505.0 460.1 437.9 554.3 582.3
```

❶给出了三个光滑参数，即水平项0.82、趋势项0.0004、季节项0.012。趋势项的参数小意味着近期观测值的斜率不需要更新。

forecast()函数预测了接下来五个月的乘客量❷，图15-9给出了其折线图。此时的预测基于对数变换后的数值，因此我们通过幂变换得到预测的乘客量（单位：千）❸。矩阵pred$mean包含了点估计值，矩阵pred$lower和pred$upper中分别包含了80%和95%置信区间的下界以及上界。exp()函数返回了基于原始尺度的预测值，cbind()用于整合所有结果。这样，模型预测在三月份将有509 200个乘客，95%置信区间为[454 900, 570 000]。

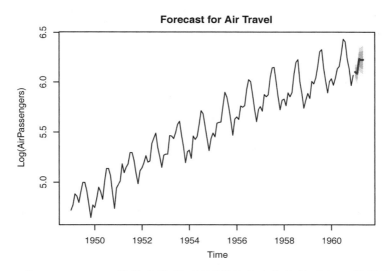

图 15-9　基于 Holt-Winters 指数光滑模型的预测（对数变换后），数据来源于 `AirPassengers` 时序

15.3.3　`ets()` 函数和自动预测

`ets()` 函数还可以用来拟合有可乘项的指数模型，加入抑制因子（dampening component），以及进行自动预测。本节将详细讨论 `ets()` 函数的这些功能。

在前面的小节中，我们对 `AirPassengers` 时序做对数变换后拟合出了可加指数模型。类似地，我们也可以通过 `ets(AirPassengers, model="MAM")` 函数或 `hw(AirPassengers, seasonal="multiplicative")` 函数对原始数据拟合可乘模型。此时，我们仍假定趋势项可加，但季节项和误差项可乘。当采用可乘模型时，准确度统计量和预测值都基于原始尺度（即以千为单位的乘客数）。这也是它的一个明显优势。

`ets()` 函数也可以用来拟合抑制项。时序预测一般假定序列的长期趋势是一直向上的（如房价市场），而一个抑制项则使得趋势项在一段时间内靠近一条水平渐近线。在很多问题中，一个有抑制项的模型往往更符合实际情况。

最后，我们也可以通过 `ets()` 函数自动选取对原始数据拟合优度最高的模型。以对 Johnson & Johnson 数据的指数模型拟合为例，代码清单 15-6 给出了自动选取最优模型的步骤。

代码清单 15-6　使用 `ets()` 进行自动指数预测

```
> library(forecast)
> fit <- ets(JohnsonJohnson)
> fit

ETS(M,M,M)
```

```
Call:
 ets(y = JohnsonJohnson)

  Smoothing parameters:
    alpha = 0.2328
    beta  = 0.0367
    gamma = 0.5261

  Initial states:
    l = 0.625
    b = 1.0286
    s=0.6916 1.2639 0.9724 1.0721

  sigma:  0.0863

     AIC      AICc       BIC
162.4737 164.3937 181.9203

> plot(forecast(fit), main="Johnson & Johnson Forecasts",
    ylab="Quarterly Earnings (Dollars)", xlab="Time", flty=2)
```

　　这里我们并没有指定模型，因此软件自动搜索了一系列模型，并在其中找到最小化拟合标准（默认为对数似然）的模型。所选中的模型同时有可乘趋势项、季节项和随机误差项。图15-10给出了其折线图以及下八个季度（默认）的预测。`flty`参数指定了图中预测值折线的类型（虚线）。

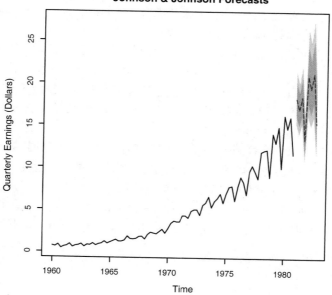

图15-10　带趋势项和季节项的可乘指数光滑预测，其中预测值由虚线表示，80%和95%置信区间分别由淡灰色和深灰色表示

如前所述，指数时序模型以其在短期预测上的良好性能而闻名。下一节中我们将介绍另一种常用方法，即Box-Jenkins法，也称作ARIMA模型。

15.4   ARIMA 预测模型

在ARIMA预测模型中，预测值表示为由最近的真实值和最近的预测误差组成的线性函数。ARIMA比较复杂，在本节中，我们只讨论对非季节性时序建立ARIMA模型的问题。

在讨论ARIMA模型前，我们首先要定义一系列名词，包括滞后阶数（lag）、自相关（autocorrelation）、偏自相关（partial autocorrelation）、差分（differencing）以及平稳性（stationarity）。下一小节中我们将详细介绍这些名词。

15.4.1   概念介绍

时序的滞后阶数即我们向后追溯的观测值的数量。查看表15-5中Nile时序的前几个观测值。0阶滞后项（Lag 0）代表没有移位的时序，一阶滞后（Lag 1）代表时序向左移动一位，二阶滞后（Lag 2）代表时序向左移动两位，以此类推。时序可以通过lag(ts, k)函数变成k阶滞后，其中ts指代目标序列，k为滞后项阶数。

表15-5   Nile时序的不同滞后阶数

滞后阶数	1869	1870	1871	1872	1873	1874	1875	…
0			1120	1160	963	1210	1160	…
1		1120	1160	963	1210	1160	1160	…
2	1120	1160	963	1210	1160	1160	813	…

自相关度量时序中各个观测值之间的相关性。AC_k即一系列观测值（Y_t）和k时期之前的观测值（Y_{t-k}）之间的相关性。这样，AC_1就是一阶滞后序列和0阶滞后序列间的相关性，AC_2是二阶滞后序列和0阶滞后序列之间的相关性，以此类推。这些相关性（AC_1, AC_2, …, AC_k）构成的图即自相关函数图（AutoCorrelation Function plot，ACF图）。ACF图可用于为ARIMA模型选择合适的参数，并评估最终模型的拟合效果。

stats程序包中的acf()函数或者forecast包中的Acf()函数可以生成ACF图。这里我们用的是Acf()函数，因为它输出的图可读性略强一些。我们可通过Acf(ts)语句输出ACF图，其中ts是原始时序。对于k=1, …, 18，我们将在图15-12的上图中给出Nile时序的ACF图。

偏自相关即当序列Y_t和Y_{t-k}之间的所有值（$Y_{t-1}, Y_{t-2}, …, Y_{t-k+1}$）带来的效应都被移除后，两个序列间的相关性。我们也可以对不同的k值画出偏自相关图。stats程序包中的pacf()函数和forecast包中的Pacf()函数都可以用来画PACF图。这里我们用到的是Pacf()函数，即通过Pacf(ts)函数来得到ts序列的PACF图。PACF图也可以用来找到ARIMA模型中最适宜的参数，Nile序列的PACF图将在图15-12的下图给出。

ARIMA模型主要用于拟合具有平稳性（或可以被转换为平稳序列）的时间序列。在一个平稳的时序中，序列的统计性质并不会随着时间的推移而改变，比如Y_t的均值和方差都是恒定的。另外，对任意滞后阶数k，序列的自相关性不改变。

一般来说，拟合ARIMA模型前都需要变换序列的值以保证方差为常数。15.1.3节用到的对数变换就是一种常用的变换方法，另外常见的还有8.5.2节中用到的Box-Cox变换。

由于一般假定平稳性时序有常数均值，这样的序列中肯定不含有趋势项。非平稳的时序可以通过差分来转换为平稳性序列。具体来说，差分就是将时序中的每一个观测值Y都替换为$Y_{t-1} - Y_t$。注意对序列的一次差分可以移除序列中的线性趋势，二次差分移除二次项趋势，三次差分移除三次项趋势。在实际操作中，对序列进行两次以上的差分通常都是不必要的。

我们可通过diff()函数对序列进行差分，即diff(*ts*, differences=*d*)，其中*d*即对序列*ts*的差分次数，默认值为*d*=1。forecast包中的ndiffs()函数可以帮助我们找到最优的*d*值，语句为ndiffs(*ts*)。

平稳性一般可以通过时序图直观判断。如果方差不是常数，则需要对数据做变换；如果数据中存在趋势项，则需要对其进行差分。也可以通过ADF（Augmented Dickey-Fuller）统计检验来验证平稳性假定。R中tseries包的adf.test()可以用来做ADF检验，语句为adf.test(*ts*)，其中*ts*为需要检验的序列。如果结果显著，则认为序列满足平稳性。

总之，我们可通过ACF和PCF图来为ARIMA模型选定参数。平稳性是ARIMA模型中的一个重要假设，我们可通过数据变换和差分使得序列满足平稳性假定。了解了这些概念后，我们就可以拟合出有自回归（AutoRegressive，AR）项、移动平均（Moving Averages，MA）项或者两者都有（ARMA）的模型了。最后，我们将检验有ARMA项的ARIMA模型，并对其进行差分以保证平稳性（Integration）。

15.4.2   ARMA 和 ARIMA 模型

在一个p阶自回归模型中，序列中的每一个值都可以用它之前p个值的线性组合来表示：

$$AR(p): Y_t = \mu + \beta_1 Y_{t-1} + \beta_2 Y_{t-2} + \cdots + \beta_p Y_{t-p} + \varepsilon_t$$

其中Y_t是时序中的任一观测值，μ是序列的均值，β是权重，ε_t是随机扰动。在一个q阶移动平均模型中，时序中的每个值都可以用之前的q个残差的线性组合来表示，即：

$$MA(q): Y_t = \mu - \theta_1 \varepsilon_{t-1} - \theta_2 \varepsilon_{t-2} \ldots - \theta_q \varepsilon_{t-q} + \varepsilon_t$$

其中ε是预测的残差，θ是权重。注意这里说的移动平均与15.1.2节中说的简单移动平均不是一个概念。

这两种方法的混合即ARMA(p, q)模型，其表达式为：

$$Y_t = \mu + \beta_1 Y_{t-1} + \beta_2 Y_{t-2} + \cdots + \beta_p Y_{t-p} - \theta_1 \varepsilon_{t-1} - \theta_2 \varepsilon_{t-2} \cdots - \theta_q \varepsilon_{t-q} + \varepsilon_t$$

此时，序列中的每个观测值用过去的p个观测值和q个残差的线性组合来表示。

ARIMA(p, d, q)模型意味着时序被差分了d次，且序列中的每个观测值都是用过去的p个观测值和q个残差的线性组合表示的。预测是"无误差的"或完整（integrated）的，来实现最终的预测。

建立ARIMA模型的步骤包括：

(1) 确保时序是平稳的；

(2) 找到一个（或几个）合理的模型（即选定可能的p值和q值）；

(3) 拟合模型；

(4) 从统计假设和预测准确性等角度评估模型；

(5) 预测。

接下来，我们将依次应用这几个步骤，对Nile序列拟合ARIMA模型。

1. 验证序列的平稳性

首先，我们需要画出序列的折线图并判别其平稳性（见代码清单15-7以及图15-11的上半部分）。可以看到，各观测年间的方差似乎是稳定的，因此我们无需对数据做变换；但数据中可能存在某种趋势，从ndiffs()函数的结果也能看出来。

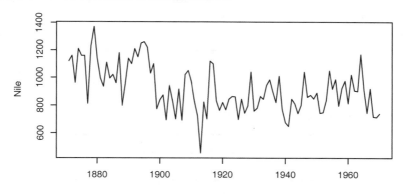

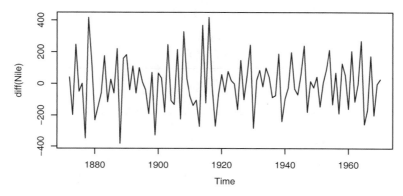

图15-11　1871～1970年在阿斯旺地区测量的尼罗河的年流量（上图）以及被差分一次后的折线图（下图），差分后原始数据中下降的趋势被移除了

代码清单15-7　序列的变换以及稳定性评估

```
> library(forecast)
> library(tseries)
> plot(Nile)
> ndiffs(Nile)

[1] 1

> dNile <- diff(Nile)
> plot(dNile)
> adf.test(dNile)

    Augmented Dickey-Fuller Test

data:  dNile
Dickey-Fuller = -6.5924, Lag order = 4, p-value = 0.01
alternative hypothesis: stationary
```

　　原始序列差分一次（函数默认一阶滞后项，即lag=1）并存储在dNile中。图15-11的下半部分是差分后的序列的折线图，显然比原始序列更平稳。对差分后的序列做ADF检验，检验结果显示序列此时是平稳的，我们可以继续下一步。

2. 选择模型

　　我们可通过ACF图和PACF图来选择备选模型：

```
Acf(dNile)
Pacf(dNile)
```

图15-12给出了序列的ACF和PACF图。

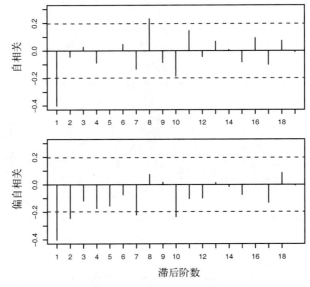

图15-12　一次差分后的Nile序列的自相关和偏自相关图

　　我们需要为ARIMA模型指定参数 p、d 和 q。从前文可以得到 $d=1$。表15-6给出了结合ACF和PACF图选择参数 p 和 q 的方法。

表15-6　选择ARIMA模型的方法

模　　型	ACF	PACF
ARIMA(p, d, 0)	逐渐减小到零	在 p 阶后减小到零
ARIMA(0, d, q)	q 阶后减小到零	逐渐减小到零
ARIMA(p, d, q)	逐渐减小到零	逐渐减小到零

　　表15-6给出了ARIMA模型选择的理论方法，尽管实际上ACF图和PACF图并不一定符合表中的情况，但它仍然可以给我们一个大致思路。对于图15-12中的 Nile 序列，可以看到在滞后项为一阶时有一个比较明显的自相关，而当滞后阶数逐渐增加时，偏相关逐渐减小至零。因此，我们可以考虑ARIMA(0,1,1)模型。

3. 拟合模型

　　我们可以用 arima() 函数拟合一个 ARIMA 模型，其表达式为 arima(ts, order=c(q,d,q))。代码清单15-8给出了对 Nile 序列拟合ARIMA(0, 1, 1)模型的结果。

代码清单15-8　拟合ARIMA模型

```
> library(forecast)
> fit <- arima(Nile, order=c(0,1,1))
> fit

Series: Nile
ARIMA(0,1,1)

Coefficients:
         ma1
      -0.7329
s.e.   0.1143

sigma^2 estimated as 20600: log likelihood=-632.55
AIC=1269.09    AICc=1269.22   BIC=1274.28

> accuracy(fit)

                 ME  RMSE   MAE    MPE  MAPE   MASE
Training set -11.94 142.8 112.2 -3.575 12.94 0.8089
```

　　注意这里我们指定了 $d=1$，即函数将对序列做一阶差分，因此我们直接将模型应用于原始序列即可。函数可以返回移动平均项的系数（–0.73）以及模型的AIC值。如果我们还有其他备选模型，则可以通过比较AIC值来得到最合理的模型，比较的准则是AIC值越小越好。另外，准确性度量也可以帮助我们判断模型是否足够准确。本案例中，对百分比误差的绝对值做平均的结果是13%。

4. 模型评价

一般来说，一个模型如果合适，那模型的残差应该满足均值为0的正态分布，并且对于任意的滞后阶数，残差自相关系数都应该为零。换句话说，模型的残差应该满足独立正态分布（即残差间没有关联）。我们可以运行以下代码来检验这些假设。

代码清单15-9　模型评价

```
> qqnorm(fit$residuals)
> qqline(fit$residuals)
> Box.test(fit$residuals, type="Ljung-Box")

    Box-Ljung test

data:  fit$residuals
X-squared = 1.3711, df = 1, p-value = 0.2416
```

qqnorm()和qqline()函数输出的图如图15-13所示。如果数据满足正态分布，则数据中的点会落在图中的线上。显然，本例的结果还不错。

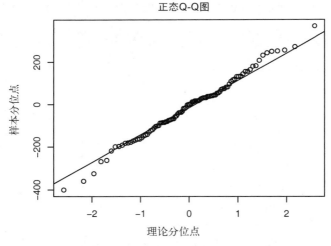

图15-13　判断序列残差是否满足正态性假定的正态Q-Q图

Box.test()函数可以检验残差的自相关系数是否都为零。在本案例中，模型的残差没有通过显著性检验，即我们可以认为残差的自相关系数为零。ARIMA模型能较好地拟合本数据。

5. 预测

如果模型残差不满足正态性假设或零自相关系数假设，则需要调整模型、增加参数或改变差分次数。当我们选定模型后，就可以用它来做预测了。在代码清单15-10中，我们用到了forecast包中的forecast()函数来实现对接下来三年的预测。

代码清单15-10　用ARIMA模型做预测

```
> forecast(fit, 3)

     Point Forecast     Lo 80     Hi 80     Lo 95      Hi 95
1971       798.3673  614.4307  982.3040  517.0605  1079.674
1972       798.3673  607.9845  988.7502  507.2019  1089.533
1973       798.3673  601.7495  994.9851  497.6663  1099.068

> plot(forecast(fit, 3), xlab="Year", ylab="Annual Flow")
```

plot()函数可以画出如图15-14的预测图。图中黑色的点为预测点的点估计，浅灰色和深灰色区域分别代表80%和95%的置信区间。

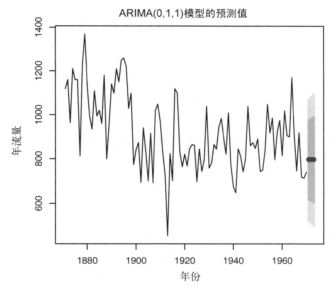

图15-14　用ARIMA(0,1,1)模型对Nile序列做接下来三年的预测。图中黑色的点是点估计，浅灰色和深灰色区域分别代表80%置信区间和95%置信区间

15.4.3　ARIMA 的自动预测

在15.2.3节中，我们可以通过forecast包中的ets()函数实现最优指数模型的自动选取。类似地，这一程序包中的auto.arima()函数也可以实现最优ARIMA模型的自动选取。在代码清单15-11中，我们将这一函数应用于sunspots序列。

代码清单15-11　ARIMA的自动预测

```
> library(forecast)
> fit <- auto.arima(sunspots)
> fit
Series: sunspots
```

```
ARIMA(2,1,2)
Coefficients:
        ar1     ar2     ma1    ma2
        1.35  -0.396  -1.77  0.810
s.e.    0.03   0.029   0.02  0.019

sigma^2 estimated as 243: log likelihood=-11746
AIC=23501    AICc=23501   BIC=23531

> forecast(fit, 3)

          Point Forecast       Lo 80      Hi 80     Lo 95      Hi 95
Jan 1984        40.437722  20.4412613  60.43418  9.855774  71.01967
Feb 1984        41.352897  18.2795867  64.42621  6.065314  76.64048
Mar 1984        39.796425  15.2537785  64.33907  2.261686  77.33116

> accuracy(fit)

                    ME  RMSE   MAE  MPE MAPE MASE
Training set  -0.02673  15.6 11.03  NaN  Inf 0.32
```

可以看到，函数选定ARIMA模型的参数为p=2、d=1和q=2。与其他模型相比，在这种情况下得到的模型的AIC值最小。由于序列中存在值为零的观测，MPE和MAPE这两个准确性度量都失效了（这也是这两个统计量的一个缺陷）。读者可以自行画出结果图并评价模型的拟合效果。

15.5   延伸阅读

关于时序分析和预测的优秀书目有很多。如果你对于这个领域还不太熟悉，那么*Time Series*（Open University，2006）不失为一本好的入门书。这本书中没有给出对应的R代码，但它对于这个领域的介绍非常浅显易懂。同时可以一起阅读Avril Coghlan所著的*A Little Book of R for Time Series*（http://mng.bz/8fz0，2010），这本书中给出了详细的R代码和示例。

由 Rob Hyndman 和 George Athanasopoulos 所著的 *Forecasts: Principles and Practice*（http://otexts.com/fpp，2013）也是一本简洁清晰的在线教程。这本书提供了相应的R代码，笔者非常推荐。另外，Cowpertwait和Metcalfe也曾在2009年写过著作，阐述怎样用R做时间序列分析。Shumway和Stoffer在2010年出版的教程则更适用于进阶读者，其中提供了相应的R代码。

最后，CRAN任务视图里中也有时间序列分析的内容（http://cran.r-project.org/web/views/TimeSeries.html），其中详细介绍了R中可用的时序分析功能。

15.6   小结

关于预测的历史非常长。从早年间巫师预测天气到现代数据科学家预测大选结果，预测无论在自然科学还是人文社科中都是一个基础性的问题。在这一章中，我们着重研究了如何在R中生成时间序列、判断序列中是否存在某种趋势或季节性因素，并探讨了最常用的两种预测手段，即指数模型和ARIMA模型。

　　尽管这些方法对于理解、预测很多现象都十分关键，但要时刻记住的是这些方法都用到了向外推断的思想，即它们都假定未来的条件与现在的条件是相似的。比如2007年的金融预测就认为2008年以后的经济状况会与2007年一样稳定，但事实并不是这样。很多事情都可能改变序列中的趋势和模式，你想预测的时间跨度越大，不确定性就越大。

　　在下一章中，我们将切换视角，着重探讨对人群或观测值分类的方法。

15

第 16 章

聚类分析

16

本章内容
- 找出可能的类
- 确定类的个数
- 获得类的嵌套层级
- 获得离散的类

聚类分析是一种数据归约技术，旨在揭露一个数据集中观测值的子集。它可以把大量的观测值归约为若干个类。这里的类被定义为若干个观测值组成的群组，群组内观测值的相似度比群间相似度高。这不是一个精确的定义，从而导致了各种聚类方法的出现。

聚类分析被广泛用于生物和行为科学、市场以及医学研究中。例如，一名心理学研究员可能基于抑郁症病人的症状和人口统计学数据对病人进行聚类，试图得出抑郁症的亚型，以期通过亚型来找到更加有针对性和有效的治疗方法，同时更好地了解这种疾病。营销研究人员根据消费者的人口统计特征与购买行为的相似性制定客户细分战略，并基于此对其中的一个或多个子组制定相应的营销战略。医学研究人员通过对DNA微阵列数据进行聚类分析来获得基因表达模式，从而帮助他们理解人类的正常发育以及导致许多疾病的根本原因。

最常用的两种聚类方法是*层次聚类*（hierarchical agglomerative clustering）和*划分聚类*（partitioning clustering）。在层次聚类中，每一个观测值自成一类，这些类每次两两合并，直到所有的类被聚成一类为止。在划分聚类中，首先指定类的个数K，然后观测值被随机分成K类，再重新形成聚合的类。

这两种方法都对应许多可供选择的聚类算法。对于层次聚类来说，最常用的算法是单联动（single linkage）、全联动（complete linkage）、平均联动（average linkage）、质心（centroid）和Ward方法。对于划分聚类来说，最常用的算法是K均值（K-means）和围绕中心点的划分（PAM）。每个聚类方法都有它的优点和缺点，我们将在本章讨论。

这一章的例子围绕食物和酒（也是我的爱好）。我们对flexclust包中的营养数据集nutrient作层次聚类，以期回答以下问题。

- 基于五种营养标准的27类鱼、禽、肉的相同点和不同点是什么？
- 是否有一种方法能把这些食物分成若干个有意义的类？

我们再用划分聚类来分析178种意大利葡萄酒样品的13种化学成分。数据在rattle包的wine数据集中。这里要解决的问题如下。

❑ 这些意大利葡萄酒样品能继续分成更细的组吗？

❑ 如果能，有多少子组？它们的特征是什么？

事实上，样品中共有三个品种的酒（记为类）。这可以帮助我们评估聚类分析能否辨别这一结构。

尽管聚类方法种类各异，但是它们通常遵循相似的步骤。我们在16.1节描述了这些步骤。16.2节主要探讨层次聚类，16.3节则探讨划分聚类。最后，16.4节提出了一些相关建议。为了保证本章的代码能正常运行，你必须确保安装了以下软件包：cluster、NbClust、flexclust、fMultivar、ggplot2和rattle。第17章也将用到rattle包。

16.1　聚类分析的一般步骤

像因子分析（第14章）一样，有效的聚类分析是一个多步骤的过程，这其中每一次决策都可能影响聚类结果的质量和有效性。本节介绍一个全面的聚类分析中的11个典型步骤。

(1) 选择合适的变量。第一（并且可能是最重要的）步是选择你感觉可能对识别和理解数据中不同观测值分组有重要影响的变量。例如，在一项抑郁症研究中，你可能会评估以下一个或多个方面：心理学症状，身体症状，发病年龄，发病次数、持续时间和发作时间，住院次数，自理能力，社会和工作经历，当前的年龄，性别，种族，社会经济地位，婚姻状况，家族病史以及对以前治疗的反应。高级的聚类方法也不能弥补聚类变量选不好的问题。

(2) 缩放数据。如果我们在分析中选择的变量变化范围很大，那么该变量对结果的影响也是最大的。这往往是不可取的，分析师往往在分析之前缩放数据。最常用的方法是将每个变量标准化为均值为0和标准差为1的变量。其他的替代方法包括每个变量被其最大值相除或该变量减去它的平均值并除以变量的平均绝对偏差。这三种方法能用下面的代码来解释：

```
df1 <- apply(mydata, 2, function(x){(x-mean(x))/sd(x)})
df2 <- apply(mydata, 2, function(x){x/max(x)})
df3 <- apply(mydata, 2, function(x){(x - mean(x))/mad(x)})
```

在本章中，你可以使用scale()函数来将变量标准化到均值为0和标准差为1的变量。这和第一个代码片段（df1）等价。

(3) 寻找异常点。许多聚类方法对于异常值是十分敏感的，它能扭曲我们得到的聚类方案。你可以通过outliers包中的函数来筛选（和删除）异常单变量离群点。mvoutlier包中包含了能识别多元变量的离群点的函数。一个替代的方法是使用对异常值稳健的聚类方法，围绕中心点的划分（16.3.2节）可以很好地解释这种方法。

(4) 计算距离。尽管不同的聚类算法差异很大，但是它们通常需要计算被聚类的实体之间的距离。两个观测值之间最常用的距离量度是欧几里得距离，其他可选的量度包括曼哈顿距离、兰氏距离、非对称二元距离、最大距离和闵可夫斯基距离（可使用?dist查看详细信息）。在这一章中，计算距离时默认使用欧几里得距离。计算欧几里得距离的方法见16.2节。

(5) 选择聚类算法。接下来选择对数据聚类的方法，层次聚类对于小样本来说很实用（如150个观测值或更少），而且这种情况下嵌套聚类更实用。划分的方法能处理更大的数据量，但是需要事先确定聚类的个数。一旦选定了层次方法或划分方法，就必须选择一个特定的聚类算法。这里再次强调每个算法都有优点和缺点。16.2节和16.3节中介绍了最常用的几种方法。你可以尝试多种算法来看看相应结果的稳健性。

(6) 获得一种或多种聚类方法。这一步可以使用步骤(5)选择的方法。

(7) 确定类的数目。为了得到最终的聚类方案，你必须确定类的数目。对此研究者们也提出了很多相应的解决方法。常用方法是尝试不同的类数（比如2～K）并比较解的质量。在NbClust包中的NbClust()函数提供了30个不同的指标来帮助你进行选择（也表明这个问题有多么难解）。本章将多次使用这个包。

(8) 获得最终的聚类解决方案。一旦类的个数确定下来，就可以提取出子群，形成最终的聚类方案了。

(9) 结果可视化。可视化可以帮助你判定聚类方案的意义和用处。层次聚类的结果通常表示为一个树状图。划分的结果通常利用可视化双变量聚类图来表示。

(10) 解读类。一旦聚类方案确定，你必须解释（或许命名）这个类。一个类中的观测值有何相似之处？不同的类之间的观测值有何不同？这一步通常通过获得类中每个变量的汇总统计来完成。对于连续数据，每一类中变量的均值和中位数会被计算出来。对于混合数据（数据中包含分类变量），结果中将返回各类的众数或类别分布。

(11) 验证结果。验证聚类方案相当于问：“这种划分并不是因为数据集或聚类方法的某种特性，而是确实给出了一个某种程度上有实际意义的结果吗？”如果采用不同的聚类方法或不同的样本，是否会产生相同的类？fpc、clv和clValid包包含了评估聚类解的稳定性的函数。

因为观测值之间距离的计算是聚类分析的一部分，所以我们将在下一节详细讨论。

16.2　计算距离

聚类分析的第一步都是度量样本单元间的距离、相异性或相似性。两个观测值之间的欧几里得距离定义为：

$$d_{ij} = \sqrt{\sum_{p=1}^{p}(x_{ip} - x_{jp})^2}$$

这里i和j代表第i和第j个观测值，p是变量的个数。

查看在flexclust包中的营养数据集，它包括对27种肉、鱼和禽的营养物质的测量。最初的几个观测值由下面的代码给出：

```
> data(nutrient, package="flexclust")
> head(nutrient, 4)
```

```
             energy protein fat calcium iron
BEEF BRAISED    340      20  28       9  2.6
HAMBURGER       245      21  17       9  2.7
BEEF ROAST      420      15  39       7  2.0
BEEF STEAK      375      19  32       9  2.6
```

前两个观测值（BEEF BRAISED和HAMBURGER）之间的欧几里得距离为：

$$d = \sqrt{(340-245)^2 + (20-21)^2 + (28-17)^2 + (9-9)^2 + (2.6-2.7)^2} = 95.64$$

R软件中自带的dist()函数能用来计算矩阵或数据框中所有行（观测值）之间的距离。格式是dist(x, method=)，这里的x表示输入数据，并且默认为欧几里得距离。函数默认返回一个下三角矩阵，但是as.matrix()函数可使用标准括号符号得到距离。对于营养数据集的数据框来说，前四行的距离为：

```
> d <- dist(nutrient)
> as.matrix(d)[1:4,1:4]

             BEEF BRAISED HAMBURGER BEEF ROAST BEEF STEAK
BEEF BRAISED          0.0      95.6       80.9       35.2
HAMBURGER            95.6       0.0      176.5      130.9
BEEF ROAST           80.9     176.5        0.0       45.8
BEEF STEAK           35.2     130.9       45.8        0.0
```

观测值之间的距离越大，异质性越大。观测值和它自己之间的距离是0。不出所料，dist()函数计算出的红烧牛肉和汉堡之间的距离与手算一致。

> **混合数据类型的聚类分析**
>
> 欧几里得距离通常作为连续型数据的距离度量。但是如果存在其他类型的数据，则需要相异的替代措施，你可以使用cluster包中的daisy()函数来获得包含任意二元（binary）、名义（nominal）、有序（ordinal）、连续（continuous）属性组合的相异矩阵。cluster包中的其他函数可以使用这些异质性来进行聚类分析。例如agnes()函数提供了层次聚类，pam()函数提供了围绕中心点的划分的方法。

需要注意的是，在营养数据集中，距离很大程度上由能量（energy）这个变量控制，这是因为该变量变化范围更大。缩放数据有利于均衡各变量的影响。在下一节中，你可以对该数据集应用层次聚类分析。

16.3　层次聚类分析

如前所述，在层次聚类中，起初每一个实例或观测值属于一类。聚类就是每一次把两类聚成新的一类，直到所有的类聚成单个类为止，算法如下：

(1) 定义每个观测值（行或单元）为一类；

(2) 计算每类和其他各类的距离；

(3) 把距离最短的两类合并成一类，这样类的个数就减少一个；

(4) 重复步骤(2)和步骤(3)，直到包含所有观测值的类合并成单个的类为止。

在层次聚类算法中，主要的区别是它们对类的定义不同（步骤(2)）。表16-1给出了五种最常见聚类方法的定义和其中两类之间距离的定义。

表16-1　层次聚类方法

聚类方法	两类之间的距离定义
单联动	一个类中的点和另一个类中的点的最小距离
全联动	一个类中的点和另一个类中的点的最大距离
平均联动	一个类中的点和另一个类中的点的平均距离（也称作UPGMA，即非加权对组平均）
质心	两类中质心（变量均值向量）之间的距离。对单个的观测值来说，质心就是变量的值
Ward法	两个类之间所有变量的方差分析的平方和

单联动聚类方法倾向于发现细长的、雪茄型的类。它也通常展示一种链式的现象，即不相似的观测值分到一类中，因为它们和它们的中间值很相像。全联动聚类倾向于发现大致相等的直径紧凑类。它对异常值很敏感。平均联动提供了以上两种方法的折中。相对来说，它不像链式，而且对异常值没有那么敏感。它倾向于把方差小的类聚合。

Ward法倾向于把有少量观测值的类聚合到一起，并且倾向于产生与观测值个数大致相等的类。它对异常值也是敏感的。质心法是一种很受欢迎的方法，因为其中类距离的定义比较简单、易于理解。相比其他方法，它对异常值不是很敏感。但是它可能不如平均联动法或Ward方法表现得好。

层次聚类方法可以用hclust()函数来实现，格式是hclust(*d*, method=)，其中*d*是通过dist()函数产生的距离矩阵，并且方法包括 "single"、"complete"、"average"、"centroid"和"ward"。

在本节中，你可以使用平均联动聚类方法处理16.1.1节介绍的营养数据。我们的目的是基于27种食物的营养信息辨别其相似性、相异性并分组。下面的代码清单提供了实施聚类的代码。

代码清单16-1　营养数据的平均联动聚类

```
data(nutrient, package="flexclust")
row.names(nutrient) <- tolower(row.names(nutrient))
nutrient.scaled <- scale(nutrient)

d <- dist(nutrient.scaled)

fit.average <- hclust(d, method="average")
plot(fit.average, hang=-1, cex=.8, main="Average Linkage Clustering")
```

首先载入数据，同时将行名改为小写（因为我讨厌大写的标签）。由于变量值的变化范围很大，我们将其标准化为均值为0、方差为1。27种食物之间的距离采用欧几里得距离，应用的方法是平均联动。最后，结果用树状图来展示（参见图16-1）。plot()函数中的hang命令展示观测值的标签（让它们在挂在0下面）。

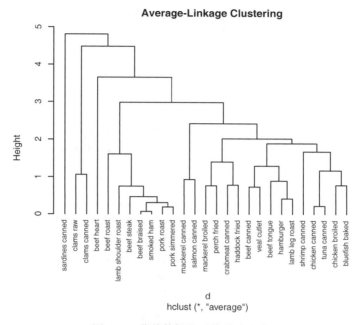

图16-1　营养数据的平均联动聚类

　　树状图应该从下往上读，它展示了这些条目如何被结合成类。每个观测值起初自成一类，然后相距最近的两类（beef braised和smoked ham）合并。其次，pork roast和pork simmered合并，chicken canned和tuna canned合并。再次，beef braised/smoked ham这一类和pork roast/pork simmered这一类合并（这个类目前包含四种食品）。合并继续进行下去，直到所有的观测值合并成一类。高度刻度代表了该高度类之间合并的判定值。对于平均联动来说，标准是一类中的点和其他类中的点的距离平均值。

　　如果你的目的是理解基于食物营养成分的相似性和相异性，图16-1就足够了。它提供了27种食物之间的相似性/异质性的层次分析视图。tuna canned和chicken canned是相似的，但是都和clams canned有很大的不同。但是，如果最终目标是这些食品分配到的类（希望有意义的）较少，我们需要额外的分析来选择聚类的适当个数。

　　NbClust包提供了众多的指数来确定在一个聚类分析里类的最佳数目。不能保证这些指标得出的结果都一致。事实上，它们可能不一样。但是结果可用来作为选择聚类个数K值的一个参考。NbClust()函数的输入包括需要做聚类的矩阵或是数据框，使用的距离测度和聚类方法，并考虑最小和最大聚类的个数来进行聚类。它返回每一个聚类指数，同时输出建议聚类的最佳数目。下面的代码清单使用该方法处理营养数据的平均联动聚类。

代码清单16-2   选择聚类的个数

```
> library(NbClust)
> devAskNewPage(ask=TRUE)
> nc <- NbClust(nutrient.scaled, distance="euclidean",
                min.nc=2, max.nc=15, method="average")
> table(nc$Best.n[1,])

 0 2 3 4 5 9 10 13 14 15
 2 4 4 3 4 1  1  2  1  4

> barplot(table(nc$Best.n[1,]),
          xlab="Numer of Clusters", ylab="Number of Criteria",
          main="Number of Clusters Chosen by 26 Criteria")
```

这里，四个评判准则赞同聚类个数为2，四个判定准则赞同聚类个数为3，等等。结果在图16-2中。

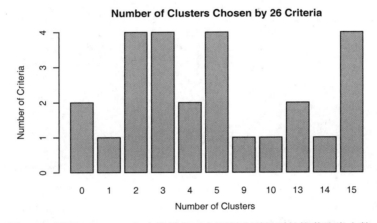

图16-2   使用Nbclust包中提供的26个评判准则得到的推荐聚类个数

你可以试着用"投票"个数最多的聚类个数（2、3、5和15）并选择其中一个使得解释最有意义。下面的代码清单展示了五类聚类的方案。

代码清单16-3   获取最终的聚类方案

```
> clusters <- cutree(fit.average, k=5)          ❶ 分配情况
> table(clusters)

clusters
 1 2 3 4 5
 7 16 1 2 1

> aggregate(nutrient, by=list(cluster=clusters), median)    ❷ 描述聚类

  cluster energy protein fat calcium iron
1       1  340.0      19  29       9 2.50
```

```
2        2  170.0     20   8      13 1.45
3        3  160.0     26   5      14 5.90
4        4   57.5      9   1      78 5.70
5        5  180.0     22   9     367 2.50

> aggregate(as.data.frame(nutrient.scaled), by=list(cluster=clusters),
      median)

  cluster energy protein    fat calcium    iron
1       1  1.310   0.000  1.379  -0.448  0.0811
2       2 -0.370   0.235 -0.487  -0.397 -0.6374
3       3 -0.468   1.646 -0.753  -0.384  2.4078
4       4 -1.481  -2.352 -1.109   0.436  2.2709
5       5 -0.271   0.706 -0.398   4.140  0.0811

> plot(fit.average, hang=-1, cex=.8,
      main="Average Linkage Clustering\n5 Cluster Solution")
> rect.hclust(fit.average, k=5)
```

❸ 结果绘图

16

　　cutree()函数用来把树状图分成五类❶。第一类有7个观测值，第二类有16个观测值，等等。aggregate()函数用来获取每类的中位数❷，结果有原始度量和标准度量两种形式。最后，树状图被重新绘制，rect.hclust()函数用来叠加五类的解决方案❸。结果展示在图16-3中。

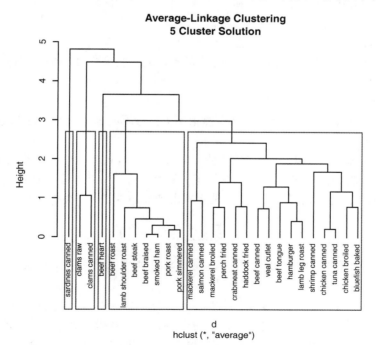

图16-3　使用五类解决方案得到营养数据的平均联动聚类

sardines canned形成自己的类，因为钙比其他食物组要高得多。beef heart也是单独成类，是因为富含蛋白质和铁。clams类是低蛋白和高铁的。从beef roast到pork simmered的类中，所有项目都是高能量和高脂肪的。最后，最大的类（从mackerel canned到bluefish baked）含有相对较低的铁。

当需要嵌套聚类和有意义的层次结构时，层次聚类或许特别有用。在生物科学中这种情况很常见。在某种意义上分层算法是贪婪的，一旦一个观测值被分配给一个类，它就不能在后面的过程中被重新分配。另外，层次聚类难以应用到有数百甚至数千观测值的大样本中。不过划分方法可以在大样本情况下做得很好。

16.4 划分聚类分析

在划分方法中，观测值被分为K组并根据给定的规则改组成最有粘性的类。这一节讨论两种方法：K均值和基于中心点的划分（PAM）。

16.4.1 K均值聚类

最常见的划分方法是K均值聚类分析。从概念上讲，K均值算法如下：

(1) 选择K个中心点（随机选择K行）；

(2) 把每个数据点分配到离它最近的中心点；

(3) 重新计算每类中的点到该类中心点距离的平均值（也就说，得到长度为p的均值向量，这里的p是变量的个数）；

(4) 分配每个数据到它最近的中心点；

(5) 重复步骤(3)和步骤(4)直到所有的观测值不再被分配或是达到最大的迭代次数（R把10次作为默认迭代次数）。

这种方法的实施细节可以变化。R软件使用Hartigan & Wong（1979）提出的有效算法，这种算法是把观测值分成k组并使得观测值到其指定的聚类中心的平方的总和为最小。也就是说，在步骤(2)和步骤(4)中，每个观测值被分配到使下式得到最小值的那一类中：

$$ss(k) = \sum_{i=1}^{n} \sum_{j=0}^{p} (x_{ij} - \bar{x}_{kj})^2$$

x_{ij}表示第i个观测值中第j个变量的值。$\bar{x}_{kj}$表示第k个类中第j个变量的均值，其中p是变量的个数。

K均值聚类能处理比层次聚类更大的数据集。另外，观测值不会永远被分到一类中。当我们提高整体解决方案时，聚类方案也会改动。但是均值的使用意味着所有的变量必须是连续的，并且这个方法很有可能被异常值影响。它在非凸聚类（例如U型）情况下也会变得很差。

在R中K均值的函数格式是kmeans(x, centers)，这里x表示数值数据集（矩阵或数据框），centers是要提取的聚类数目。函数返回类的成员、类中心、平方和（类内平方和、类间平方和、总平方和）和类大小。

　　由于K均值聚类在开始要随机选择*k*个中心点，在每次调用函数时可能获得不同的方案。使用`set.seed()`函数可以保证结果是可复制的。此外，聚类方法对初始中心值的选择也很敏感。`kmeans()`函数有一个nstart选项尝试多种初始配置并输出最好的一个。例如，加上nstart=25会生成25个初始配置。通常推荐使用这种方法。

　　不像层次聚类方法，K均值聚类要求你事先确定要提取的聚类个数。同样，NbClust包可以用来作为参考。另外，在K均值聚类中，类中总的平方值对聚类数量的曲线可能是有帮助的。可根据图中的弯曲（类似于14.2.1节描述的卵石试验弯曲）选择适当的类的数量。

　　图像可以用下面的代码产生：

```
wssplot <- function(data, nc=15, seed=1234){
            wss <- (nrow(data)-1)*sum(apply(data,2,var))
            for (i in 2:nc){
                set.seed(seed)
                wss[i] <- sum(kmeans(data, centers=i)$withinss)}
            plot(1:nc, wss, type="b", xlab="Number of Clusters",
                ylab="Within groups sum of squares")}
```

　　`data`参数是用来分析的数值数据，`nc`是要考虑的最大聚类个数，而`seed`是一个随机数种子。

　　让我们用K均值聚类来处理包含178种意大利葡萄酒中13种化学成分的数据集。该数据最初来自于UCI机器学习库，但是可以通过rattle包获得。在这个数据集里，观测值代表三种葡萄酒的品种，由第一个变量（类型）表示。你可以放弃这一变量，进行聚类分析，看看是否可以恢复已知的结构。

代码清单16-4　葡萄酒数据的K均值聚类

```
> data(wine, package="rattle")
> head(wine)

  Type Alcohol Malic Ash Alcalinity Magnesium Phenols Flavanoids
1    1   14.23  1.71 2.43       15.6       127    2.80       3.06
2    1   13.20  1.78 2.14       11.2       100    2.65       2.76
3    1   13.16  2.36 2.67       18.6       101    2.80       3.24
4    1   14.37  1.95 2.50       16.8       113    3.85       3.49
5    1   13.24  2.59 2.87       21.0       118    2.80       2.69
6    1   14.20  1.76 2.45       15.2       112    3.27       3.39

  Nonflavanoids Proanthocyanins Color  Hue Dilution Proline
1          0.28            2.29  5.64 1.04     3.92    1065
2          0.26            1.28  4.38 1.05     3.40    1050
3          0.30            2.81  5.68 1.03     3.17    1185
4          0.24            2.18  7.80 0.86     3.45    1480
5          0.39            1.82  4.32 1.04     2.93     735
6          0.34            1.97  6.75 1.05     2.85    1450

> df <- scale(wine[-1])
```

❶ 标准化数据

```
> wssplot(df)
> library(NbClust)
> set.seed(1234)
> devAskNewPage(ask=TRUE)
> nc <- NbClust(df, min.nc=2, max.nc=15, method="kmeans")
> table(nc$Best.n[1,])

 0  2  3  8 13 14 15
 2  3 14  1  2  1  1

> barplot(table(nc$Best.n[1,]),
          xlab="Number of Clusters", ylab="Number of Criteria",
          main="Number of Clusters Chosen by 26 Criteria")

> set.seed(1234)
> fit.km <- kmeans(df, 3, nstart=25)
> fit.km$size

[1] 62 65 51

> fit.km$centers

  Alcohol Malic   Ash Alcalinity Magnesium Phenols Flavanoids Nonflavanoids
1    0.83 -0.30  0.36      -0.61     0.576   0.883      0.975        -0.561
2   -0.92 -0.39 -0.49       0.17    -0.490  -0.076      0.021        -0.033
3    0.16  0.87  0.19       0.52    -0.075  -0.977     -1.212         0.724
  Proanthocyanins Color   Hue Dilution Proline
1           0.579  0.17  0.47     0.78    1.12
2           0.058 -0.90  0.46     0.27   -0.75
3          -0.778  0.94 -1.16    -1.29   -0.41

> aggregate(wine[-1], by=list(cluster=fit.km$cluster), mean)

  cluster Alcohol Malic Ash Alcalinity Magnesium Phenols Flavanoids
1       1      14   1.8 2.4         17       106     2.8        3.0
2       2      12   1.6 2.2         20        88     2.2        2.0
3       3      13   3.3 2.4         21        97     1.6        0.7
  Nonflavanoids Proanthocyanins Color  Hue Dilution Proline
1          0.29             1.9   5.4 1.07      3.2    1072
2          0.35             1.6   2.9 1.04      2.8     495
3          0.47             1.1   7.3 0.67      1.7     620
```

❷ 决定聚类的
个数

❸ 进行K均值
聚类分析

因为变量值变化很大,所以在聚类前要将其标准化❶。下一步,使用wssplot()和Nbclust()函数确定聚类的个数❷。图16-4表示从一类到三类变化时,组内的平方总和有一个明显的下降趋势。三类之后,下降的速度减弱,暗示着聚成三类可能对数据来说是一个很好的拟合。在图16-5中,NbClust包中的24种指标中有14种建议使用类别数为三的聚类方案。需要注意的是并非30个指标都可以计算每个数据集。

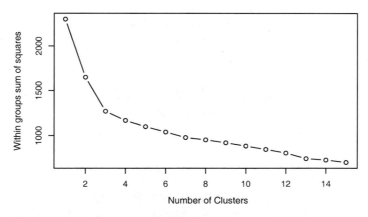

图16-4 画出组内的平方和和提取的聚类个数的对比。从一类到三类下降得很快（之后下降得很慢），建议选用聚类个数为三的解决方案

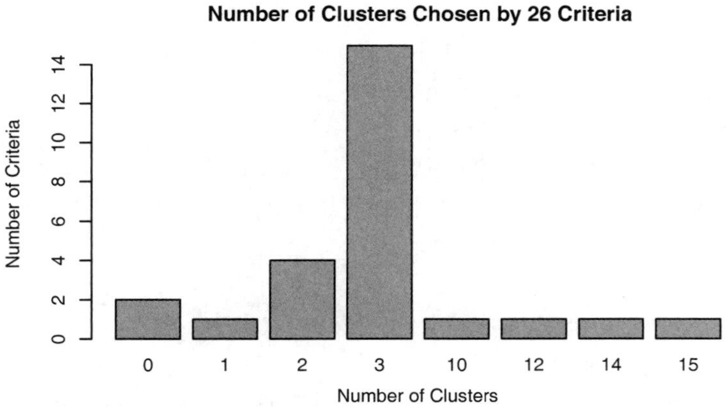

Number of Clusters Chosen by 26 Criteria

图16-5 使用NbClust包中的26个指标推荐的聚类个数

使用kmeans()函数得到的最终聚类中，聚类中心也被输出了❸。因为输出的聚类中心是基于标准化的数据，所以可以使用aggregate()函数和类的成员来得到原始矩阵中每一类的变量均值。

K均值可以很好地揭示类型变量中真正的数据结构吗？交叉列表类型（葡萄酒品种）和类成员由下面的代码表示：

```
> ct.km <- table(wine$Type, fit.km$cluster)
> ct.km

    1   2   3
 1 59   0   0
 2  3  65   3
 3  0   0  48
```

你可以用flexclust包中的兰德指数（Rand index）来量化类型变量和类之间的协议：

```
> library(flexclust)
> randIndex(ct.km)
[1] 0.897
```

调整的兰德指数为两种划分提供了一种衡量两个分区之间的协定，即调整后机会的量度。它的变化范围是从–1（不同意）到1（完全同意）。葡萄酒品种类型和类的解决方案之间的协定是0.9。结果不坏，那我们应该喝点酒？

16.4.2 围绕中心点的划分

因为K均值聚类方法是基于均值的，所以它对异常值是敏感的。一个更稳健的方法是围绕中心点的划分（PAM）。与其用质心（变量均值向量）表示类，不如用一个最有代表性的观测值来表示（称为中心点）。K均值聚类一般使用欧几里得距离，而PAM可以使用任意的距离来计算。因此，PAM可以容纳混合数据类型，并且不仅限于连续变量。

PAM算法如下：

(1) 随机选择K个观测值（每个都称为中心点）；

(2) 计算观测值到各个中心的距离/相异性；

(3) 把每个观测值分配到最近的中心点；

(4) 计算每个中心点到每个观测值的距离的总和（总成本）；

(5) 选择一个该类中不是中心的点，并和中心点互换；

(6) 重新把每个点分配到距它最近的中心点；

(7) 再次计算总成本；

(8) 如果总成本比步骤(4)计算的总成本少，把新的点作为中心点；

(9) 重复步骤(5) ~ (8)直到中心点不再改变。

在PAM方法中应用基础数学的一个例子可以在这里找到：http://en.wikipedia.org/wiki/k-medoids（我不经常引用维基百科，但这确实是一个很好的例子）。

你可以使用cluster包中的pam()函数使用基于中心点的划分方法。格式是pam(*x*, *k*, metric="euclidean", stand=FALSE)，这里的*x*表示数据矩阵或数据框，*k*表示聚类的个数，metric表示使用的相似性/相异性的度量，而stand是一个逻辑值，表示是否有变量应该在计算该指标之前被标准化。图16-6中列出了使用PAM方法处理葡萄酒的数据。

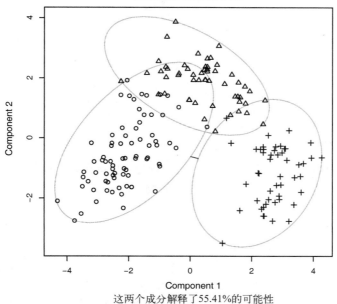

Bivariate Cluster Plot

这两个成分解释了55.41%的可能性

图16-6 基于意大利葡萄酒数据使用PAM算法得到的三组聚类图

代码清单16-5 对葡萄酒数据使用基于质心的划分方法

```
> library(cluster)
> set.seed(1234)
> fit.pam <- pam(wine[-1], k=3, stand=TRUE)        聚类数据的的标准化
> fit.pam$medoids                                  输出中心点

    Alcohol Malic  Ash Alcalinity Magnesium Phenols Flavanoids
[1,]   13.5  1.81 2.41       20.5       100    2.70       2.98
[2,]   12.2  1.73 2.12       19.0        80    1.65       2.03
[3,]   13.4  3.91 2.48       23.0       102    1.80       0.75
    Nonflavanoids Proanthocyanins Color  Hue Dilution Proline
[1,]          0.26            1.86   5.1 1.04     3.47     920     画出聚类
[2,]          0.37            1.63   3.4 1.00     3.17     510     的方案
[3,]          0.43            1.41   7.3 0.70     1.56     750

> clusplot(fit.pam, main="Bivariate Cluster Plot")
```

注意，这里得到的中心点是葡萄酒数据集中实际的观测值。在这种情况下，分别选择36、107和175个观测值来代表三类。通过从13个测定变量上得到的前两个主成分绘制每个观测的坐标来创建二元图（参见第14章）。每个类用包含其所有点的最小面积的椭圆表示。

还需要注意的是，PAM在如下例子中的表现不如K均值：

```
> ct.pam <- table(wine$Type, fit.pam$clustering)
```

```
          1  2  3
1 59  0  0
2 16 53  2
3  0  1 47
```

```
> randIndex(ct.pam)
[1] 0.699
```

调整的兰德指数从（K均值的）0.9下降到了0.7。

16.5   避免不存在的类

在结束讨论前，还要提出一点注意事项。聚类分析是一种旨在识别数据集子组的方法，并且在此方面十分擅长。事实上，它甚至能发现不存在的类。

请看以下的代码：

```
library(fMultivar)
set.seed(1234)
df <- rnorm2d(1000, rho=.5)
df <- as.data.frame(df)
plot(df, main="Bivariate Normal Distribution with rho=0.5")
```

fMultivar包中的rnorm2d()函数用来从相关系数为0.5的二元正态分布中抽取1000个观测值。所得的曲线显示在图16-7中。很显然，数据中没有类。

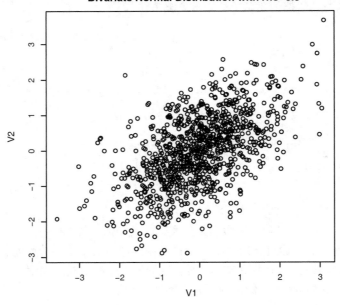

图16-7   二元正态数据（样本量*n*=1000），该数据集中无类

随后，使用wssplot()和Nbclust()函数来确定当前聚类的个数：

```
wssplot(df)
library(NbClust)
nc <- NbClust(df, min.nc=2, max.nc=15, method="kmeans")
dev.new()
barplot(table(nc$Best.n[1,]),
        xlab="Number of Clusters", ylab="Number of Criteria",
        main="Number of Clusters Chosen by 26 Criteria")
```

结果展示在图16-8和图16-9中。

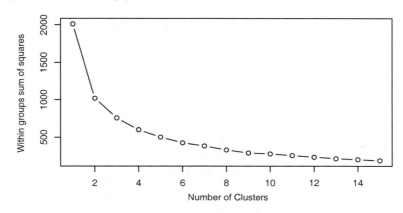

图16-8　二元数据的组内平方和和K均值聚类个数的对比

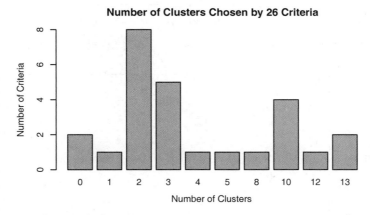

图16-9　使用Nbclust包中的判别准则推荐的二元数据的聚类数据，推荐的类数为2
　　　　或3

wssplot()函数建议聚类的个数是3，然而NbClust函数返回的准则多数支持2类或3类。如果利用PAM法进行双聚类分析：

```
library(ggplot2)
library(cluster)
fit <- pam(df, k=2)
df$clustering <- factor(fit$clustering)
ggplot(data=df, aes(x=V1, y=V2, color=clustering, shape=clustering)) +
    geom_point() + ggtitle("Clustering of Bivariate Normal Data")
```

你将得到如图16-10所示的双聚类图像（ggplot()函数是综合图像ggplot2包的一部分，第19章包含ggplot2的详细内容）。

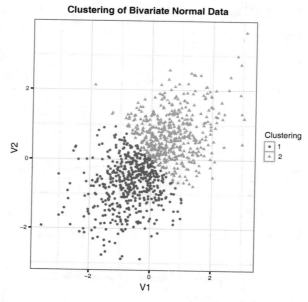

图16-10　对于二元数据的PAM聚类分析，提取两类。注意类中的数据任意分割

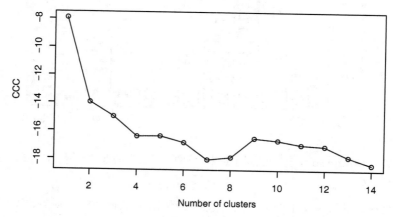

图16-11　二元正态数据的CCC图，它正确地表明没有类存在

很明显划分是人为的。实际上在这里没有真实的类。那么你怎样避免这种错误呢？虽然并非万无一失，但是我发现NbClust包中的立方聚类规则（Cubic Cluster Criteria，CCC）往往可以帮助我们揭示不存在的结构。代码是：

```
plot(nc$All.index[,4], type="o", ylab="CCC",
     xlab="Number of clusters", col="blue")
```

结果展示在图16-11中。当CCC的值为负并且对于两类或是更多的类递减时，就是典型的单峰分布。

聚类分析（或你对它的解读）找到错误聚类的能力使得聚类分析的验证步骤很重要。如果你试图找出在某种意义上"真实的"类（而不是一个方便的划分），就要确保结果是稳健的并且是可重复的。你可以尝试不同的聚类方法，并用新的样本复制结果。如果同一类持续复原，你就可以对得出的结果更加自信。

16.6　小结

在这一章里，我们回顾了把观测值凝聚成子组的常见聚类方法。首先，我们回顾了常见聚类分析的一般步骤。接下来，描述了层次聚类和划分聚类的常见方法。最后，如果寻求的不只是更方便的划分方法，我强调了需要验证所产生的类。

聚类分析是一个宽泛的话题，而R有一些最全面的方案来实施现有的方法。想要了解更多，可以参考CRAN任务视图的聚类分析和有限混合模型部分（http://cran.r-project.org/web/views/Cluster.html）。

除此之外，Tan、Steinbach & Kumar（2006）写了一本关于数据挖掘技术的好书。它有一章清晰地讲解了聚类分析，可以自由下载（www-users.cs.umn.edu/~kumar/dmbook/ch8.pdf）。最后，Everitt、Landau、Leese & Stahl（2011）就这个问题写了一本实用性的课本，评价很高。

聚类分析方法用于发现数据集中有凝聚力的观测值分组。在下一章中，我们将考虑已经定义好分组的情况，你的目标是用一个准确的方法把观测值分入这些组。

分类

17

数据分析师经常需要基于一组预测变量预测一个分类结果,如:
- 根据个人信息和财务历史记录预测其是否会还贷;
- 根据重症病人的症状和生命体征判断其是否为心脏病发作;
- 根据关键词、图像、超文本、主题栏、来源等判别一封邮件是否为病毒邮件。

上述例子的共同点是根据一组预测变量(或特征)来预测相对应的二分类结果(无信用风险/有信用风险,心脏病发作/心脏病未发作,是病毒邮件/不是病毒邮件),目的是通过某种方法实现对新出现单元的准确分类。

有监督机器学习领域中包含许多可用于分类的方法,如逻辑回归、决策树、随机森林、支持向量机、神经网络等。本章将着重探讨前四种方法,神经网络超出了本书的范围。

有监督学习基于一组包含预测变量值和输出变量值的样本单元。将全部数据分为一个训练集和一个验证集,其中训练集用于建立预测模型,验证集用于测试模型的准确性。对训练集和验证集的划分尤其重要,因为任何分类技术都会最大化给定数据的预测效果。用训练集建立模型并测试模型会使得模型的有效性被过分夸大,而用单独的验证集来测试基于训练集得到的模型则可使得估计更准确、更切合实际。得到一个有效的预测模型后,就可以预测那些只知道预测变量值的样本单元对应的输出值了。

本章将通过rpart、rpart.plot 和party包来实现决策树模型及其可视化,通过randomForest包拟合随机森林,通过e1071包构造支持向量机,通过R中的基本函数glm()实现逻辑回归。在正式开始前,请先确保计算机中已安装必备的程序包:

```
pkgs <- c("rpart", "rpart.plot", "party",
          "randomForest", "e1071")
install.packages(pkgs, depend=TRUE)
```

　　本章的主要例子来源于UCI机器学习数据库中的威斯康星州乳腺癌数据。数据分析的目的是根据细胞组织细针抽吸活检所反映的特征，来判断被检者是否患有乳腺癌（细胞组织样本单元由空心细针在皮下肿块中抽得）。

17.1　数据准备

　　威斯康星州乳腺癌数据集是一个由逗号分隔的txt文件，可在UCI机器学习数据库中找到。本数据集包含699个细针抽吸活检的样本单元，其中458个（65.5%）为良性样本单元，241个（34.5%）为恶性样本单元。数据集中共有11个变量，表中未标明变量名。共有16个样本单元中有缺失数据并用问号（？）表示。

　　数据集中包含的变量包括：

- ❑ ID
- ❑ 肿块厚度
- ❑ 细胞大小的均匀性
- ❑ 细胞形状的均匀性
- ❑ 边际附着力
- ❑ 单个上皮细胞大小
- ❑ 裸核
- ❑ 乏味染色体
- ❑ 正常核
- ❑ 有丝分裂
- ❑ 类别

第一个变量ID不纳入数据分析，最后一个变量（类别）即输出变量（编码为良性=2，恶性=4）。

　　对于每一个样本来说，另外九个变量是与判别恶性肿瘤相关的细胞特征，并且得到了记录。这些细胞特征得分为1（最接近良性）至10（最接近病变）之间的整数。任一变量都不能单独作为判别良性或恶性的标准，建模的目的是找到九个细胞特征的某种组合，从而实现对恶性肿瘤的准确预测。Mangasarian和Wolberg在其1990年的文章中详细探讨了这个数据集。

　　下面给出R中数据准备流程。数据从UCI数据库中抽取，并随机分出训练集和验证集，其中训练集中包含489个样本单元（占70%），其中良性样本单元329个，恶性160个；验证集中包含210个样本单元（占30%），其中良性129个，恶性81个。

代码清单17-1　乳腺癌数据准备

```
loc <- "http://archive.ics.uci.edu/ml/machine-learning-databases/"
ds  <- "breast-cancer-wisconsin/breast-cancer-wisconsin.data"
url <- paste(loc, ds, sep="")

breast <- read.table(url, sep=",", header=FALSE, na.strings="?")
names(breast) <- c("ID", "clumpThickness", "sizeUniformity",
                   "shapeUniformity", "maginalAdhesion",
```

```
                       "singleEpithelialCellSize", "bareNuclei",
                   "blandChromatin", "normalNucleoli", "mitosis", "class")
df <- breast[-1]
df$class <- factor(df$class, levels=c(2,4),
                   labels=c("benign", "malignant"))

set.seed(1234)
train <- sample(nrow(df), 0.7*nrow(df))
df.train <- df[train,]
df.validate <- df[-train,]
table(df.train$class)
table(df.validate$class)
```

训练集将用于建立逻辑回归、决策树、条件推断树、随机森林、支持向量机等分类模型，测试集用于评估各个模型的有效性。本章采用相同的数据集，因此可以直接比较各个方法的结果。

17.2 逻辑回归

逻辑回归（logistic regression）是广义线性模型的一种，可根据一组数值变量预测二元输出（13.2节有详细介绍）。R中的基本函数glm()可用于拟合逻辑回归模型。glm()函数自动将预测变量中的分类变量编码为相应的虚拟变量。威斯康星乳腺癌数据中的全部预测变量都是数值变量，因此不必要对其编码。下面给出R中逻辑回归流程。

代码清单17-2　使用glm()进行逻辑回归

```
> fit.logit <- glm(class~., data=df.train, family=binomial())   ❶ 拟合逻辑回归
> summary(fit.logit)                                             ❷ 检查模型

Call:
glm(formula = class ~ ., family = binomial(), data = df.train)

Deviance Residuals:
   Min       1Q   Median       3Q      Max
-2.7581  -0.1060  -0.0568   0.0124  2.6432

Coefficients:
                        Estimate Std. Error z value Pr(>|z|)
(Intercept)             -10.4276     1.4760   -7.06  1.6e-12 ***
clumpThickness            0.5243     0.1595    3.29   0.0010 **
sizeUniformity           -0.0481     0.2571   -0.19   0.8517
shapeUniformity           0.4231     0.2677    1.58   0.1141
maginalAdhesion           0.2924     0.1469    1.99   0.0465 *
singleEpithelialCellSize  0.1105     0.1798    0.61   0.5387
bareNuclei                0.3357     0.1072    3.13   0.0017 **
blandChromatin            0.4235     0.2067    2.05   0.0405 *
normalNucleoli            0.2889     0.1399    2.06   0.0390 *
mitosis                   0.6906     0.3983    1.73   0.0829 .
---
Signif. codes:  0 '***' 0.001 '**' 0.01 '*' 0.05 '.' 0.1 ' ' 1
```

```
> prob <- predict(fit.logit, df.validate, type="response")
> logit.pred <- factor(prob > .5, levels=c(FALSE, TRUE),
                       labels=c("benign", "malignant"))
> logit.perf <- table(df.validate$class, logit.pred,
                      dnn=c("Actual", "Predicted"))
> logit.perf
```

❸ 对训练集集外
样本单元分类

❹ 评估预测
准确性

```
           Predicted
Actual      benign malignant
  benign       118         2
  malignant      4        76
```

首先，以类别为响应变量，其余变量为预测变量❶。基于df.train数据框中的数据构造逻辑回归模型。接着给出了模型中的系数❷。系数解释见13.2节。

接着，采用基于df.train建立的模型来对df.validate数据集中的样本单元分类。predict()函数默认输出肿瘤为恶性的对数概率，指定参数type="response"即可得到预测肿瘤为恶性的概率❸。样本单元中，概率大于0.5的被分为恶性肿瘤类，概率小于等于0.5的被分为良性肿瘤类。

最后给出预测与实际情况对比的交叉表（即混淆矩阵，confusion matrix）❹。模型正确判别了118个类别为良性的患者和76个类别为恶性的患者。另外，df.validate数据集中有10个样本单元因包含缺失数据而无法判别。

在验证集上，正确分类的模型（即准确率，accuracy）为(76+118)/200=97%，17.4节中将进一步探讨评估模型有效性的统计量。

同时要注意的是，模型中有三个预测变量（sizeUniformity、shapeUniformity和singleEpithelialCellSize）的系数未通过显著性检验（即p值大于0.1）。从预测的角度来说，我们一般不会将这些变量纳入最终模型。当这类不包含相关信息的变量特别多时，可以直接将其认定为模型中的噪声。

在这种情况下，可用逐步逻辑回归生成一个包含更少解释变量的模型，其目的是通过增加或移除变量来得到一个更小的AIC值。具体到这一案例，可通过：

```
logit.fit.reduced <- step(fit.logit)
```

来得到一个精简的模型。这样，上面提到的三个变量就从最终模型中移除，这种精简后的模型在验证集上的误差相对全变量模型更小。

下一节将介绍决策（分类）树模型的构建。

17.3　决策树

决策树是数据挖掘领域中的常用模型。其基本思想是对预测变量进行二元分离，从而构造一棵可用于预测新样本单元所属类别的树。本节将介绍两类决策树：经典树和条件推断树。

17.3.1 经典决策树

经典决策树以一个二元输出变量（对应威斯康星州乳腺癌数据集中的良性/恶性）和一组预测变量（对应九个细胞特征）为基础。具体算法如下。

(1) 选定一个最佳预测变量将全部样本单元分为两类，实现两类中的纯度最大化（即一类中良性样本单元尽可能多，另一类中恶性样本单元尽可能多）。如果预测变量连续，则选定一个分割点进行分类，使得两类纯度最大化；如果预测变量为分类变量（本例中未体现），则对各类别进行合并再分类。

(2) 对每一个子类别继续执行步骤(1)。

(3) 重复步骤(1)~(2)，直到子类别中所含的样本单元数过少，或者没有分类法能将不纯度下降到一个给定阈值以下。最终集中的子类别即终端节点（terminal node）。根据每一个终端节点中样本单元的类别数众数来判别这一终端节点的所属类别。

(4) 对任一样本单元执行决策树，得到其终端节点，即可根据步骤3得到模型预测的所属类别。

不过，上述算法通常会得到一棵过大的树，从而出现过拟合现象。结果就是，对于训练集外单元的分类性能较差。为解决这一问题，可采用10折交叉验证法选择预测误差最小的树。这一剪枝后的树即可用于预测。

R中的rpart包支持rpart()函数构造决策树，prune()函数对决策树进行剪枝。下面给出判别细胞为良性或恶性的决策树算法实现。

代码清单17-3　使用rpart()函数创建分类决策树

```
> library(rpart)
> set.seed(1234)
> dtree <- rpart(class ~ ., data=df.train, method="class",        ❶ 生成树
                 parms=list(split="information"))
> dtree$cptable

        CP nsplit rel error  xerror       xstd
1 0.800000      0   1.00000 1.00000 0.06484605
2 0.046875      1   0.20000 0.30625 0.04150018
3 0.012500      3   0.10625 0.20625 0.03467089
4 0.010000      4   0.09375 0.18125 0.03264401

> plotcp(dtree)

> dtree.pruned <- prune(dtree, cp=.0125)                          ❷ 剪枝

> library(rpart.plot)
> prp(dtree.pruned, type = 2, extra = 104,
    fallen.leaves = TRUE, main="Decision Tree")

> dtree.pred <- predict(dtree.pruned, df.validate, type="class")
> dtree.perf <- table(df.validate$class, dtree.pred,             ❸ 对训练集外样
                      dnn=c("Actual", "Predicted"))                  本单元分类
> dtree.perf
```

```
                  Predicted
Actual       benign malignant
  benign       122         7
  malignant      2        79
```

首先，rpart()函数可用于生成决策树❶。print(dtree)和summary(dtree)可用于观测所得模型，此时所得的树可能过大，需要剪枝。

rpart()返回的cptable值中包括不同大小的树对应的预测误差，因此可用于辅助设定最终的树的大小。其中，复杂度参数（cp）用于惩罚过大的树；树的大小即分支数（nsplit），有 n 个分支的树将有 $n+1$ 个终端节点；rel error栏即训练集中各种树对应的误差；交叉验证误差（xerror）即基于训练样本所得的10折交叉验证误差；xstd栏为交叉验证误差的标准差。

借助plotcp()函数可画出交叉验证误差与复杂度参数的关系图（如图17-1所示）。对于所有交叉验证误差在最小交叉验证误差一个标准差范围内的树，最小的树即最优的树。

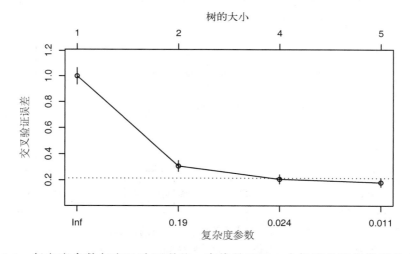

图17-1　复杂度参数与交叉验证误差。虚线是基于一个标准差准则得到的上限（0.18+1×0.0326=0.21）。从图像来看，应选择虚线下最左侧cp值对应的树

本例中，最小的交叉验证误差为0.18，标准误差为0.0326，则最优的树为交叉验证误差在 0.18±0.0326（0.15和0.21）之间的树。由代码清单17-3的cptable表可知，四个终端节点（即三次分割）的树满足要求（交叉验证误差为0.206 25）；根据图17-1也可以选得最优树，即三次分割（四个节点）对应的树。

在完整树的基础上，prune()函数根据复杂度参数剪掉最不重要的枝，从而将树的大小控制在理想范围内。从代码清单17-3的cptable中可以看到，三次分割对应的复杂度参数为0.0125，从而prune(dtree, cp=0.0125)可得到一个理想大小的树❸。

rpart.plot包中的prp()函数可用于画出最终的决策树，如图17-2所示。prp()函数中有许多可供选择的参数（详见?prp），如type=2可画出每个节点下分割的标签，extra=104可画出

每一类的概率以及每个节点处的样本占比，`fallen.leaves=TRUE`可在图的底端显示终端节点。对观测点分类时，从树的顶端开始，若满足条件则从左枝往下，否则从右枝往下，重复这个过程直到碰到一个终端节点为止。该终端节点即为这一观测点的所属类别。

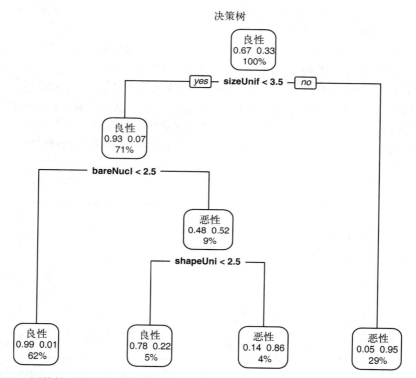

图17-2   用剪枝后的传统决策树预测癌症状态。从树的顶端开始，如果条件成立则从
          左枝往下，否则从右枝往下。当观测点到达终端节点时，分类结束。每一个节
          点处都有对应类别的概率以及样本单元的占比

最后，`predict()`函数用来对验证集中的观测点分类❸。代码清单17-3给出了实际类别与预测类别的交叉表。整体来看，验证集中的准确率达到了96%。与逻辑回归不同的是，验证集中的210个样本单元都可由最终树来分类。值得注意的是，对于水平数很多或缺失值很多的预测变量，决策树可能会有偏。

17.3.2   条件推断树

在介绍随机森林之前，我们先介绍传统决策树的一种重要变体，即条件推断树（conditional inference tree）。条件推断树与传统决策树类似，但变量和分割的选取是基于显著性检验的，而不是纯净度或同质性一类的度量。显著性检验是置换检验（详见第12章）。

条件推断树的算法如下。

(1) 对输出变量与每个预测变量间的关系计算p值。

(2) 选取p值最小的变量。

(3) 在因变量与被选中的变量间尝试所有可能的二元分割（通过排列检验），并选取最显著的分割。

(4) 将数据集分成两群，并对每个子群重复上述步骤。

(5) 重复直至所有分割都不显著或已到达最小节点为止。

条件推断树可由party包中的ctree()函数获得。代码清单17-4对乳腺癌数据生成条件推断树。

代码清单17-4　使用ctree()函数创建条件推断树

```
library(party)
fit.ctree <- ctree(class~., data=df.train)
plot(fit.ctree, main="Conditional Inference Tree")

> ctree.pred <- predict(fit.ctree, df.validate, type="response")
> ctree.perf <- table(df.validate$class, ctree.pred,
                       dnn=c("Actual", "Predicted"))
> ctree.perf

          Predicted
Actual     benign malignant
  benign     122        7
  malignant    3       78
```

值得注意的是，对于条件推断树来说，剪枝不是必需的，其生成过程相对更自动化一些。另外，party包也提供了许多图像参数。图17-3展示了一棵条件推断树，每个节点中的阴影区域代表这个节点对应的恶性肿瘤比例。

用形如ctree()的图展示rpart()生成的决策树

　如果你通过rpart()函数得到一棵经典决策树，但想要以图17-3的形式展示这棵决策树，则可借助partykit包。安装并载入这个包后，可通过plot(as.party(*an.rpart.tree*))绘制想要的图。例如，可以尝试对代码清单17-3中生成的dtree.pruned画出类似于图17-3的图，并与图17-2中的结果对照。

　尽管在这个例子中，传统决策树和条件推断树的准确度比较相似，但有时它们可能会很不一样。下一节中，我们将生成并组合大量决策树，从而对样本单元进行分类。

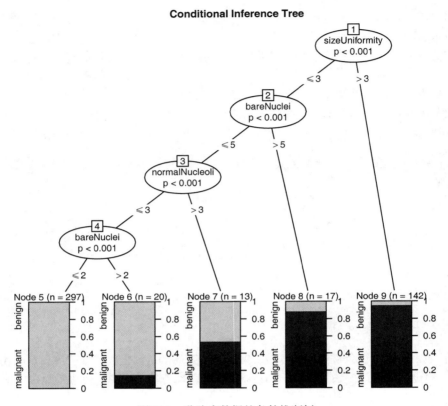

图17-3　乳腺癌数据的条件推断树

17.4　随机森林

随机森林（random forest）是一种组成式的有监督学习方法。在随机森林中，我们同时生成多个预测模型，并将模型的结果汇总以提升分类准确率。Leo Breiman和Adele Cutler在 http://mng.bz/7Nul 上有关于随机森林的详尽介绍。

随机森林的算法涉及对样本单元和变量进行抽样，从而生成大量决策树。对每个样本单元来说，所有决策树依次对其进行分类。所有决策树预测类别中的众数类别即为随机森林所预测的这一样本单元的类别。

假设训练集中共有 N 个样本单元，M 个变量，则随机森林算法如下。

(1) 从训练集中随机有放回地抽取 N 个样本单元，生成大量决策树。

(2) 在每一个节点随机抽取 $m<M$ 个变量，将其作为分割该节点的候选变量。每一个节点处的变量数应一致。

(3) 完整生成所有决策树，无需剪枝（最小节点为1）。

(4) 终端节点的所属类别由节点对应的众数类别决定。

(5) 对于新的观测点，用所有的树对其进行分类，其类别由多数决定原则生成。

生成树时没有用到的样本点所对应的类别可由生成的树估计，与其真实类别比较即可得到袋外预测（out-of-bag，OOB）误差。无法获得验证集时，这是随机森林的一大优势。随机森林算法可计算变量的相对重要程度，这将在下文中介绍。

randomForest包中的randomForest()函数可用于生成随机森林。函数默认生成500棵树，并且默认在每个节点处抽取sqrt(M)个变量，最小节点为1。

代码清单17-5给出了用随机森林算法对乳腺癌数据预测恶性类的代码和结果。

代码清单17-5 随机森林

```
> library(randomForest)
> set.seed(1234)
> fit.forest <- randomForest(class~., data=df.train,              ❶ 生成森林
                             na.action=na.roughfix,
                             importance=TRUE)
> fit.forest

Call:
 randomForest(formula = class ~ ., data = df.train,
             importance = TRUE,      na.action = na.roughfix)
               Type of random forest: classification
                     Number of trees: 500
No. of variables tried at each split: 3

        OOB estimate of error rate: 3.68%

Confusion matrix:
          benign malignant class.error
benign       319        10      0.0304
malignant      8       152      0.0500

> importance(fit.forest, type=2)                    ❷ 给出变量重
                                                       要性
                       MeanDecreaseGini
clumpThickness                    12.50
sizeUniformity                    54.77
shapeUniformity                   48.66
maginalAdhesion                    5.97
singleEpithelialCellSize          14.30
bareNuclei                        34.02
blandChromatin                    16.24
normalNucleoli                    26.34
mitosis                            1.81

> forest.pred <- predict(fit.forest, df.validate)
> forest.perf <- table(df.validate$class, forest.pred,   ❸ 对训练集外样本点分类
                       dnn=c("Actual", "Predicted"))
> forest.perf

            Predicted
```

```
Actual       benign malignant
  benign       117        3
  malignant      1       79
```

首先，randomForest()函数从训练集中有放回地随机抽取489个观测点，在每棵树的每个节点随机抽取3个变量，从而生成了500棵传统决策树❶。na.action=na.roughfix参数可将数值变量中的缺失值替换成对应列的中位数，类别变量中的缺失值替换成对应列的众数类（若有多个众数则随机选一个）。

随机森林可度量变量重要性，通过设置information=TRUE参数得到，并通过importance()函数输出❷。由type=2参数得到的变量相对重要性就是分割该变量时节点不纯度（异质性）的下降总量对所有树取平均。节点不纯度由Gini系数定义。本例中，sizeUniformity是最重要的变量，mitosis是最不重要的变量。

最后，再通过随机森林算法对验证集中的样本单元进行分类，并计算预测准确率❸。分类时剔除验证集中有缺失值的单元。总体来看，对验证集的预测准确率高达98%。

randomForest包根据传统决策树生成随机森林，而party包中的cforest()函数则可基于条件推断树生成随机森林。当预测变量间高度相关时，基于条件推断树的随机森林可能效果更好。

相较于其他分类方法，随机森林的分类准确率通常更高。另外，随机森林算法可处理大规模问题（即多样本单元、多变量），可处理训练集中有大量缺失值的数据，也可应对变量远多于样本单元的数据。可计算袋外预测误差（OOB error）、度量变量重要性也是随机森林的两个明显优势。

随机森林的一个明显缺点是分类方法（此例中相当于500棵决策树）较难理解和表达。另外，我们需要存储整个随机森林以对新样本单元分类。

下一节将讨论本章最后一个分类模型：支持向量机。

17.5 支持向量机

支持向量机（SVM）是一类可用于分类和回归的有监督机器学习模型。其流行归功于两个方面：一方面，他们可输出较准确的预测结果；另一方面，模型基于较优雅的数学理论。本章将介绍支持向量机在二元分类问题中的应用。

SVM旨在在多维空间中找到一个能将全部样本单元分成两类的最优平面，这一平面应使两类中距离最近的点的间距（margin）尽可能大，在间距边界上的点被称为支持向量（support vector，它们决定间距），分割的超平面位于间距的中间。

对于一个N维空间（即N个变量）来说，最优超平面（即线性决策面，linear decision surface）为N−1维。当变量数为2时，曲面是一条直线；当变量数为3时，曲面是一个平面；当变量数为10时，曲面就是一个九维的超平面。当然，这并不是太好想象。

下面来看图17-4中的二维问题。圆圈和三角形分别代表两个不同类别，间距即两根虚线间的距离。虚线上的点（实心的圆圈和三角形）即支持向量。在二维问题中，最优超平面即间距中的黑色实线。在这个理想化案例中，这两类样本单元是线性可分的，即黑色实线可以无误差地准确区分两类。

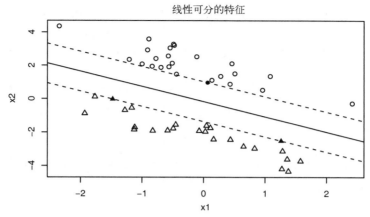

图17-4 线性可分的二分类问题。对应的超平面即黑色实线，间距即黑色实线与两根虚线间的距离，实心圆圈和三角形是支持向量

最优超平面可由一个二次规划问题解得。二次规划问题限制一侧样本点的输出值为+1，另一侧的输出值为–1，在此基础上最优化间距。若样本点"几乎"可分（即并非所有样本点都集中在一侧），则在最优化中加入惩罚项以容许一定误差，从而生成"软"间隔。

不过有可能数据本身就是非线性的。比如图17-5中就不存在完全分开圆圈和三角形的线。在这种情况下，SVM通过核函数将数据投影到高维，使其在高维线性可分。可以想象对图17-5的数据投影，从而将圆圈从纸上分离出来，使其位于三角形上方的平面。一种方法是将二维数据投影到三维空间：

$$(X,Y) \rightarrow (X^2, \sqrt{2}XY, Y^2) \rightarrow (Z_1, Z_2, Z_3)$$

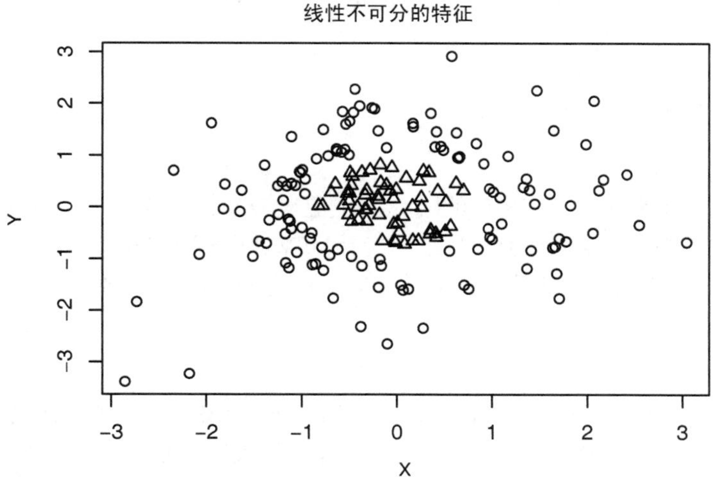

线性不可分的特征

图17-5 当两类线性不可分时的分类问题，此时无法用一个超平面（即一条线）分开这两类

这样，我们就可以用一张硬纸片将三角形与圆圈分开（一个二维平面变成了一个三维空间）。

SVM的数学解释比较复杂，不在本书的讨论范围内。Statnijov、Aliferis、Hardin和Guyon在2011年做了一个直观清晰的关于SVM的展示，介绍了SVM中一些概念性的细节，同时避免了复杂的数学推导。

SVM可以通过R中kernlab包的ksvm()函数和e1071包中的svm()函数实现。ksvm()功能更强大，但svm()相对更简单。代码清单17-6给出了通过svm()函数对威斯康星州乳腺癌数据建立SVM模型的一个示例。

代码清单17-6　支持向量机

```
> library(e1071)
> set.seed(1234)
> fit.svm <- svm(class~., data=df.train)
> fit.svm

Call:
svm(formula = class ~ ., data = df.train)


Parameters:
   SVM-Type: C-classification
 SVM-Kernel: radial
       cost: 1
      gamma: 0.1111

Number of Support Vectors: 76

> svm.pred <- predict(fit.svm, na.omit(df.validate))
> svm.perf <- table(na.omit(df.validate)$class,
                     svm.pred, dnn=c("Actual", "Predicted"))
> svm.perf

          Predicted
Actual     benign malignant
  benign      116         4
  malignant     3        77
```

由于方差较大的预测变量通常对SVM的生成影响更大，svm()函数默认在生成模型前对每个变量标准化，使其均值为0、标准差为1。从结果来看，SVM的预测准确率不错，但不如17.4节中介绍的随机森林方法。与随机森林算法不同的是，SVM在预测新样本单元时不允许有缺失值出现。

选择调和参数

svm()函数默认通过径向基函数（Radial Basis Function，RBF）将样本单元投射到高维空间。一般来说RBF核是一个比较好的选择，因为它是一种非线性投影，可以应对类别标签与预测变量间的非线性关系。

在用带RBF核的SVM拟合样本时，两个参数可能影响最终结果：gamma和成本（cost）。gamma

是核函数的参数，控制分割超平面的形状。gamma越大，通常导致支持向量越多。我们也可将gamma看作控制训练样本"到达范围"的参数，即gamma越大意味着训练样本到达范围越广，而越小则意味着到达范围越窄。gamma必须大于0。

成本参数代表犯错的成本。一个较大的成本意味着模型对误差的惩罚更大，从而将生成一个更复杂的分类边界，对应的训练集中的误差也会更小，但也意味着可能存在过拟合问题，即对新样本单元的预测误差可能很大。较小的成本意味着分类边界更平滑，但可能会导致欠拟合。与gamma一样，成本参数也恒为正。

svm()函数默认设置gamma为预测变量个数的倒数，成本参数为1。不过gamma与成本参数的不同组合可能生成更有效的模型。在建模时，我们可以尝试变动参数值建立不同的模型，但利用格点搜索法可能更有效。可以通过tune.svm()对每个参数设置一个候选范围，tune.svm()函数对每一个参数组合生成一个SVM模型，并输出在每一个参数组合上的表现。代码清单17-7给出了一个示例。

代码清单17-7　带RBF核的SVM模型

```
> set.seed(1234)
> tuned <- tune.svm(class~., data=df.train,          ❶ 变换参数
                    gamma=10^(-6:1),
                    cost=10^(-10:10))
> tuned                                               ❷ 输出最优模型

- sampling method: 10-fold cross validation

- best parameters:
 gamma cost
  0.01    1

- best performance: 0.02904                                  用这些参数拟 ❸
                                                             合模型
> fit.svm <- svm(class~., data=df.train, gamma=.01, cost=1)
> svm.pred <- predict(fit.svm, na.omit(df.validate))
> svm.perf <- table(na.omit(df.validate)$class,        ❹ 评估交叉验
                    svm.pred, dnn=c("Actual", "Predicted"))   证表现
> svm.perf

          Predicted
Actual     benign malignant
  benign      117         3
  malignant     3        77
```

首先，对不同的gamma和成本拟合一个带RBF核的SVM模型❶。我们一共将尝试八个不同的gamma（从0.000 001到10）以及21个成本参数（从0.01到1010）。总体来说，我们共拟合了168（8×21）个模型，并比较了其结果。训练集中10折交叉验证误差最小的模型所对应的参数为gamm=0.1，成本参数为1。

基于这一参数值组合，我们对全部训练样本拟合出新的SVM模型❸，然后用这一模型对验证集中的样本单元进行预测❹，并给出错分个数。在本例中，调和后的模型❷轻微减少了错分个数

（从7减少到6）。一般来说，为SVM模型选取调和参数通常可以得到更好的结果。

如前所述，由于SVM适用面比较广，它目前是很流行的一种模型。SVM也可以应用于变量数远多于样本单元数的问题，而这类问题在生物医药行业很常见，因为在DNA微序列的基因表示中，变量数通常比可用样本量的个数高1~2个量级。

与随机森林类似，SVM的一大缺点是分类准则比较难以理解和表述。SVM从本质上来说是一个黑盒子。另外，SVM在对大量样本建模时不如随机森林，但只要建立了一个成功的模型，在对新样本分类时就没有问题了。

17.6　选择预测效果最好的解

在17.1 ~ 17.3节中，我们通过几种有监督机器学习方法对细针抽吸活检细胞进行分类，但如何从中选出最准确的方法呢？首先需要在二分类情况下定义准确。

最常用的一个统计量是准确率（accuracy），即分类器是否总能正确划分样本单元。不过，尽管准确率承载的信息量很大，这一指标仍不足以选出最准确的方法。我们还需要其他信息来评估各种分类方法的有效性。

假设我们现在需要判别一个人是否患有精神分裂症。精神分裂症是一种极少见的生理障碍，人群中的患病率约为1%。如果一种分类方法将全部人都判为未患病，则这一分类器的准确率将达到99%，但它会把所有患精神分裂症的人都判别成健康人。从这个角度来说它显然不是一个好的分类器。因此，在准确率之外，你一般还应该问问以下问题。

❑ 患有精神分裂症的人中有多大比例成功鉴别？
❑ 未患病的人中有多大比例成功鉴别？
❑ 如果一个人被鉴别为精神分裂症患者，这个判别有多大概率是准确的？
❑ 如果一个人被鉴别为未患病，这个判别又有多大概率是准确的？

上述问题涉及一个分类器的敏感度（sensitivity）、特异性（sensitivity）、正例命中率（positive predictive power）和负例命中率（negative predictive power）。这四个概念的定义见表17-1。

表17-1　预测准确性度量

统　计　量	解　释
敏感度	正类的样本单元被成功预测的概率，也叫正例覆盖率（true positive）或召回率（recall）
特异性	负类的样本单元被成功预测的概率，也叫负例覆盖率（true negative）
正例命中率	被预测为正类的样本单元中，预测正确的样本单元占比，也叫精确度（precision）
负例命中率	被预测为负类的样本单元中，预测正确的样本单元占比
准确率	被正确分类的样本单元所占比重，也叫ACC

下面给出计算这几个统计量的函数。

代码清单17-8　评估二分类准确性

```
performance <- function(table, n=2){
  if(!all(dim(table) == c(2,2)))
```

```
        stop("Must be a 2 x 2 table")
    tn = table[1,1]
    fp = table[1,2]                      ❶ 得到频数
    fn = table[2,1]
    tp = table[2,2]
    sensitivity = tp/(tp+fn)
    specificity = tn/(tn+fp)
    ppp = tp/(tp+fp)                     ❷ 计算统计量
    npp = tn/(tn+fn)
    hitrate = (tp+tn)/(tp+tn+fp+fn)
    result <- paste("Sensitivity = ", round(sensitivity, n) ,
        "\nSpecificity = ", round(specificity, n),
        "\nPositive Predictive Value = ", round(ppp, n),
        "\nNegative Predictive Value = ", round(npp, n),   ❸ 输出结果
        "\nAccuracy = ", round(hitrate, n), "\n", sep="")
    cat(result)
}
```

给定真值（行）和预测值（列），performance() 函数可给出这五个准确性度量的值。具体来说，函数首先提取出负类中正确的个数（良性组织被判别为良性）、负类中错分的个数（恶性组织被判为良性）、正类中错分的个数（良性组织被判为恶性）、正类中正确的个数（恶性组织被判为恶性）❶。这些计数即可用于计算敏感度、特异性、正例命中率、负例命中率和准确率❷。最后，函数将显示规范后的结果❸。

以下代码清单将performance()函数用于本章提到的五个分类器。

代码清单17-9 乳腺癌数据分类器的性能

```
> performance(logit.perf)
Sensitivity = 0.95
Specificity = 0.98
Positive Predictive Value = 0.97
Negative Predictive Value = 0.97
Accuracy = 0.97

> performance(dtree.perf)
Sensitivity = 0.98
Specificity = 0.95
Positive Predictive Power = 0.92
Negative Predictive Power = 0.98
Accuracy = 0.96

> performance(ctree.perf)
Sensitivity = 0.96
Specificity = 0.95
Positive Predictive Value = 0.92
Negative Predictive Value = 0.98
Accuracy = 0.95

> performance(forest.perf)
Sensitivity = 0.99
Specificity = 0.98
Positive Predictive Value = 0.96
```

```
Negative Predictive Value = 0.99
Accuracy = 0.98

> performance(svm.perf)
Sensitivity = 0.96
Specificity = 0.98
Positive Predictive Value = 0.96
Negative Predictive Value = 0.98
Accuracy = 0.97
```

在这个案例中，这些分类器（逻辑回归、传统决策树、条件推断树、随机森林和支持向量机）都表现得相当不错。不过在现实中并不总是这样。

在这个案例中，随机森林的表现相对更好。不过各个分类器的差距较小，因此随机森林的优势可能具有一定的偶然性。随机森林成功鉴别了99%的恶性样本和98%的良性样本，总体来说预测准确率高达99%。96%被判为恶性组织的样本单元确实是恶性的（即4%正例错误率），99%被判为良性组织的样本单元确实是良性的（即1%负例错误率）。从癌症诊断的角度来说，特异性（即成功鉴别恶性样本的概率）这一指标格外重要。

我们也可以从特异性和敏感度的权衡中提高分类的性能，但这不在本书的范围之内。在逻辑回归模型中，`predict()`函数可以估计一个样本单元为恶性组织的概率。如果这一概率值大于0.5，则分类器会把这一样本单元判为恶性。这个0.5即阈值（threshold）或门槛值（cutoff value）。通过变动这一阈值，我们可以通过牺牲分类器的特异性来增加其敏感度。这同样适用于决策树、随机森林和支持向量机（尽管语句写法上会有差别）。

变动阈值可能带来的影响可以通过ROC（Receiver Operating Characteristic）曲线来进一步观察。ROC曲线可对一个区间内的门槛值画出特异性和敏感度之间的关系，然后我们就能针对特定问题选择特异性和敏感度的最佳组合。许多R包都可以画ROC曲线，如ROCR、pROC等。这些R包中的函数能帮助我们在面对不同问题时，通过比较不同算法的ROC曲线选择最有效的算法。细节见Kuhn & Johnson（2013），更详尽的讨论见Fawcett（2005）。

到目前为止，我们都是通过执行命令行代码的方式调用这些分类方法。下一节中，我们将介绍一个图像式交互界面，并在可视界面上生成、应用这些预测模型。

17.7　用 **rattle** 包进行数据挖掘

Rattle（R Analytic Tool to Learn Easily）为R语言用户提供了一个可做数据分析的图像式交互界面（GUI）。这样，本章提及的很多函数以及未提及的其他无监督或有监督的学习方法，都可以通过鼠标点击的方式操作。Rattle也可以实现数据转换和评分等功能，并提供了可用于评估模型的一系列数据可视化工具。

使用命令：

```
install.packages("rattle")
```

可以从CRAN中安装rattle包及其附加包。如果要完整安装rattle（包括它需要的所有包）需要我们下载并安装几百个包。为了节约时间和存储空间，安装rattle时将默认同时安装几个必需的基础包。其他包将在我们需要用到相关分析方法时安装。 这样我们在操作中可能会不时碰到需要安装缺失程序包的提醒；如果选择"是"，R会从CRAN上下载安装所需的程序包。

对于不同的系统平台和软件版本，我们可能还需要装一些其他的软件。特别是Rattle需要GTK+工具箱。http://rattle.togaware.com提供了针对OS系统的安装流程，并回答了可能遇到的问题。

安装好rattle后，我们通过

```
library(rattle)
rattle()
```

进入GUI界面，见图17-6。

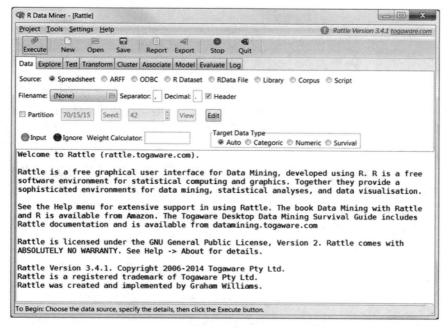

图17-6　打开Rattle界面

在本节中，我们将在Rattle中生成条件推断树并预测糖尿病。糖尿病数据同样可以在UCI机器学习数据库中找到。这个皮马族印第安人糖尿病（Pima Indians Diabetes）数据中共有768个样本单元，数据来源于美国糖尿病、消化和肾脏疾病协会。数据中的变量包括：

- ❑ 怀孕次数
- ❑ 口服葡萄糖耐量试验中两小时的血糖浓度
- ❑ 舒张压（mm Hg）
- ❑ 三头肌皮脂厚度（mm）
- ❑ 两小时血糖胰岛素（mu U/ml）

❏ 身体质量指数（体重（公斤）与身高（米）平方之商）
❏ 糖尿病家系函数
❏ 年龄（岁）
❏ 类别（0为未患糖尿病，1为患有糖尿病）
数据集中有34%的样本单元被诊断为糖尿病患者。
通过如下命令在Rattle中调用这个数据：

```
loc <- "http://archive.ics.uci.edu/ml/machine-learning-databases/"
ds <- "pima-indians-diabetes/pima-indians-diabetes.data"
url <- paste(loc, ds, sep="")
diabetes <- read.table(url, sep=",", header=FALSE)
names(diabetes) <- c("npregant", "plasma", "bp", "triceps",
                     "insulin", "bmi", "pedigree", "age", "class")
diabetes$class <- factor(diabetes$class, levels=c(0,1),
                         labels=c("normal", "diabetic"))
library(rattle)
rattle()
```

这个命令可以从UCI数据库中下载这一数据，为变量命名，将输出变量转成类别变量并为类别添加标签，以及打开Rattle。这样我们就可以看到如图17-6所示的选项卡式对话窗口。

我们可以点击R Dataset radio按钮，从下拉菜单中选择糖尿病数据，然后单击左上角的执行（Execute）。这样将打开图17-7中的窗口。

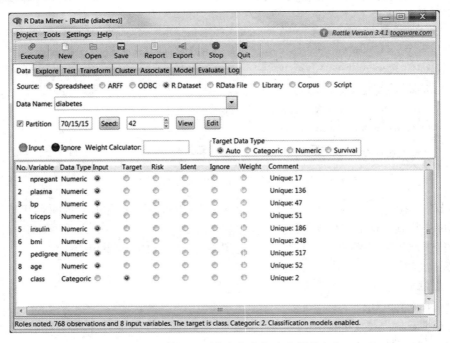

图17-7   从数据选项卡中指定每个变量的角色

在这个窗口中，我们可以看到各个变量的描述，也可以指定它们在数据分析中的角色。变量1~9是输入变量（预测变量），类别是目标输出，因此可以直接用其默认设定。

同时，我们也可以指定训练集、验证集和测试集中的样本比重。数据分析的一般流程是通过训练集建立模型，基于验证集调节参数，在测试集上评价模型。Rattle对数据集的默认划分是70/15/15，设定随机种子为42。

这里只将全部数据分成训练集和验证集，在划分文本框（Partition text box）中输入70/30/0，设定种子为1234，再单击执行。

这样，我们就可以对训练样本拟合一个预测模型了。为生成一棵条件推断树，我们先选择模型（Model）选项卡，确定Tree radio按钮已被选中（默认情形），并选择Conditional radio按钮设定算法。单击执行，则Rattle将调用`party`包中的`ctree()`函数，结果将出现在窗口底部（见图17-8）。

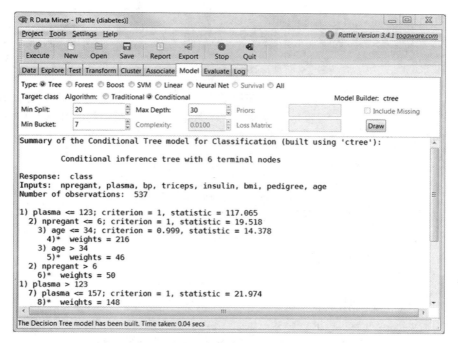

图17-8　在模型选项卡中生成决策树、随机森林、支持向量机等。这里对训练数据拟合条件推断

画图（Draw）按钮可生成与模型相对应的图（见图17-9）。（小秘诀：在点击画图前，先在设置菜单内指定Use Cairo Graphics，这样可以生成更精美的图。）

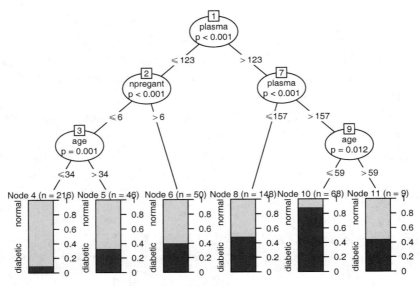

图17-9 对糖尿病训练集生成的条件推断树

我们可以通过评价（Evaluate）选项卡来评估模型。这里可以指定一系列评价指标，以及要用到的样本（如训练集、验证集等）。默认将生成误差矩阵（即本章中的混淆矩阵）。单击执行，我们将得到如图17-10所示的结果。

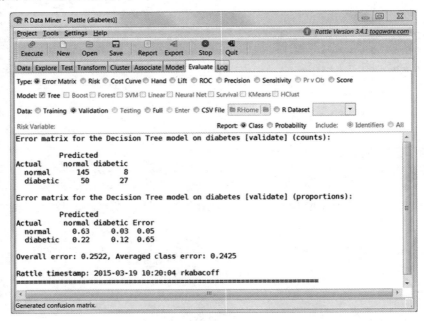

图17-10 在评价选项卡中得到条件推断树在验证集上的误差矩阵

我们可以再通过performance()函数来评估误差矩阵，并得到五个准确性指标值：

```
> cv <- matrix(c(145, 50, 8, 27), nrow=2)
> performance(as.table(cv))

Sensitivity = 0.35
Specificity = 0.95
Positive Predictive Value = 0.77
Negative Predictive Value = 0.74
Accuracy = 0.75
```

尽管模型的准确率并不算太差（75%），但只有35%的糖尿病患者得到成功鉴别。我们可以在Rattle中试试随机森林或者支持向量机，看看是不是能找到更好的分类方法。

Rattle的一个巨大优势是可以对同一数据集拟合出不同模型，并通过评价选项卡来直接比较各个模型。我们可以在选项卡中指定想要比较的几种方法，然后单击执行。另外，执行过程中调用的所有R命令都可以在日志（Log）选项卡中看到，还可以将它们输出到一个文本文件中来实现重复调用。

我们可以在Rattle的主页（http://rattle.togaware.com/）找到更多相关信息，也可以看看Graham J. Williams在*The R Journal*中的综述性文章（http://mng.bz/D16Q）。Willams在2011年出版的*Data Mining with Rattle and R*是介绍Rattle的一本权威著作。

17.8　小结

本章介绍了一系列用于二分类的机器学习方法，包括逻辑回归分类方法、传统决策树、条件推断树、集成性的随机森林以及越来越流行的支持向量机。最后介绍了Rattle，它为数据挖掘提供了一个图形用户界面，使用户可以通过鼠标点击的方式调用相关的函数。Rattle在比较多个分类模型时格外有用。由于它可在日志文件中生成可重用的R代码，也为我们学习R中的许多预测分析函数的语法提供了机会。

本章介绍的方法复杂度各异。数据挖掘者一般会尝试一些相对简单的方法（如逻辑回归、决策树）和一些复杂的、黑箱式的方法（如随机森林、支持向量机）。如果与简单的方法相比，复杂方法在预测效果方面并没有显著提升，则我们一般会选择较简单的方法。

本章用到的两个数据集（癌症和糖尿病甄别）都是医学类数据，但这些分类方法在其他领域也很常见，包括计算机科学、市场营销、金融、经济和行为科学。另外，虽然我们目前介绍的都是二分类数据（恶性/良性、患糖尿病/不患糖尿病），但目前对这些方法的改进也使其适用于多分类问题。

"CRAN Task View: Machine Learning & Statistical Learning"（http://mng.bz/I1Lm）一文中有更多关于R中分类函数的讨论。其他实用的资源包括Kuhn & Johnson以及Torgo分别在2013年及2010年出版的著作。

第 18 章
处理缺失数据的高级方法

本章内容
- ❑ 识别缺失数据
- ❑ 缺失数据模式的可视化
- ❑ 完整案例分析
- ❑ 缺失数据的多重插补法

在之前的章节中，我们处理的基本都是完整的数据集（即没有缺失值）。虽然这样有助于简化对统计和绘图方法的描述，但在真实世界中，缺失数据的现象是极其普遍的。

大部分人都想在一定程度上避免缺失数据造成的影响。统计教科书可能不会提及这个问题，或者仅用很少的篇幅介绍；统计软件提供的自动处理缺失值的方法也可能不是最优的。虽然多数数据分析（至少在社会科学中）会牵涉缺失数据，但在期刊文章的方法和结果章节却极少讨论这个问题。鉴于缺失值常常出现，并且可能导致研究结果在一定程度上无效，可以说除了在一些专业化的书籍和课程中，这个问题的受重视程度还远远不够。

数据缺失有多种原因。可能是由于调查对象忘记回答一个或多个问题，或者拒绝回答敏感问题，或者感觉疲劳而没有完成一份很长的问卷，也可能是调查对象错过了约定或者过早从研究中退出，还有可能是记录设备出现问题、网络连接失效、数据误记等。有时缺失数据可能是有意的，比如为提高调查效率或降低成本，你可能不会对所有的调查对象进行数据采集。有时数据丢失可能是由于一些未知因素。

遗憾的是，大部分统计方法都假定处理的是完整矩阵、向量和数据框。大部分情况下，在处理收集了真实数据的问题之前，你不得不消除缺失数据：(1) 删除含有缺失数据的实例；(2) 用合理的替代值替换缺失值。不管是哪种方法，最后的结果都是没有缺失值的数据集。

本章中，我们将学习处理缺失数据的传统方法和现代方法，主要使用VIM和mice包。命令`install.packages(c("VIM","mice"))`可下载并安装这两个软件包。

为了让讨论更有意思，我们将使用VIM包提供的哺乳动物睡眠数据（sleep，注意不要将其与基础安装中描述药效的sleep数据集混淆）。数据来源于Allison和Chichetti（1976）的研究，他们研究了62种哺乳动物的睡眠、生态学变量和体质变量间的关系。他们对动物的睡眠需求为什么会随着物种变化很感兴趣。睡眠数据是因变量，生态学变量和体质变量是自变量或预测变量。

睡眠变量包含睡眠中做梦时长（Dream）、不做梦时长（NonD）以及它们的和（Sleep）。体质变量包含体重（BodyWgt，单位为千克）、脑重（BrainWgt，单位为克）、寿命（Span，单位为年）和妊娠期（Gest，单位为天）。生态学变量包含物种被捕食的程度（Pred）、睡眠时的暴露程度（Exp）和面临的总危险度（Danger）。生态学变量以从1（低）到5（高）的5分制进行测量。

Allison和Chichetti的原作仅研究完整的数据，为了深入探究变量间的关系，我们将使用多重插补法对所有的62个物种进行分析。

18.1 处理缺失值的步骤

刚接触缺失数据研究的读者可能会被各式各样的方法和言论弄得眼花缭乱。该领域经典的读本是Little和Rubin的*Statistical Analysis with Missing Data, Second Edition*（2002）一书。其他比较优秀的图书和文章还有Allison的*Missing Data*（2001），Schafer和Graham的"Missing Data: Our View of the State of the Art"（2002），以及Schlomer、Bauman和Card的"Best Practices for Missing Data Management in Counseling Psychology"（2010）。一个完整的处理方法通常包含以下几个步骤：

(1) 识别缺失数据；

(2) 检查导致数据缺失的原因；

(3) 删除包含缺失值的实例或用合理的数值代替（插补）缺失值。

遗憾的是，往往只有识别缺失数据是最清晰明确的步骤。明白数据为何缺失依赖于你对数据生成过程的理解，而决定如何处理缺失值则需要判断哪种方法的结果最为可靠和精确。

缺失数据的分类

统计学家通常将缺失数据分为三类。尽管它们都用概率术语进行描述，但思想都非常直观。我们将用sleep研究中对做梦时长的测量（12种动物有缺失值）来依次阐述三种类型。

(1) 完全随机缺失 若某变量的缺失数据与其他任何观测或未观测变量都不相关，则数据为完全随机缺失（MCAR）。若12种动物的做梦时长值缺失不是出于系统原因，那么可以认为数据是MCAR。注意，如果每个有缺失值的变量都是MCAR，那么可以将数据完整的实例看作对更大数据集的一个简单随机抽样。

(2) 随机缺失 若某变量上的缺失数据与其他观测变量相关，与它自己的未观测值不相关，则数据为随机缺失（MAR）。例如，如果体重较小的动物更可能有做梦时长的缺失值（可能因为较小的动物更难观察），而且该"缺失"与动物的做梦时长无关，那么就可以认为该数据是MAR。此时，一旦控制了体重变量，做梦时长数据的缺失与出现将是随机的。

(3) 非随机缺失 若缺失数据不属于MCAR和MAR，则数据为非随机缺失（NMAR）。例如，做梦时长越短的动物更可能有做梦数据的缺失（可能由于难以测量时长较短的事件），那么可认为数据是NMAR。

大部分处理缺失数据的方法都假定数据是MCAR或MAR。此时，你可以忽略缺失数据的生成机制，并且（在替换或删除缺失数据后）可以直接对感兴趣的关系进行建模。

当数据是NMAR时，想对它进行恰当的分析比较困难，你既要对感兴趣的关系进行建模，又要对缺失值的生成机制进行建模。（目前分析NMAR数据的方法有模型选择法和模式混合法。NMAR数据的分析十分复杂，超出了本书的范畴。）

处理缺失数据的方法有很多，但不能保证都生成一样的结果。图18-1列出了一系列可用来处理不完整数据的方法，以及相应的R包。

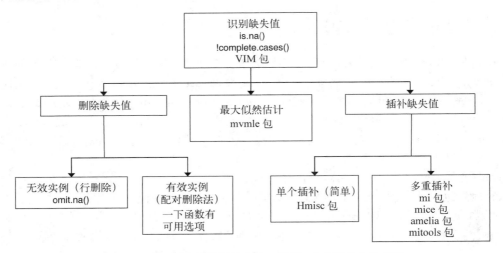

图18-1　处理不完整数据的方法，以及R中相关的包和函数

要完整介绍处理缺失数据的方法，用一本书的篇幅才能做到。本章，我们只是学习探究缺失值模式的方法，并重点介绍三种最流行的处理不完整数据的方法（推理法、行删除法和多重插补法）。在本章最后，我们还将介绍一些在特定环境中非常有用的其他处理办法。

18.2　识别缺失值

首先，回顾4.5节的内容并进一步拓展。R使用NA（不可得）代表缺失值，NaN（不是一个数）代表不可能值。另外，符号Inf和-Inf分别代表正无穷和负无穷。函数is.na()、is.nan()和is.infinite()可分别用来识别缺失值、不可能值和无穷值。每个返回结果都是TRUE或FALSE。表18-1给出了一些示例。

表18-1　is.na()、is.nan()和is.infinite()函数的返回值示例

x	is.na(x)	is.nan(x)	is.infinite(x)
x <- NA	TRUE	FALSE	FALSE
x <- 0 / 0	TRUE	TRUE	FALSE
x <- 1 / 0	FALSE	FALSE	TRUE

这些函数返回的对象与其自身参数的个数相同。若每个元素的类型检验通过，则由TRUE替

换，否则用FALSE替换。例如，令y <- c(1, 2, 3, NA)，则is.na(y)返回向量c(FALSE, FALSE, FALSE, TRUE)。

函数complete.cases()可以用来识别矩阵或数据框中没有缺失值的行。若每行都包含完整的实例，则返回TRUE的逻辑向量；若每行有一个或多个缺失值，则返回FALSE。

以睡眠数据集为例：

```
# 加载数据集
data(sleep, package="VIM")

# 列出没有缺失值的行
sleep[complete.cases(sleep),]

# 列出有一个或多个缺失值的行
sleep[!complete.cases(sleep),]
```

输出结果显示42个实例为完整数据，20个实例含一个或多个缺失值。

由于逻辑值TRUE和FALSE分别等价于数值1和0，可用sum()和mean()函数来获取关于缺失数据的有用信息。如：

```
> sum(is.na(sleep$Dream))
[1] 12
> mean(is.na(sleep$Dream))
[1] 0.19
> mean(!complete.cases(sleep))
[1] 0.32
```

结果表明变量Dream有12个缺失值，19%的实例在此变量上有缺失值。另外，数据集中32%的实例包含一个或多个缺失值。

对于识别缺失值，有两点需要牢记。第一，complete.cases()函数仅将NA和NaN识别为缺失值，无穷值（Inf和-Inf）被当作有效值。第二，必须使用与本章中类似的缺失值函数来识别R数据对象中的缺失值。像myvar == NA这样的逻辑比较无法实现。

现在你应该懂得了如何用程序识别缺失值，接下来学习一些有助于发现缺失值模式的工具吧。

18.3 探索缺失值模式

在决定如何处理缺失数据前，了解哪些变量有缺失值、数目有多少、是什么组合形式等信息非常有用。本节中，我们将介绍探索缺失值模式的图表及相关方法。最后，要知道数据为何缺失，这将为后续深入研究提供许多启示。

18.3.1 列表显示缺失值

你已经学习了一些识别缺失值的基本方法。比如18.2节使用complete.cases()函数列出完整的实例，或者相反，列出含一个或多个缺失值的实例。但随着数据集的增大，该方法就逐渐丧失了吸引力。此时你可以转向其他R函数。

mice 包中的 md.pattern() 函数可生成一个以矩阵或数据框形式展示缺失值模式的表格。将函数应用到 sleep 数据集，可得到：

```
> library(mice)
> data(sleep, package="VIM")
> md.pattern(sleep)
   BodyWgt BrainWgt Pred Exp Danger Sleep Span Gest Dream NonD
42       1        1    1   1      1     1    1    1     1    1   0
2        1        1    1   1      1     1    0    1     1    1   1
3        1        1    1   1      1     1    1    0     1    1   1
9        1        1    1   1      1     1    1    1     0    0   2
2        1        1    1   1      1     0    1    1     1    0   2
1        1        1    1   1      1     1    0    0     1    1   2
2        1        1    1   1      1     0    1    1     0    0   3
1        1        1    1   1      1     1    0    1     0    0   3
         0        0    0   0      0     4    4    4    12    14  38
```

表中的 1 和 0 显示了缺失值模式：0 表示变量的列中有缺失值，1 则表示没有缺失值。第一行表述了"无缺失值"的模式（所有元素都为 1）。第二行表述了"除了 Span 之外无缺失值"的模式。第一列表示各缺失值模式的实例个数，最后一列表示各模式中有缺失值的变量的个数。此处可以看到，有 42 个实例没有缺失值，仅 2 个实例缺失了 Span。9 个实例同时缺失了 NonD 和 Dream 的值。数据集包含了总共 $(42 \times 0) + (2 \times 1) + \cdots + (1 \times 3) = 38$ 个缺失值。最后一行给出了每个变量中缺失值的数目。

18.3.2　图形探究缺失数据

虽然 md.pattern() 函数的表格输出非常简洁，但我通常觉得用图形展示模式更为清晰。VIM 包提供了大量能可视化数据集中缺失值模式的函数，本节我们将学习其中几个：aggr()、matrixplot() 和 scattMiss()。

aggr() 函数不仅绘制每个变量的缺失值数，还绘制每个变量组合的缺失值数。例如：

```
library("VIM")
aggr(sleep, prop=FALSE, numbers=TRUE)
```

上述代码的结果见图 18-2。（VIM 包将会打开 GUI 界面，你可以关闭它；本章使用代码完成所有的工作。）

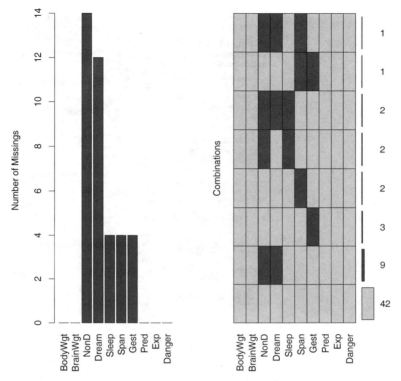

图18-2　aggr()生成的sleep数据集的缺失值模式图形

可以看到，变量NonD有最大的缺失值数（14），有2种哺乳动物缺失了NonD、Dream和Sleep的评分。42种动物没有缺失值。

代码aggr(sleep, prop=TRUE, numbers=TRUE)将生成相同的图形，但用比例代替了计数。选项numbers=FALSE（默认）删去数值型标签。

matrixplot()函数可生成展示每个实例数据的图形。matrixplot(sleep)的图形如图18-3所示。此处，数值型数据被重新转换到[0, 1]区间，并用灰度来表示大小：浅色表示值小，深色表示值大。默认缺失值为红色。注意，在图18-3中，红色经过手工阴影化处理，因此相对于灰色缺失值非常显眼。你可以自己创建图形，让它与众不同。

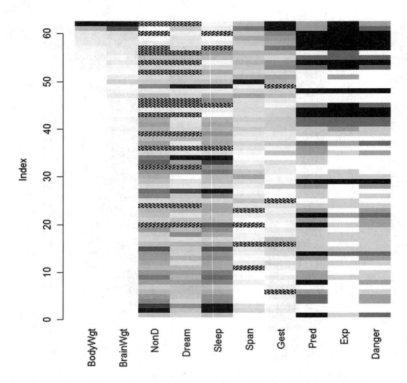

图18-3　sleep数据集按实例（行）展示真实值和缺失值的矩阵图。矩阵按BodyWgt
重排

　　该图形可以交互，单击一列会按其对应的变量重排矩阵。图18-3中的行按BodyWgt降序排列。
通过矩阵图，你可以看出某些变量的缺失值模式是否与其他变量的真实值有关联。此图中可以看
到，无缺失值的睡眠变量（Dream、NonD和Sleep）对应着较小的体重（BodyWgt）或脑重
（BrainWgt）。

　　marginplot()函数可生成一幅散点图，在图形边界展示两个变量的缺失值信息。以做梦时
长与哺乳动物妊娠期时长的关系为例，来看下列代码：

```
marginplot(sleep[c("Gest","Dream")], pch=c(20),
        col=c("darkgray", "red", "blue"))
```

它的生成图形见图18-4。参数pch和col为可选项，控制绘图符号和使用的颜色。

　　图形的主体是Gest和Dream（两变量数据都完整）的散点图。左边界的箱线图展示的是包含
（深灰色）与不包含（红色）Gest值的Dream变量分布。注意，在灰度图上红色是更深的阴影。
四个红色的点代表缺失了Gest得分的Dream值。在底部边界上，Gest和Dream间的关系反过来
了。可以看到，妊娠期和做梦时长呈负相关，缺失妊娠期数据时动物的做梦时长一般更长。两个
变量均有缺失值的观测个数在两边界交叉处用蓝色输出（左下角的0）。

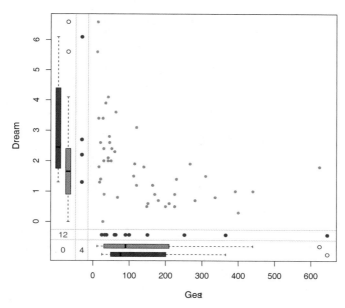

图18-4　做梦时长与妊娠期时长的散点图，边界展示了缺失数据的信息

　　VIM包有许多图形可以帮助你理解缺失数据在数据集中的模式，包括用散点图、箱线图、直方图、散点图矩阵、平行坐标图、轴须图和气泡图来展示缺失值的信息，因此这个包很值得探索。

18.3.3　用相关性探索缺失值

　　在继续下文之前，还有些方法值得注意。你可用指示变量替代数据集中的数据（1表示缺失，0表示存在），这样生成的矩阵有时被称作影子矩阵。求这些指示变量之间和它们与初始（可观测）变量之间的相关性，有助于观察哪些变量常一起缺失，以及分析变量"缺失"与其他变量间的关系。

　　请看如下代码：

```
x <- as.data.frame(abs(is.na(sleep)))
```

若sleep的元素缺失，则数据框x对应的元素为1，否则为0。你可以观察以下数据的前几行：

```
> head(sleep, n=5)
    BodyWgt BrainWgt NonD Dream Sleep Span  Gest Pred Exp Danger
1  6654.000   5712.0   NA    NA   3.3 38.6  645    3   5      3
2     1.000      6.6  6.3   2.0   8.3  4.5   42    3   1      3
3     3.385     44.5   NA    NA  12.5 14.0   60    1   1      1
4     0.920      5.7   NA    NA  16.5   NA   25    5   2      3
5  2547.000   4603.0  2.1   1.8   3.9 69.0  624    3   5      4

> head(x, n=5)
  BodyWgt BrainWgt NonD Dream Sleep Span Gest Pred Exp Danger
```

1	0	0	1	1	0	0	0	0	0	0
2	0	0	0	0	0	0	0	0	0	0
3	0	0	1	1	0	0	0	0	0	0
4	0	0	1	1	0	1	0	0	0	0
5	0	0	0	0	0	0	0	0	0	0

以下代码：

```
y <- x[which(apply(x,2,sum)>0)]
```

可提取含（但不全部是）缺失值的变量，而

```
cor(y)
```

可列出这些指示变量间的相关系数：

```
        NonD   Dream  Sleep   Span    Gest
NonD   1.000   0.907  0.486   0.015  -0.142
Dream  0.907   1.000  0.204   0.038  -0.129
Sleep  0.486   0.204  1.000  -0.069  -0.069
Span   0.015   0.038 -0.069   1.000   0.198
Gest  -0.142  -0.129 -0.069   0.198   1.000
```

此时，你可以看到Dream和NonD常常一起缺失（ r=0.91）。相对可能性较小的是Sleep和NonD一起缺失（ r=0.49），以及Sleep和Dream（ r=0.20）。

最后，你可以看到含缺失值变量与其他可观测变量间的关系：

```
> cor(sleep, y, use="pairwise.complete.obs")
          NonD    Dream   Sleep    Span    Gest
BodyWgt   0.227   0.223   0.0017  -0.058  -0.054
BrainWgt  0.179   0.163   0.0079  -0.079  -0.073
NonD        NA      NA       NA   -0.043  -0.046
Dream    -0.189      NA  -0.1890   0.117   0.228
Sleep    -0.080  -0.080      NA    0.096   0.040
Span      0.083   0.060   0.0052     NA   -0.065
Gest      0.202   0.051   0.1597  -0.175     NA
Pred      0.048  -0.068   0.2025   0.023  -0.201
Exp       0.245   0.127   0.2608  -0.193  -0.193
Danger    0.065  -0.067   0.2089  -0.067  -0.204
Warning message:
In cor(sleep, y, use = "pairwise.complete.obs") :
    the standard deviation is zero
```

在这个相关系数矩阵中，行为可观测变量，列为表示缺失的指示变量。你可以忽略矩阵中的警告信息和NA值，这些都是方法中人为因素所导致的。

从相关系数矩阵的第一列可以看到，体重越大（ r=0.227）、妊娠期越长（ r=0.202）、睡眠暴露度越大（ r=0.245）的动物无梦睡眠的评分更可能缺失。其他列的信息也可以按类似方式得出。注意，表中的相关系数并不特别大，表明数据是MCAR的可能性比较小，更可能为MAR。

不过也绝不能排除数据是NMAR的可能性，因为你并不知道缺失数据背后对应的真实数据是怎么样的。比如，你不可能知道哺乳动物做梦时长与该变量数据缺失概率间的关系。当缺乏强力的外部证据时，我们通常假设数据是MCAR或者MAR。

18.4　理解缺失数据的来由和影响

识别缺失数据的数目、分布和模式有两个目的：(1) 分析生成缺失数据的潜在机制；(2) 评价缺失数据对回答实质性问题的影响。具体来讲，我们想弄清楚以下几个问题。

- ❑ 缺失数据的比例多大？
- ❑ 缺失数据是否集中在少数几个变量上，抑或广泛存在？
- ❑ 缺失是随机产生的吗？
- ❑ 缺失数据间的相关性或与可观测数据间的相关性，是否可以表明产生缺失值的机制？

回答这些问题将有助于判断哪种统计方法最适合用来分析你的数据。例如，如果缺失数据集中在几个相对不太重要的变量上，那么你可以删除这些变量，然后再进行正常的数据分析。如果有一小部分数据（如小于10%）随机分布在整个数据集中（MCAR），那么你可以分析数据完整的实例，这样仍可以得到可靠且有效的结果。如果可以假定数据是MCAR或者MAR，那么你可以应用多重插补法来获得有效的结论。如果数据是NMAR，你则需要借助专门的方法，收集新数据，或者加入一个相对更容易、更有收益的行业。

以下是一些例子。

- ❑ 在最近一个关于求职的问卷调查中，我发现一些项常常一同缺失。很明显这些项是聚集在一起的，因为调查对象没有意识到问卷第三页的背面包含了这些项目。此时，可以认为这些数据是MCAR。
- ❑ 在一个关于全球领导风格的调查中，学历变量经常性地缺失。调查显示欧洲的调查对象更可能在此项上留白，这说明某些特定国家的调查对象没有理解变量的分类。此时，这种数据最可能是MAR。
- ❑ 我参与了一个抑郁症的研究。该研究发现，相对于年轻的病人，年龄越大的病人越可能忽略描述抑郁状态的项。经过访谈发现，越年老的病人越不情愿承认他们的症状，因为如此做违反了他们"三缄其口"的价值观。但是，由于绝望和注意力无法集中，抑郁症越严重的病人也越可能忽略这些项。此时，可以认为这种数据是NMAR。

正如你通过前述所了解的，模式的鉴别只是第一步。为了判断缺失值的来源，你需要理解研究的主题和数据收集过程。

假使已经知道了缺失数据的来源和影响，那么让我们看看如何转换标准的统计方法来适应缺失数据的分析。我们将重点学习三种非常流行的方法：恢复数据的推理方法，涉及删除缺失值的传统方法和涉及模拟的现代方法。沿着这个思路，我们将简要回顾一些在专业工作中应用的方法，以及已经废弃并需要扔掉的旧方法。我们的目标一直未变：在没有完整信息的情况下，尽可能精确地回答收集数据所要解决的实质性问题。

18.5　理性处理不完整数据

推理方法会根据变量间的数学或者逻辑关系来填补或恢复缺失值。下面的一些例子有助于阐明这些方法。

在sleep数据集中，变量Sleep是Dream和NonD变量的和。若知道了它们中的任意两个变量，你便可以推导出第三个。因此，如果一些观测缺失了这三个变量中的一个，你便可以通过加减来恢复缺失值信息。

第二个例子，我们考察各代群体（依据出生年代区分，如沉默的一代、婴儿潮一代、婴儿潮后期一代、无名一代、千禧一代）在工作与生活间的平衡差异。调查对象都被问及了他们的出生日期和年龄，如果出生日期缺失，你便可以根据他们的年龄和其完成调查时的日期来填补他们的出生年份（以及他们所属的年代群体），这样便可使调查问卷完整。

另一个例子是通过逻辑关系来恢复缺失数据。数据来源于一系列的领导力研究，参与者被问及他们是否是经理（是/不是）和他们直接下属的个数（整数）。如果他们在是否是经理的问题上留白，但却告知他们有一个或多个直接下属，那么可以推断他们是经理。

最后一个例子是我经常参与的性别研究，比较的是男女领导风格和效力间的差异。参与者会完整填写他们的名字（姓和名）、性别和关于他们领导方式和影响的详细评价。如果参与者在性别问题上留白，为了将他们包含在研究中，我便需要插补这些缺失值。在最近一项对66 000个经理的研究中，11 000（17%）个人没有填写性别项。

在最后这个例子中，我会按以下推理过程进行处理。首先，将姓和性别交叉制表。一些姓会与男性相联系，一些会与女性相联系，还有一些会与两种性别相联系。比如，"William"出现了417次，总是男性；相反，"Chris"出现了237次，但有时是男性（86%，"克里斯"），有时是女性（14%，"克丽丝"）。如果一个姓在数据集中出现超过20次，并总是与男性或者女性（不是同时与两者）相联系，我便认为该姓代表着一个性别。利用该假设，我创建了一个性别专有姓的性别查询表，查询这个表，我便能恢复7000个实例（有缺失值经理人中的63%）。

推理研究法常常需要创造性和想法，同时还需要许多数据处理技巧，而且数据的恢复可能是准确的（如睡眠的例子）或者近似的（性别的例子）。下一节我们将探究一种通过删除观测来创建完整数据集的方法。

18.6 完整实例分析（行删除）

在完整实例分析中，只有每个变量都包含了有效数据值的观测才会保留下来做进一步的分析。实际上，这样会导致包含一个或多个缺失值的任意一行都会被删除，因此常称作行删除法（listwise）、个案删除（case-wise）或剔除。大部分流行的统计软件包都默认采用行删除法来处理缺失值，因此许许多多的分析人员在使用诸如回归或者方差分析法来分析数据时，都没有意识到有"缺失值问题"需要处理！

函数complete.cases()可以用来存储没有缺失值的数据框或者矩阵形式的实例（行）：

```
newdata <- mydata[complete.cases(mydata),]
```

同样的结果可以用na.omit函数获得：

```
newdata <- na.omit(mydata)
```

两行代码表示的意思都是：mydata中所有包含缺失数据的行都被删除，然后结果才存储到
newdata中。

现假设你对睡眠研究中变量间的关系很感兴趣。计算相关系数前，使用行删除法可删除所有
含有缺失值的动物：

```
> options(digits=1)
> cor(na.omit(sleep))
         BodyWgt BrainWgt NonD Dream Sleep Span  Gest  Pred  Exp Danger
BodyWgt     1.00     0.96 -0.4 -0.07  -0.3  0.47  0.71  0.10  0.4   0.26
BrainWgt    0.96     1.00 -0.4 -0.07  -0.3  0.63  0.73 -0.02  0.3   0.15
NonD       -0.39    -0.39  1.0  0.52   1.0 -0.37 -0.61 -0.35 -0.6  -0.53
Dream      -0.07    -0.07  0.5  1.00   0.7 -0.27 -0.41 -0.40 -0.5  -0.57
Sleep      -0.34    -0.34  1.0  0.72   1.0 -0.38 -0.61 -0.40 -0.6  -0.60
Span        0.47     0.63 -0.4 -0.27  -0.4  1.00  0.65 -0.17  0.3   0.01
Gest        0.71     0.73 -0.6 -0.41  -0.6  0.65  1.00  0.09  0.6   0.31
Pred        0.10    -0.02 -0.4 -0.40  -0.4 -0.17  0.09  1.00  0.6   0.93
Exp         0.41     0.32 -0.6 -0.50  -0.6  0.32  0.57  0.63  1.0   0.79
Danger      0.26     0.15 -0.5 -0.57  -0.6  0.01  0.31  0.93  0.8   1.00
```

表中的相关系数仅通过所有变量均为完整数据的42种动物计算得来。（注意代码cor(sleep,
use="complete.obs")可生成同样的结果。）

若想研究寿命和妊娠期对睡眠中做梦时长的影响，可应用行删除法的线性回归：

```
> fit <- lm(Dream ~ Span + Gest, data=na.omit(sleep))
> summary(fit)

Call:
lm(formula = Dream ~ Span + Gest, data = na.omit(sleep))

Residuals:
    Min     1Q Median    3Q    Max
 -2.333 -0.915 -0.221 0.382  4.183

Coefficients:
             Estimate Std. Error t value Pr(>|t|)
(Intercept)  2.480122   0.298476    8.31  3.7e-10 ***
Span        -0.000472   0.013130   -0.04    0.971
Gest        -0.004394   0.002081   -2.11    0.041 *
---
Signif. codes: 0 '***' 0.001 '**' 0.01 '*' 0.05 '.' 0.1 ' ' 1

Residual standard error: 1 on 39 degrees of freedom
Multiple R-squared: 0.167,    Adjusted R-squared: 0.125
F-statistic: 3.92 on 2 and 39 DF, p-value: 0.0282
```

此处可以看到，动物妊娠期越短，做梦时长越长（控制寿命不变）；而控制妊娠期不变时，寿命
与做梦时长不相关。整个分析基于有完整数据的42个实例。

在之前的例子中，如果data=na.omit(sleep)被data=sleep替换，将会出现什么情况呢？

和许多R函数一样，lm()将使用有限的行删除法定义。只有用函数拟合的、含缺失值的变量（本例是Dream、Span和Gest）对应的实例才会被删除，这时数据分析将基于44个实例。

行删除法假定数据是MCAR（即完整的观测只是全数据集的一个随机子样本）。此例中，我们假定42种动物是62种动物的一个随机子样本。如果违反了MCAR假设，回归参数的结果将是有偏的。由于删除了所有含缺失值的观测，减少了可用的样本，这也将导致统计效力的降低。此例中，行删除法减少了32%的样本量。接下来，我们将探讨一种能够利用整个数据集的方法（可以囊括那些含缺失值的观测）。

18.7　多重插补

多重插补（MI）是一种基于重复模拟的处理缺失值的方法。在面对复杂的缺失值问题时，MI是最常选用的方法，它将从一个包含缺失值的数据集中生成一组完整的数据集（通常是3到10个）。每个模拟数据集中，缺失数据将用蒙特卡洛方法来填补。此时，标准的统计方法便可应用到每个模拟的数据集上，通过组合输出结果给出估计的结果，以及引入缺失值时的置信区间。R中可利用Amelia、mice和mi包来执行这些操作。本节中，我们将重点学习mice包（利用链式方程的多元插补）提供的方法。

图18-5可以帮助理解mice包的操作过程。

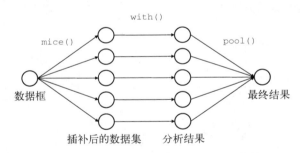

图18-5　通过mice包应用多重插补的步骤

函数mice()首先从一个包含缺失数据的数据框开始，然后返回一个包含多个（默认为5个）完整数据集的对象。每个完整数据集都是通过对原始数据框中的缺失数据进行插补而生成的。由于插补有随机的成分，因此每个完整数据集都略有不同。然后，with()函数可依次对每个完整数据集应用统计模型（如线性模型或广义线性模型），最后，pool()函数将这些单独的分析结果整合为一组结果。最终模型的标准误和p值都将准确地反映出由于缺失值和多重插补而产生的不确定性。

mice()函数如何插补缺失值？
缺失值的插补通过Gibbs抽样完成。每个包含缺失值的变量都默认可通过数据集中的其他变量预测得来，于是这些预测方程便可用来预测缺失数据的有效值。该过程不断迭代直到所有的缺失值都收敛为止。对于每个变量，用户可以选择预测模型的形式（称为基本插补法）和待选入的变量。

默认地，预测的均值用来替换连续型变量中的缺失数据，而Logistic或多元Logistic回归则分别用来替换二值目标变量（两水平因子）或多值变量（多于两水平的因子）。其他基本插补法包括贝叶斯线性回归、判别分析、两水平正态插补和从观测值中随机抽样。用户也可以选择自己独有的方法。

基于mice包的分析通常符合以下分析过程：

```
library(mice)
imp <- mice(data, m)
fit <- with(imp, analysis)
pooled <- pool(fit)
summary(pooled)
```

其中，

- □ *data*是一个包含缺失值的矩阵或数据框。
- □ imp是一个包含*m*个插补数据集的列表对象，同时还含有完成插补过程的信息。默认*m*为5。
- □ *analysis*是一个表达式对象，用来设定应用于*m*个插补数据集的统计分析方法。方法包括做线性回归模型的lm()函数、做广义线性模型的glm()函数、做广义可加模型的gam()，以及做负二项模型的nbrm()函数。表达式在函数的括号中，~的左边是响应变量，右边是预测变量（用+符号分隔开）。
- □ fit是一个包含*m*个单独统计分析结果的列表对象。
- □ pooled是一个包含这*m*个统计分析平均结果的列表对象。

现将多重插补法应用到sleep数据集上。重复18.6节的分析过程，不过此处我们将利用所有的62种动物。设定随机种子为1234，这样你的结果将和我的分析结果一样：

```
> library(mice)
> data(sleep, package="VIM")
> imp <- mice(sleep, seed=1234)

 [...output deleted to save space...]

> fit <- with(imp, lm(Dream ~ Span + Gest))
> pooled <- pool(fit)
> summary(pooled)
                est      se      t    df Pr(>|t|)     lo 95
(Intercept) 2.58858 0.27552  9.395  52.1 8.34e-13   2.03576
Span        -0.00276 0.01295 -0.213  52.9 8.32e-01  -0.02874
Gest        -0.00421 0.00157 -2.671  55.6 9.91e-03  -0.00736
              hi 95 nmis    fmi
(Intercept) 3.14141   NA 0.0870
Span        0.02322    4 0.0806
Gest       -0.00105    4 0.0537
```

此处，你可以看到Span的回归系数不显著（$p \approx 0.08$），Gest的系数在$p < 0.01$的水平下很显著。

若将这些结果与利用完整数据分析法（18.6 节）所得的结果对比，你会发现背离的结论相同。当控制寿命不变时，妊娠期与做梦时长有一个（统计）显著的、负相关的关系。完整数据分析法基于 42 种有完整数据的动物，而此处的分析法基于整个数据集中全部 62 种动物的数据。另外，fmi 栏也展示了缺失信息（即由于引入了缺失数据而引起的变异所占整体不确定性的比例）。

你可以通过检查分析过程所创建的对象来获取更多的插补信息。例如，来看 imp 对象的汇总信息：

```
> imp

Multiply imputed data set
Call:
mice(data = sleep, seed = 1234)
Number of multiple imputations: 5
Missing cells per column:
  BodyWgt BrainWgt      NonD    Dream    Sleep     Span     Gest     Pred
        0        0        14       12        4        4        4        0
      Exp   Danger
        0        0
Imputation methods:
  BodyWgt BrainWgt      NonD    Dream    Sleep     Span     Gest     Pred
       ""       ""     "pmm"    "pmm"    "pmm"    "pmm"    "pmm"       ""
      Exp   Danger
       ""       ""

VisitSequence:
 NonD Dream Sleep  Span  Gest
    3     4     5     6     7
PredictorMatrix:
         BodyWgt BrainWgt NonD Dream Sleep Span Gest Pred Exp Danger
BodyWgt        0        0    0     0     0    0    0    0   0      0
BrainWgt       0        0    0     0     0    0    0    0   0      0
NonD           1        1    0     1     1    1    1    1   1      1
Dream          1        1    1     0     1    1    1    1   1      1
Sleep          1        1    1     1     0    1    1    1   1      1
Span           1        1    1     1     1    0    1    1   1      1
Gest           1        1    1     1     1    1    0    1   1      1
Pred           0        0    0     0     0    0    0    0   0      0
Exp            0        0    0     0     0    0    0    0   0      0
Danger         0        0    0     0     0    0    0    0   0      0
Random generator seed value: 1234
```

从输出结果可以看到，五个数据集同时被创建，预测均值（pmm）匹配法被用来处理每个含缺失数据的变量。BodyWgt、BrainWgt、Pred、Exp 和 Danger 没有进行插补（" "），因为它们并没有缺失数据。VisitSequence 从左至右展示了插补的变量，从 NonD 开始，以 Gest 结束。最后，预测变量矩阵（PredictorMatrix）展示了进行插补过程的含有缺失数据的变量，它们利用了数据集中其他变量的信息。（在矩阵中，行代表插补变量，列代表为插补提供信息的变量，1 和 0 分别表示使用和未使用。）

通过提取 imp 对象的子成分，可以观测到实际的插补值。如：

```
> imp$imp$Dream
      1   2   3   4   5
1   0.5 0.5 0.5 0.5 0.0
3   2.3 2.4 1.9 1.5 2.4
4   1.2 1.3 5.6 2.3 1.3
14  0.6 1.0 0.0 0.3 0.5
24  1.2 1.0 5.6 1.0 6.6
26  1.9 6.6 0.9 2.2 2.0
30  1.0 1.2 2.6 2.3 1.4
31  5.6 0.5 1.2 0.5 1.4
47  0.7 0.6 1.4 1.8 3.6
53  0.7 0.5 0.7 0.5 0.5
55  0.5 2.4 0.7 2.6 2.6
62  1.9 1.4 3.6 5.6 6.6
```

展示了在Dream变量上有缺失值的12种动物的5次插补值。检查该矩阵可以帮助你判断插补值是否合理。若睡眠时长出现了负值，插补将会停止（否则结果将会很糟糕）。

利用complete()函数可以观察*m*个插补数据集中的任意一个。格式为：

```
complete(imp, action=#)
```

其中#指定*m*个完整数据集中的一个来展示，比如：

```
> dataset3 <- complete(imp, action=3)
> dataset3
    BodyWgt BrainWgt NonD Dream Sleep Span Gest Pred Exp Danger
1   6654.00   5712.0  2.1   0.5   3.3 38.6  645    3   5      3
2      1.00      6.6  6.3   2.0   8.3  4.5   42    3   1      3
3      3.38     44.5 10.6   1.9  12.5 14.0   60    1   1      1
4      0.92      5.7 11.0   5.6  16.5  4.7   25    5   2      3
5   2547.00   4603.0  2.1   1.8   3.9 69.0  624    3   5      4
6     10.55    179.5  9.1   0.7   9.8 27.0  180    4   4      4
[...output deleted to save space...]
```

展示了多重插补过程中创建的第三个完整数据集。

由于篇幅限制，此处我们只是简略介绍了mice包提供的多重插补法（MI）。mi和Amelia包也提供了一些有用的方法。如果你对缺失值的多重插补法感兴趣，可以参考以下学习资源：

❑ 多重插补FAQ页面（www.stat.psu.edu/~jls/mifaq.html）；
❑ Van Buuren和Croothuis-Oudshoorn的论文（2010）以及Yu-Sung、Gelman、Hill和Yajima（2010）的论文；
❑ "Amelia II: A Program for Missing Data"（http://gking.harvard.edu/amelia）。
上述每个资源都能加深你对这些虽然未充分利用但却十分重要的方法的理解。

18.8　处理缺失值的其他方法

R还支持其他一些处理缺失值的方法。虽然它们不如之前的方法应用广泛，但表18-2列出的包在一些专业领域非常有用。

表18-2   处理缺失数据的专业方法

软 件 包	描　述
mvnmle	对多元正态分布数据中缺失值的最大似然估计
cat	对数线性模型中多元类别型变量的多重插补
arrayImpute、arrayMissPattern 和 SeqKnn	处理微阵列缺失数据的实用函数
longitudinalData	相关的函数列表，比如对时间序列缺失值进行插补的一系列函数
kmi	处理生存分析缺失值的Kaplan-Meier多重插补
mix	一般位置模型中混合类别型和连续型数据的多重插补
pan	多元面板数据或聚类数据的多重插补

　　最后，还有两种仍在使用中的缺失值处理方法，但它们已经过时，都应被舍弃，分别是成对删除（pairwise deletion）和简单插补（simple imputation）。

18.8.1　成对删除

　　处理含缺失值的数据集时，成对删除常作为行删除的备选方法使用。对于成对删除，观测只是当它含缺失数据的变量涉及某个特定分析时才会被删除。请看如下代码：

```
> cor(sleep, use="pairwise.complete.obs")
          BodyWgt BrainWgt NonD Dream Sleep  Span Gest  Pred  Exp Danger
BodyWgt      1.00     0.93 -0.4  -0.1  -0.3  0.30  0.7  0.06  0.3   0.13
BrainWgt     0.93     1.00 -0.4  -0.1  -0.4  0.51  0.7  0.03  0.4   0.15
NonD        -0.38    -0.37  1.0   0.5   1.0 -0.38 -0.6 -0.32 -0.5  -0.48
Dream       -0.11    -0.11  0.5   1.0   0.7 -0.30 -0.5 -0.45 -0.5  -0.58
Sleep       -0.31    -0.36  1.0   0.7   1.0 -0.41 -0.6 -0.40 -0.6  -0.59
Span         0.30     0.51 -0.4  -0.3  -0.4  1.00  0.6 -0.10  0.4   0.06
Gest         0.65     0.75 -0.6  -0.5  -0.6  0.61  1.0  0.20  0.6   0.38
Pred         0.06     0.03 -0.3  -0.4  -0.4 -0.10  0.2  1.00  0.6   0.92
Exp          0.34     0.37 -0.5  -0.5  -0.6  0.36  0.6  0.62  1.0   0.79
Danger       0.13     0.15 -0.5  -0.6  -0.6  0.06  0.4  0.92  0.8   1.00
```

此例中，任何两个变量的相关系数都只利用了仅这两变量的可用观测（忽略其他变量）。比如 BodyWgt 和 BrainWgt 基于62种（所有变量下的动物数）动物的数据，而 BodyWgt 和 NonD 基于42种动物的数据，Dream 和 NonDream 则基于46种动物的数据。

　　虽然成对删除似乎利用了所有可用数据，但实际上每次计算都只用了不同的数据子集。这将会导致一些扭曲的、难以解释的结果，所以我建议不要使用该方法。

18.8.2　简单（非随机）插补

　　所谓简单插补，即用某个值（如均值、中位数或众数）来替换变量中的缺失值。若使用均值替换，Dream 变量中的缺失值可用1.97来替换，NonD 中的缺失值可用8.67来替换（两个值分别是 Dream 和 NonD 的均值）。注意这些替换是非随机的，这意味着不会引入随机误差（与多重插补不同）。

简单插补的一个优点是，解决"缺失值问题"时不会减少分析过程中可用的样本量。虽然简单插补用法很简单，但是对于非MCAR的数据会产生有偏的结果。若缺失数据的数目非常大，那么简单插补很可能会低估标准差、曲解变量间的相关性，并会生成不正确的统计检验的*p*值。与成对删除一样，我建议在解决缺失数据的问题时尽量避免使用该方法。

18.9 小结

多数统计方法都假设输入数据是完整的且不包含缺失值（如NA、NaN 或Inf）。但是现实世界中的大多数数据集都包含了缺失值。因此，在进行下一步分析之前，你要么删除缺失值，要么用合理的替换值代替它们。统计软件包常常会提供一些默认的缺失值处理方法，但是这些方法可能不是最优的。因此，理解各种各样可用的方法以及它们的分支就显得非常重要。

在本章中，我们学习了一些鉴别缺失值和探究缺失值模式的方法。我们的目标是理解产生缺失值的机制，以及它们对后续分析可能产生的影响。我们回顾了三种流行的缺失值处理方法：推理法、行删除法和多重插补。

当数据存在冗余信息或有外部信息可用时，推理法可用来恢复缺失值。当数据是MCAR，后续样本量的减少对统计检验效力不会造成很严重的影响时，行删除法非常有用。而当你认为数据是MCAR或MAR，并且缺失数据问题非常复杂时，多重插补将是一个非常实用的方法。虽然许多数据分析师对多重插补法不熟悉，但是用户贡献的软件包（mice、mi和Amelia）使得该方法应用起来非常容易。我相信在不久的将来，多重插补法将会得到广泛的应用。

本章最后简略介绍了R中处理某些专业领域中缺失值的软件包，并单独列出了一些在处理缺失值时应该尽量避免使用的方法（成对删除和简单插补）。

下一章，我们将探究高级作图方法，使用ggplot2包创建交互式多元图形。

18

Part 5

技能拓展

在最后一部分，我们讨论能够提升你作为 R 程序员技能的高级话题。第 19 章通过展现 R 最强大的一种数据可视化方法来结束我们对图形的讨论。ggplot2 包通过一个完整的图形语法来提供一系列工具，让你用新的创造性方式来对复杂的数据集进行可视化。你将能够创建吸引人的、信息量大的图形，而它们是很难或者不可能使用 R 的基本图形系统来创建的。

第 20 章从一个更高的水平回顾了 R 语言。其中讨论了 R 的面向对象编程特性、与环境的交互和高阶函数的编写。这一章也描述了编写高效代码和调试程序的技巧。尽管第 20 章比起其他章探讨了更多的技术，但也提供了很多关于编写更有用程序的实用建议。

在整本书中，你都在使用包来完成工作。在第 21 章中，你会学习如何编写自己的包。这可以帮助你整理和记录你的工作，创建更加复杂和完善的软件解决方案，以及向他人分享你的创造成果。与他人分享含有有用函数的包也是一种回馈 R 社区的美妙方法（同时也能使你名声远扬）。

第 22 章是关于报告撰写的。R 提供了从数据中动态创建优美报告的完善设备。在这一章，你会学习如何创建网页、PDF 文档、字处理文档（包括 Microsoft Word 文档）等形式的报告。

学完第五部分，对于 R 的工作方式和它提供的创建复杂图形、软件和报告的工具，你会有更深的理解。

使用ggplot2进行高级绘图

19

在之前的几章中，我们学习创建了各种各样的普通图形和特殊图形（你会在绘图过程中发现许多乐趣），它们大部分都是利用R的基础绘图系统创建的。众所周知，R中方法繁多，所以对于有四种独立而完整的图形系统这一事实，你也不必感到惊奇。

除了基础图形，grid、lattice和ggplot2软件包也提供了图形系统，它们克服了R基础图形系统的低效性，大大扩展了R的绘图能力。

grid图形系统可以很容易地控制图形基础单元，给予编程者创作图形的极大灵活性。lattice包通过一维、二维或三维条件绘图，即所谓的网格图形（trellis graph）来对多元变量关系进行直观展示。ggplot2包则基于一种全面的图形“语法”，提供了一种全新的图形创建方法。

本章将首先回顾这四种图形系统，然后重点介绍ggplot2包生成的图形。这个包极大地扩展了R绘图的范畴，提高了图形的质量。它通过全面一致的语法帮助我们将多变量的数据集进行可视化，并且很容易生成R自带图形难以生成的图形。

19.1 R中的四种图形系统

如前所述，R中有四种主要的图形系统。基础图形系统由Ross Ihaka编写，每个R都默认安装，之前几章中的大部分图形都是依赖于基础图形函数创建的。

grid图形系统由Paul Murrell（2011）编写，通过grid包安装执行。grid图形提供了一种比标准图形系统更低水平的方法。用户可以在图形设备上随意创建矩形区域，在该区域定义坐标系统，然后使用一系列丰富的绘图基础单元来控制图形元素的摆放和外观。

grid图形的灵活性对于软件开发者是非常有价值的，但是grid包没有提供生成统计图形以及完整绘图的函数。因此，数据分析师很少直接采用grid包来分析数据，这里也不再讨论。如果想深入了解grid的话，可以访问Dr. Murrell的网站（http://mng.bz/C86p）查看更多内容。

lattice包由Deepayan Sarkar（2008）编写，可绘制Cleveland（1985，1993）所述的网格图形。总的来说，网格图形显示一个变量的分布或是变量之间的关系，分别显示一个或多个变量的各个水平。lattice包基于grid包创建，在多元数据的可视化功能方面已经远超Cleveland的原始方法。它为R提供了一种全面的、创建统计图形的备选系统。本书中描述的大多数的包（effects、gflexclust、Hmisc、mice和odfWeave）都使用了lattice包中的函数来生成图形。

ggplot2包由Hadley Wickham（2009a）编写，提供了一种基于Wilkinson（2005）所述图形语法的图形系统，Wickham（2009b）还对该语法进行了扩展。ggplot2包的目标是提供一个全面的、基于语法的、连贯一致的图形生成系统，允许用户创建新颖的、有创新性的数据可视化图形。该方法的力量已经使得ggplot2成为使用R进行数据可视化的重要工具。

四种系统的载入方式有所不同，见表19-1。基础图形函数可自动调用，而grid和lattice函数的调用必须加载相应的包（如library(lattice)）。要调用ggplot2函数需要下载并安装该包（install.packages("ggplot2")），第一次使用前还要进行加载（library(ggplot2)）。

表19-1   图形系统的载入

系 统	基础安装中是否包含	是否需要显式加载
base	是	否
grid	是	是
lattice	是	是
ggplot2	否	是

19

lattice包和ggplot2包在函数上有重合但是创建图像的方式不同。在画多元数据的图时，分析师倾向于使用一个或多个R包。鉴于ggplot2的威力和流行性，本章剩下的部分将主要讨论这个包。如果想深入了解lattice包，可以从www.statmethods.net/RiA/lattice.pdf或开发者的网站（www.manning.com/RinActionSecondEdition）下载补充章节。

本章将用三个数据集解释ggplot2的使用。第一个是从lattice包中的singer数据集，它包括纽约合唱团歌手的高度和语音变量。第二个是在本书中已经使用过的mtcars数据集，它包含32辆汽车的详细信息。最后一个是在第8章中讨论的car包中的Salaries数据集。Salaries数据集包含大学教授的收入信息，并用来探索性别差异对他们收入的影响。总之，这些数据集提供了各种可视化的挑战。

在开始画图之前，必须确保在计算机上安装可ggplot2包和car包。我们也需要安装gridExtra包。这个包可以使你将多个ggplot2所绘图形放在一个图中（参见19.7.4节）。

19.2   ggplot2 包介绍

ggplot2包实现了一个在R中基于全面一致的语法创建图形时的系统。这提供了在R中画图时经常缺乏的图形创造的一致性并允许我们创建具有创新性和新颖性的图表类型。在这一节中，我们将首先回顾ggplot2的语法，接下来进行详细介绍。

在ggplot2中，图是采用串联起来（+）号函数创建的。每个函数修改属于自己的部分。下面给出了一个最简单的例子（参见图19-1）：

```
library(ggplot2)
ggplot(data=mtcars, aes(x=wt, y=mpg)) +
    geom_point() +
    labs(title="Automobile Data", x="Weight", y="Miles Per Gallon")
```

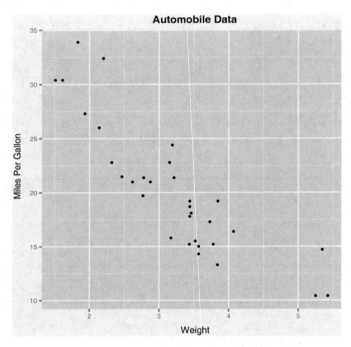

图19-1   汽车重量与里程的散点图

让我们分解作图的步骤。ggplot()初始化图形并且指定要用到的数据来源（mtcars）和变量（wt、mpg）。aes()函数的功能是指定每个变量扮演的角色（aes代表aesthetics，即如何用视觉形式呈现信息）。在这里，变量wt的值映射到沿x轴的距离，变量mpg的值映射到沿y轴的距离。

ggplot()函数设置图形但没有自己的视觉输出。使用一个或多个几何函数向图中添加了几何对象（简写为geom），包括点、线、条、箱线图和阴影区域。在这个例子中，geom_point()函数在图形中画点，创建了一个散点图。labs()函数是可选的，可添加注释（包括轴标签和标题）。

在ggplot2中有很多的函数，并且大多数包含可选的参数。扩展一下前面的例子，代码如下：

```
library(ggplot2)
ggplot(data=mtcars, aes(x=wt, y=mpg)) +
    geom_point(pch=17, color="blue", size=2) +
    geom_smooth(method="lm", color="red", linetype=2) +
    labs(title="Automobile Data", x="Weight", y="Miles Per Gallon")
```

产生的图形如图19-2所示。

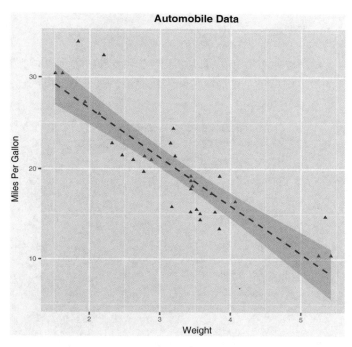

图19-2　汽车重量与汽油里程的散点图，它们的最佳拟合线及其95%的置信区间

选用geom_point()函数来设置点的形状为三角形（pch=17），点的大小加倍（size=2），并使颜色为蓝色（color="blue"）。geom_smooth()函数增加了一条"平滑"曲线。这里需要线性拟合（method="lm"），并且产生一条红色（color="red"）虚线（linetype=2），线条尺寸为1（size=1）。默认情况下，平滑的曲线包括在95%的置信区间（较暗带）内。我们将在19.6节中详细探讨线性拟合和非线性拟合模型关系的更多细节。

ggplot2包提供了分组和小面化（faceting）的方法。分组指的是在一个图形中显示两组或多组观察结果。小面化指的是在单独、并排的图形上显示观察组。ggplot2包在定义组或面时使用因子。

我们可以使用mtcars数据集来查看分组和面。首先，将am、vs和cyl变量转化为因子：

```
mtcars$am <- factor(mtcars$am, levels=c(0,1),
                              labels=c("Automatic", "Manual"))
mtcars$vs <- factor(mtcars$vs, levels=c(0,1),
                      labels=c("V-Engine", "Straight Engine"))
mtcars$cyl <- factor(mtcars$cyl)
```

接下来，利用下面的代码绘图：

```
library(ggplot2)
ggplot(data=mtcars, aes(x=hp, y=mpg,
```

```
        shape=cyl, color=cyl)) +
    geom_point(size=3) +
    facet_grid(am~vs) +
    labs(title="Automobile Data by Engine Type",
        x="Horsepower", y="Miles Per Gallon")
```

效果图（参见图19-3）包含变速箱类型（自动对手动）和发动机装置（V型发动机与直列式发动机）每个组合的分离的散点图。每个点的颜色和形状表示该汽车发动机汽缸的数量。在本例中，am和vs是刻面变量，cyl是分组变量。

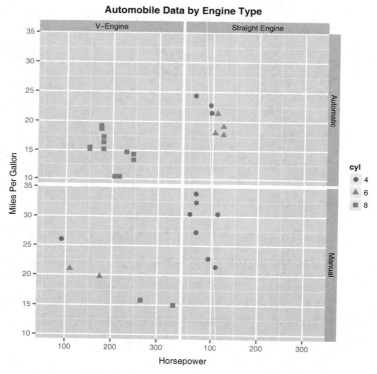

图19-3 散点图显示变速箱的马力和发动机类型的油耗之间的关系。每个汽车发动机汽缸的数量由形状和颜色表示

ggplot2很强大，能够创建各种各样的信息图。它在老练的R分析师和程序员中很受欢迎；由于R博客和讨论组的相关文章，它的流行性也在增长。

不幸的是，强大也带来了复杂性。不像其他的R包，ggplot2凭借其自身就可以被认为一种是综合图形编程语言。它有自己的学习曲线，有时这个曲线比较陡；但是坚持住，这些努力都是值得的。幸运的是，它里面有默认的设置和语言的简化设计，这也使得我们对其的介绍变得容易。通过练习，你可以通过仅仅几行代码创建一系列有意思和有用的图形。

我们会首先介绍几何函数及其能够创建的图形类型，然后详细了解aes()函数，以及如何利用它来对数据进行分组。接下来，我们将考虑刻面和网格图形的建立。最后，我们将研究如何调整ggplot2图形的外观，包括修改坐标轴和图例、改变配色方案以及添加注释。本章在最后为大家提供了更多的资源，帮助你熟练掌握ggplot2。

19.3　用几何函数指定图的类型

ggplot()函数指定要绘制的数据源和变量，几何函数则指定这些变量如何在视觉上进行表示（使用点、条、线和阴影区）。目前，有37个几何函数可供使用。表19-2列出了比较常见的几何函数，以及经常使用的选项。这些选项在表19-3中有详细描述。

表19-2　几何函数

函　　数	添　　加	选　　项
geom_bar()	条形图	color、fill、alpha
geom_boxplot()	箱线图	color、fill、alpha、notch、width
geom_density()	密度图	color、fill、alpha、linetype
geom_histogram()	直方图	color、fill、alpha、linetype、binwidth
geom_hline()	水平线	color、alpha、linetype、size
geom_jitter()	抖动点	color、size、alpha、shape
geom_line()	线图	colorvalpha、linetype、size
geom_point()	散点图	color、alpha、shape、size
geom_rug()	地毯图	color、side
geom_smooth()	拟合曲线	method、formula、color、fill、linetype、size
geom_text()	文字注解	很多，参见函数的"帮助"
geom_violin()	小提琴图	color、fill、alpha、linetype
geom_vline()	垂线	color、alpha、linetype、size

本书中描述的大多数图形可以使用表19-2中的几何函数创建。例如，代码：

```
data(singer, package="lattice")
ggplot(singer, aes(x=height)) + geom_histogram()
```

产生如图19-4所示的直方图，并且代码：

```
ggplot(singer, aes(x=voice.part, y=height)) + geom_boxplot()
```

产生如图19-5所示的箱线图。

从图19-5中可以看出，低音歌唱家比高音歌唱家身高更高。虽然性别没有测量在内，但是它也许起了很大的作用。

需要注意的是，创建直方图时只有变量x是指定的，但创建箱线图时变量x和y都需要指定。geom_histgrom()函数在y变量没有指定时默认对y轴变量计数。具体细节可以参阅每个函数的详细信息和更多示例文件。每个的几何函数具有一组可以用来修改它的表示的选项。常见的选项列在表19-3中。

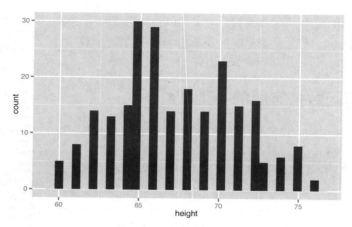

图19-4　歌手身高的直方图

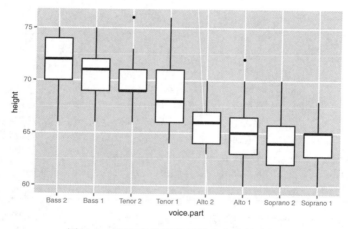

图19-5　按发音分的歌手的身高的箱线图

表19-3　几何函数的常见选项

选　　项	详　　述
color	对点、线和填充区域的边界进行着色
fill	对填充区域着色，如条形和密度区域
alpha	颜色的透明度，从0（完全透明）到1（不透明）。
linetype	图案的线条（1=实线，2=虚线，3=点，4=点破折号，5=长破折号，6=双破折号）
size	点的尺寸和线的宽度
shape	点的形状（和pch一样，0=开放的方形，1=开放的圆形，2=开放的三角形，等等），参见图3-4
position	绘制诸如条形图和点等对象的位置。对条形图来说，"dodge"将分组条形图并排，"stacked"堆叠分组条形图，"fill"垂直地堆叠分组条形图并规范其高度相等。对于点来说，"jitter"减少点重叠
binwidth	直方图的宽度

（续）

选 项	详 述
notch	表示方块图是否应为缺口（TRUE/FALSE）
sides	地毯图的安置（"b"=底部，"l"=左部，"t"=顶部，"r"=右部，"bl"=左下部，等等）
width	箱线图的宽度

我们可以使用Salaries数据集来验证这些选项的使用，代码如下：

```
data(Salaries, package="car")
library(ggplot2)
ggplot(Salaries, aes(x=rank, y=salary)) +
       geom_boxplot(fill="cornflowerblue",
       color="black", notch=TRUE)+
       geom_point(position="jitter", color="blue", alpha=.5)+
       geom_rug(side="l", color="black")
```

产生的结果如图19-6所示。该图显示了不同学术地位对应薪水的缺口箱线图。实际的观察值（教师）是重叠的，因而给予一定的透明度以避免遮挡箱线图。它们还抖动以减少重叠。最后，一个地毯图设置在左侧以指示薪水的一般散布。

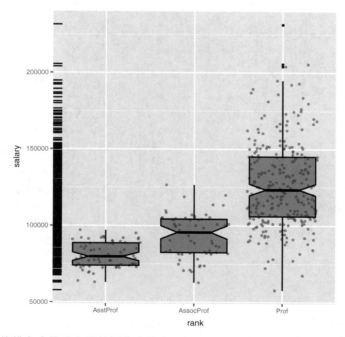

图19-6　按排名来描述大学教授薪水的有叠加点的缺口箱线图。在纵轴上画出了一个地毯图

在图19-6中，我们可以看到助理教授、副教授和教授的工资有显著的不同（有一个在箱形图槽口没有重叠）。此外，在薪水方面等级越高方差越大；教授的薪水变化很大。事实上，至少有

一位教授的薪水低于副教授；有三位教授的工资非常高，成为了异常点（由教授箱线图的黑点可以看出）。我在职业生涯的早期就已经是一名教授了，但是数据显示我的工资显然是过低的。

当几何函数组合形成新类型的图时，ggplot2包的真正力量就会得到展现。让我们回到 singer 数据集中，运行如下代码：

```
library(ggplot2)
data(singer, package="lattice")
ggplot(singer, aes(x=voice.part, y=height)) +
        geom_violin(fill="lightblue") +
        geom_boxplot(fill="lightgreen", width=.2)
```

该代码把箱线图和小提琴图结合在一起形成一个新的图形（展示在图19-7中）。箱线图展示了在 singer 数据框中每个音部的25%、50%和75%分位数得分和任意的异常值。对于每个声部身高范围上的得分分布，小提琴图展示了更多视觉线索。

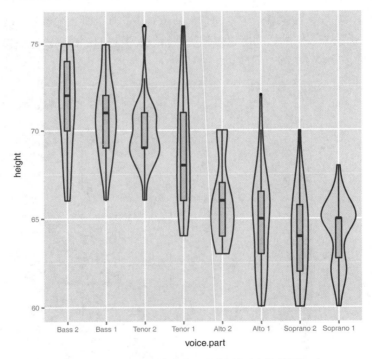

图19-7　每个声部歌手身高的小提琴图和箱线图组合

在本章接下来的部分，我们将使用几何函数来创建广泛的图表类型。让我们先以分组开始——在一个图中展示多个分组观察值。

19.4 分组

为了理解数据，在一个图中画出两个或更多组的观察值通常是很有帮助的。在R中，组通常用分类变量的水平（因子）来定义。分组是通过ggplot2图将一个或多个带有诸如形状、颜色、填充、尺寸和线类型的视觉特征的分组变量来完成的。ggplot()声明中的aes()函数负责分配变量（图形的视觉特征），所以这是一个分配分组变量的自然的地方。

让我们用分组来探讨Salaries数据集。数据框包含的信息是在2008~2009学年大学教授的薪水。变量包括rank（助理教授、副教授、教授）、sex（女性、男性）、yrs.since.phd（获得博士学位年数）、yrs.service（工龄）和salary（以美元计的九个月薪水）。

首先，你可以查看薪水是如何随学术等级变化的。代码：

```
data(Salaries, package="car")
library(ggplot2)
ggplot(data=Salaries, aes(x=salary, fill=rank)) +
        geom_density(alpha=.3)
```

在同一幅图中画出了三条密度曲线（每条曲线代表一个学术等级）并用不同的颜色来区分。填充的设置有些透明度（alpha），使重叠曲线不掩盖彼此。颜色也相互结合来提高加入地区的可视化。图形结果见图19-8。值得注意的是图例是自动产生的。在19.7.2节，我们将学到如何自定义分组数据的图例。

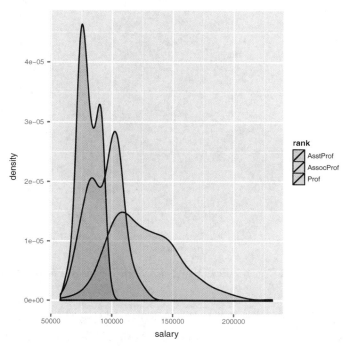

图19-8 以学术等级分组的大学薪水的密度图

薪水随着等级的增长而增长，但是重叠比较明显，比如一些助理教授与副教授或教授的薪水相同。随着学术等级的增长，薪水的范围也在扩大。对于教授而言尤其如此，他们的收入差距很大。把这三个分布放在同一幅图上方便了组间的比较。

接下来，我们通过性别和学术等级分组，绘制获得博士学位年数与薪水的关系：

```
ggplot(Salaries, aes(x=yrs.since.phd, y=salary, color=rank,
        shape=sex)) + geom_point()
```

在结果图中（图19-9），学术等级用点的颜色来表示（红色代表助理教授，绿色代表副教授，蓝色代表教授）。除此之外，性别用点的形状来表示（圆形代表女性，三角形代表男性）。如果看到的是灰度图像，颜色差异可能很难看出来，最好尝试运行一下自己的代码。需要注意图例还是自动产生的。

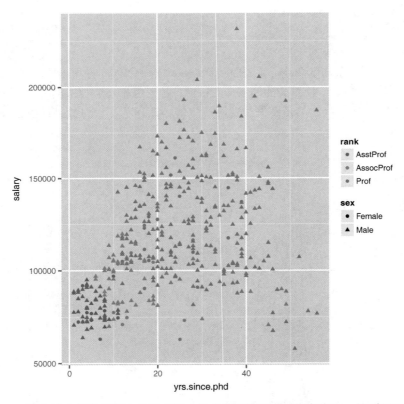

图19-9 博士毕业年数和薪水的散点图。学术等级用不同的颜色表示，性别用不同的形状表示

从图中可以看出，薪水随着毕业年数的增加而增加，但是它们之间的关系绝对不是线性的。

最后，你可以用一个分组的条形图按学术等级和性别来可视化教授的人数。下面的代码提供了三个条形图的变化，图形结果见图19-10：

```
ggplot(Salaries, aes(x=rank, fill=sex)) +
        geom_bar(position="stack") + labs(title='position="stack"')

ggplot(Salaries, aes(x=rank, fill=sex)) +
        geom_bar(position="dodge") + labs(title='position="dodge"')

ggplot(Salaries, aes(x=rank, fill=sex)) +
        geom_bar(position="fill") + labs(title='position="fill"')
```

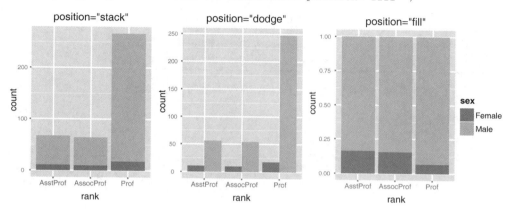

图19-10　分组条形图的三个版本。每个展示了按学术等级和性别划分的教授数量

图19-10中的图强调了数据的不同方面。从前两个图中可以明显看出教授的人数大于其他学术等级的人数。除此之外，女性教授的人数比女性助理教授和副教授的人数要多。第三个图表示即使女性的总数更大，但是女性教授在教授中的比重远远小于其他两组。

值得注意的是，第三个图形中y轴的标签是错误的，它应该是比例（proportion）而不是数量（count）。我们可以通过添加y="proportion"参数到labs()函数来解决。

选项可以通过不同的方式使用，这取决于它们发生在aes()函数的内部还是外部。让我们看看下面的例子并猜猜这些代码能实现什么功能：

```
ggplot(Salaries, aes(x=rank, fill=sex))+ geom_bar()
ggplot(Salaries, aes(x=rank)) + geom_bar(fill="red")
ggplot(Salaries, aes(x=rank, fill="red")) + geom_bar()
```

在第一个例子中，sex变量通过条形图中的填充颜色来展示。在第二个例子中，每个条形图都用红色来填充。在第三个例子中，ggplot2假定"red"是变量的名字，并且你得到一个意想不到（不希望）的结果。通常来说，变量应该设在aes()函数内，分配常数应该在aes()函数外。

19.5 刻面

如果组在图中并排出现而不是重叠为单一的图形，关系就是清晰的。我们可以使用facet_wrap()函数和facet_grid()函数创建网格图形（在ggplot2中也称刻面图）。表19-4

给出了相关的语法，其中 *var*、*rowvar* 和 *colvar* 是因子。

表19-4　ggplot2 的刻面图函数

语　　法	结　　果
facet_wrap(~*var*, ncol=*n*)	将每个 *var* 水平排列成 *n* 列的独立图
facet_wrap(~*var*, nrow=*n*)	将每个 *var* 水平排列成 *n* 行的独立图
facet_grid(*rowvar~colvar*)	*rowvar* 和 *colvar* 组合的独立图，其中 *rowvar* 表示行，*colvar* 表示列
facet_grid(*rowvar~.*)	每个 *rowvar* 水平的独立图，配置成一个单列
facet_grid(.~*colvar*)	每个 *colvar* 水平的独立图，配置成一个单行

回头看一下合唱的例子，我们可以使用下面的代码创建一个刻面图：

```
data(singer, package="lattice")
library(ggplot2)
ggplot(data=singer, aes(x=height)) +
       geom_histogram() +
       facet_wrap(~voice.part, nrow=4)
```

得到的图（图19-11）展示了各声部歌手身高的分布。把八个分布分为并排的小图可以方便比较。

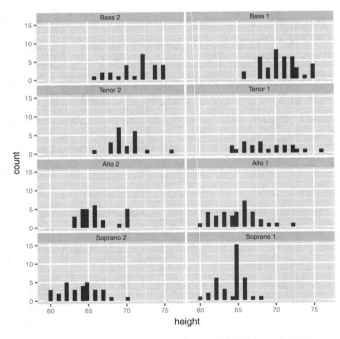

图19-11　刻面图展示了歌手声部高度的分布（直方图）

作为第二个例子，我们创建一个包含刻面和分组的图：

```
library(ggplot2)
ggplot(Salaries, aes(x=yrs.since.phd, y=salary, color=rank,
        shape=rank)) + geom_point() + facet_grid(.~sex)
```

结果展示在图19-12中。它包含了相同的信息，但是独立的刻面图使其更容易理解。

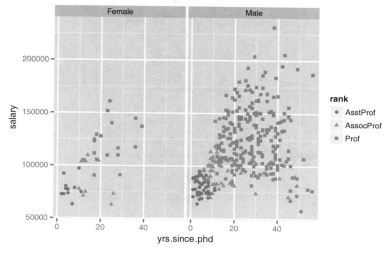

图19-12　毕业年数和薪水的散点图。学术等级用颜色和形状来表示，性别是刻面的

最后，试着展示singer数据集中每个声部成员的身高分布，并利用核密度图水平排列。给每个声部分配不同的颜色。一个解决方案如下：

```
data(singer, package="lattice")
library(ggplot2)
ggplot(data=singer, aes(x=height, fill=voice.part)) +
        geom_density() +
        facet_grid(voice.part~.)
```

结果展示在图19-13中。

值得注意的是横向排列便于组间比较。虽然颜色不是必要的，但它们可以帮助区分图形。（如果你看到的是灰度图，一定要亲自尝试这个例子）。

注意　你可能会奇怪为什么这个密度图的图例中包括带对角线的黑框。这是因为你可以控制密度图的填充颜色及其边框颜色（默认为黑色），图例把两者都展示出来了。

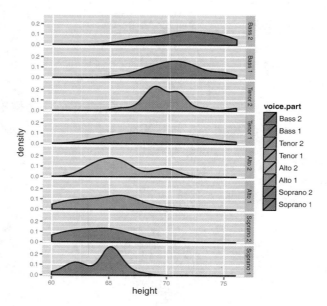

图19-13　各声部歌手身高的刻面密度图

19.6　添加光滑曲线

ggplot2包包含了一系列计算统计的函数来加到图形中。这些包括分级数据和计算密度、轮廓和分位数功能等。这一部分我们将着重分析一下添加平滑曲线（线性、非线性和非参数）到散点图中的方法。

我们可以使用geom_smooth()函数来添加一系列的平滑曲线和和置信区域。带有置信区域的线性回归的例子可以参考图19-2。函数的参数参见表19-5。

表19-5　geom_smooth()函数

选　　项	描　　述
method=	使用的平滑函数。允许的值包括lm、glm、smcoth、rlm和gam，分别对应线性、广义线性、loess、稳健线性和广义相加模型。smooth是默认值
formula=	在光滑函数中使用的公式。例子包括y~x（默认），y~log(x)，y~poly(x,n)表示n次多项式拟合 y~ns(x,n)表示一个具有n个自由度的样条拟合
se	绘制置信区间（TRUE/FALSE）。默认为TRUE
level	使用的置信区间水平（默认为95%）
fullrange	指定拟合应涵盖全图（TRUE）或仅仅是数据（FALSE）。默认为FALSE

使用Salaries数据集，我们先检验博士毕业年数和薪水之间的关系。在这个例子中，我们可以使用带有95%置信区间的非参数光滑曲线（loess）。暂时忽略性别和学术等级。代码如下，图形结果见图19-14：

```
data(Salaries, package="car")
library(ggplot2)
ggplot(data=Salaries, aes(x=yrs.since.phd, y=salary)) +
        geom_smooth() + geom_point()
```

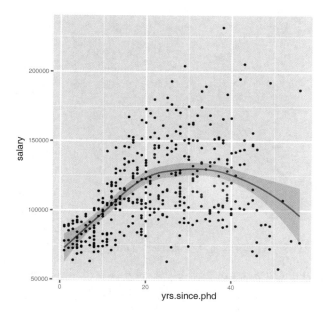

图19-14　博士毕业年数与目前薪水之间的关系。加上了一个带有95%置信区间的光滑
　　　　曲线

图形显示经验和薪水之间不是线性的关系，至少在毕业时间很长的时候是这样。
下一步，我们按性别拟合一个二次多项式回归（一个弯曲）：

```
ggplot(data=Salaries, aes(x=yrs.since.phd, y=salary,
                          linetype=sex, shape=sex, color=sex)) +
        geom_smooth(method=lm, formula=y~poly(x,2),
                    se=FALSE, size=1) +
        geom_point(size=2)
```

置信界限被抑制（se=FALSE）来简化图。性别由颜色、符号形状和线条类型来区分。图形结果
见图19-15。

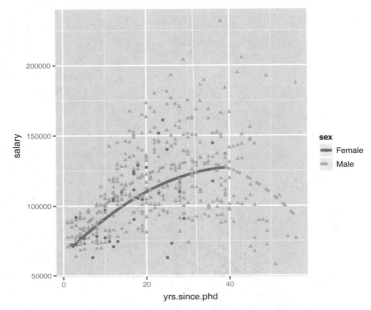

图19-15　男性和女性博士毕业年数和薪水之间的散点图，带有二次拟合曲线

对男性来说，曲线从0增加至约30年然后下降。对女性来说，拟合曲线从0到40年一直呈上升趋势。在数据集中没有女性获得博士学位超过40年。对于数据集中的大部分范围，男性能拿到更高的薪水。

统计函数

在本节中，你已经在散点图上添加了平滑曲线。ggplot2包中含有大量统计函数来计算所需要的量，从而生产更多的可视化数据。通常情况下，几何函数隐式地调用统计函数，我们不需要直接处理这些问题。不过知道它们的存在是有用的。每个统计函数都有帮助页面，可以帮助我们了解几何函数是如何工作的。

例如，geom_smooth()函数依赖于stat_smooth()函数来计算画出一个拟合曲线及其置信限所需的数量。帮助页面对于geom_smooth()函数的介绍是很少的，但对stat_smooth()函数的介绍包含大量有用的信息。在探索几何函数如何工作和哪些选项可供选择时，一定要检查这个函数及其相关统计函数。

19.7　修改 ggplot2 图形的外观

在第3章中，我们看到了如何使用par()函数或特定画图函数的图形参数来自定义基本函数。遗憾的是，改变基本图形参数对于ggplot2图形没有影响。相反，ggplot2包提供了特定的函数来改变其图形的外观。

在本节中，我们将使用几个函数来自定义ggplot2的图形外观。我们将学习如何自定义坐标轴的外观（范围、刻度和刻度标记标签），图例的位置和内容，变量值的颜色。我们也将学习如何创建特定的主题（为图形添加统一的外观和感觉）以及在一个图中管理几个子图。

19.7.1 坐标轴

ggplot2包会在创建图时自动创建刻度线、刻度标记标签和坐标轴标签。它们往往看起来不错，但是有时我们需要在更大程度上控制它们的外观。我们已经知道了如何通过labs()函数来添加标题并改变坐标轴标签。在本节中，我们将自定义轴标签。表19-6包含了用于自定义坐标轴的函数，非常有用。

表19-6　控制坐标轴和刻度线外观的函数

函　　数	选　　项
scale_x_continuous()和 scale_y_continuous()	breaks=指定刻度标记，labels=指定刻度标记标签，limits=控制要展示的值的范围
scale_x_discrete()和 scale_y_discrete()	breaks=对因子的水平进行放置和排序，labels=指定这些水平的标签，limits=表示哪些水平应该展示
coord_flip()	颠倒x轴和y轴

可以看到，ggplot2的函数区分x轴和y轴，以及轴线是否代表一个连续或离散变量（因子）。

让我们将这些函数应用到一个分组箱线图中，其中包含按学术等级和性别分组的薪资水平，代码如下：

```
data(Salaries,package="car")
library(ggplot2)
ggplot(data=Salaries, aes(x=rank, y=salary, fill=sex)) +
    geom_boxplot() +
    scale_x_discrete(breaks=c("AsstProf", "AssocProf", "Prof"),
                     labels=c("Assistant\nProfessor",
                              "Associate\nProfessor",
                              "Full\nProfessor")) +
    scale_y_continuous(breaks=c(50000, 100000, 150000, 200000),
                       labels=c("$50K", "$100K", "$150K", "$200K")) +
    labs(title="Faculty Salary by Rank and Sex", x="", y="")
```

结果见图19-16。

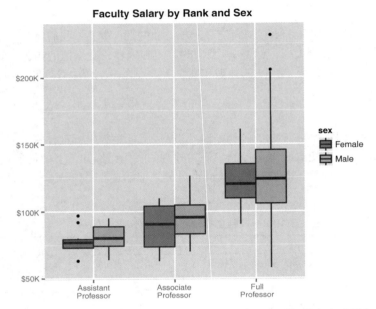

图19-16   按学术等级和性别分组的薪资水平的箱线图。坐标轴文本已经自定义

很明显，平均收入随着学术排名的上升而上升，在每个学术等级中男性的薪资水平高于女性。（要得到一个更完整的图像，可以试着控制获得博士学位的年数。）

19.7.2   图例

图例是指出如何用颜色、形状、尺寸等视觉特性表示数据特征的指南。ggplot2包能自动生成图例，而且在很多时候能够满足我们的需求；但是在其他时候，我们可能要对其进行自定义。标题和位置是最常用的定制特征。

当更改图例的标题时，必须考虑图例是否基于颜色、填充、尺寸、形状或它们的组合。在图19-6中，图例代表fill审美（见aes()函数），因此我们可以通过将fill="*mytitle*"加到labs()函数中来改变标题。

标题的位置由theme()函数中的legend.position选项控制。可能的值包括"left"、"top"、"right"（默认值）和"bottom"。我们也可以在图中给定的位置指定一个二元素向量。调整图19-16中的图形，使图例出现在左上角并且将标题从sex变为Gender。可以通过下面的代码来完成这个任务：

```
data(Salaries,package="car")
library(ggplot2)
ggplot(data=Salaries, aes(x=rank, y=salary, fill=sex)) +
    geom_boxplot() +
    scale_x_discrete(breaks=c("AsstProf", "AssocProf", "Prof"),
                    labels=c("Assistant\nProfessor",
```

```
                         "Associate\nProfessor",
                         "Full\nProfessor")) +
      scale_y_continuous(breaks=c(50000, 100000, 150000, 200000),
                  labels=c("$50K", "$100K", "$150K", "$200K")) +
      labs(title="Faculty Salary by Rank and Gender",
           x="", y="", fill="Gender") +
      theme(legend.position=c(.1,.8))
```

结果如图19-17所示。

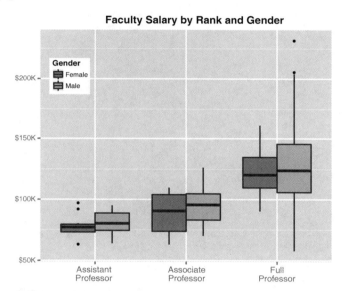

图19-17　按学术等级划分的薪水的箱线图。坐标轴文本、图例的标题和位置已经更改

　　在这个例子中，图例的左上角是分别距离左侧边缘10%和底部边缘80%的部分。如果想删除图例，可以使用legend.position="none"。theme()函数能改变ggplot2图外观的很多方面，其他的例子在19.7.4节给出.

19.7.3 标尺

　　ggplot2包使用标尺把数据空间的观察值映射到可视化的空间中。标尺既可以应用到连续的变量，也可以应用到离散的变量。在图19-15中，一个连续性的标尺把yrs.since.phd变量的数值映射到x轴，同时将salary的变量映射到y轴。

　　连续型的标尺可以映射数值型的变量到图的其他特征。思考如下代码：

```
ggplot(mtcars, aes(x=wt, y=mpg, size=disp)) +
      geom_point(shape=21, color="black", fill="cornsilk") +
      labs(x="Weight", y="Miles Per Gallon",
           title="Bubble Chart", size="Engine\nDisplacement")
```

aes()函数的参数size=disp生成连续型变量disp（发动机排量）的标尺，并使用它来控制点的尺寸。结果参见如图19-18所示的气泡图。从该图中可以看出汽车里程随重量和发动机排量的降低而降低。

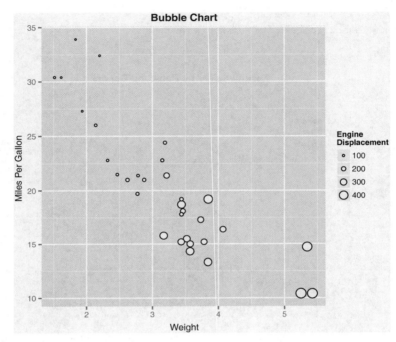

图19-18   按里程划分的汽车重量的气泡图。点的大小代表发动机排量

在这个离散的例子中，可以使用标尺将带有因子水平的视觉线索（如颜色、形状、线条类型、尺寸和透明度）关联起来。下列代码：

```
data(Salaries, package="car")
ggplot(data=Salaries, aes(x=yrs.since.phd, y=salary, color=rank)) +
    scale_color_manual(values=c("orange", "olivedrab", "navy")) +
    geom_point(size=2)
```

使用scale_color_manual()函数来设定三个学术等级的点的颜色，结果见图19-19。

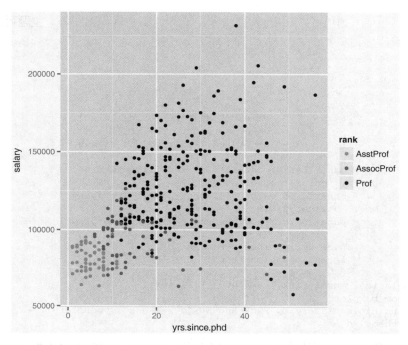

图19-19　薪水与助理教授、副教授、教授经验对比的散点图。点的颜色是人为指定的

如果和我一样是色弱（比如分不清橙色和紫色），可以通过`scale_color_brewer()`和 `scale_fill_brewer()`函数来预先指定分得清的颜色集。例如，尝试如下代码：

```
ggplot(data=Salaries, aes(x=yrs.since.phd, y=salary, color=rank)) +
        scale_color_brewer(palette="Set1") + geom_point(size=2)
```

看看运行的结果。把`palette="Set1"`用其他的值（例如`"Set2"`、`"Set3"`、`"Pastel1"`、 `"Pastel2"`、`"Paired"`、`"Dark2"`或`"Accent"`）来代替将会产生不同的颜色方案。为了得到 可获得的颜色集，可以使用：

```
library(RColorBrewer)
display.brewer.all()
```

来生成一个显示。了解更多信息，可以查看`help(scale_color_brewer)`以及ColorBrewer的主 页（http://colorbrewer2.org）。

　　在ggplot2中标尺的概念很普遍。我们可以控制标尺的特征，这里不再详述。可以通过查看 以`scale_`开头的函数来了解更多信息。

19.7.4　主题

　　我们已经尝试了几种修改ggplot2中特定元素的方法。主题可以让我们控制这些图的整体外观。theme()函数中的选项可以让我们调整字体、背景、颜色和网格线等。主题可以使用一次，也可以保存起来应用到多个图中。运行下面的代码：

```
data(Salaries, package="car")
library(ggplot2)
mytheme <- theme(plot.title=element_text(face="bold.italic",
                    size="14", color="brown"),
                axis.title=element_text(face="bold.italic",
                    size=10, color="brown"),
                axis.text=element_text(face="bold", size=9,
                    color="darkblue"),
                panel.background=element_rect(fill="white",
                    color="darkblue"),
                panel.grid.major.y=element_line(color="grey",
                    linetype=1),
                panel.grid.minor.y=element_line(color="grey",
                    linetype=2),
                panel.grid.minor.x=element_blank(),
                legend.position="top")

ggplot(Salaries, aes(x=rank, y=salary, fill=sex)) +
        geom_boxplot() +
        labs(title="Salary by Rank and Sex", x="Rank", y="Salary") +
        mytheme
```

将+ mytheme加到绘图声明中得到的结果见图19-20。

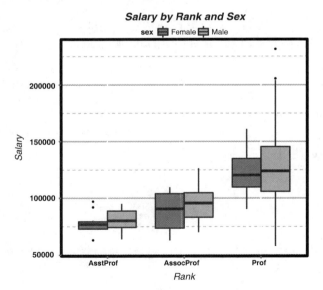

图19-20   具有自定义主题的箱线图

主题mytheme指定了图的标题应该为粗斜体的棕色14号字。轴的标题为粗斜体的棕色10号字。坐标轴标签应为加粗的深蓝色9号字。画图区域有白色的填充和深蓝色的边框。主水平网格应该是灰色的实线，次水平网格应该是灰色的虚线；垂直网格不输出；图例展示在图的顶部。theme()函数给了我们把控最后图形的控制权。可以参考help(theme)来查看更多关于选项的信息。

19.7.5　多重图

在3.5节中，我们使用图形参数mfrow和基本函数layout()把两个或更多的基本图放到单个图形中。同样，这种方法在ggplot2包中不适用。将多个ggplot2包的图形放到单个图形中最简单的方式是使用gridExtra包中的grid.arrange()函数。我们在使用前需要事先安装这个包（install.packages("gridExtra")）.

让我们创建三个ggplot2图并把它们放在单个图形中。下面给出相关的代码：

```
data(Salaries, package="car")
library(ggplot2)
p1 <- ggplot(data=Salaries, aes(x=rank)) + geom_bar()
p2 <- ggplot(data=Salaries, aes(x=sex)) + geom_bar()
p3 <- ggplot(data=Salaries, aes(x=yrs.since.phd, y=salary)) + geom_point()

library(gridExtra)
grid.arrange(p1, p2, p3, ncol=3)
```

结果见图19-21。每个图都被保存为一个对象，然后用grid.arrange()函数保存到单个图形中。

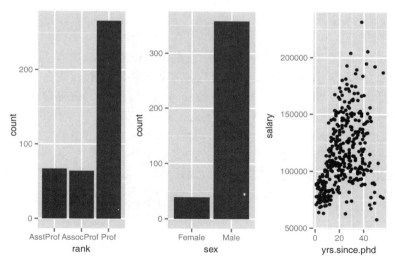

图19-21　将三个ggplot2图放到单个图形中

值得注意的是截面图和多重图的区别。截面图基于一个或多个分类变量创建一系列的图。在本节中，我们可以将多个独立的图绘制到单个图形中。

19.8   保存图形

我们可以使用1.3.4节讨论的标准方法来保存由ggplot2创建的图形，但是ggsave()函数能更方便地保存它。它的选项包括保存哪幅图形，保存在哪里和以什么形式保存。例如：

```
myplot <- ggplot(data=mtcars, aes(x=mpg)) + geom_histogram()
ggsave(file="mygraph.png", plot=myplot, width=5, height=4)
```

在当前路径下将myplot保存为名为mygraph.png的5英寸×4英寸（12.7厘米×10.2厘米）PNG格式的图片。我们可以通过设定文件扩展名为ps、tex、jpeg、pdf、tiff、png、bmp、svg或wmf来保存为不同的格式。wmf文件仅限在装有Windows系统的计算机中保存。

如果忽略plot=选项，最近创建的图形会被保存。代码：

```
ggplot(data=mtcars, aes(x=mpg)) + geom_histogram()
ggsave(file="mygraph.pdf")
```

是有效的，并把图形保存到磁盘。更多细节参见help(ggsave)。

19.9   小结

本章回顾了ggplot2包，它提供基于图形综合语法的先进图形化方法。这个包旨在在R提供的基础画图之外提供一个完整而全面的替代方案。它提供的数据可视化方法很有吸引力和意义，用其他方式很难做到。

ggplot2包学习起来可能有些困难，但是大量的学习资料在我们的学习旅程（我答应过自己永远不用这个词，但是学习ggplot2肯定会有这种感受）中会帮到我们。一系列ggplot2的函数及相应的例子可以在http://docs.ggplot2.org上找到。要学习ggplot2内部的理论知识，可以参阅Wickham（2009）的书。Chang（2013）曾经写过一本非常实用的书，里面有很多关于ggplot2的有用例子。我推荐把Chang的书作为学习ggplot2的起点。

我们现在应该牢牢把握住了R中数据可视化的多种方法。如果说一图胜千言，那么提供了上千种绘图方法的R必定价值数万字（或达到类似的效果）。在接下来的两章里，我们会详细研究作为编程语言的R。

高级编程

20

本章内容

❑ 深入挖掘R语言
❑ 利用R的OOP特性来创建泛型函数
❑ 调整代码使之高效运行
❑ 查找和纠正编程错误

前面的章节介绍了对应用开发来说很重要的主题，包括数据类型（2.2节）、控制流（5.4节）和函数的创建（5.5节）。本章将回顾R作为编程语言的这些方面，只不过内容更加高级和详细。学完本章，你会对R语言的工作原理有一个更清晰的认识。

在转向创建函数之前，我们先回顾一下对象、数据类型和控制流的概念，包括范围和环境的作用。本章介绍面向对象的R编程方法并且探讨泛型函数的创建。最后，我们将回顾如何编写高效生成和调试代码的应用程序。掌握这些主题将有助于你理解其他人的应用程序代码，并帮助你创建新的程序。在第21章里，你将有机会将这些技能付诸实践，从头到尾创建一个有用的包。

20.1 R语言回顾

R是一种面向对象的、实用的数组编程语言，其中的对象是专门的数据结构，存储在RAM中，通过名称或符号访问。对象的名称由大小写字母、数字0～9、句号和下划线组成。名称是区分大小写的，而且不能以数字开头；句号被视为没有特殊含义的简单字符。

不像C和C++语言，在R语言中不能直接得到内存的位置。可以被存储和命名的数据、函数和其他任何东西都是对象。另外，名称和符号本身是可以被操纵的对象。所有的对象在程序执行时都存储在RAM中，这对大规模数据分析有显著的影响。

每一个对象都有属性：元信息描述对象的特性。属性能通过`attributes()`函数罗列出来并能通过`attr()`函数进行设置。一个关键的属性是对象的类。R函数使用关于对象类的信息来确定如何处理对象。可以使用`class()`函数来读取和设置对象的类。在本章中会给出相关的例子。

20.1.1 数据类型

有两种最基本的数据类型：原子向量（atomic vector）和泛型向量（generic vector）。原子向量是包含单个数据类型的数组。 泛型向量也称为列表，是原子向量的集合。列表是递归的，因为它们还可以包含其他列表。本节会详细讨论这两种类型。

与许多语言不同，在R中不必声明对象的数据类型或是分配的空间。数据的类型由对象的内容隐式地决定，并且空间的增大或缩小自动取决于对象包含的类型和元素的数目。

1. 原子向量

原子向量是包含单个数据类型（逻辑类型、实数、复数、字符串或原始类型）的数组。例如，下面的每个都是一维原子向量：

```
passed <- c(TRUE, TRUE, FALSE, TRUE)
ages <- c(15, 18, 25, 14, 19)
cmplxNums <- c(1+2i, 0+1i, 39+3i, 12+2i)
names <- c("Bob", "Ted", "Carol", "Alice")
```

"raw"类型的向量包含原始字节，我们在这里不作讨论。

许多R的数据类型是带有特定属性的原子向量。例如，R没有标量型数据。标量是具有单一元素的原子向量，所以k<- 2是k <- c(2)的简写。

矩阵是一个具有维度属性（dim）的原子向量， 包含两个元素（行数和列数）。例如，以一维的数字向量x开始：

```
> x <- c(1,2,3,4,5,6,7,8)
> class(x)
[1] "numeric"
> print(x)
{1] 1 2 3 4 5 6 7 8
```

加上一个dim属性：

```
> attr(x, "dim") <- c(2,4)
```

对象x现在变成了matrix类的2×4矩阵：

```
> print(x)
     [,1] [,2] [,3] [,4]
[1,]    1    3    5    7
[2,]    2    4    6    8

> class(x)
[1] "matrix"
> attributes(x)
$dim
[1] 2 2
```

行名和列名可以通过加上一个dimnames属性得到：

```
> attr(x, "dimnames") <- list(c("A1", "A2"),
                              c("B1", "B2", "B3", "B4"))
> print(x)
   B1 B2 B3 B4
A1  1  3  5  7
A2  2  4  6  8
```

最后，矩阵可以通过去除dim属性来得到一维的向量：

```
> attr(x, "dim") <- NULL
> class(x)
[1] "numeric"
> print(x)
[1] 1 2 3 4 5 6 7 8
```

数组是有一个具有dim属性的原子向量，其中包含三个或更多元素。同样，你可以用dim属性来设置维度，还可以为标签赋予dimnames属性。与一维向量一样，矩阵和数组可以是逻辑类型、实数、复数、字符串或原始类型，但是不能把不同的类型放到一个矩阵或数组中。

attr()函数允许你创建任意属性并将其与对象相关联。属性存储关于对象的额外信息，函数能够用属性确定其处理方式。

有很多特定的函数可以用来设置属性，包括dim()、dimnames()、names()、row.names()、class()和tsp()。最后一个函数用来创建时间序列对象。这些特殊的函数对设置的取值范围有一定的限制。除非创建自定义属性，使用这些特殊函数在大部分情况下都是个好主意。它们的限制和产生的错误信息使得编码时出现错误的可能性变少，并且使错误更明显。

2. 泛型向量或列表

列表是原子向量和/或其他列表的集合。数据框是一种特殊的列表，集合中每个原子向量都有相同的长度。在安装R时自带iris数据框，这个数据框描述了150种植物的四种物理测度及其种类（setosa、versicolor或virginica）：

```
> head(iris)
  Sepal.Length Sepal.Width Petal.Length Petal.Width Species
1          5.1         3.5          1.4         0.2  setosa
2          4.9         3.0          1.4         0.2  setosa
3          4.7         3.2          1.3         0.2  setosa
4          4.6         3.1          1.5         0.2  setosa
5          5.0         3.6          1.4         0.2  setosa
6          5.4         3.9          1.7         0.4  setosa
```

这个数据框实际上是包含五个原子向量的列表。它有一个names属性（变量名的字符串向量），一个row.names属性（识别单个植物的数字向量）和一个带有"data.frame"值的class属性。每个向量代表数据框中的一列（变量）。这可以很容易地使用unclass()打印数据框看到，并且可以用attributes()函数得到数据集的属性：

```
unclass(iris)
attributes(iris)
```

为了节省空间，输出值在这里省略了。

理解列表是很重要的，因为R的函数通常返回列表作为值。让我们看一个使用了第16章中聚类分析技巧的例子。聚类分析使用一系列方法识别观测值的天然分组。

你可以使用K均值聚类分析（16.3.1节）来对iris数据进行聚类分析。假定数据中存在三类，观测这些观测值（行）是如何被分组的。你可以忽略种类变量（species variable），仅仅使用每个植物的物理测度来聚类。所需的代码是：

```
set.seed(1234)
fit <- kmeans(iris[1:4], 3)
```

对象 fit 中包含的信息是什么？kmeans() 函数的帮助页面表明该函数返回一个包含七种成分的列表。str() 函数展示了对象的结构，unclass() 函数用来直接检查对象的内容。length() 函数展示对象包含多少成分，names() 函数提供了这些成分的名字。你可以使用 attributes() 函数来检查对象的属性。下面探讨通过 kmeans() 得到的对象内容：

```
> names(fit)
[1] "cluster"      "centers"     "totss"         "withinss"
[5] "tot.withinss" "betweenss"   "size"          "iter"
[9] "ifault"

> unclass(fit)
$cluster
  [1] 1 1 1 1 1 1 1 1 1 1 1 1 1 1 1 1 1 1 1 1 1 1 1 1 1 1 1 1
 [29] 1 1 1 1 1 1 1 1 1 1 1 1 1 1 1 1 1 1 1 1 1 1 2 2 3 2 2 2
 [57] 2 2 2 2 2 2 2 2 2 2 2 2 2 2 2 2 2 2 2 2 2 2 2 2 2 2 2 2
 [85] 2 2 2 2 2 2 2 2 2 2 2 2 2 2 3 2 3 3 3 3 3 3 3 3 3 3 3 3
[113] 3 2 2 3 3 3 3 2 3 2 3 2 3 3 2 2 3 3 3 3 3 2 3 3 3 3 2 3
[141] 3 3 2 3 3 3 3 2 3 3

$centers
  Sepal.Length Sepal.Width Petal.Length Petal.Width
1        5.006       3.428        1.462       0.246
2        5.902       2.748        4.394       1.434
3        6.850       3.074        5.742       2.071

$totss
[1] 681.4

$withinss
[1] 15.15 39.82 23.88

$tot.withinss
[1] 78.85

$betweenss
[1] 602.5

$size
[1] 50 62 38

$iter
[1] 2

$ifault
[1] 0
```

执行 sapply(fit, class) 返回该类每个成分的对象：

```
> sapply(fit, class)
       cluster       centers         totss      withinss tot.withinss
     "integer"      "matrix"     "numeric"     "numeric"     "numeric"
     betweenss          size          iter        ifault
     "numeric"     "integer"     "integer"     "integer"
```

在这个例子中，cluster 是包含集群成员的整数向量，centers 是包含聚类中心的矩阵（各个类中每个变量的均值）。size 是包含三类中每一类植物的整数向量。要了解其他成分，参见 help(kmeans) 的 Value 部分。

3. 索引

学会理解列表中的信息是一个重要的 R 编程技巧。任何数据对象中的元素都可以通过索引来提取。在深入列表之前，让我们先看看如何提取原子向量中的元素。

提取元素可以使用 *object[index]*，其中 *object* 是向量，*index* 是一个整数向量。如果原子向量中的元素已经被命名，*index* 也可以是这些名字中的字符串向量。需要注意的是，R 中的索引从 1 开始，而不是像其他语言一样从 0 开始。

下面是一个例子，使用这种方法来分析没有命名的原子变量元素：

```
> x <- c(20, 30, 40)
> x[3]
[1] 40
> x[c(2,3)]
[1] 30 40
```

对于有命名的原子变量元素，可以使用：

```
> x <- c(A=20, B=30, C=40)
> x[c(2,3)]
 B  C
30 40
> x[c("B", "C")]
 B  C
30 40
```

对列表来说，可以使用 *object[index]* 来提取成分（原子向量或其他列表），其中 *index* 是一个整数向量。下面的例子使用了后面代码清单 20-1 中 kmeans 的 fit 对象：

```
> fit[c(2,7)]
$centers
  Sepal.Length Sepal.Width Petal.Length Petal.Width
1        5.006       3.428        1.462       0.246
2        5.902       2.748        4.394       1.434
3        6.850       3.074        5.742       2.071

$size
[1] 50 62 38
```

值得注意的是，返回的是以列表形式出现的成分。

为了得到成分中的元素，使用 *object[[integer]]*：

```
> fit[2]
$centers
  Sepal.Length Sepal.Width Petal.Length Petal.Width
1        5.006       3.428        1.462       0.246
2        5.902       2.748        4.394       1.434
3        6.850       3.074        5.742       2.071

> fit[[2]]
  Sepal.Length Sepal.Width Petal.Length Petal.Width
1        5.006       3.428        1.462       0.246
2        5.902       2.748        4.394       1.434
3        6.850       3.074        5.742       2.071
```

在第一个例子中，返回的是一个列表。在第二个例子中，返回的是一个矩阵。取决于你对结果的操作，这种区别是很重要的。如果想把得到的结果作为一个矩阵输入，应该使用双括号。

如果想获取单个的命名成分，可以使用$符号。在这种情况下，*object*[[*integer*]]和*object*$*name*是等价的：

```
> fit$centers
  Sepal.Length Sepal.Width Petal.Length Petal.Width
1        5.006       3.428        1.462       0.246
2        5.902       2.748        4.394       1.434
3        6.850       3.074        5.742       2.071
```

这也解释了为什么$符号也可以在数据框中进行操作。查看iris的数据框，这个数据框是列表的一种特殊情况，在这里每个变量被看作一个成分。那就是为什么iris$Sepal.Length会返回150个元素向量的萼片长度。

可以组合这些符号以获得成分内的元素，例如：

```
> fit[[2]][1,]
Sepal.Length  Sepal.Width Petal.Length  Petal.Width
       5.006        3.428        1.462        0.246
```

提取了fit（均值矩阵）的第二个成分并且返回第一行（第一类中四个变量的均值）。

通过提取函数返回的成分和列表的元素，你可以获得结果并且继续深入。比如，你可以使用下面的代码画出聚类中心的线图。

代码清单20-1　画出K均值聚类分析的中心

```
> set.seed(1234)
> fit <- kmeans(iris[1:4], 3)          ❶ 获取聚类均值
> means <- fit$centers
> library(reshape2)
> dfm <- melt(means)                    ❷ 重塑数据长表
> names(dfm) <- c("Cluster", "Measurement", "Centimeters")
> dfm$Cluster <- factor(dfm$Cluster)
> head(dfm)

  Cluster  Measurement Centimeters
1       1 Sepal.Length       5.006
2       2 Sepal.Length       5.902
```

```
3          3 Sepal.Length        6.850
4          1 Sepal.Width         3.428
5          2 Sepal.Width         2.748
6          3 Sepal.Width         3.074
```

```
library(ggplot2)
ggplot(data=dfm,
       aes(x=Measurement, y=Centimeters, group=Cluster)) +
    geom_point(size=3, aes(shape=Cluster, color=Cluster)) +
    geom_line(size=1, aes(color=Cluster)) +
    ggtitle("Profiles for Iris Clusters")
```

❸ 绘制线图

首先，聚类中心的矩阵被提取出来（行是类，列是变量的均值）❶。然后矩阵通过reshape包被重塑成了长格式（参见5.6.2节）❷。最后，数据通过ggplot2包绘图（参见18.3节）❸。结果如图20-1所示。

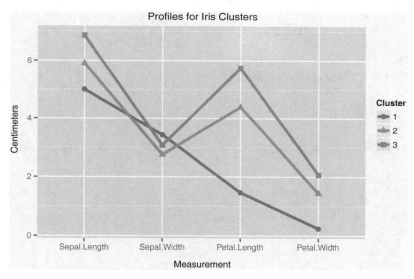

图20-1　利用K均值聚类对Iris数据提取3类时的聚类中心（均值）曲线

出现这种类型的图形是可能的，因为所有的变量作图使用相同的测量单位（厘米）。如果聚类分析涉及不同尺度的变量，你需要在绘图前标准化数据，并标记y轴为标准化得分。详情参见16.1节。

在可以展示结构数据和分析结果之后，让我们来看看流量控制。

20.1.2　控制结构

当R解释器运行代码时，它按顺序逐行读取。如果一行不是一个完整的语句，它会读取附加行直到可以构造一个完全的语句。例如，如果你想计算3+2+5的和，可以运行代码：

```
> 3 + 2 + 5
```

```
[1] 10
```

也可以运行下列代码：

```
> 3 + 2 +
  5
[1] 10
```

第一行末尾的+号表示语句不是完整的。但是

```
> 3 + 2
[1] 5
> + 5
[1] 5
```

显然不能运行，因为3+2被视为一个完整的语句。

有时你不需要按顺序处理代码。你想有条件的或是重复地执行一个或多个语句很多次。这一部分描述了三个控制流函数，这几个函数在书写函数中是十分有用的：for()、if()和ifelse()。

1. for循环

for()函数允许你重复执行语句。语法是：

```
for(var in seq){
    statements
}
```

其中*var*是一个变量名，*seq*是计算向量的表达式。如果仅有一个语句，那么花括号是可省略的：

```
> for(i in 1:5) print(1:i)
[1] 1
[1] 1 2
[1] 1 2 3
[1] 1 2 3 4
[1] 1 2 3 4 5

> for(i in 5:1)print(1:i)
[1] 1 2 3 4 5
[1] 1 2 3 4
[1] 1 2 3
[1] 1 2
[1] 1
```

值得注意的是，*var*直到函数退出才退出。退出时，i为1。

2. if()和else

if()函数允许你有条件地执行语句。if()结构的语法是：

```
if(condition){
    statements
} else {
    statements
}
```

运行的条件是一元逻辑向量（TRUE或FALSE）并且不能有缺失（NA）。else部分是可选的。如果仅有一个语句，花括号也是可以省略的。

下面的代码片段是一个例子：

```
if(interactive()){
    plot(x, y)
} else {
    png("myplot.png")
    plot(x, y)
    dev.off()
}
```

如果代码交互运行，interactive()函数返回TRUE，同时输出一个曲线图。否则，曲线图被存在磁盘里。你可以使用第21章中的if()函数。

3. ifelse()

ifelse()是函数if()的向量化版本。矢量化允许一个函数来处理没有明确循环的对象。ifelse()的格式是：

```
ifelse(test, yes, no)
```

其中test是已强制为逻辑模式的对象，yes返回test元素为真时的值，no返回test元素为假时的值。

比如你有一个p值向量，是从包含六个统计检验的统计分析中提取出来的，并且你想要标记p<0.05水平下的显著性检验。可以使用下面的代码：

```
> pvalues <- c(.0867, .0018, .0054, .1572, .0183, .5386)
> results <- ifelse(pvalues <.05, "Significant", "Not Significant")
> results

[1] "Not Significant" "Significant"     "Significant"
[4] "Not Significant" "Significant"     "Not Significant"
```

ifelse()函数通过pvalues向量循环并返回一个包括"Significant"或"Not Significant"的字符串。返回的结果依赖于pvalues返回的值是否大于0.05。

同样的结果可以使用显式循环完成：

```
pvalues <- c(.0867, .0018, .0054, .1572, .0183, .5386)
results <- vector(mode="character", length=length(pvalues))
for(i in 1:length(pvalues)){
  if (pvalues[i] < .05) results[i] <- "Significant"
  else results[i] <- "Not Significant"
}
```

可以看出，向量化的版本更快且更有效。

有一些其他的控制结构，包括while()、repeat()和switch()，但是这里介绍的是最常用的。有了数据结构和控制结构，我们就可以讨论创建函数了。

20.1.3　创建函数

在R中处处是函数。算数运算符+、-、/和*实际上也是函数。例如，2 + 2等价于 "+"(2,2)。本节将主要描述函数语法。语句环境将在20-2节描述。

1. 函数语法

函数的语法格式是：

```
functionname <- function(parameters){
                        statements
                        return(value)
}
```

如果函数中有多个参数，那么参数之间用逗号隔开。

参数可以通过关键字和/或位置来传递。另外，参数可以有默认值。请看下面的函数：

```
f <- function(x, y, z=1){
    result <- x + (2*y) + (3*z)
    return(result)
}

> f(2,3,4)
[1] 20
> f(2,3)
[1] 11
> f(x=2, y=3)
[1] 11
> f(z=4, y=2, 3)
[1] 19
```

在第一个例子中，参数是通过位置（x=2，y=3，z=4）传递的。在第二个例子中，参数也是通过位置传递的，并且z默认为1。在第三个例子中，参数是通过关键字传递的，z也默认为1。在最后一个例子中，y和z是通过关键字传递的，并且x被假定为未明确指定的（这里x=3）第一个参数。

参数是可选的，但即使没有值被传递也必须使用圆括号。return()函数返回函数产生的对象。它也是可选的；如果缺失，函数中最后一条语句的结果也会被返回。

你可以使用args()函数来观测参数的名字和默认值：

```
> args(f)
function (x, y, z = 0)
NULL
```

args()被设计用于交互式观测。如果你需要以编程方式获取参数名称和默认值，可以使用formals()函数。它返回含有必要信息的列表。

参数是按值传递的，而不是按地址传递。请看下面这个函数语句：

```
result <- lm(height ~ weight, data=women)
```

women数据集不是直接得到的。需要形成一个副本然后传递给函数。如果women数据集很大的话，内存（RAM）可能被迅速用完。这可能成为处理大数据问题时的难题能需要使用特殊的技术（见附录G）。

2. 对象范围

R中对象的范围（名称如何产生内容）是一个复杂的话题。在典型情况下，有如下几点。

- ❑ 在函数之外创建的对象是全局的（也适用于函数内部）。在函数之内创建的对象是局部的（仅仅适用于函数内部）。
- ❑ 局部对象在函数执行后被丢弃。只有那些通过return()函数（或使用算子<<-分配）传回的对象在函数执行之后可以继续使用。
- ❑ 全局对象在函数之内可被访问（可读）但是不会改变（除非使用<<-算子）。
- ❑ 对象可以通过参数传递到函数中，但是不会被函数改变。传递的是对象的副本而不是变量本身。

这里有一个简单的例子：

```
> x <- 2
> y <- 3
> z <- 4
> f <- function(w){
        z <- 2
        x <- w*y*z
        return(x)
 }
> f(x)
[1] 12
> x
[1] 2
> y
[1] 3
> z
[1] 4
```

在这个例子中，x的一个副本被传递到函数f()中，但是初始的x不变。y的值通过环境得到。尽管z存在于环境中，但是在函数中设置的值被使用并不改变在环境中的值。

为了更好地理解范围的规则，我们需要讨论环境。

20.2 环境

在R中，环境包括框架和外壳。框架是符号–值（对象名称及其内容）的集合，外壳是指向封闭环境的一个指针。封闭环境也称为父环境。R允许人们在语言内部操作环境，以便达到对范围的细微控制以及函数和数据的分离。

在互动部分，当你第一次看到R的提示时，你处于全局环境。你可以通过new.env()函数创建一个新的环境并通过assign()函数在环境中创建任务。对象的值可以通过get()函数从环境中得到。这里有一个例子：

```
> x <- 5
> myenv <- new.env()
```

```
> assign("x", "Homer", env=myenv)
> ls()
[1] "myenv" "x"
> ls(myenv)
[1] "x"
> x
[1] 5
> get("x", env=myenv)
[1] "Homer"
```

在全局环境中存在一个称为x的对象，其值为5。一个称为x的对象还存在于myenv的环境中，其值为"Homer"。

另外使用assign()和get()函数时可以使用$符号。例如，

```
> myenv <- new.env()
> myenv$x <- "Homer"
> myenv$x
[1] "Homer"
```

产生同样的结果。

parent.env()函数展示了父环境。继续这个例子，myenv的父环境就是全局环境：

```
> parent.env(myenv)
<environment: R_GlobalEnv>
```

全局环境的父环境是空环境。使用help(environment)查看详情。

因为函数是对象，所以它们也有环境。这在探讨函数闭包（function closure，以创建时状态被打包的函数）时非常重要。请看由另一个函数创建的函数：

```
trim <- function(p){
    trimit <- function(x){
      n <- length(x)
      lo <- floor(n*p) + 1
      hi <- n + 1 - lo
      x <- sort.int(x, partial = unique(c(lo, hi)))[lo:hi]
    }
    trimit
}
```

trim(p)函数返回一个函数，即从矢量中修剪掉高低值的p%：

```
> x <- 1:10
> trim10pct <- trim(.1)
> y <- trim10pct(x)
> y
[1] 2 3 4 5 6 7 8 9
> trim20pct <- trim(.2)
> y <- trim20pct(x)
> y
  [1] 3 4 5 6 7 8
```

这样做是因为p值在trimit()函数的环境中并被保存在函数中：

```
> ls(environment(trim10pct))
[1] "p"       "trimit"
> get("p", env=environment(trim10pct))
[1] 0.1
```

我们从这里得出的教训是，在R中函数一旦被创建里面的对象就存在在环境中。这一事实可以解释下面的做法：

```
> makeFunction <- function(k){
    f <- function(x){
      print(x + k)
    }
  }

> g <- makeFunction(10)
> g (4)
[1] 14
> k <- 2
> g (5)
[1] 15
```

无论在全局环境中k的值是什么，g()函数使用k=10，因为当此函数被创建时k被赋值为10。同样地，你可以从下面看到这一点：

```
> ls(environment(g))
[1] "f" "k"
> environment(g)$k
[1] 10
```

一般情况下，对象的值是从本地环境中获得的。如果未在局部环境中找到对象，R会在父环境中搜索，然后是父环境的父环境，直到对象被发现。如果R搜索到空环境仍未搜索到对象，它会抛出一个错误。我们把它称为词法域（lexical scoping）。

如果想了解更多环境和词法域的内容，可以参考Christopher Bare的"Environments in R"（http://mng.bz/uPYM）和Darren Wilkinson的"Lexical Scope and Function Closures in R"（http://mng.bz/R286）。

20

20.3　面向对象的编程

R是一个基于使用泛型函数的面向对象的编程语言。每个对象有一个类属性，这个类属性决定当对象的副本传递到类似于print()、plot()和summary()这些泛型函数时运行什么代码。

R有两个分离的面向对象编程的模型。S3模型相对更老、更简单、结构更少。S4模型更新且更复杂。S3方法容易使用并且在R中有最多的应用。我们将主要集中讨论S3模型。本节最后将简单探讨S3模型的局限性和S4模型如何试图解决这些问题。

20.3.1　泛型函数

R使用对象的类来确定当一个泛型函数被调用时采取什么样的行动。考虑下面的代码：

```
summary(women)
fit <- lm(weight ~ height, data=women)
summary(fit)
```

在第一个例子中，summary()函数对women数据框中的每个变量都进行了描述性分析。在第二个例子中，summary()函数对该数据框的线性回归模型进行了描述。这是如何发生的呢？

让我们来看看summary()函数的代码：

```
> summary
function (object, ...) UseMethod("summary")
```

现在让我们看看women数据框和fit对象的类：

```
> class(women)
[1] "data.frame"
> class(fit)
[1] "lm"
```

如果函数summary.data.frame(women)存在，summary(women)函数执行summary.data.frame(women)，否则执行summary.default(women)。同样，如果summary.lm(fit)存在，summary(fit)函数执行summary.lm(fit),否则执行summary.default(fit)。UseMethod()函数将对象分派给一个泛型函数，前提是该泛型函数有扩展与对象的类匹配。

为了列出可获得的S3泛型函数，可以使用methods()函数：

```
> methods(summary)
 [1] summary.aov              summary.aovlist
 [3] summary.aspell*          summary.connection
 [5] summary.data.frame       summary.Date
 [7] summary.default          summary.ecdf*
                   ...output omitted...
[31] summary.table            summary.tukeysmooth*
[33] summary.wmc*

    Non-visible functions are asterisked
```

返回的函数个数取决于机器上安装的包的个数。在我的电脑上，独立的summary()函数已经定义了33类!

你可以使用前面例子中用到的函数，通过去掉括号（summary.data.frame、summary.lm和summary.default）来查看这些函数的代码。不可见的函数（在方法列表中加星号的函数）不能通过这种方式查看代码。在这些情况下，可以使用getAnywhere()函数来查看代码。要看到summary.ecdf()的代码，输入getAnywhere(summary.ecdf)就可以了。查看现有的代码是你为自己的函数获取灵感的一种优秀方式。

你或许已经看到了诸如numeric、matrix、data.frame、array、lm、glm和table的类，但是对象的类可以是任意的字符串。另外，泛型函数不一定是print()、plot()和summary()。任意的函数都可以是泛型的。下面的代码清单定义了名为mymethod()的泛型函数。

代码清单20-2　一个任意的泛型函数的例子

```
> mymethod <- function(x, ...) UseMethod("mymethod")
> mymethod.a <- function(x) print("Using A")
> mymethod.b <- function(x) print("Using B")
> mymethod.default <- function(x) print("Using Default")

> x <- 1:5
> y <- 6:10
> z <- 10:15
> class(x) <- "a"
> class(y) <- "b"

> mymethod(x)
[1] "Using A"
> mymethod(y)
[1] "Using B"
> mymethod(z)
[1] "Using Default"

> class(z) <- c("a", "b")
> mymethod(z)
[1] "Using A"

> class(z) <- c("c", "a", "b")
> mymethod(z)
[1] "Using A"
```

❶ 定义泛型函数

❷ 给对象分配类

❸ 把泛型函数应用到对象中

❹ 把泛型函数应用到包含两个类的对象中

❺ 泛型函数没有默认为"c"的类

在这个例子中，mymethod()泛型函数被定义为类a和类b的对象。default()函数也被定义了❶。对象x、y和z随后定义，而且一个类被分配到对象x和y上❷。接着，mymethod()函数被应用到每个对象中，相应的函数得到调用❸。默认的方法用于对象z，因为该对象有integer类而且没有已经被定义的mymethod.integer()函数。

　　一个对象可以被分配到一个以上的类（例如，building、residential和commercial）。在这种情况下R如何决定使用哪个泛型函数呢？ 当对象z被分配到两类时❹，第一类用来决定哪个泛型函数被调用。在最后一个例子中❺，没有mymethod.c()函数，因此下一个类（a）被使用。R从左到右搜索类的列表，寻找第一个可用的泛型函数。

20.3.2　S3 模型的限制

　　S3对象模型的主要限制是，任意的类能被分配到任意的对象上。没有完整性检验。在这个例子中，

```
> class(women) <- "lm"
> summary(women)
Error in if (p == 0) { : argument is of length zero
```

women数据框被分配到类lm，这是无意义的并会导致错误。

　　S4面向对象编程的模型更加正式、严格，旨在克服由S3方法的结构化程度较低引起的困难。在S4方法中，类被定义为具有包含特定类型信息（也就是输入的变量）的槽的抽象对象。对象和

方法构造在强制执行的规则内被正式定义。不过使用S4模型编程更加复杂且互动更少。如果想学习更多关于S4面向对象编程模型的信息，可以参考Chistophe Genolini的"A (Not So) Short Introduction to S4"（http://mng.bz/1VkD）。

20.4   编写有效的代码

在程序员中间流传着一句话："优秀的程序员是花一个小时来调试代码而使得它的运算速度提高一秒的人。"R是一种鲜活的语言，大多数用户不用担心写不出高效的代码。加快代码运行速度最简单的方法就是加强你的硬件（RAM、处理器速度等）。作为一般规则，让代码易于理解、易于维护比优化它的速度更重要。但是当你使用大型数据集或处理高度重复的任务时，速度就成为一个问题了。

几种编码技术可以使你的程序更高效。

- ❏ 程序只读取需要的数据。
- ❏ 尽可能使用矢量化替代循环。
- ❏ 创建大小正确的对象，而不是反复调整。
- ❏ 使用并行来处理重复、独立的任务。

让我们依次看看每个技术。

1. 有效的数据输入

使用read.table()函数从含有分隔符的文本文件中读取数据的时候，你可以通过指定所需的变量和它们的类型实现显著的速度提升。这可以通过包含colClasses参数的函数来实现。例如，假设你想在用逗号分隔的、每行10个变量的文件中获得3个数值变量和2个字符变量。数值变量的位置是1、2和5，字符变量的位置是3和7。在这种情况下，代码：

```
my.data.frame <- read.table(mytextfile, header=TRUE, sep=',',
                colClasses=c("numeric", "numeric", "character",
                NULL, "numeric", NULL, "character", NULL,
                NULL, NULL))
```

将比下面的代码运行得更快：

```
my.data.frame <- read.table(mytextfile, header=TRUE, sep=',')
```

与NULL colClasses值相关的变量会被跳过。如果行和列的值在文本文件中增加，速度提升会变得更加显著。

2. 矢量化

在有可能的情况下尽量使用矢量化，而不是循环。这里的矢量化意味着使用R中的函数，这些函数旨在以高度优化的方法处理向量。初始安装时自带的函数包括ifelse()、colsums()、rowSums()和rowMeans()。matrixStats包提供了很多进行其他计算的优化函数，包括计数、求和、乘积、集中趋势和分散性、分位数、等级和分级的措施。plyr、dplyr、reshape2和data.table等包也提供了高度优化的函数。

考虑一个1 000 000行10列的矩阵。让我们使用循环并且再次使用colSums()函数来计算列的和。首先，创建矩阵：

```
set.seed(1234)
mymatrix <- matrix(rnorm(10000000), ncol=10)
```

然后，创建一个accum()函数来使用for循环获得列的和：

```
accum <- function(x){
    sums <- numeric(ncol(x))
    for (i in 1:ncol(x)){
        for(j in 1:nrow(x)){
            sums[i] <- sums[i] + x[j,i]
        }
    }
}
```

system.time()函数可以用于确定CPU的数量和运行该函数所需的真实时间：

```
> system.time(accum(mymatrix))
   user   system elapsed
  25.67    0.01   25.75
```

使用colSums()函数计算和的时间：

```
> system.time(colSums(mymatrix))
    user system elapsed
  0.02    0.00    0.02
```

在我的计算机上，矢量化函数运行速度是循环函数的1200倍。不同的计算机可能会有所不同。

3. 大小正确的对象

与从一个较小的对象开始，然后通过附加值使其增大相比，初始化对象到所需的最终大小再填写值更加高效。比方说，向量x含有100 000个数值，你想获得向量y，数值是这些值的平方：

```
> set.seed(1234)
> k <- 100000
> x <- rnorm(k)
```

一个方法如下：

```
> y <- 0
> system.time(for (i in 1:length(x)) y[i] <- x[i]^2)
  user   system elapsed
 10.03    0.00   10.03
```

y开始是一个单元素矢量，逐渐增长到含有100 000个元素的向量，其中的值是x的平方。在我的计算机上，这个过程需要大约10秒。

如果先初始化y为含有100 000个元素的向量：

```
> y <- numeric(length=k)
> system.time(for (i in 1:k) y[i] <- x[i]^2)
  user   system elapsed
 0.23    0.00    0.24
```

20

同样的计算耗费的时间不足一秒钟。这样就可以避免R不断调整对象而耗费相当长的时间。

如果你使用矢量化：

```
> y <- numeric(length=k)
> system.time(y <- x^2)
   user  system elapsed
      0       0       0
```

这个过程会更快。需要注意的是，求幂、加法、乘法等操作也是向量化函数。

4. 并行化

并行化包括分配一个任务，在两个或多个核同时运行组块，并把结果合在一起。这些内核可能是在同一台计算机上，也可能是在一个集群中不同的机器上。需要重复独立执行数字密集型函数的任务很可能从并行化中受益。这包括许多蒙特卡罗方法（Monte Carlo method），如自助法（bootstrapping）。

R中的许多包支持并行化，参见Dirk Eddelbuettel的 "CRAN Task View: High-Performance and Parallel Computing with R"（http://mng.bz/65sT）。在本节中，你可以使用foreach和doParallel包在单机上并行化运行。foreach包支持 foreach循环构建（遍历集合中的元素）同时便于并行执行循环。doParallel包为foreach包提供了一个平行的后端。

在主成分和因子分析中，关键的一步就是从数据中提取合适的成分或因子个数（参见14.2.1节）。一种方法是重复地执行相关矩阵的特征值分析，该矩阵来自具有与初始数据相同的行和列的随机数据。具体的分析展示在代码清单20-3中。在清单中，我们将并行和非并行版本进行了比较。为了执行代码，你需要安装foreach和doParallel包并且知道你的个人电脑有几个内核。

代码清单20-3 foreach和doParallel包的并行化

```
> library(foreach)
> library(doParallel)                              ❶ 加载包并登记内
> registerDoParallel(cores=4)                          核数量

> eig <- function(n, p){
            x <- matrix(rnorm(100000), ncol=100)
            r <- cor(x)                            ❷ 定义函数
            eigen(r)$values
          }
> n <- 1000000
> p <- 100
> k <- 500

> system.time(
    x <- foreach(i=1:k, .combine=rbind) %do% eig(n, p)   ❸ 正常执行
    )
   user system elapsed
  10.97   0.14   11.11

> system.time(
     x <- foreach(i=1:k, .combine=rbind) %dopar% eig(n, p)  ❹ 并行执行
     )
  user system elapsed
  0.22   0.05   4.24
```

首先加载包并登记内核数量（我的计算机是4核）❶。其次定义特征分析函数❷。在这里分析100 000×100的随机数据矩阵。使用foreach和%do%执行eig()函数500次❸。%do%操作符按顺序运行函数，.combine=rbind操作符追加对象x作为行。最后，函数使用%dopar%操作符进行并行运算❹。在这种情况下，并行执行的速度大约是顺序执行速度的2.5倍。

在这个例子中，eig()函数的每一次迭代都是数字密集型的，不需要访问其他迭代，而且没有涉及磁盘I/0。这种情况从并行化程序中受益最大。并行化的缺点是它可以降低代码的可移植性，也不能保证其他人都和你有一样的硬件配置。

本节描述的四种高效方法能帮助我们解决每天的编码问题；但是在处理真正的大数据集（例如，在TB级范围内的数据集）时，它们很难帮上忙。当你处理大数据集时，附录G中描述的方法可供使用。

查找瓶颈

"为什么我的代码运行这么久？" R提供了确定最耗时函数分析方案的工具。把代码放在Rprof()和RProf(NULL)之间进行汇总。然后执行summaryRprof()函数获得执行每个函数的时间汇总。具体细节可参见?Rprof和?summaryRprof。

当某个程序无法执行或给出无意义的结果时，提高效率是没有用的。因此下面我们将介绍揭示编程错误的问题。

20.5　调试

调试是寻找和减少一个程序中错误或缺陷数目的过程。程序在第一次运行时不出错是美好的，独角兽生活在我家附近也是美好的。除了最简单的程序，所有的程序中都会出现错误。确定这些错误的原因并进行修复是一个耗时的过程。在本节中，我们将看到常见的错误来源和帮助我们发现错误的工具。

20.5.1　常见的错误来源

下面是几种在R中函数失效的常见原因。

❑ 对象名称拼写错误，或是对象不存在。

❑ 函数调用参数时设定错误。

❑ 对象的内容不是用户期望的结果。尤其是当把NULL或者含有NaN或NA值的对象传递给不能处理它们的函数时，错误经常发生。

第三个原因比你想象中更常见，原因在于R处理错误和警告的方法过于简洁。

请看下面的例子。对于在初始安装时自带的mtcars数据集来说，你想提供一个变量am（传输类型）并带有详细的标题和标签。接下来，你想比较使用自动变速器和手动变速器汽车的汽油里程：

```
> mtcars$Transmission <- factor(mtcars$a,
                                levels=c(1,2),
                                labels=c("Automatic", "Manual"))
> aov(mpg ~ Transmission, data=mtcars)
Error in `contrasts<-`(`*tmp*`, value = contr.funs[1 + isOF[nn]]) :
  contrasts can be applied only to factors with 2 or more levels
```

哎呀！（尴尬，但这确实是我说的话。）发生了什么？

你没有看到"Object xxx not found"的错误，因此可能并没有拼错函数、数据框或是变量名。让我们来看看传递给aov()函数的数据：

```
> head(mtcars[c("mpg", "Transmission")])
                 mpg Transmission
Mazda RX4        21.0    Automatic
Mazda RX4 Wag    21.0    Automatic
Datsun 710       22.8    Automatic
Hornet 4 Drive   21.4         <NA>
Hornet Sportabout 18.7       <NA>
Valiant          18.1         <NA>

> table(mtcars$Transmission)

Automatic    Manual
       13         0
```

没有手动变速器汽车的数据。返回来看原始数据集，变量am被编码为0=自动，1=手动（而不是1=自动，2=自动）。

factor()函数很愉快地按照你的要求去做了，没有提醒或错误。它把所有的手动变速器汽车转化为自动变速器汽车，而把自动变速器汽车设为缺失。最后只有一组可用，方差分析因此失败。确认每个输入函数包含预期的数据可以为你节省数小时令人沮丧的检查工作。

20.5.2　调试工具

尽管检查对象名、函数参数和函数输入可以找到很多错误来源，但有时你还必须深入研究函数内部运作机制和调用函数的函数。在这些情况下，R自带的内部调试器将会发生作用。表20-1中是一些有用的调试函数。

表20-1　内部调试函数

函　　数	作　　用
debug()	标记函数进行调试
undebug()	取消标记函数进行调试
browser()	允许单步通过函数的执行。调试时，输入n或按<RET>（回车键）执行当前语句并移动到下一行。输入c继续执行到函数的末尾，没有单步执行。输入where显示调用的堆栈，输入Q停止执行并立即跳到顶层。其他的R命令诸如ls()、print()和赋值语句也可以在调试器中提交
trace()	修改函数以允许暂时插入调试代码
untrace()	取消追踪并删除临时代码
traceback()	打印导致了最后未捕获错误的函数调用序列

    debug()函数标记一个函数进行调试。当执行函数时，browser()函数被调用并允许你单步每次调试一行函数。undebug()函数会关闭调试功能，让函数正常执行。你可以使用trace()函数临时在函数中插入调试代码。当调试由CRAN提供的且不能直接编辑的基础函数时，这是相当有用的。

    如果一个函数调用其他函数，它很难确定错误发生在哪儿。在这种情况下，出现错误后立即执行traceback()函数将会列出导致错误的调用函数序列。最后一个调用就是产生错误的原因。

    让我们来看一个例子。mad()函数计算一个数值向量的中位数绝对偏差。你可以使用debug()函数来探索该函数的工作原理。调试会话显示在下面的代码清单中。

代码清单20-4　一个简单的调试会话

```
> args(mad)                                              ❶ 查看形式参数
function (x, center = median(x), constant = 1.4826,
    na.rm = FALSE, low = FALSE, high = FALSE)
NULL
> debug(mad)
> mad(1:10)
debugging in: mad(x)                                     ❷ 设置调试函数
debug: {
    if (na.rm)
        x <- x[!is.na(x)]
    n <- length(x)
    constant * if ((low || high) && n%%2 == 0) {
        if (low && high)
            stop("'low' and 'high' cannot be both TRUE")
        n2 <- n%/%2 + as.integer(high)
        sort(abs(x - center), partial = n2)[n2]
    }
    else median(abs(x - center))
}
Browse[2]> ls()                                          ❸ 列出对象
[1] "center"   "constant" "high"      "low"       "na.rm"      "x"
Browse[2]> center
[1] 5.5
Browse[2]> constant
[1] 1.4826
Browse[2]> na.rm
[1] FALSE
Browse[2]> x
 [1]  1  2  3  4  5  6  7  8  9 10
Browse[2]> n                                             ❹ 通过代码单
debug: if (na.rm) x <- x[!is.na(x)]                         步运行
Browse[2]> n
debug: n <- length(x)
Browse[2]> n
debug: constant * if ((low || high) && n%%2 == 0) {
    if (low && high)
        stop("'low' and 'high' cannot be both TRUE")
    n2 <- n%/%2 + as.integer(high)
    sort(abs(x - center), partial = n2)[n2]
```

```
} else median(abs(x - center))
Browse[2]> print(n)
[1] 10
Browse[2]> where
where 1: mad(x)
Browse[2]> c
exiting from: mad(x)
[1] 3.7065
> undebug(mad)
```

❺ 恢复继续执行

首先，arg()函数用来展示参数名称和mad()函数的默认值❶。debug标志使用debug(mad)进行设置❷。现在，无论什么时候mad()函数被调用，broswer()函数也被执行，允许一次执行一行函数。

当mad()函数被调用时，会话进入browser()模式。函数的代码被列出来但是不执行。除此之外，提示更改为Browse[*n*]>，其中*n*表示浏览层级，数值随每次递归调用递增。

在browser()模式中，其他的函数命令会被执行。例如，ls()函数列出了在函数执行过程中在给定点存在的对象❸。输入一个对象的名字将展示它的内容。如果一个对象是用n、c或Q命名的，你必须使用print(n)、print(c)或print(Q)来查看它的内容。你可以通过键入赋值语句改变对象的值。

你可以单步执行函数和输入字母n或按回车键每次执行执行一个语句❹。where语句表明你正在执行的函数调用在堆栈的何处。用单个函数很没有意思，但是如果你有函数可以调用其他函数，它可能会很有用。

输入c移出单步运行模式并执行当前函数剩余的部分❺。输入Q退出函数模式并回到R提示。

当你有循环并想看看值如何改变时，使用debug()函数是很有用的。你也可以直接把代码嵌入browser()函数来帮助定位这个问题。假设你有一个变量x，它的值永远不是负的。添加代码：

```
if (X < 0) browser()
```

让你在出现问题时探索函数当前的状态。当函数被充分调试时，可以删掉无用的代码。（我最初写的是"彻底调试"，但这几乎永远不会发生，因此我把它换成"充分调试"来反映程序员的现实。）

20.5.3　支持调试的会话选项

如果你有调用函数的函数，两个会话选项可以在调试过程中帮上忙。通常情况下，当R遇到错误信息时，它会打印错误信息并退出函数。设置options(error=traceback)之后，一旦错误发生就会打印调用的栈（函数调用导致出错的序列）。这能帮助你看出哪个函数产生了错误。

设置options(error=recover)也会在出现错误时打印调用的栈。除此之外，它还会提示你选择列表中的一个函数，然后在相应的环境中调用browser()函数。输入c会返回列表，输入0则退出到R提示。

使用recover()模式让你探索从函数调用的序列中选择的任何函数的任意对象的内容。通过有选择地观测对象的内容，你可以频繁地确定问题的来源。要返回至R的默认状态，可以设置

`options(error=NULL)`。下面给出一个玩具的例子。

代码清单20-5　使用`recover()`函数进行样品调试会话

```
f <- function(x, y){                      创建函数
        z <- x + y
        g(z)
}
g <- function(x){
        z <- round(x)
        h(z)
}
h <- function(x){
        set.seed(1234)
        z <- rnorm(x)
        print(z)
}
> options(error=recover)
> f(2,3)
[1] -1.207   0.277   1.084  -2.346   0.429
> f(2, -3)                                  进入该导致错误的值
Error in rnorm(x) : invalid arguments

Enter a frame number, or 0 to exit

1: f(2, -3)
2: #3: g(z)
3: #3: h(z)
4: #3: rnorm(x)

Selection: 4
Called from: rnorm(x)                       检查rnorm()函数
Browse[1]> ls()
[1] "mean" "n"    "sd"
Browse[1]> mean
[1] 0
Browse[1]> print(n)
[1] -1
Browse[1]> c

Enter a frame number, or 0 to exit
1: f(2, -3)
2: #3: g(z)
3: #3: h(z)
4: #3: rnorm(x)

Selection: 3
Called from: h(z)                           检查h(z)函数
Browse[1]> ls()
[1] "x"
Browse[1]> x
[1] -1
Browse[1]> c
```

```
Enter a frame number, or 0 to exit

1: f(2, -3)
2: #3: g(z)
3: #3: h(z)
4: #3: rnorm(x)

Selection: 2
Called from: g(z)
Browse[1]> ls()
[1] "x" "z"
Browse[1]> x
[1] -1
Browse[1]> z
[1] -1
Browse[1]> c

Enter a frame number, or 0 to exit

1: f(2, -3)
2: #3: g(z)
3: #3: h(z)
4: #3: rnorm(x)

Selection: 1
Called from: f(2, -3)
Browse[1]> ls()
[1] "x" "y" "z"
Browse[1]> x
[1] 2
Browse[1]> y
[1] -3
Browse[1]> z
[1] -1
Browse[1]> print(f)
function(x, y){
    z <- x + y
    g(z)
}
Browse[1]> c

Enter a frame number, or 0 to exit
1: f(2, -3)
2: #3: g(z)
3: #3: h(z)
4: #3: rnorm(x)

Selection: 0

> options(error=NULL)
```

检查g(z)函数

检查f(2, -3)函数

上面的代码创建了一系列函数。函数f()调用函数g()，函数g()调用函数h()。执行f(2, 3)运行良好，但是运行f(2, -3)时便出现了错误。因为设置了 options(error=recover)，交互式会话被立即转移到了recover模式。函数调用的栈被列了出来，你可以在browser()模式下选择检验的函数。

输入4会转移到rnorm()函数中，这里ls()函数列出了对象；你可以看到n=−1，这在rnorm()函数中是不被允许的。这明显是问题所在，但是要查看n为什么变成−1，你需要移动栈。

输入c返回菜单，输入3则返回h(z)函数，这里x=−1。输入c和2转移到g(z)函数中。这里x和z都是−1。最后，转移到f(2, −3)函数表明z为−1，因为x=2和y=−3。

注意，可以使用print()函数来查看函数的代码。当你调试不是自己编写的程序时，这是很有用的。正常情况下你可以键入函数名来查看代码。在本例中，f是broswer模式下的一个保留字，意味着"完成当前循环或函数的执行"；print()明确地用来逃避这种特殊的意义。

最后，c带你回到菜单栏，0让你返回正常的R提示。另外，在任何时候按q都可以返回R提示。要了解更多的一般情况下的尤其是mode模式下的调试技巧，可以参考Roger Peng的"An Introduction to the Interactive Debugging Tools in R"（http://mng.bz/GPR6）。

20.6 深入学习

在R中有很多关于高级编程方面的卓越的信息来源。"R Language Definition"（http://mng.bz/U4Cm）是学习高级编程的良好起点。John Fox写的"Frames, Environments, and Scope in R and S-PLUS"（https://socserv.socsci.mcmaster.ca/jfox/Books/Companion-1E/appendix-scope.pdf）是一篇很好的理解环境范围（scope）的文章。Suraj Gupta写的"How R Searches and Finds Stuff"（http://mng.bz/2o5B）是一篇可以帮助你理解标题所示内容的优秀博客文章。要学习更多关于高效编程的方法，可以参考Noam Ross的"FasteR! HigheR! StrongeR!—A Guide to Speeding Up R Code for Busy People"（http://mng.bz/Iq3i）。最后，Robert Gentleman的*R Programming for Bioinformatics*（2009）对于希望深入底层的程序员来说是一本全面易用的书。我强烈将其推荐给每一位想成为高效R程序员的人。

20

20.7 小结

在本章中，我们从程序员的角度对R语言进行了更深入的研究，详细讲述了对象、数据类型、函数、环境和范围。你需要了解S3面向对象的编程方法和它的主要局限性。最后，本章给出了编写高效代码和调试麻烦程序的方法。

现在，你已经拥有了创建一个复杂应用程序需要的所有工具。在下一章中，你将会从头创建一个包。R包让你能组织好自己的程序并与他人分享。

创建包

21

在之前的章节中，你是使用别人所写的函数来完成大部分任务的。那些函数来自R标准安装中的包或者可以从CRAN下载的包。

安装新的包可以拓展R的功能。比如说，安装mice包提供了处理缺失值的新方法。安装ggplot2包提供了可视化数据的方法。R中很多强大的功能都来自开发者贡献的包。

技术上，包只不过是一套函数、文档和数据的合集，以一种标准的格式保存。包让你能以一种定义良好的完整文档化方式来组织你的函数，而且便于你将程序分享给他人。

下面是几条你可能想创建包的理由。

❏ 让一套常用函数及其使用说明文档更加容易取用。
❏ 创造一系列能够分发给学生的例子和数据集。
❏ 创造一个能解决重要分析问题（比如对缺失值的插值）的程序（一套相关函数）。

创造一个有用的包也是自我介绍和回馈R社区的好办法。包可以直接分享，或者通过如CRAN和GitHub的在线软件库分享。

本章中，你将从头到尾开发一个包。学完本章，你将能够创建自己的R包（并享受完成如此壮举的成就感，以及对此炫耀的权利）。

你将要开发的包名为npar。它提供了非参组间比较的函数。如果结果变量是非正态或者异方差的，这一套分析技术可以用来比较两组或多个组。这是分析师经常遇到的一个问题。

在继续阅读之前，请用以下代码

```
pkg <- "npar_1.0.tar.gz"
loc <- "http://www.statmethods.net/RiA"
url <- paste(loc, pkg, sep="/")
download.file(url, pkg)
install.packages(pkg, repos=NULL, type="source")
```

从statmethods.net网站下载包，然后保存到你现在的工作目录。接着把它安装到默认的R库当中。

在22.1节中，你会把npar包当成一个测试的地方。该节会描述和展示它的功能特性和函数。接着在22.2节中，你会从头开始创建包。

21.1 非参分析和 npar 包

非参分析是一种数据分析方法，它在传统参数分析的假设（比如说正态性和同方差）不成立的情况下特别有用。这里，我们会着重比较两组或多组相互独立的数值结果变量的方法。

我们对npar包里的life数据集进行探究。它提供了对2007~2009年美国每个州65岁者的健康预期寿命（Healthy Life Expectancy，HLE）。估计值分别针对男性（hlem）和女性（hlef）。HLE数据来自美国疾病控制与预防中心（Centers for Disease Control and Prevention）的论文（http://mng.bz/HTGD）。

数据集也提供了一个名为region（地区）的变量，此变量分为东北部、中北部、南部和西部。我从R标准安装中的state.region数据框中提取此变量，并添加到所关注的数据集中。

假设你想知道女性的HLE估值是否在不同地区有显著的不同。一种方法是使用第9章所描述的单因素方差分析。不过方差分析假设结果变量是正态分布的，并且不同地区之间的方差是相同的。让我们对这两个假设进行检查。

女性的HLE估值的分布可以用直方图来可视化：

```
library(npar)
hist(life$hlef, xlab="Healthy Life Expectancy (years) at Age 65",
    main="Distribution of Healthy Life Expectancy for Women",
    col="grey", breaks=10)
```

图21-1展示了此直方图。很明显，因变量是负偏的，较低的值数量较少。

不同地区的HLE分数的方差可以用并排点图来可视化（详见第19章）：

```
library(ggplot2)
ggplot(data=life, aes(x=region, y=hlef)) +
    geom_point(size=3, color="darkgrey") +
    labs(title="Distribution of HLE Estimates by Region",
        x="US Region", y="Healthy Life Expectancy at Age 65") +
    theme_bw()
```

图21-2展示了以上代码的结果，图中的每个点表示一个州。每一个地区的方差都有所不同，东北部和南部的方差差异最大。

21

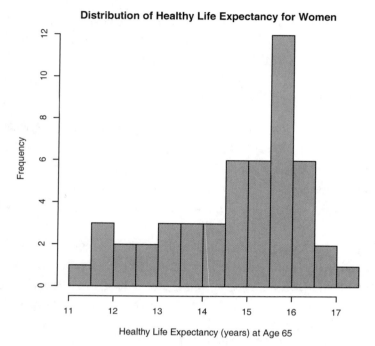

图21-1   2007~2009年美国65岁女性的HLE分布。估值是负偏的（较低的值数量较少）

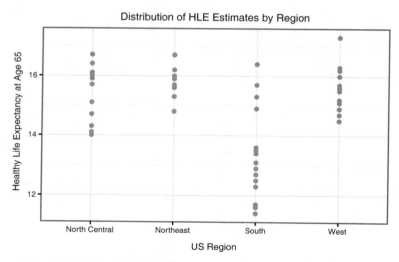

图21-2   每一个地区的HLE的点图。四个地区之间的HLE估值的变化大小有差异（比
　　　　较东北部和南部）

因为此数据不符合方差分析的两个重要假设（正态性和同方差性），所以你需要不同的分

析方法。不像方差分析，非参方法不作出正态性和同方差的假设。在这个案例中，你只需要假设数据是有序的——更高的分值意味着更高的HLE。因此，对于此问题，非参方法是一个合理的选择。

用 npar 包比较分组

你可以使用npar包比较独立组别的数值型因变量，至少要求它是有序的。对于数值型因变量和分类型分组变量，它提供了以下几个方面。

❑ 综合Kruskal-Wallis检验，检验组间是否有差异。

❑ 每一组的描述性统计量。

❑ 事后比较（Wilcoxon秩和检验），即每次进行两组之间的比较。检验得到的p值可以调整，以进行多重比较。

❑ 带有注释的并排箱线图，用于可视化不同组别之间的差异。

以下代码清单展现了用npar包对不同地区女性的HLE估值进行比较。

代码清单21-1　用npar包对HLE估值进行比较

```
> library(npar)
> results <- oneway(hlef ~ region, life)
> summary(results)
data: hlef on region

Omnibus Test
Kruskal-Wallis chi-squared = 17.8749, df = 3, p-value = 0.0004668

Descriptive Statistics
          South North Central    West Northeast
n        16.000         12.00 13.0000     9.000
median   13.000         15.40 15.6000    15.700
mad       1.483          1.26  0.7413     0.593

Multiple Comparisons (Wilcoxon Rank Sum Tests)
Probability Adjustment = holm
          Group.1        Group.2    W        p
1           South  North Central 28.0 0.008583 **
2           South           West 27.0 0.004738 **
3           South      Northeast 17.0 0.008583 **
4   North Central           West 63.5 1.000000
5   North Central      Northeast 42.0 1.000000
6            West      Northeast 54.5 1.000000
---
Signif. codes: 0 '***' 0.001 '**' 0.01 '*' 0.05 '.' 0.1 ' ' 1

> plot(results, col="lightblue", main="Multiple Comparisons",
       xlab="US Region",
       ylab="Healthy Life Expectancy (years) at Age 65")
```

❶ 组间差异总体检验

❷ 总体统计量

❸ 成对分组比较

❹ 带有注释的箱线图

首先，代码运行了一个Kruskal-Wallis检验❶。这是一个对不同地区间HLE差异的总体检验。

小的*p*值（0.0005）指出确实存在差异。

接着，每一个地区的描述性统计量也计算了出来（样本量、中位数和绝对离差中位数）❷。东北部的HLE估值最高（中位数为15.7年），南部的估值最低（中位数为13.0年）。地区变化量最小的是东北部（绝对离差中位数为0.59），最大的是南部（绝对离差中位数为1.48）。

尽管Kruskal-Wallis检验表示不同地区的HLE有差异，但是没有指出有多大差异。若要得出此信息，需要用Wilcoxon秩和检验来成对地进行分组比较❸。对于四个组别，有4×(4–1)/2即6次比较。

南部和中北部之间的差异是统计上显著的（*p*=0.009），而东北部和中北部之间的差异并不显著（*p*=1.0）。实际上，南部和其他地区都有所差异，但是其他地区之间的差异并不显著。

在计算多重比较的时候，必须考虑到alpha膨胀的可能性：实际上组别之间并没有显著差异，但是计算出存在差异的概率有所上升。对于六次独立的比较过程，至少有一次计算出错误差异的几率是$1–(1–0.05)^6$或0.26。

发现至少一个错误的几率在四分之一左右，所以你可能想对每一次比较的*p*值向上调整（使得检验更加紧凑，指出差异的概率更低）。这样做会使得整体错误率（多组比较出现一个或多个错误差异的概率）保持在一个合理的水平（比如0.05）。

`oneyway()`函数使用R标准安装的`p.adjust()`函数来完成这个功能。`p.adjust()`函数用很多种方法的其中一种来对多重比较的*p*值进行调整。尽管Bonferonni校正可能最广为人知，但是Holm校正更加强大，因此后者被设置为默认选项。

使用图形最容易看出不同组别之间的差异。`plot()`语句❹在图21-3中生成了并排的箱线图。一条水平虚线表示所有观测值总体的中位数。

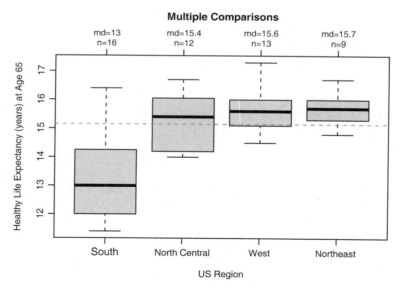

图21-3　有标记的箱线图，展现了每一组的差异。这幅图标记了每一组的中位数和样本量。水平虚线表示总体样本的中位数

这些分析明显地指出南部女性很可能在65岁之后的预期寿命更短。这对健康服务的分布和侧重点也有所启示。你也许想分析一下男性的HLE估值，看看是否有类似的结论。

下一节描述了npar包的代码文件，你可以从www.statmethods.net/RiA/nparFiles.zip下载并保存它们（节省一些自己打字的时间）。

21.2　开发包

npar包有四个函数：`oneway()`、`print.oneway()`、`summary.oneway()`和`plot.oneway()`。第一个是主函数，计算相关的统计量；另外三个是用于输出和画图的S3面向对象泛型函数（见20.3.1节）。这里，`oneway`表明有一个单一分组因子。

一个不错的办法是把每个函数分别放在扩展名为.R的不同文本文件中。尽管这不是严格要求，但是能使你更好地组织工作。此外，尽管并不要求函数名和文件名相同，不过这是一个好的代码习惯。代码清单21-2~代码清单21-5列出了文件的内容。

每个文件的头部都包括一系列以`#'`开头的注释。R解释器会忽略它们，不过你可以使用roxygen2包来把这些注释转换为你的包文档。21.3节会讨论这些头部注释。

`oneway()`函数计算相关的统计量，`print()`、`summary()`和`plot()`展示结果。下一节，你将会开发`oneway()`函数。

21.2.1　计算统计量

oneway.R文件中的`oneway()`函数计算所有所需的统计量。

代码清单21-2　oneway.R文件的内容[①]

```
#' @title 非参组间比较
#'
#' @description
#' \code{oneway}计算非参组间比较，包括综合检验和事后成对组间比较
#'
#' @details
#' 这个函数计算了一个综合Kruskal-Wallis检验，用于检验组别是否相等，接着使用Wilcoxon秩和检验来
#' 进行成对比较。如果因变量之间没有相互依赖的话，可以计算精确的Wilcoxon检验。使用\code{\link{p.
#' adjust}}来对多重比较所得到的p值进行调整
#'
#' @param formula一个formula类的对象，用于表示因变量和分组变量之间的联系
#' @param data一个包含了模型里变量的数据框
#' @param exact逻辑型变量。如 \code{TRUE}，计算精确的Wilcoxon检验
#' @param sort逻辑型变量。如果\code{TRUE}，用因变量中位数来对组别进行排序
#' @param用于调整多重比较的p值的方法
```

[①] 为便于读者理解，代码清单21-2 ~ 代码清单21-8中的代码注释已翻译为中文。读者可在本书位于图灵社区的"随书下载"页面（http://www.ituring.com.cn/book/1699）下载代码并运行程序，由于兼容性问题此程序不支持中文格式。——译者注

```
#' @export
#' @return一个有7个元素的列表:
#' \item{CALL}{函数调用}
#' \item{data}{包含因变量和组间变量的数据框}
#' \item{sumstats}{包含每组的描述性统计量的数据框}
#' \item{kw}{Kruskal-Wallis 检验的结果}
#' \item{method}{用于调整p值的方法}
#' \item{wmc}{包含多重比较的数据框}
#' \item{vnames}{变量名}
#' @author Rob Kabacoff <rkabacoff@@statmethods.net>
#' @examples
#' results <- oneway(hlef ~ region, life)
#' summary(results)
#' plot(results, col="lightblue", main="Multiple Comparisons",
#'      xlab="US Region", ylab="Healthy Life Expectancy at Age 65")
oneway <- function(formula, data, exact=FALSE, sort=TRUE,          ❶ 函数调用
                 method=c("holm", "hochberg", "hommel", "bonferroni",
                          "BH", "BY", "fdr", "none")){
  if (missing(formula) || class(formula) != "formula" ||
      length(all.vars(formula)) != 2)                              ❷ 检查参数
    stop("'formula' is missing or incorrect")

  method <- match.arg(method)

  df <- model.frame(formula, data)
  y <- df[[1]]
  g <- as.factor(df[[2]])                                          ❸ 设定数据
  vnames <- names(df)

  if(sort) g <- reorder(g, y, FUN=median)
  groups <- levels(g)                                              ❹ 重新排序
  k <- nlevels(g)

  getstats <- function(x)(c(N = length(x), Median = median(x),
                        MAD = mad(x)))
  sumstats <- t(aggregate(y, by=list(g), FUN=getstats)[2])         ❺ 总体统计量
  rownames(sumstats) <- c("n", "median", "mad")
  colnames(sumstats) <- groups

  kw <- kruskal.test(formula, data)
  wmc <- NULL
  for (i in 1:(k-1)){
    for (j in (i+1):k){
      y1 <- y[g==groups[i]]
      y2 <- y[g==groups[j]]
      test <- wilcox.test(y1, y2, exact=exact)                     ❻ 统计检验
      r <- data.frame(Group.1=groups[i], Group.2=groups[j],
                    W=test$statistic[[1]], p=test$p.value)
      # note the [[]] to return a single number
      wmc <- rbind(wmc, r)
    }
  }
  wmc$p <- p.adjust(wmc$p, method=method)
```

```
data <- data.frame(y, g)
names(data) <- vnames
results <- list(CALL = match.call(),
                data=data,
                sumstats=sumstats, kw=kw,
                method=method, wmc=wmc, vnames=vnames)
class(results) <- c("oneway", "list")
return(results)
}
```

❼ 返回结果

　　头部包含以 #' 开头的注释，它们会被 roxygen2 包用于生成包文档（见21.3节）。接下来你会看到列出的函数参数❶。用户提供一个形为因变量－分组变量的模型公式和一个包含了数据的数据框。默认会计算出近似的 p 值，并按照因变量中位数对组别排序。用户可以从八种调整 p 值的方法选择一种，其中 holm 方法（列出的第一个选项）是默认选择。

　　一旦用户输入了参数，函数会检查参数是否有误❷。if() 函数检查了：没有漏掉模型公式，确实是一个模型公式（变量 ~ 变量），波浪号（~）左右各有且只有一个变量。如果这三个条件任意之一不成立，stop() 函数会中断代码的运行，输出一个错误信息，给用户返回一个 R 提示符。如果要调试的话，你可以用 options(error=) 函数来修改错误行为。细节参见20.5.3节。

　　match.arg(*arg*, *choices*) 函数确保用户输入的参数与 *choices* 字符型向量的一个字符串相匹配。如果不匹配，就会抛出一个错误，然后 oneway() 会退出。

　　接下来，model.frame() 函数用于创建一个数据框，其中第一列是因变量，第二列是分组变量❸。总的来说，model.frame() 返回一个包含模型公式中所有变量的数据框。在这个数据框中，你创建了一个包含因变量的数值型向量（y）和包含分组变量的因子型向量（g）。字符型向量 vnames 包含了变量名。

　　如果 sort=TRUE，使用 reorder() 函数对分组变量 g 按照因变量 y 的中位数进行排序❹。这是默认的行为。字符型向量 groups 包含了每一组的名字，k 的值是组的数量。

　　然后，一个数值矩阵（sumstats）被创建了出来，包含每一组的样本量、中位数和绝对离差中位数❺。aggregate() 函数使用 getstats() 函数来计算总体统计量，剩下的代码对表格进行格式化：每一列是一个组别，每一行是一个统计量（我认为这样更有吸引力）。

　　接下来进行一些统计检验❻。Kruskal-Wallis 检验的结果被保存到名为 kw 的列表。for() 函数计算了每一对 Wilcoxon 检验。成对检验的结果被保存到名为 wmc 的数据框中：

```
          Group.1        Group.2    W          p
1           South  North Central  28.0  0.008583
2           South           West  27.0  0.004738
3           South      Northeast  17.0  0.008583
4 North Central           West   63.5  1.000000
5 North Central      Northeast   42.0  1.000000
6          West      Northeast   54.5  1.000000
```

这里 Group.1 和 Group.2 表明了要互相进行比较的组别，W 是 Wilcoxon 统计量，p 是（调整后）每一次比较的 p 值。

　　最后，结果被打包并作为一个列表返回❼。这个列表包括七个分量，表21-1总结了这些分量。

另外，把这个列表的类设置为c("wmc", "list")。这是使用泛型函数处理对象的重要步骤。

表21-1　wmc()函数返回的对象

分　量	描　述
CALL	函数调用
data	包含因变量和分组变量的数据框
sumstats	每一列是组别，每一行分别是n、median和mad的数据框
kw	有五个分量的列表，包含Kruskal-Wallis检验的结果
method	单元素的字符型向量，包含用于为多组比较调整p值的方法
wmc	包含多重比较的四列数据框
vnames	变量名

尽管列表提供了所有需要的信息，但你一般不会直接获取单个分量的信息。相反，你可以创建泛型函数print()、summary()和plot()，以更加具体和有意义的方法来表达它们。下一节我们会讨论这些泛型函数。

21.2.2　打印结果

各个领域的大部分分析函数都伴随着对应的泛型函数print()和summary()。print()提供了对象的基本或原始信息，summary()提供了更加具体或处理（汇总）过的信息。如果图形在上下文中是有意义的，plot()函数也经常一起提供。

根据20.3.1节所描述的S3面向对象指南，如果一个对象有类属性"foo"，则print(x)在print.foo()函数存在时运行print.foo(x)，在print.foo()函数不存在时运行print.default(x)。summary()和plot()也有着同样的规则。因为oneway()函数返回一个类为"oneway"的对象，所以你需要定义print.oneway()、summary.oneway()和plot.oneway()函数。代码清单21-3给出了print.oneway()函数。

对于life数据集，print(results)生成了多重比较的基本信息：

```
data: hlef by region

Multiple Comparisons (Wilcoxon Rank Sum Tests)
Probability Adjustment = holm
          Group.1       Group.2     W        p
1          South  North Central  28.0  0.008583
2          South           West  27.0  0.004738
3          South      Northeast  17.0  0.008583
4  North Central           West  63.5  1.000000
5  North Central      Northeast  42.0  1.000000
6           West      Northeast  54.5  1.000000
```

代码打印了一个有信息量的头部，接着是Wilcoxon统计量和调整后每一对组别的p值（Group.1和Group.2）。

代码清单21-3　print.R文件的内容

```
#' @title打印多重比较的结果
#'
#' @description
#' \code{print.oneway}打印了多重组间比较的结果
#'
#' @details
#' 这个函数打印出用\code{\link{oneway}}函数所创建的Wilcoxon成对多重比较的结果
#'
#' @param x一个\code{oneway}类型的变量
#' @param ... 要传输给函数的额外的变量
#' @method print oneway
#' @export
#' @return静默返回输入的对象
#' @author Rob Kabacoff <rkabacoff@@statmethods.net>
#' @examples
#' results <- oneway(hlef ~ region, life)
#' print(results)
print.oneway <- function(x, ...){
  if (!inherits(x, "oneway"))                          ❶ 检查输入
    stop("Object must be of class 'oneway'")

  cat("data:", x$vnames[1], "by", x$vnames[2], "\n\n")
  cat("Multiple Comparisons (Wilcoxon Rank Sum Tests)\n")   ❷ 打印头部
  cat(paste("Probability Adjustment = ", x$method, "\n", sep=""))

  print(x$wmc, ...)     ◁──── ❸ 打印表格
}
```

　　头部包含以 `#'` 开头的注释，它们会被 roxygen2 包用于生成包文档（见 21.3节）。`inherits()` 函数用于确保被提交的对象有 `"oneway"` 这个类❶。一系列 `cat()` 函数打印了对分析过程的描述❷。（尽管原本可以写成单个 `cat()` 函数，但是我觉得现在的代码可读性更高。）最后，调用 `print.default()`，把多重比较打印出来❸。`summary.oneway()` 函数将在下文讨论。

21.2.3　汇总结果

　　与 `print()` 函数相比，`summary()` 函数生成的输出更加全面，处理得更好。对于健康预期寿命数据，`summary(results)` 语句生成如下结果：

```
data: hlef on region

Omnibus Test
Kruskal-Wallis chi-squared = 17.8749, df = 3, p-value = 0.0004668
Descriptive Statistics
          South North Central  West Northeast
n        16.000  12.00 13.0000 9.000
median   13.000  15.40 15.6000 15.700
mad       1.483   1.26 0.7413  0.593

Multiple Comparisons (Wilcoxon Rank Sum Tests)
```

```
Probability Adjustment = holm
            Group.1         Group.2    W         p
1           South North Central     28.0 0.008583 **
2           South            West    27.0 0.004738 **
3           South      Northeast     17.0 0.008583 **
4 North Central            West      63.5 1.000000
5 North Central      Northeast       42.0 1.000000
6           West      Northeast      54.5 1.000000
---
Signif. codes: 0 '***' 0.001 '**' 0.01 '*' 0.05 '.' 0.1 ' ' 1
```

此输出包含了Kruskal-Wallis检验的结果、每一组的描述性统计量（样本量、中位数和绝对离差中位数）以及多重比较的结果。此外，多重比较的表格用星号来标记出显著的结果。代码清单21-4列出了summary.oneway()函数的内容。

代码清单21-4　summary.R文件的内容

```
#' @title汇总单因子非参分析的结果
#'
#' @description
#' \code{summary.oneway}汇总了单因子非参分析的结果
#' nonparametric analysis.
#'
#' @details
#' 这个函数对\code{\link{oneway}}函数所分析的结果进行汇总并打印。这包括了每一组的描述性统计量，
#' 一个综合Kruskal-Wallis检验的结果，以及一个Wilcoxon成对多重比较的结果
#'
#' @param object一个\code{oneway}类型的对象
#' @param ... 额外的参数
#' @method summary oneway
#' @export
#' @return静默返回输入的对象
#' @author Rob Kabacoff <rkabacoff@@statmethods.net>
#' @examples
#' results <- oneway(hlef ~ region, life)
#' summary(results)
summary.oneway <- function(object, ...){
  if (!inherits(object, "oneway"))
    stop("Object must be of class 'oneway'")

  if(!exists("digits")) digits <- 4L

  kw <- object$kw
  wmc <- object$wmc
  cat("data:", object$vnames[1], "on", object$vnames[2], "\n\n")

  cat("Omnibus Test\n")
  cat(paste("Kruskal-Wallis chi-squared = ",
            round(kw$statistic,4),
          ", df = ", round(kw$parameter, 3),
          ", p-value = ",
            format.pval(kw$p.value, digits = digits),
          "\n\n", sep=""))
```

❶ Kruskal-Wallis
检验

```
cat("Descriptive Statistics\n")                    ❷ 描述性统计量
print(object$sumstats, ...)


wmc$stars <- " "
wmc$stars[wmc$p <    .1] <- "."
wmc$stars[wmc$p <   .05] <- "*"                     ❸ 表格标记
wmc$stars[wmc$p <   .01] <- "**"
wmc$stars[wmc$p < .001] <- "***"
names(wmc)[which(names(wmc)=="stars")] <- " "

cat("\nMultiple Comparisons (Wilcoxon Rank Sum Tests)\n")
cat(paste("Probability Adjustment = ", object$method, "\n", sep=""))
print(wmc, ...)
cat("---\nSignif. codes: 0 '***' 0.001 '**' 0.01 '*' 0.05 '.' 0.1 ' '
    1\n")
}
```

成对分组比较 ❹

被传到函数的对象一定是"oneway"，否则会抛出一个错误。注意，尽管print.oneway()函数的输入参数是x，但是summary()函数的输入参数是object。我选择这些命名是想与R基本安装的print.default()和summary.default()函数的参数名保持一致。在详细信息的后面，代码输出Kruskal-Wallis检验的结果❶。format.pval()函数格式化p值的输出。

接下来，打印每一组的描述性统计量（样本量、中位数和绝对离差中位数）❷。在输出每一对组别比较的结果之前，一列星号被添加到数据框中❸。这一列用来作为表格中的标记，它标记出每次检验的显著水平（0.1、0.05、0.01或0.001）。不显著的结果用空白（空字符串）来表示。以下语句：

```
names(wmc)[which(names(wmc)=="stars")] <- " "
```

删除了标记列的列名。你也可以使用以下语句：

```
names(wmc)[5] <- " "
```

不过如果列的顺序随后改变，该语句就会失效。标记后的结果会被输出❹，而且在表格的下方有对应标记含义的提示。

21.2.4 绘制结果

最后的函数plot()对oneway()函数返回的结果进行可视化：

```
plot(results, col="lightblue", main="Multiple Comparisons",
     xlab="US Region",
     ylab="Healthy Life Expectancy (years) at Age 65")
```

图21-3提供了绘制出的结果。

不像标准的箱线图，这幅图提供了展现每一组中位数和样本量的标记，还有一条展现出总体中位数的虚线。下面展示了plot.oneway()函数的代码。

21

代码清单21-5　plot.R文件的内容

```
#' @title对非参组间比较的结果进行绘图
#'
#' @description
#' \code{plot.oneway}对非参组间比较的结果进行绘图
#'
#' @details
#' 这个函数使用标记了的并排箱线图对\code{\link{oneway}}函数所生成的非参组间比较结果进行绘图。
#' 中位数和样本量被放置在图的上方。总体中位数用一条虚横线进行表示
#'
#' @param x一个\code{oneway}类型的对象
#' @param ... 被传递给\code{\link{boxplot}}函数的额外参数
#' @method plot oneway
#' @export
#' @return NULL
#' @author Rob Kabacoff <rkabacoff@@statmethods.net>
#' @examples
#' results <- oneway(hlef ~ region, life)
#' plot(results, col="lightblue", main="Multiple Comparisons",
#'      xlab="US Region", ylab="Healthy Life Expectancy at Age 65")
plot.oneway <- function(x, ...){

  if (!inherits(x, "oneway"))                    ❶ 检查输入
    stop("Object must be of class 'oneway'")
  data <- x$data
  y <- data[,1]
  g <- data[,2]
  stats <- x$sumstats                            ❷ 生成箱线图
  lbl <- paste("md=", stats[2,], "\nn=", stats[1,], sep="")
  opar <- par(no.readonly=TRUE)
  par(mar=c(5,4,8,2))
  boxplot(y~g, ...)
  abline(h=median(y), lty=2, col="darkgrey")     ❸ 为图添加标记
  axis(3, at=1:length(lbl), labels=lbl, cex.axis=.9)
  par(opar)
}
```

首先，要检查被传到函数的参数的类型❶。然后，代码提取出原始的数据，画出箱线图❷。接下来添加标记（中位数、样本量和总体中位数）❸。使用abline()函数来添加总体中位数那条线，使用axis()函数在图像顶部添加中位数和样本量。

现在，各个函数都创建好了，是时候添加数据集来测试它们了。

21.2.5　添加样本数据到包

在创造包的时候，加上一个或多个可用于试验所提供函数的数据集是一个好主意。对于npar包，这包括添加life数据框，见代码清单21-6。将数据集以.rda文件的形式添加到包里面。

代码清单21-6　创建life数据框

```
region <- c(rep("North Central", 12), rep("Northeast", 9),
            rep("South", 16), rep("West", 13))
```

```
state <- c("IL","IN","IA","KS","MI","MN","MO","NE","ND","OH","SD","WI",
           "CT","ME","MA","NH","NJ","NY","PA","RI","VT","AL","AR","DE",
           "FL","GA","KY","LA","MD","MS","NC","OK","SC","TN","TX","VA",
           "WV","AK","AZ","CA","CO","HI","ID","MT","NV","NM","OR","UT",
           "WA","WY")
hlem <- c(12.6,12.2,13.4,13.1,12.8,14.3,11.7,13.1,12.9,12.2,13.3,13.4,
          14.3,13.5,13.8,14,12.9,13.6,12.8,13.1,13.9,10.3,11.6,13.5,
          14.3,11.6,10.2,11.6,13.3,10.1,11.7,10.8,12,11.2,12.2,13.3,
          10.3,13.3,13.7,13.8,14.3,15,13.1,13.4,12.8,13.1,13.9,14.3,14,
          13.7)
hlef <- c(14.3,14.1,15.9,15.1,14.7,16.7,14,15.7,16,14,16.4,16.1,16.7,
          15.7,15.9,16,14.8,15.3,14.8,15.6,16.2,11.7,12.7,15.7,16.4,
          13.1,11.6,12.3,15.3,11.4,13.5,12.9,13.6,12.5,13.4,14.9,11.6,
          14.9,16.3,15.5,16.2,17.3,15.1,15.6,14.5,14.7,16,15.7,16,15.2)

life <- data.frame(region=factor(region), state=factor(state), hlem, hlef)

save(life, file='life.rda')
```

save()函数把数据框life.rda保存到当前工作目录。在21.4节生成最后的包时，把这个文件移动到包文件树的data子文件夹里。

你也需要创建一个.R文件来作为此数据框的文档。代码清单21-7给出了相应的代码。

代码清单21-7 life.R文件内容

```
#' @title 65岁时的健康预期寿命
#'
#' @description表示65岁时健康预期寿命（预期在良好健康状况下持续多少年）的数据集，基于美国不同州
#' 在2007到2009年的数据。男性女性的预期值分开记录
#'
#' @docType data
#' @keywords datasets
#' @name life
#' @usage life
#' @format一个包含了50行和4个变量的数据框。变量分别为
#' \describe{
#'   \item{region}{一个有4个类别的因子型变量 (North Central (中北部)、Northeast (东北部)、
#'                South (南部)、West (西部)) }
#'   \item{state}{一个包含了美国50个州的因子型变量，每个州用ISO标准的2个字母进行表示}
#'   \item{hlem}{用年份表示的男性健康预期寿命}
#'   \item{hlef}{用年份表示的女性健康预期寿命}
#' }
#' @source数据\code{hlem}和\code{hlef}从疾病预防和控制中心\emph{Morbidity and Mortality
#' Weekly Report}的\url{http://www.cdc.gov/mmwr/preview/mmwrhtml/mm6228a1.htm?s_
#' cid= mm6228a1_w}网站上获取
#' 变量\code{region}从\code{\link[datasets]{state.region}}数据集中所获取
NULL
```

注意代码清单21-7的代码内容全部都是注释。下一节，你会处理这一节所有.R文件的注释来生成包的文档。R要求每一个包都有严格的结构化文档。

21

21.3　创建包的文档

每个R包都符合一套对文档的强制方针。包里每一个函数都必须使用LaTeX来以同样的风格撰写文档；LaTeX是一种文档标记语言和排版系统。每个函数都被分别放置在不同的.R文件里，函数对应的文档（用LaTeX写成）则被放置在一个.Rd文件中。.R和.Rd文件都是文本文件。

这种方式有两个限制。第一，文档和它所描述的函数是分开放置的。如果你改变了函数代码，就必须搜索出对应的文档并且进行改写。第二，用户必须学习LaTeX。如果你认为R的学习曲线比较平滑，等到使用LaTeX的时候再说吧！

roxygen2包能够极大地简化文档的创建过程。你在每一个.R文件的头部放置一段注释作为对应的文档。然后，使用一种简单的标记语言来创建文档。当Roxygen2处理文件的时候，以#'开始的行会被用来自动地生成LaTeX文档（.Rd文件）。

查看代码清单21-4~代码清单21-7的文件内容。表21-2描述了每个文件头部的注释所使用的标签。标签（被称为roclet）是使用Roxygen2创建LaTeX文档的基础。

表21-2　Roxygen2使用的标签

标　　签	描　　述
@title	函数名
@description	一行的函数描述
@details	多行的函数描述（第一行之后要有缩进）
@param	函数参数
@export	添加函数到NAMESPACE
@method generic class	泛型S3方法的文档
@return	函数返回的值
@author	作者和联系地址
@examples	使用函数的例子
@note	使用函数的注意事项
@aliases	用户能够找到文档的额外的别名
@references	函数所涉及的方法的参考文档

若想看到生成的文档是怎样的，首先确定npar包已经被读入，然后对每一个函数发出获取帮助的请求（help(oneway)、help(print.oneway)、help(summary.oneway)和help(plot.oneway)）。help(life)语句应该提供了数据集的信息。查看help(rd_roclet)获得这些标签的更多细节。

在创建文档的时候，另外一些标记元素也很有用。标签\code{text}用代码字体把text打印出来，\link{function}创建一个指向本包或者别处的R函数超级链接。最后，item{text}创建一个分项列表。这对于描述函数返回的结果特别有用。

有一个文档任务是可选的，但它很有用。在目前的描述中，当用户安装npar包的时候，?npar并没有可用的帮助文档出现。用户该如何知道什么函数是可用的呢？一个办法是输入

help(package="npar")，不过你可以为文档增加另外一个文件使之更加简单；详见代码清单21-8。

代码清单21-8　npar.R文件的内容

```
#' 非参组间比较的函数
#'
#' npar提供了计算和可视化组间非参差异的工具
#'
#' @docType package
#' @name npar-package
#' @aliases npar
NULL
…… 这个文件必须在NULL后有一个空白行……
```

注意此文件的最后一行必须为空。当包被建立的时候，?npar的调用会生成对包的描述，此描述包含一个对函数进行索引的可点击链接。

最后，创建一个名为DESCRIPTION的文本文件用于描述包。以下是一个样例。

代码清单21-9　DESCRIPTION文件的内容

```
Package: npar
Type: Package
Title: Nonparametric group comparisons
Version: 1.0
Date: 2015-01-26
Author: Rob Kabacoff
Maintainer: Robert Kabacoff <robk@statmethods.net>
Description: This package assesses group differences using nonparametric
    statistics. Currently a one-way layout is supported. Kruskal-Wallis
    test followed by pairwise Wilcoxon tests are provided. p-values are
    adjusted for multiple comparisons using the p.adjust() function.
    Results are plotted via annotated boxplots.
LazyData: yes
License: GPL-3
```

DESCRIPTION：部分可以包含很多行，但是第一行之后的行必须缩进。LazyData：yes语句表示此包里的数据集（本例中是life）应该在载入包后尽快变得可用。如果这个参数被设置为no，用户将不得不用data(life)来获取这个数据集。

最后一行指出这个包用什么协议来进行分发。常见的协议类型包括MIT、GPL-2和GPL-3。可以在http://www.r-project.org/Licenses获取对各个协议的描述。当然，在创建你自己的包时，不要用我的名字（除非那个包非常好）。

当你在下一节中生成最后的npar包的时候，roxygen2包会被用到。想学习更多的roxygen2知识，见Hadley Wickham在http://mng.bz/K26J的描述。

21.4　建立包

终于到了建立包的时候。（真的，我保证。）开发者创建包的圣经是R核心开发团队的"Writing

R Extensions"（http://cran.r-project.org/doc/manuals/R-exts.pdf）。Friedrich Leishch也提供了一个创建包的优秀指南（http://mng.bz/Ks84）。

　　本节中，你会按照一个流畅的过程来创建包。特别是，你会用到Hadley Wickham的roxygen2包来简化创建文档的过程。我是在Windows机器上创建包的，不过这些步骤同样适用于Mac和Linux平台。

　　(1) 安装必要的工具。用install.packages("roxygen2", depend=TRUE)来下载和安装roxygen2包。如果使用的是Windows平台，你还需要安装Rtools.exe（https://cran.r-project.org/bin/windows/Rtools）和MiKTeX（http://miktex.org）。如果使用的是Mac，则需要安装MacTeX（http://www.tug.org/mactex）。Rtools、MiKTeX和MacTeX都不是包而是软件。因此，你需要在R的外部安装它们。

　　(2) 配置文件夹。在你的home目录中（启动R时的当前工作目录），创建一个叫作npar的子文件夹。在这个文件夹中，创建两个子文件夹，分别为R和data（见图21-4）。把DESCRIPTION文件放在npar文件夹里，并把源代码文件（oneway.R、print.R、summary.R、plot.R、life.R和npar.R）放在子文件夹R里。把life.rda文件放在子文件夹data里。配置好的目录应该如图21-4所示。

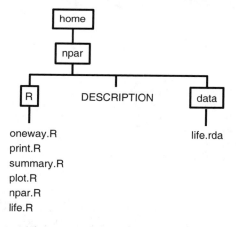

图21-4　npar包初始的文件夹结构

　　从现在开始，假设你处于R的home目录中。如果不是，要输入包的完整路径（比如c:/applications/npar），而不要只输入包的名字（npar）。

　　(3) 生成文档。加载roxygen2包，然后使用roxygenize()函数处理每一个代码文件头部的文档：

```
> library(roxygen2)
> roxygenize("npar")

Updating namespace directives
Writing oneway.Rd
Writing plot.oneway.Rd
```

```
Writing print.oneway.Rd
Writing summary.oneway.Rd
Writing life.Rd
Writing npar-package.Rd
```

　　roxygenize()函数创建了一个新的子文件夹man，这个文件夹内部有与每一个函数对应的.Rd文档文件。每一个代码文件头部的注释标记都被用于创建这些文档文件。此外，roxygenize()对DESCRIPTION文件添加了信息，也创建了一个NAMESPACE文件。为npar创建的NAMESPACE文件如下所示。

代码清单21-10　　NAMESPACE文件的内容

```
S3method(plot,oneway)
S3method(print,oneway)
S3method(summary,oneway)
export(oneway)
```

　　NAMESPACE文件控制函数的可视性。（是所有函数都直接暴露给用户，还是有些函数在内部被其他函数使用？）在本例中，所有的函数都是直接对用户可用的。想学习更多关于命名空间（namespace）的知识，可以查看http://adv-r.had.co.nz/Namespaces.html。

　　图21-5展示了新的文件夹结构。

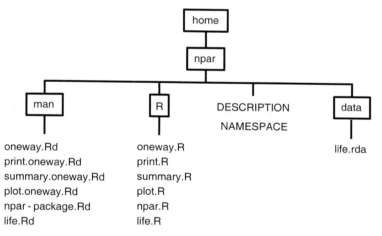

图21-5　运行roxygenize()函数后npar包的文件夹结构

　　(4) 建立包。用以下系统命令建立包：

```
> system("R CMD build npar")
... informational messages omitted ...
```

　　这段代码在当前工作目录中创建了npar_1.0.tar.gz文件。文件名中的版本号是从DESCRIPTION文件中提取的。现在这个包的格式可以分发给其他用户。

　　若要为Windows平台创建二进制.zip文件，可以运行以下代码：

```
> system("Rcmd INSTALL --build npar")
... informational messages omitted ...
packaged installation of 'npar' as npar_1.0.zip
* DONE (npar)
```

这段代码在当前工作目录中创建了npar_1.0.zip文件。注意，只有在Windows平台下工作才能用这个方法创建Windows的二进制文件。如果你不在Windows机器下运行R，但是想创建一个适用于Windows的二进制包，可以使用http://win-builder.r-project.org/提供的在线服务。

（5）检查包（可选）。要在包上运行全部的一致性检查，可以运行以下语句：

```
system("R CMD check npar")
```

该语句在当前工作目录中创建了一个名为npar.Rcheck的文件夹。这个文件夹里有个名为00.check.log的文件，描述了检查的结果。如果你想分发你的包到CRAN上，检查结果必须是没有任何错误或警告的。

这个文件夹也包含一个名为npar-EX.R的文件，其内容是所有文档列出的示例代码。npar-EX.out的内容是运行示例代码所得到的文字输出。如果示例代码创建了图像（这个案例是创建了图像的），则它们被放置在npar-Ex.pdf中。

（6）创建一个PDF手册（可选）。运行语句：

```
system("R CMD Rd2pdf npar")
```

创建一本类似于你在CRAN上看到的PDF参考手册。如果你完成了步骤(5)，那么已经在npar.Rcheck文件夹中拥有此文档了。

（7）本地安装包（可选）。运行：

```
system("R CMD INSTALL npar")
```

在你的机器上安装这个包，并使其可以使用。另一个本地安装包的方法是使用：

```
install.packages(paste(getwd(),"/npar_1.0.tar.gz",sep=""),
                       repos=NULL, type="source")
```

你可以输入library()来得知包已经完成了安装。输入library(npar)之后，包就已经可以使用了。

在开发周期中，你也许想从本地机器删除一个包从而能够安装一个新的版本。这种情况下，用代码：

```
detach(package:npar, unload=TRUE)
remove.packages("npar")
```

来得到一个全新的开始。

（8）上传包到 CRAN（可选）。如果你想把包添加到CRAN库从而分享给别人，只需进行以下三步。

- ❑ 阅读CRAN库的政策（http://cran.r-project.org/web/packages/policies.html）。
- ❑ 确保包通过了步骤(5)的所有检查，没有任何错误或警告。不然包会被拒绝接受。

❑ 提交包。如果要用一个网页表单来提交，可以使用http://cran.r-project.org/submit.html中用于提交的表单。你会收到一个自动确认的电子邮件，你需要接受它。

用FTP来提交的话，使用匿名FTP来上传packageName_version.tar.gz文件到ftp://cran.r-Project.org/incoming。然后从包所列出的维护者邮件中发送一个纯文本电子邮件到CRAN@R-project.org。主题为"CRAN submission PACKAGE VERSION"，去掉双引号，其中PACKAGE和VERSION分别是包的名字和版本号。对于新的提交，在邮件正文中确认你已经阅读和同意CRAN的政策。

不过请不要把你刚刚创建的npar包上传到CRAN！你现在拥有了创建自己的包的工具。

21.5 深入学习

本章中，创建 npar 包所用到的所有代码都是R代码。实际上，大部分包所包含的代码都是完全用R写成的。不过你也可以在R中调用编译后的C、C++、Fortran和Java代码。引入外来代码的典型情况是希望以此来提升运行速度，或者作者想在R代码中使用现有的外部软件库。

有很多种方法可以引入编译后的外部代码。有用的函数包含.C()、.Fortran()、.External()和.Call()等。还有一些包的创造是为了简化流程，比如inline（C、C++、Fortran）、Rcpp（C++）和rJava（Java）。

为R包添加外部的编译后代码超出了本书的讨论范围。"Writing R Extensions"手册（http://cran.r-project.org/doc/manuals/R-exts.html）以及函数和包的帮助文件应该能给你足够的细节。如果你遇到困难的话，Stack Overflow（http://stackoverflow.com）是一个提问的好地方。

21.6 小结

对于组织常用函数、创建完整程序以及分享结果给他人，R包是一个很好的方法。在本章中，你创建了一个完整的R包，可以用于进行分组之间的非参比较。这些面向对象的技术可以用于很多其他的数据管理和数据分析任务。尽管包一开始看上去很复杂，但是如果你明白了全部步骤，它们就会变得很简单。现在开始着手吧！记得要从中获得乐趣。

21

创建动态报告

本章内容
- ❏ 在网上发布结果
- ❏ 把R的结果合并到Microsoft Word或Open Document报告中
- ❏ 创建内容随数据改变的动态报告
- ❏ 用R、Markdown和LaTeX创建出版水平的文档

欢迎来到最后一章！你已经获取并清洗了数据，描述其性质，对数据间关系进行建模，还对结果进行了可视化。下一个步骤是：

    A   放松，或许还可以去一趟迪士尼乐园；

    B   与其他人交流成果。

如果你选择A，请带上我。如果你选择B，欢迎来到现实世界。

最后一项统计分析或者绘图的完成并不意味着研究过程的完成。你总要与他人交流研究结果。这意味着把分析整理到某种报告里面。

有三种常见的创建报告情景。

第一种：创建一个包含代码和结果的报告，便于记住六个月前做过的事情。如果要重做之前的事情，从单个完整的文档做起比从多个相关的文档做起要更加容易。

第二种：为老师、主管、客户、政府代表、网络观众或者杂志编辑创建一份报告。你需要注意清晰性和吸引性，而且这份报告可能只需要创建一次。

第三种：为日常需求创建一份特定类型的报告。这有可能是关于产品或者资源使用量的每月报告，可能是关于金融的每周分析，也可能是关于网络流量的每小时更新一次的报告。每一种情况中，数据会有所变化，但是分析过程和报告结构保持不变。

把R的输出合并到报告的一种方法是：进行分析，复制和粘贴每一个图表到一个字处理文档中，接着重新整理结果格式。这个方法一般来说非常耗时、低效，让人心烦意乱。尽管R创建的图片很现代，但它的文字输出却很复古——由等宽字体组成并用空格实现列对齐的表格。如果数据有所变化的话，你不得不重复整个过程！

考虑到这些限制，你可能觉得R不是很合适。不要恐惧。（好吧，可以有一点点恐惧，毕竟这

是重要的生存机制。）R提供了很多优雅的解决方式供我们把R代码和结果嵌入报告当中。此外，数据也可以和报告联系起来，使报告可以随着数据改变。这些动态报告可以用以下格式保存：

- ❑ 网页
- ❑ Microsoft Word文档
- ❑ Open Document格式文档
- ❑ 出版水平的PDF或者PostScript文档

举个例子，假设你在使用回归分析来研究一份女性样本中体重和身高的关系。R允许你提取lm()函数的等宽输出：

```
> lm(weight ~ height, data=women)

Call:
lm(formula = weight ~ height, data = women)

Residuals:
    Min      1Q  Median      3Q     Max
-1.7333 -1.1333 -0.3833  0.7417  3.1167

Coefficients:
            Estimate Std. Error t value Pr(>|t|)
(Intercept) -87.51667    5.93694   -14.74 1.71e-09 ***
height        3.45000    0.09114    37.85 1.09e-14 ***
---
Signif. codes: 0 '***' 0.001 '**' 0.01 '*' 0.05 '.' 0.1 ' ' 1
Residual standard error: 1.525 on 13 degrees of freedom
Multiple R-squared:  0.991,     Adjusted R-squared:  0.9903
F-statistic:  1433 on 1 and 13 DF,  p-value: 1.091e-14
```

然后把这些输出转换成类似图22-1的网页。你会在本章中学到如何实现这一效果。

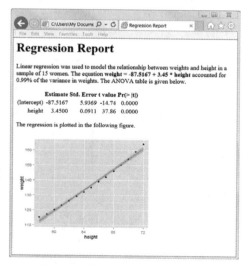

图22-1　保存为网页的回归分析

动态文档和可重复性研究

在学术界，正在兴起一场支持**可重复性研究**的强大运动。可重复性研究的目标是，通过在论文中附上数据和所需的软件代码，更方便地复现论文所指出的科学成果。这使得读者能够更加方便地自行验证论文的结果，而且有可能在自己的文章里更加直接地利用其成果。本章所描述的技术，包括在文档中嵌入数据和R源代码，都对可重复性研究有直接的帮助。

22.1 用模版生成报告

本章的大部分内容都用模版的方式来生成报告。报告从一个模版文件开始创建。这份模版包括了报告文字、格式化语法和R代码块。

读取模版文件，运行R代码，应用格式化指令，生成一个报告。如何在报告中加上R的输出由选项来控制。图22-2展示了一个使用R Markdown模版生成网页的简单例子。

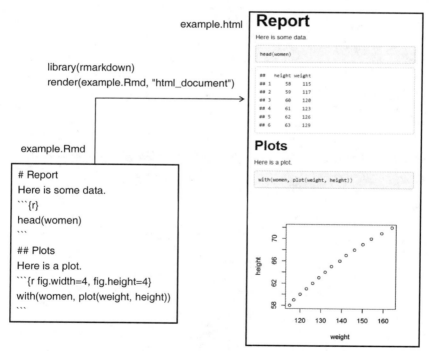

图22-2　从包含Markdown语法、报告文字和R代码块的文本文件创建网页

模版文件（example.Rmd）是一个纯文本文档，包含以下三个部分。

❑ 报告文字：所有解释性的语句和文字。在本例中，报告文字是Report、Here is some data、Plots和Here is a plot。

❑ 格式化语法（formatting syntax）：控制报告格式化方式的标签。在这个文件中，Markdown
标签被用于对输出进行格式化。Markdown是一个简单的标记式语言，它可以把纯文本转
化为有合法结构的HTML或者XHTML。第一段的#并不是指注释。#产生一级标题，##产
生二级标题，以此类推。

❑ R代码：要运行的R语句。在R Markdown文档中，R代码块被 ```{r}和``` 所包围。第
一个代码块把数据集的前6行显示出来，第二个代码块创建了一个散点图。在这个例子中，
代码和运行的结果都被输出到了报告中，不过对于每个代码块的输出，你都可以分别用
不同的选项来控制。

这个模版文件被作为参数传递到rmarkdown包的render()函数中，然后创建出一个网页文
件example.html。此网页包含了报告文字和R结果。

本章的例子基于描述性统计量、回归和方差分析问题等。它们都不代表完整的数据分析流程。
本章的目标是学习如何把R的结果合并到各种不同类型的报告当中。你可以跳跃地阅读本章，只
阅读你最关注的部分。

根据你起步的模版文件和用来处理模版的函数，可以创建出不同的报告格式（HTML网页文
件、Microsoft Word文档、OpenOffice Writer文档、PDF报告、文章和图书）。它们被称为动态报
告，动态之处在于改变数据和重新处理模版文件的话会生成一份新的报告。

本章中，你会用到四种类型的模版：R Markdown模版、ODT模版、DOCX模版和LaTeX模版。
R Markdown模版能够用来生成HTML、PDF和Microsoft Word文档。ODT和DOCX模版分别用于
生成Open Document和Microsoft Word文档。LaTeX模版则能生成出版水平的PDF文档，包括报告、
文章和图书。让我们逐一进行学习。

22.2 用 R 和 Markdown 创建动态报告

在本节中，你会使用rmarkdown包来从Markdown格式和R代码中创建文档。在处理文档的
时候，运行R代码，格式化输出，然后把输出嵌入到最后生成的文档当中。你可以用这个方式来
生成 HTML、Word或PDF文件，步骤如下。

(1) 安装rmarkdown包（install.packages("rmarkdown")）。这个步骤会把很多其他的
包也安装进来，包括knitr包。如果你在使用最新版RStudio，你可以跳过这一步，因为你已经有
必要的包了。

(2) 安装xtable包（install.packages("xtable")）。这个包中的xtable()函数用美观
的方式格式化报告中的数据框和矩阵。xtable()也可以对lm()、glm()、aov()、table()、
ts()和coxph()返回的对象进行格式化。载入这个包后，可以用methods(xtable)来查看它能
格式化的所有对象列表。

(3) 安装Pandoc（http://johnmacfarlane.net/pandoc/index.html）。Pandoc是一个支持Windows、
Mac OS X和Linux的免费软件。它可以把一种标记格式的文件转换成另外一种标记格式。同样，
RStudio用户可以跳过这一步。

（4）如果想生成PDF文档，需要安装一套LaTeX编译器。一套LaTeX编译器能够把一个LaTeX文件转换成一个高质量排版的PDF文档。我推荐Windows用户安装 MiKTeX（ http://miktex.org/ ），Mac用户安装 MacTeX（ https://tug.org/mactex/ ），Linux用户安装TeX Live（ https://tug.org/texlive/ ）。

软件都安装好之后，就可以进行下一步了。

为了用Markdown语法把R的输出（值、表格、图形）合并到一个文档中，你需要首先创建一个包含以下内容的文本文档：

- □ 报告文字
- □ Markdown语法
- □ R代码块（用分隔符包围起来的R代码）

按照惯例，这种文本文件使用扩展名.Rmd。

在代码清单22-1中展示了一个示例文件（名为women.Rmd）。为了生成一个HTML文档，对此文件运行以下语句：

```
library(rmarkdown)
render("women.Rmd", "html_document")
```

结果如图22-1所示。

代码清单22-1　women.Rmd：有嵌入R代码的Markdown模板

```
# Regression Report
```
❶ Markdown语法

```
```{r echo=FALSE, results='hide'}
n <- nrow(women)
fit <- lm(weight ~ height, data=women)
sfit <- summary(fit)
b <- coefficients(fit)
```
```
❷ R代码块

❸ 行内R代码

```
Linear regression was used to model the relationship between
weights and height in a sample of `r n` women. The equation
    weight = `r b[[1]]` + `r b[[2]]` * height
accounted for `r round(sfit$r.squared,2)`% of the variance
in weights. The ANOVA table is given below.

```{r echo=FALSE, results='asis'}
library(xtable)
options(xtable.comment=FALSE)
print(xtable(sfit), type="html", html.table.attributes="border=0")
```
```
❹ 用 xtable 格式化输出结果

```
The regression is plotted in the following figure.

```{r echo=FALSE, fig.width=5, fig.height=4}
library(ggplot2)
ggplot(data=women, aes(x=height, y=weight)) +
    geom_point() + geom_smooth(method="lm")
```
```

报告的开头是一个一级标题❶。这行代码表示 "Regression Report" 应该用更大的粗体字体打印出来。表22-1给出了其他一些Markdown语法的例子。

表22-1 Markdown代码和输出结果

Markdown语法	HTML输出结果
`# Heading 1`	`<h1>Heading 1</h1>`
`## Heading 2`	`<h2>Heading 2</h2>`
`...`	`...`
`###### Heading 6`	`<h6>Heading 2</h6>`
文字之间一行或多行的空白行	把文字分割成段落
行尾两个或多个空格	添加一个换行符
`*I mean it*`	`<em>I mean it</em>`
`**I really mean it**`	`<strong>I really mean it</strong>`
`* item 1`	`<ul>`
`* item 2`	`<li> item 1 </li>`
	`<li> item 2 </li>`
	`</ul>`
`1. item 1`	`<ol>`
`2. item 2`	`<li> item 1 </li>`
	`<li> item 2 </li>`
	`</ol>`
`[Google](http://google.com)`	`<a href="http://google.com">Google</a>`
`![My text](path to image)`	`<img src="path to image", alt="My text">`

接下来是R代码块。Markdown文档中的 R 代码用```` ```{r options} ````和```` ``` ````分割❷。处理文件的时候，会运行R代码并且插入结果。表22-2描述了代码块的选项。

表22-2 代码块选项

选 项	描 述
echo	是否在输出中包含R源代码（TRUE或FALSE）
results	是否输出原生结果（asis或hide）
warning	是否在输出中包含警告（TRUE或FALSE）
message	是否在输出中包含参考的信息（TRUE或FALSE）
error	是否在输出中包含错误信息（TRUE或FALSE）
fig.width	图片宽度（英寸）
fig.height	图片高度（英寸）

简单的R输入（数字或者字符串）也可以直接放置在报告文字中。行内R代码允许你自定义每一句的一些文字。行内代码放置在`` `r ``和`` ` ``标签之间❸。在以上关于回归的例子中，样本量、预测公式和R-squared值都被嵌入第一段中。

最后，你可以用xtable()函数来格式化回归结果❹。语句options(xtable.comment=FALSE)省略了多余的信息。print()函数中的type="html"选项把xtable对象输出为一个HTML表格。默认设置中，这个表格有个无趣的1像素边界，这里通过添加html.table.

`attributes="border=0"`将其移除。额外的格式化选项参见`help(print.xtable)`。

为了把这个文件输出成PDF文档，你只需要改变一处地方。把代码：

```
print(xtable(sfit), type="html", html.table.attributes="border=0")
```

替换成：

```
print(xtable(sfit), type="latex")
```

然后用以下代码来处理文件，从而得到一个格式美观的PDF文档：

```
library(rmarkdown)
render("women.Rmd", "pdf_document")
```

不幸地是，`xtable()`函数对Word文档失效了。你需要一点点额外的创造性来把统计结果输出成美观的文档。一个可能的解决方式是使用knitr包里的`kable()`来取代`xtable()`。它能用一种简单和吸引人的方式把矩阵和数据框转化出来。

把以下代码：

```
library(xtable)
options(xtable.comment=FALSE)
print(xtable(sfit), type="html", html.table.attributes="border=0")
```

替换成：

```
library(knitr)
kable(sfit$coefficients)
```

然后用以下代码来转化文档：

```
library(rmarkdown)
render("women.Rmd", "word_document")
```

输出文件是一个吸引人的Word文档，你可以使用Word软件对它进行编辑。请注意，你需要把sfit对象替换成sfit$coefficients。`xtable()`函数可以处理`lm()`对象，但是`kable()`函数只能处理矩阵和数据框。因此，你不得不从更加复杂的对象提取想要打印的部分。可查看`help(kable)`来获得更多细节。

使用RStudio来创建和处理R Markdown文档

在本书中，我尽量把内容和R的接口独立起来。每一项技术都能够在基本的R终端中工作，但是实际上还有一些其他选择，包括RStudio（见附录 A）。RStudio使得转换Markdown文档特别容易。

如果从GUI菜单中选择"File" → "New File" → "R Markdown"，你会见到如图所示的对话框。

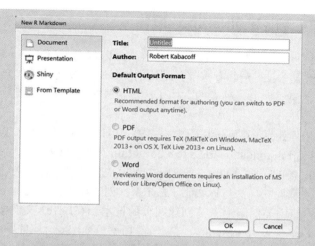

RStudio中创建新R Markdown文档的对话框

选择你想生成的报告格式，RStudio会为你创建一个骨架文件。用你的文字和代码进行编辑，然后从Knit下拉菜单中选择render选项。完成！

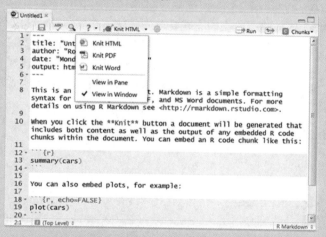

从R Markdown文档创建HTML、PDF或Word报告的下拉菜单

RStudio有很多对程序员很有用的功能。到现在为止它是我最喜欢的运行R的方式。

Markdown语法可以方便地快速创建简单的文件。你可以访问其主页http://daringfireball.net/projects/markdown/和rmarkdown文档页面http://rmarkdown.rstudio.com/来学习Markdown。如果想创建复杂的文档，比如说出版水平的文章和图书，你可能需要使用LaTeX作为你的标记语言。在下一节，你会使用LaTeX和knitr包来创建高质量排版的文档。

22.3　用 R 和 LaTeX 创建动态报告

LaTex是一个高质量的文档排版准备系统，在Windows、Mac和Linux平台上都可以免费使用。LaTeX让你能够创建漂亮、复杂、有多部分结构的文档；只改变几行代码，就可以把一个种类的文档（比如文章）转换成为另一种类的文档（比如报告）。它是一个极其强大的软件，因此它的学习曲线非常陡峭。

如果你对LaTeX不熟悉，在阅读以下内容之前，可以先阅读一下：Tobias Oetiker等人撰写的文档"The Not So Short Introduction to LaTeX 2e"（http://mng.bz/45vP），或者印度TeX用户组的指南 "LaTeX Tutorials: A Primer"（http://mng.bz/2c0O）。这门编程语言绝对值得学习，不过用户需要一些时间和耐性来掌握它。一旦你熟悉了LaTeX，创建动态报告就是一个很直接的过程。

knitr包允许你使用类似于上一节创建网页的技术，在LaTeX文档中内嵌R代码。如果你安装了rmarkdown或者在使用RStudio，就已经拥有了knitr。如果没有，请现在安装它（install.pcakages("knitr")）。此外，你需要一个LaTeX编译器，请查阅22.2节了解细节。

本节中，你会创建一份报告，这份报告使用multcomp包里的数据，描述病人对各种药物的反应。如果你在第9章没有安装该包，请先运行install.packages("multcomp")再接着阅读以下内容。

为了使用R和LaTeX创建一份报告，需要首先新建一个文本文档（文件扩展名一般为.Rnw）。这个文本文档包含报告文字、LaTeX标记代码和R代码块。代码清单22-2给出了一个例子。每个R代码块以分隔符<<options>>=开始，以分隔符@结束。表22-3列出了代码块的选项。行内R代码可用 \Sexpr{R code} 来包含。当R代码被运行的时候，数字或者字符串会被插入文字的那个地方。

代码清单22-2　drugs.Rnw：含有嵌入R代码的样本LaTeX模板

```
\documentclass[11pt]{article}
\title{Sample Report}
\author{Robert I. Kabacoff, Ph.D.}
\usepackage{float}
\usepackage[top=.5in, bottom=.5in, left=1in, right=1in]{geometry}
\begin{document}
\maketitle
<<echo=FALSE, results='hide', message=FALSE>>=
library(multcomp)
library(xtable)
df <- cholesterol
@

\section{Results}

Cholesterol reduction was assessed in a study
that randomized \Sexpr{nrow(df)} patients
to one of \Sexpr{length(unique(df$trt))} treatments.
Summary statistics are provided in
Table \ref{table:descriptives}.
```

```
<<echo=FALSE, results='asis'>>=
descTable <- data.frame("Treatment" = sort(unique(df$trt)),
  "N"    = as.vector(table(df$trt)),
  "Mean" = tapply(df$response, list(df$trt), mean, na.rm=TRUE),
  "SD"   = tapply(df$response, list(df$trt), sd, na.rm=TRUE)
 )
print(xtable(descTable, caption = "Descriptive statistics
for each treatment group", label = "table:descriptives"),
caption.placement = "top", include.rownames = FALSE)
@

The analysis of variance is provided in Table \ref{table:anova}.

<<echo=FALSE, results='asis'>>=
fit <- aov(response ~ trt, data=df)
print(xtable(fit, caption = "Analysis of variance",
    label = "table:anova"), caption.placement = "top")
@

\noindent and group differences are plotted in Figure \ref{figure:tukey}.

\begin{figure}[H]\label{figure:tukey}
\begin{center}

<<echo=FALSE, fig.width=4, fig.height=3>>=
par(mar=c(3,3,1,3))
boxplot(response ~ trt, data=df, col="lightgrey",
        xlab="Treatment", ylab="Response")
@

\caption{Distribution of response times by treatment.}
\end{center}
\end{figure}
\end{document}
```

然后文档会由 knit() 函数处理。

```
library(knitr)
knit("drugs.Rnw")
```

在这一步中，R 代码块会经过处理，并且根据选项，会被 LaTeX 格式的 R 代码和输出所替换。默认地，knit("drugs.Rnw") 接受文件 drugs.Rnw 作为输入，接着输出文件 drugs.tex。然后 LaTeX 编译器会处理.tex 文件，创建出一个 PDF、PostScript 或者 DVI 文件。

另一个简单的做法是，使用 knitr 包里的 knit2pdf() 辅助函数：

```
library(knitr)
knit2pdf("drugs.Rnw")
```

这个函数生成.tex 文件，然后把它转换成为一个处理好的 PDF 文档 drugs.pdf。图 22-3 展现了所得到的 PDF 文档。

22

Sample Report

Robert I. Kabacoff, Ph.D.

March 23, 2015

1   Results

Cholesterol reduction was assessed in a study that randomized 50 patients to one of 5 treatments. Summary statistics are provided in Table 1.

Table 1: Descriptive statistics for each treatment group

Treatment	N	Mean	SD
1time	10	5.78	2.88
2times	10	9.22	3.48
4times	10	12.37	2.92
drugD	10	15.36	3.45
drugE	10	20.95	3.35

The analysis of variance is provided in Table 2.

Table 2: Analysis of variance

	Df	Sum Sq	Mean Sq	F value	Pr(> F)
trt	4	1351.37	337.84	32.43	0.0000
Residuals	45	468.75	10.42		

and group differences are plotted in Figure 1.

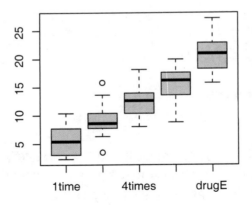

Figure 1: Distribution of response times by treatment.

1

图22-3　用knit2pdf()处理文本文件drugs.Rnw，生成一个完成排版的PDF文件（drugs.pdf）

knitr包的文档可以参见http://yihui.name/knitr和谢益辉所著的*Dynamic Documents with R and knitr*（Chapman & Hall/CRC，2013）。如果想学习更多的 LaTeX知识，请查看上文的教程和http://www.latex-project.org。

22.4　用 R 和 Open Document 创建动态报告

尽管LaTeX很强大，但它需要用户进行大量学习才能有效地使用，而且创建出的是不可编辑的文档格式（PDF、DVI、PS）。你也可以把R结果输出到一个文字处理文档中。两个最流行的格式是Microsoft Word（.docx）和Open Document（.odf）。

Open Document Format for Office Applications（ODF）是一种开源的、基于XML的文件格式，它和很多软件套件相兼容。两个流行的免费办公套件是OpenOffice（http://www.openoffice.org）和LibreOffice（http://www.libreoffice.org）。它们都能运行于Windows、Mac OS X和Linux环境，都可以在本节中使用。

odfWeave包提供了一个嵌入R代码和输出到Open Document文件的机制。在本节中，你将创建一个探索男女教授工资差异的报告。

在安装OpenOffice（或LibreOffice）和odfWeave包之后，创建一个叫作salaryTemplate.odt的文档（参见图22-4）。这个文档包含格式化的文本和R代码块。文本是使用OpenOffice（或LibreOffice）的界面来格式化的。代码块如下分割：

```
<<options>>=
R statements
@
```

表22-3给出了代码块的选项。行内R代码结果（数字或字符串）可以用\Sexpr{R code}来包含。

表22-3　odfWeave包中的R代码块选项

选　　项	动　　作
echo	在输出文件中包含R代码（TRUE或FALSE）
results	按原样输出结果（verbatim），输出为XML代码（XML）或隐藏输出（hide）
fig	代码块生成图像输出（TRUE或FALSE）

文档被保存之后，可以用odfWeave包里的odfWeave()对此进行处理：

```
library(odfWeave)
infile <- "salaryTemplate.odt"
outfile <- "salaryReport.odf"
odfWeave(infile, outfile)
```

以上代码接受如图22-4所示的salaryTemplate.odt，生成如图22-5所示的Report.odf文件。

22

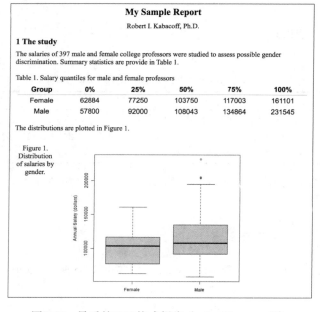

My Sample Report

Robert I. Kabacoff, Ph.D.

```
<<echo=FALSE, results=hide>>=
library(car)
df <- Salaries
percentiles <- function(x, y){
    P0    <- aggregate(x, by=list(y), FUN=quantile,    0)
    P25   <- aggregate(x, by=list(y), FUN=quantile,  .25)
    P50   <- aggregate(x, by=list(y), FUN=quantile,   .5)
    P75   <- aggregate(x, by=list(y), FUN=quantile,  .75)
    P100  <- aggregate(x, by=list(y), FUN=quantile,    1)
    qT <- data.frame(P0, P25[2], P50[2], P75[2], P100[2])
    names(qT) <- c("Group", "0%", "25%", "50%", "75%", "100%")
    return(qT)
3
quantTable<- percentiles(df$salary, df$sex)
@
```

1 The study

The salaries of \Sexpr{nrow(df)} male and female college professors were studied to assess possible gender discrimination. Summary statistics are provide in Table 1.

Table 1. Salary quantiles for male and female professors
```
<<echo=FALSE, results=xml>>=
odfTable(quantTable, useRowNames=FALSE)
@
```

The distributions are plotted in Figure 1.

```
<<fig=TRUE, echo=FALSE>>=
boxplot(df$salary ~ df$sex, col="lightgrey", ylab="Annual Salary
(dollars)")
@
```
Figure 1. Distribution of salaries by gender.

图22-4　有嵌入R代码块的OpenOffice Writer文件（salaryTemplate.odt）。odfWeave()处理完此文件之后，会生成如图22-7所示的报告（salaryReport.odf）

My Sample Report

Robert I. Kabacoff, Ph.D.

1 The study

The salaries of 397 male and female college professors were studied to assess possible gender discrimination. Summary statistics are provide in Table 1.

Table 1. Salary quantiles for male and female professors

Group	0%	25%	50%	75%	100%
Female	62884	77250	103750	117003	161101
Male	57800	92000	108043	134864	231545

The distributions are plotted in Figure 1.

Figure 1. Distribution of salaries by gender.

图22-5　最后的ODF格式报告（salaryReport.odf）

　　默认情况下，odfWeave用一种美观的表格格式来渲染数据框、矩阵和向量。odfTable()函数能以更高的精度和更好的控制来格式化表格。这个函数生成XML代码，所以请确认使用此函数时在代码块指定了result=xml。不幸的是，xtable()函数不能和odfWeave协作。

　　一旦你生成了ODF格式的报告，就可以继续编辑它，使排版更加紧凑，然后使用ODT、HTML、DOC或DOCX文件格式来保存结果。如果想学习更多，可以查阅odfWeave手册和简介短文（vignette）。更多的信息可以在安装在R库中odfWeave文件夹中的Example文件夹找到，其中包括一个如何用odfWeave对文档格式化的教程。（函数.libPaths()会输出你的库所在位置。）

22.5　用 R 和 Microsoft Word 创建动态报告

　　不管是好是坏，Microsoft Word都是企业中书写报告的标准。你已经知道如何用rmarkdown从一个Markdown文件创建一个Word文档（22.2节）。在本节中，我们将研究一种方法，使用R2wd包创建出直接把R代码嵌入Word文档的动态报告。本节的方法只在Windows平台中有效（Mac和Linux用户，对不起了）。

　　如果想复现本节的代码，你需要先安装R2wd包（install.packages("R2wd")）。R2wd还需要来自于Omega Project for Statistical Computing项目的RDCOMClient包。

　　在写这本书的时候，RDCOMClient一定要从源代码安装。首先，要确认已安装Rtools（http://cran.r-project.org/bin/windows/Rtools）。接着，从 http://www.omegahat.org/RDCOMClient下载源文件（RDCOMC lient_0.93-0.tar.gz）。注意，版本号很可能隔一段时间就有所改变。最后，用以下代码安装包：

```
install.packages(RDCOMClient_0.93-0.tar.gz, repos = NULL, type = "source")
```

　　R2wd包提供了一些函数，允许你创建一个空白的Word文档，插入章节和标题，插入文字、表格和图片，加上格式，以及保存结果。尽管这个包功能繁多，编程化地创建和格式化Word文档还是会耗费很长时间。

　　以下的两步，是用R2wd包在Word中创建一个动态报告的最简单方法：

　　(1) 创建一个包含书签的Word文档，书签标记着你想在哪里放置R代码；

　　(2) 创建一个R脚本，这个脚本把结果插入Word文档书签所指的位置，然后保存完成的文档。

　　让我们试一下这个方法。

　　打开一个新的Word文档，然后命名为salaryTemplate2.docx。加上如图22-6所示的文字和书签。（实际上，图22-6中的书签是不可见的。我标记好了图片，对书签的背景添加了颜色，并且加粗了文字，因此你可以知道每一个书签应该被添加在哪里。）

22

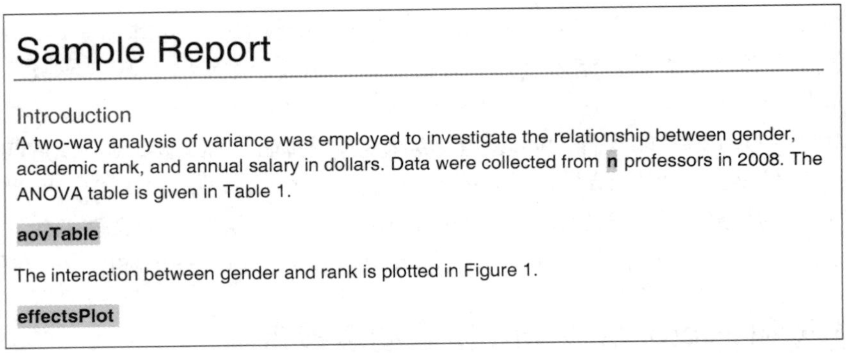

Sample Report

Introduction
A two-way analysis of variance was employed to investigate the relationship between gender, academic rank, and annual salary in dollars. Data were collected from **n** professors in 2008. The ANOVA table is given in Table 1.

aovTable

The interaction between gender and rank is plotted in Figure 1.

effectsPlot

图 22-6　名为 salaryTemplate2.docx 的 Microsoft Word 文档，其中包含文本和书签。通过 salary.R 脚本（代码清单 22-3）处理该文件，将结果插入书签位置，并将文档保存为 salaryReport2.docx（图 22-7）。注意书签（加粗、带底色）在页面上其实并不是可见的；我对图片进行了标记，使读者看到在哪里添加书签

如果想插入一个书签，把光标放置在你想添加书签的位置，选择"插入"→"书签"，为书签命名，然后点击添加。这个例子的书签分别被命名为 n、aovTable 和 effectsPlot。

小提示　在 Microsoft Word 中选择"选项"→"高级"→"显示书签"，可以看到书签被添加在哪里。

接着，创建如代码清单 22-3 所示的 R 脚本。在运行 R 脚本的时候，脚本会运行必要的分析，把它们插入到 Word 文档中，接着把最后的文档保存到磁盘中。表 22-4 列出了脚本所使用到的函数。

代码清单 22-3　salary.R：在 salary.docx 中插入结果的 R 脚本

```
require(R2wd)
require(car)

df <- Salaries
n <- nrow(df)
fit <- lm(salary ~ rank*sex, data=df)
aovTable <- Anova(fit, type=3)
aovTable <- round(as.data.frame(aovTable), 3)
aovTable[is.na(aovTable)] <- ""

wdGet("salaryTemplate2.docx", method="RDCOMClient")      ❶ 打开文档
wdGoToBookmark("n")                                       ❷ 插入文本
wdWrite(n)

wdGoToBookmark("aovTable")
wdTable(aovTable, caption="Two-way Analysis of Variance", ❸ 插入表格
    caption.pos="above", pointsize=12, autoformat=4)
```

```
wdGoToBookmark("effectsPlot")
myplot <- function(){
      require(effects)
      par(mar=c(2,2,2,2))
      plot(allEffects(fit), main="")                    ❹ 插入图形
}
wdPlot(plotfun=myplot, caption="Mean Effects Plot",
      height=4, width=5, method="metafile")            ❺ 保存并退出
wdSave("SalaryReport2.docx")
wdQuit()
```

表22-4   R2wd函数

函　　数	使　　用
wdGet()	返回一个指向Word文档的句柄。如果Word未运行，会自动启动，打开一个空白文档，然后一个句柄会被返回
wdGoToBookmark()	把光标移动到书签位置
wdWrite	在光标处写入文字
wdTable()	把一个数据框或一个向量作为一个Word表格写入到当前光标所在位置
wdPlot()	创建一个R图片，把它粘贴到当前光标所在位置
wdSave()	保存Word文档。如果没有文件名，Word会为用户弹出一个提示
wdQuit()	关闭Word，移除句柄

　　首先，salary2Template.docx会被打开。如果Word不是正在运行当中，它会被自动打开❶。接着，执行数据分析过程。然后光标会被移动到名为n的书签位置，样本量的值会被插入这个位置当中❷。

　　下一步，光标会被移动到名为aovTable的书签处，方差分析的结果会作为一个Word表格被插入此位置❸。因为R2wd不支持xtable()函数，所以表格必须是一个R数据框、一个矩阵或者一个向量。可用选项来控制表格标题的文字和位置，字体大小和表格样式。可以尝试autoformat等于1、2、3，以此类推，来看到各种可用的格式。现在没有任何办法来忽略标题。

　　方差分析代码中的两行需要额外的解释。aovTable对象是一个包含双因子方差分析结果的数据框。round()函数用来限制表格中小数点后显示位数。以下语句：

```
aovTable[is.na(aovTable)] <- ""
```

　　是一个用空白字符来替代NA值的技巧。这一步是必要的，因为在Residuals行的F和Pr(>F)列中没有任何值，而你并不想在表格的这些单元格中显示出NA字样。

　　然后光标会被移动到名为effectsPlot的书签。wdPlot()函数要求用户指定一个绘图函数。这里，myplot()函数返回一个通过effects包allEffects()函数生成的效应图❹。

　　wdPlot()函数支持method="bitmap"和method="metafile"。尽可能使用metafile，因为它在Word文档里显示得更好。遗憾的是，metafile选项不支持透明度，因此在出现透明度时需要使用bitmap选项。你最有可能在使用ggplot2包创建图形的时候遇到透明度的概念。

当运行salary.R的代码的时候，它的R代码会被运行，将结果插入salaryTemplate2.docx，然后生成的Word文档会被保存为salaryReport2.docx❺。之后会退出Microsoft Word程序。最终的文档结果如图22-7所示。

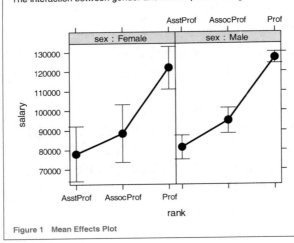

Sample Report

Introduction

A two-way analysis of variance was employed to investigate the relationship between gender, academic rank, and annual salary in dollars. Data were collected from 397 professors in 2008. The ANOVA table is given in Table 1.

Table 1　Two-way Analysis of Variance

	Sum Sq	Df	F value	Pr(>F)
(Intercept)	67009671400	1	119.538	0
rank	15266607695	2	13.617	0
sex	97803720	1	0.174	0.676
rank:sex	43603063	2	0.039	0.962
Residuals	219184457146	391		

The interaction between gender and rank is plotted in Figure 1.

Figure 1　Mean Effects Plot

图22-7　DOCX格式的最终报告（salaryReport2.docx）

注意，不像之前的方法，这个创建动态报告的方法涉及两个文件：一个Word模板和一个R脚本。R代码没有直接嵌入Word文档中。

在本节中，你使用了`R2wd`包，不过还有其他选择。`ReporteRs`包（http://davidgohel.github.io/ReporteRs/）是一个有力的竞争者，它可以从R中动态创建Microsoft Office文档。总的来说，把R与Microsoft Office连接的技术在飞速发展，你可以期待未来有更多的选项。

22.6　小结

本章中，你见到了多个把R结果合并到报告中的方法。这些报告是动态的，因为改变数据和重新处理代码会生成一个经过更新的报告。你学习了创建网页、排版文档、Open Document格式报告和Microsoft Word文档的方法。

本章所描述的模板方法有很多好处。通过直接嵌入统计分析所需的代码，你可以准确地看到结果是如何计算出来的。六个月之后，你就可以轻易地得知完成了什么。你也可以改变统计分析或者添加新代码，用最少的付出立刻重新生成新的报告。此外，你避免了复制粘贴和重新排版结果的需要。单凭这一点就值得学习。

本章的模板是静态的，因为它们的结构是固定的。尽管这里没有讲到，但是你也可以用这些方法创造出一系列专业报告系统。比如说，R代码块的输出可以依赖于提交的数据。如果提交数字变量，可以生成一个散点图矩阵；如果提交类别变量，可以生成一幅马赛克图。与其类似，解释性的文字也可以根据分析的结果来生成。用R的if/then结构会使得自定义的可能性无穷无尽。你可以用这个办法建造一个复杂的专业系统。

在本书中，我们讨论了如何导入数据到R，并进行清理、分析、可视化，最后展示给别人。我们已经讨论了很多的主题。后记给出了帮助你继续学习R的资源。

22

使用lattice进行高级绘图

23

本章内容
- ❏ lattice包介绍
- ❏ 分组和调节
- ❏ 在面板函数中添加信息
- ❏ 自定义lattice图形的外观

在本书中，我们使用R自带的graphics包中的基础函数和作者贡献包中的特定函数创建了大量图形。在第19章中，我们学习了一种新语法，可以使用ggplot2包中的函数创建图形。对R自带的基础图形来说，ggplot2包提供了一种替代方案，在创建复杂图形时十分有用。

在本章，我们将一起学习Deepayan Sarkar（2008）编写的lattice包，它实现了Cleveland（1983，1993）提出的网格图形。lattice包已经超越了Cleveland的初始可视化数据方法，并且提供了一系列创建统计图形的复杂方法。像ggplot2一样，lattice图形有它自己的语法，提供了对基础图形的替代方案，而且擅长绘制复杂数据。分析师基于个人偏好使用lattice包或ggplot2包。尝试这两个包，看看你更喜欢哪个。

23.1 lattice 包

lattice包提供了用于可视化单变量和多变量数据的一整套图形系统。许多用户转向使用lattice包是因为它能很容易地生成网格图形。

网格图形能够展示变量的分布或变量之间的关系，每幅图代表一个或多个变量的各个水平。思考下面的问题：纽约合唱团各声部的歌手身高是如何变化的？

lattice包在singer数据集中提供了身高和声部的数据。在下面的代码中：

```
library(lattice)
histogram(~height | voice.part, data = singer,
    main="Distribution of Heights by Voice Pitch",
    xlab="Height (inches)")
```

height是独立的变量，voice.part被称作调节变量。上面的代码可以得出每个声部的直方图，见图23-1。从图上可以看出，似乎男高音和男低音比女低音和女高音的身高更高。

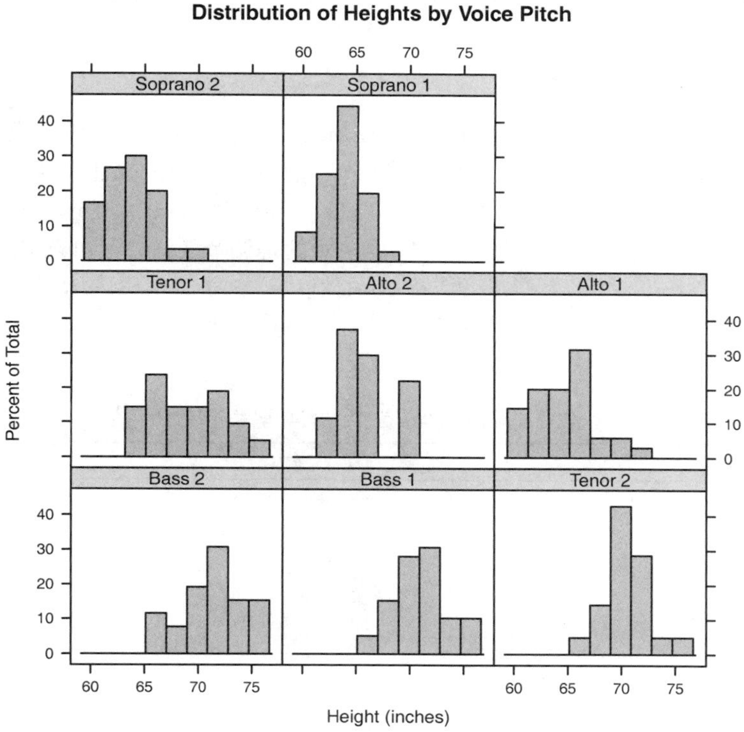

图23-1 按声部划分的歌手身高的网格图

在网格图中，调节变量的每个水平生成一个独立的面板。如果指定多个调节变量，这些变量因子水平的每个组合都会生成一个面板。面板被分配到数组中以便比较。在每个面板名为条带（strip）的区域中会提供一个标签。正如我们看到的，用户可以控制每个面板上的图形，条带的格式和放置的位置，面板的安排，图例的放置和内容，以及许多其他的图形特征。

lattice包提供了大量的函数来产生单因素图（点图、核密度图、直方图、条形图、箱线图），二元图（散点图、条形图、平行箱线图）和多元图（3D图、散点图矩阵）。每个高水平的画图函数都服从下面的格式：

```
graph_function(formula, data=, options)
```

其中：

- ❑ graph_function是表23-1第2列中的一个函数；
- ❑ formula指定要展示的变量和任意的调节变量；
- ❑ data=指定数据框；
- ❑ options是用逗号分隔的参数，用来调整图形的内容、安排和注释。参见表23-2对常见参

23

数的描述。

我们假定小写字母代表数值型变量，大写字母代表分类型变量（因子）。高水平的画图函数通常采取的格式是：

```
y ~ x | A * B
```

其中竖线左侧的变量称为主要变量（primary variable），右边的变量称为调节变量（conditioning variable）。主要变量将变量映射到每个面板的轴上。这里的 $y \sim x$ 分别描述了在纵轴和横轴上的变量。对于单变量图，用 $\sim x$ 代替 $y \sim x$；对于3D图，用 $z \sim x * y$ 代替 $y \sim x$；对于多变量图（散点图矩阵或平行坐标曲线图），用数据框来代替 $y \sim x$。需要注意的是调节变量总是可选的。

按照这个逻辑，$\sim x | A$ 表示因子 A 每个水平的数值变量 x。$y \sim x | A * B$ 表示在给定因子 A 和 B 的水平后，数值变量 y 和 x 的关系。$A \sim x$ 表示在纵轴上的分类变量 A 和横轴上的数值变量 x。$\sim x$ 表示数值型变量 x。其他的例子可参考表23-1。

表23-1　`lattice` 包中的图类型和相应的函数

图 类 型	函 数	公式例子
3D等高线图	`contourplot()`	$z \sim x * y$
3D水平图	`levelplot()`	$z \sim y * x$
3D散点图	`cloud()`	$z \sim x * y | A$
3D线框图	`wireframe()`	$z \sim y * x$
条形图	`barchart()`	$x \sim A$ 或 $A \sim x$
箱线图	`bwplot()`	$x \sim A$ 或 $A \sim x$
点图	`dotplot()`	$\sim x | A$
柱状图	`histogram()`	$\sim x$
核密度图	`densityplot()`	$\sim x | A * B$
平行坐标曲线图	`parallelplot()`	dataframe
散点图	`xyplot()`	$y \sim x | A$
散点图矩阵	`splom()`	dataframe
线框图	`stripplot()`	$A \sim x$ 或 $x \sim A$

注：在这些公式中小写字母表示数值型变量，大写字母表示分类型变量。

为了尽快对 `lattice` 图有一个认识，试着运行代码清单23-1中的代码。里面的图基于 `mtcars` 数据框中的汽车数据（里程、车重、挡数、汽缸数等）。我们也可以变换公式并查看结果。（为了节省空间，结果已经省略。）

代码清单23-1　`lattice` 画图例子

```
library(lattice)
attach(mtcars)

gear <- factor(gear, levels=c(3, 4, 5),
               labels=c("3 gears", "4 gears", "5 gears"))
cyl <- factor(cyl, levels=c(4, 6, 8),
```

```
                    labels=c("4 cylinders", "6 cylinders", "8 cylinders"))
densityplot(~mpg,
            main="Density Plot",
          xlab="Miles per Gallon")

densityplot(~mpg | cyl,
            main="Density Plot by Number of Cylinders",
            xlab="Miles per Gallon")

bwplot(cyl ~ mpg | gear,
       main="Box Plots by Cylinders and Gears",
       xlab="Miles per Gallon", ylab="Cylinders")

xyplot(mpg ~ wt | cyl * gear,
       main="Scatter Plots by Cylinders and Gears",
       xlab="Car Weight", ylab="Miles per Gallon")

cloud(mpg ~ wt * qsec | cyl,
      main="3D Scatter Plots by Cylinders")

dotplot(cyl ~ mpg | gear,
        main="Dot Plots by Number of Gears and Cylinders",
        xlab="Miles Per Gallon")

splom(mtcars[c(1, 3, 4, 5, 6)],
      main="Scatter Plot Matrix for mtcars Data")

detach(mtcars)
```

lattice包中的高水平画图函数能产生可保存和修改的图形对象。例如，

```
library(lattice)
mygraph <- densityplot(~height|voice.part, data=singer)
```

创建了一个网格密度图，并把它保存为对象mygraph。但是没有图像展示。声明plot(mygraph)（或仅仅是mygraph）将会展示出这幅图。

通过调整选项很容易改变lattice图形。常见的选项列在表23-2中。我们将会在本章稍后看到与它们相关的例子。

表23-2　lattice高水平画图函数的常见选项

选　　项	描　　述
aspect	指定每个面板图形的纵横比（高度/宽度）的一个数字
col、pch、lty、lwd	分别指定在图中用到的颜色、符号、线类型和线宽度的向量
group	分组变量（因子）
index.cond	列出展示面板顺序的列表
key（或auto.key）	支持分组变量中图例的函数
layout	指定面板设置（列数和行数）的二元素数值向量。如果需要，可以增加一个元素来表示页面数

23

（续）

选　　项	描　　述
`main`、`sub`	指定主标题和副标题的字符向量
`panel`	在每个面板中生成图的函数
`scales`	列出提供坐标轴注释信息的的列表
`strip`	用于自定义面板条带的函数
`split`、`position`	数值型向量，在一页上绘制多幅图形
`type`	指定一个或多个散点图绘图选项（p=点，l=线，r=回归线，smooth=局部多项式回归拟合，g=网格图形）的字符向量
`xlab`、`ylab`	指定横轴和纵轴标签的字符向量
`xlim`、`ylim`	分别指定横轴和纵轴最小值、最大值的二元素数值向量

我们可以在高级函数内部调用或在23.3节讨论的面板函数内使用这些选项。

我们也可以使用`update()`函数来调整`lattice`图形对象。继续歌手的例子，下面的代码：

```
newgraph <- update(mygraph, col="red", pch=16,
                   cex=.8, jitter=.05, lwd=2)
```

使用红色曲线和符号（`color="red"`），填充点（`pch=16`），更小（`cex=.8`）更高的抖动点（`jitter=.05`）和双倍厚度曲线（`lwd=2`）来改变`mygraph`。更改的结果保存在`newgraph`中。现在我们已经生成了高水平`lattice`函数的通用结构，下面来详细看一下调节变量。

23.2　调节变量

可以看到，`lattice`绘图的一个强大特征是可以增加调节变量。如果存在一个调节变量，就可以绘制出对应每个水平的面板图。如果存在两个调节变量，就可以绘制出给定两个变量每个水平的任意组合的面板图。包括两个以上调节变量的图就不怎么有用了。

通常情况下，调节变量是因子。但是对于连续的变量应该如何操作呢？一种方法是使用R的`cut()`函数将连续的变量转化为离散的变量。另一种方法是，`lattice`包提供的函数可以将连续的变量转化为名为shingle的数据结构。具体来说，连续变量被分成一系列（可能）重叠的范围。例如，函数：

```
myshingle <- equal.count(x, number=n, overlap=proportion)
```

将连续的变量x分成n个间隔，重叠比例是proportion，每个间隔里的观测值个数相同，并将其返回为变量`myshingle`（属于`shingle`类）。打印或画出对象（例如输入`plot(mysingle)`）将展示shingle的间隔。

一旦变量转化为shingle，就可以使用它来作为一个调节变量。例如，我们使用`mtcars`数据集来探索汽车每加仑汽油的行驶英里数与以发动机排量为条件的汽车重量之间的关系。因为发动机排量是一个连续的变量，所以首先把它转化为三水平的shingle变量：

```
displacement <- equal.count(mtcars$disp, number=3, overlap=0)
```

接下来，把这个变量应用到xyplot()函数中：

```
xyplot(mpg~wt|displacement, data=mtcars,
    main = "Miles per Gallon vs. Weight by Engine Displacement",
    xlab = "Weight", ylab = "Miles per Gallon",
    layout=c(3, 1), aspect=1.5)
```

结果如图23-2所示。值得注意的是，我还使用了选项来调整面板的布局（一行三列）和纵横比（高/宽）来让三组的对比变得更容易。

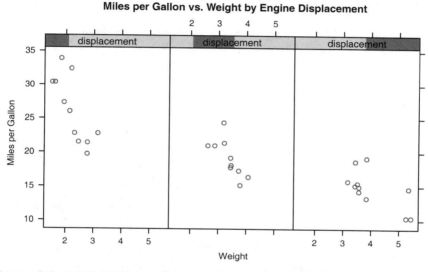

图23-2　每加仑汽油英里数与以发动机排量为条件的汽车重量之间的网格图。因为发动机排量是连续性的变量，所以将其转化为含有相同观测值的三个不重叠的shingle

可以看到图23-1和图23-2中面板条带的标签是不一样的。图23-2中的表现形式指出了调节变量的连续性质，较深的颜色表示给定面板中调节变量的范围。在下一节中，我们将使用面板函数来进一步自定义输出。

23.3　面板函数

在表23-1中，每一个高水平的画图函数都采用了默认的函数来绘制面板图。默认函数遵循命名规则panel.graph_function，其中graph_function指的是高水平的函数。例如，

```
xyplot(mpg~wt|displacement, data=mtcars)
```

也可以写成：

```
xyplot(mpg~wt|displacement, data=mtcars, panel=panel.xyplot)
```

这是一个强大的功能，因为它可以让我们用自己设计的默认函数来代替默认的面板函数。我们也可以将lattice包50多个默认函数中的一个或多个集成到我们自定义的函数中。自定义的面板函数在设计满足我们需求的输出时给了我们很大的灵活性。让我们看看下面的几个例子。

在前面一节中，我们画出了以汽车发动机排量为条件的汽车重量的油耗。如果你想加上回归线、地毯图和网格线，需要做什么呢？ 我们可以通过创建自己的面板函数来实现它（参见代码清单23-2）。结果如图23-3所示。

代码清单23-2   自定义面板函数xyplot

```
library(lattice)
displacement <- equal.count(mtcars$disp, number=3, overlap=0)

mypanel <- function(x, y) {
            panel.xyplot(x, y, pch=19)
            panel.rug(x, y)
            panel.grid(h=-1, v=-1)
            panel.lmline(x, y, col="red", lwd=1, lty=2)
          }

xyplot(mpg~wt|displacement, data=mtcars,
        layout=c(3, 1),
        aspect=1.5,
        main = "Miles per Gallon vs. Weight by Engine Displacement",
        xlab = "Weight",
        ylab = "Miles per Gallon",
        panel = mypanel)              ❶ 自定义的面板函数
```

这里我们将四个独立的构件函数集成到自己的mypanel()函数中，并通过xyplot()函数中的panel=option选项使它生效❶。panel.xyplot()函数使用一个填充的圆（pch=19）产生散点图。panel.rug()函数把地毯图加到x轴和y轴的每个标签上。panel.rug(x, FALSE)和panel.rug(FALSE, y)将分别把地毯加到横轴和纵轴。panel.grid()函数添加水平和垂直的网格线（使用负数迫使其用轴标签排队）。最后，panel.lmline()函数添加了被渲染成红色（col="red"）、标准厚度（lwd=2）的虚线（lty=2）回归曲线。每个默认的面板函数都有自己的结构和选项。可以参考帮助页面来获取细节（例如输入help(panellmline)）。

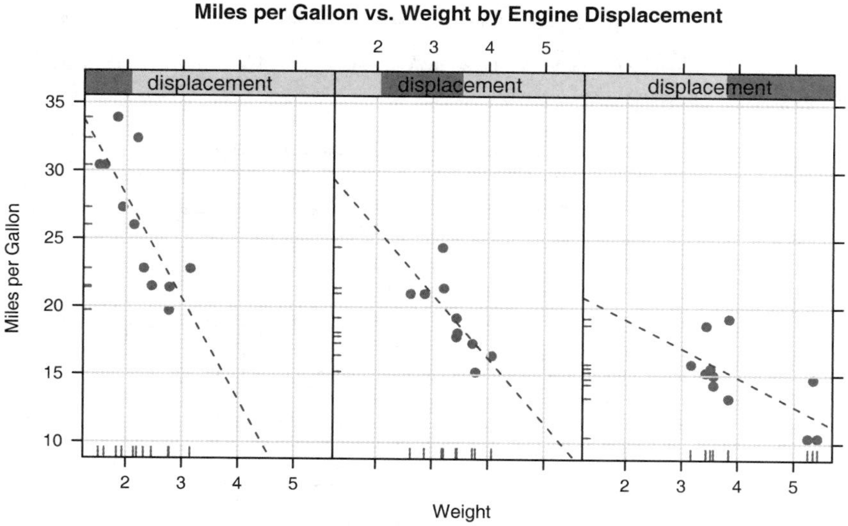

图23-3 以发动机排量为条件的每加仑汽油英里数和汽车重量之间的网格图。添加了回归曲线、地毯图和网格图的自定义面板函数

在第二个例子中，我们将画出以汽车变速器类型为条件的油耗和发动机排量（被认为是连续型变量）之间的关系。除了画出自动和手动变速器发动机独立的面板图外，我们还将添加拟合曲线和水平均值曲线。代码如下：

代码清单23-3 自定义面板函数和额外选项的xyplot

```
library(lattice)
mtcars$transmission <- factor(mtcars$am, levels=c(0,1),
                              labels=c("Automatic", "Manual"))

panel.smoother <- function(x, y) {
                    panel.grid(h=-1, v=-1)
                    panel.xyplot(x, y)
                    panel.loess(x, y)
                    panel.abline(h=mean(y), lwd=2, lty=2, col="darkgreen")
                  }

xyplot(mpg~disp|transmission,data=mtcars,
       scales=list(cex=.8, col="red"),
       panel=panel.smoother,
       xlab="Displacement", ylab="Miles per Gallon",
       main="MPG vs Displacement by Transmission Type",
       sub = "Dotted lines are Group Means", aspect=1)
```

代码的结果如图23-4所示。

在上面的代码中有几个地方需要指出。panel.xyplot()函数画出了个别点，panel.loess()函数在每个面板图中画出了非参数拟合曲线。panel.abline()函数在调解变量的每个水平中添加了水平参考线（mpg的均值）。（如果你用h=mean(mtcars$mpg)代替h=mean(y)，在整个样本中将产生以mpg均值为基础的单个参考线。）scales=选项呈现大小为默认字体80%的红色刻度注释（坐标轴数字和刻度线）。

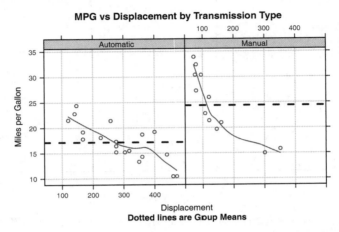

图23-4　以变速器类型为条件的每加仑汽油英里数和发动机排量的网格图。添加了平滑线（局部线性拟合）、网格和组平均水平

　　在前面的例子中，我们使用scales=list(x=list(), y=list())来指定横轴和纵轴的独立选项。想了解缩放比例的其他可用选项，参见help(xyplot)。在下一节中，我们将学习如何从观测值的组中添加数据，而不是用单独的面板图呈现出来。

23.4　分组变量

　　当你在lattice绘图公式中增加调节变量时，该变量每个水平的独立面板就会产生。如果想添加的结果和每个水平正好相反，可以指定该变量为分组变量。

　　比方说，我们想利用核密度图展示使用手动和自动变速器时汽车油耗的分布。我们可以使用下面的代码来添加相应的图形：

```
library(lattice)
mtcars$transmission <- factor(mtcars$am, levels=c(0, 1),
                              labels=c("Automatic", "Manual"))
densityplot(~mpg, data=mtcars,
            group=transmission,
            main="MPG Distribution by Transmission Type",
            xlab="Miles per Gallon",
            auto.key=TRUE)
```

结果如图23-5所示。默认情况下，group=选项添加分组变量每个水平的图。点会被绘制成空心圆，线为实线，水平信息用不同的颜色表示。正如我们从图中看到的，当以灰度的形式打印时，颜色是很难区分的。稍后我们将学习如何改变这些默认值。

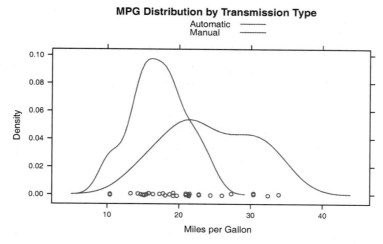

图23-5　通过变速器类型分组的每加仑汽油英里数的核密度图。抖动的点在横轴上表示

值得注意的是，图例和关键字不会在默认情况下生成。选项auto.key=TRUE创建了一个基本的图例并把它放在图的上方。我们可以通过在列表中指定选项对自动的键值进行有限的修改。例如，

```
auto.key=list(space="right", columns=1, title="Transmission")
```

将图例放在图的右侧，在单个列中呈现关键字，并添加了一个图例标题。

如果想对图例取得更大的控制权，可以使用key=选项。下面给出了一个相关的例子，结果如图23-6所示。

代码清单23-4　带有分组变量和自定义图例的核密度估计

```
library(lattice)
mtcars$transmission <- factor(mtcars$am, levels=c(0, 1),
                              labels=c("Automatic", "Manual"))

colors <- c("red", "blue")        ❶ 指定的颜色、线和点
lines  <- c(1,2)
points <- c(16,17)

key.trans <- list(title="Transmission",
                  space="bottom", columns=2,
                  text=list(levels(mtcars$transmission)),
                  points=list(pch=points, col=colors),     ❷ 自定义图例
                  lines=list(col=colors, lty=lines),
                  cex.title=1, cex=.9)

densityplot(~mpg, data=mtcars,
            group=transmission,
            main="MPG Distribution by Transmission Type",   ❸ 密度图
            xlab="Miles per Gallon",
            pch=points, lty=lines, col=colors,
```

23

```
      lwd=2, jitter=.005,
      key=key.trans)
```

这里绘图符号、线条类型和颜色都被指定为向量❶。每个向量的第一个元素应用到分组变量的第一个水平中，第二个元素应用到第二个水平中，以此类推。创建列表对象以保存图例选项❷。这些选项将图例放入两列并包含水平名称、点符号、线条类型和颜色。图例标题略大于文本的符号。

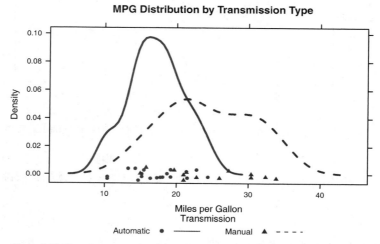

图23-6　按变速器类型分组的每加仑汽油英里数的核密度图。图像参数已经更改，并添加了自定义的图例，图例指定了颜色、形状、线条类型、字符大小和标题

相同的图类型、线条类型和颜色由 densityplot() 函数指定❸。此外，增加了线条宽度和抖动来改善图形的外观。最后，键值被设定为使用之前定义的列表。这种为分组变量指定图例的方法给我们带来了极大的便利。事实上，我们可以创建多个图例并把它们放到图的不同区域中（这里不再展示）。

在完成本节之前，让我们讨论一下在单个图中包含分组和调节变量的例子。R安装时自带的 CO2 数据框描述了对 Echinochloa crus-galli 耐寒性的研究。

这个数据描述了12种植物（Plant）在7种二氧化碳浓度（conc）下的二氧化碳吸收率（uptake）。6种植物来自魁北克（Quebec），6种来自密西西比（Mississippi）。每个产地有3种植物在冷藏条件下研究，3种在非冷藏条件下研究。在这个例子中，Plant是分组变量，Type（魁北克/密西西比）和 Treatment（冷藏/非冷藏)）是调节变量。下面代码运行的结果见图23-7。

代码清单23-5　带有分组和调节变量以及自定义图例的 xyplot 函数

```
library(lattice)
colors <- "darkgreen"
symbols <- c(1:12)
linetype <- c(1:3)

key.species <- list(title="Plant",
```

```
            space="right",
            text=list(levels(CO2$Plant)),
            points=list(pch=symbols, col=colors))

xyplot(uptake~conc|Type*Treatment, data=CO2,
        group=Plant,
        type="o",
        pch=symbols, col=colors, lty=linetype,
        main="Carbon Dioxide Uptake\nin Grass Plants",
        ylab=expression(paste("Uptake ",
                bgroup("(", italic(frac("umol","m"^2)), ")"))),
        xlab=expression(paste("Concentration ",
                bgroup("(", italic(frac(mL,L)), ")"))),
        sub = "Grass Species: Echinochloa crus-galli",
        key=key.species)
```

注意，这里使用\n让我们将标题分成两行，使用expression()函数是为了将数学符号添加到坐标轴标签上。在这里，通过col=选项指定一组颜色来对组进行区分。在这个例子中，添加12种颜色矫枉过正、使人分心、难以实现简单地可视化各面板的关系。很明显，在冷藏条件下密西西比的植物有显著的不同。

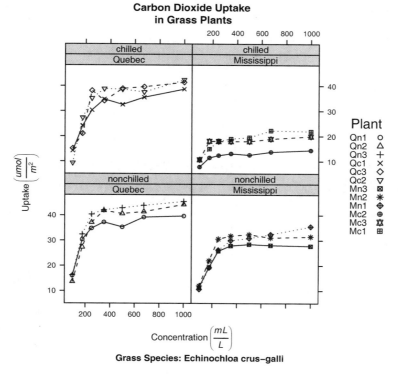

图23-7　xyplot展示了周围二氧化碳浓度对两种处理条件和两种类型下12种植物的二氧化碳吸收的影响。Plant是分组变量，Treatment和Type是调节变量

到现在为止，我们已经通过传递到高水平的函数（如xyplot(pch=17)）或是面板函数（如panel.xyplot(pch=17)）的选项更改了图表中的图形元素。不过这样的变化只在调用函数时起作用。在下一节中，我们将回顾能持续改变交互式进程或批处理图形参数的方法。

23.5　图形参数

在第3章中，我们学习了如何使用par()函数查看并设置默认的图形参数。尽管这对R原生图形系统绘制的图形起作用，但是lattice图形不受这些设置的影响。相反，lattice函数使用的图形默认设置包含在一个大的列表对象中，可以通过trellis.par.get()函数获得并通过trellis.par.set()函数更改。我们可以使用show.settings()函数来直观地展示当前的图形设置。

作为一个例子，让我们使用叠加点来改变默认符号（即包含一个组变量的图中的点）。默认值是一个开环。我们将为每个组设置自己的符号。

首先，查看默认的设置：

```
show.settings()
```

把它们保存到名为mysettings的列表中。

```
mysettings <- trellis.par.get()
```

我们可以使用names()函数来查看列表的成分：

```
> names(mysettings)
 [1] "grid.pars"         "fontsize"          "background"
 [4] "panel.background"  "clip"              "add.line"
 [7] "add.text"          "plot.polygon"      "box.dot"
[10] "box.rectangle"     "box.umbrella"      "dot.line"
[13] "dot.symbol"        "plot.line"         "plot.symbol"
[16] "reference.line"    "strip.background"  "strip.shingle"
[19] "strip.border"      "superpose.line"    "superpose.symbol"
[22] "superpose.polygon" "regions"           "shade.colors"
[25] "axis.line"         "axis.text"         "axis.components"
[28] "layout.heights"    "layout.widths"     "box.3d"
[31] "par.xlab.text"     "par.ylab.text"     "par.zlab.text"
[34] "par.main.text"     "par.sub.text"
```

具体到叠加符号的默认值包含在superpose.symbol中：

```
> mysettings$superpose.symbol

$alpha
[1] 1 1 1 1 1 1 1
$cex
[1] 0.8 0.8 0.8 0.8 0.8 0.8 0.8
$col
[1] "#0080ff"   "#ff00ff"   "darkgreen" "#ff0000" "orange"
[6] "#00ff00"   "brown"
```

```
$fill
[1] "#CCFFFF" "#FFCCFF" "#CCFFCC" "#FFE5CC" "#CCE6FF" "#FFFFCC"
[7] "#FFCCCC"
$font
[1] 1 1 1 1 1 1 1
$pch
[1] 1 1 1 1 1 1 1
```

分组变量的每个水平使用的符号是开环（pch=1）。七个水平得到定义之后，符号会再循环。

为了改变默认值，声明语句：

```
mysettings$superpose.symbol$pch <- c(1:10)
trellis.par.set(mysettings)
```

可以再次使用show.settings()函数来查看改动的影响。lattice图形使用符号1（开环）代表分组变量的第一个水平，使用符号2（开三角）代表分组变量的第二个水平，以此类推。此外，符号以被定义为10个级别的分组变量，而不是7个。在图形设备关闭之前，这些变化是一直起作用的。我们可以使用这种方法来改变任意的图形设置。

23.6　自定义图形条带

面板条带默认的背景是：第一个调节变量是桃红色，第二个调节变量是浅绿色，第三个调节变量是浅蓝色。令人高兴地是，我们可以自定义颜色、字体和这些条带的其他方面。我们可以使用上一节描述的方法；或是加强控制，写一个自定义条带各方面的函数。

让我们先从条带函数开始。正如lattice中的高水平图形函数允许我们通过控制每个面板的内容指定一个面板函数一样，条带函数可以自定义条带的方方面面。

请看如图23-1所示的曲线图。该图展示了按声部划分的纽约合唱团歌手的身高。图形的背景是桃红色（抑或是粉橙色）。如果想让条带变成浅灰色，条带的文本变成黑色，字体变成斜体并缩小20%该怎么办？我们可以使用下面的代码来实现：

```
library(lattice)
histogram(~height | voice.part, data = singer,
    strip = strip.custom(bg="lightgrey",
            par.strip.text=list(col="black", cex=.8, font=3)),
    main="Distribution of Heights by Voice Pitch",
    xlab="Height (inches)")
```

结果如图23-8所示。

option=选项用来指定设定条带外观的函数。尽管我们可以从头写一个函数（参见?strip.default），但是改变一些设置并使用其他项的默认值更加简单。strip.custom()函数可以让我们实现这个功能。bg选项控制了背景颜色，par.strip.text允许我们控制条带文本的外观。

par.strip.text选项使用一个列表去定义文本属性。col和cex控制文本的颜色和大小。font选项可以分别取数值1、2、3和4，代表正常字体、粗体、斜体和粗斜体。

23

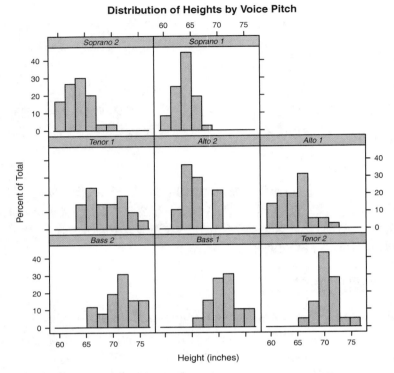

图23-8 定制化条带的网格图（浅灰色背景，小字斜体）

strip=选项改变了给定图中条带的外观。要改变一个R会话中所有lattice图形的外观，我们可以使用上一节使用的图形参数。代码：

```
mysettings <- trellis.par.get()
mysettings$strip.background$col <- c("lightgrey", "lightgreen")
trellis.par.set(mysettings)
```

设定了条带的背景，其中第一个条件变量是浅灰色，第二个是浅绿色。该更改在会话的剩余部分仍然起作用，或是到设置再次更改后才失效。使用图形参数更方便一些，但是使用条带函数给了我们更多选项和更强的控制权。

23.7 页面布局

在第3章中，我们学会了如何使用par()函数把多个图放在一个页面上。因为lattice函数不能辨认par()函数设置，所以我们需要换一种方法将这些lattice图形绘制在一个单独的图中。最简单的方法是把lattice图形保存成对象并使用带有split=或position=选项的plot()函数来保存成单个图片。

split选项将一个页面分成指定数量的行和列，并把图放到结果矩阵的特定单元格中。split

选项的格式是：

```
split=c(x, y, nx, ny)
```

也就是说在包括nx乘ny个图形的正规数组中，把当前图形放在x，y的位置，图形的起始位置是左上角。例如，下面的代码：

```
library(lattice)
graph1 <- histogram(~height | voice.part, data = singer,
         main = "Heights of Choral Singers by Voice Part" )
graph2 <- bwplot(height~voice.part, data = singer)
plot(graph1, split = c(1, 1, 1, 2))
plot(graph2, split = c(1, 2, 1, 2), newpage = FALSE)
```

将第一幅图直接放在第二幅图的上面。具体来说，第一个plot()语句将页面分成了一列（nx=1）和两行（ny=2）并把图放置在第一行第一列（顺序是从上到下，从左到右）。第二个plot()语句用同样的方式划分页面，但是把图放在了第一列第二行。plot()函数默认从一个新的页面开始，可以通过newpage=FALSE选项抑制新的页面产生。结果如图23-9所示。

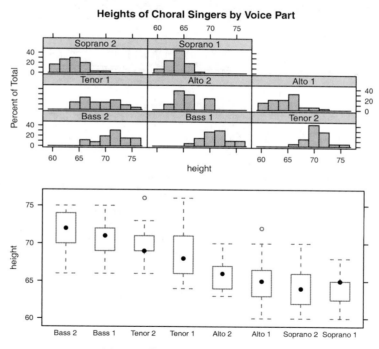

图23-9　使用split选项合并图形

我们可以使用position=选项更好地控制尺寸和位置。请看下面的代码：

```
library(lattice)
graph1 <- histogram(~height | voice.part, data = singer,
         main = "Heights of Choral Singers by Voice Part")
```

```
graph2 <- bwplot(height~voice.part, data = singer)
plot(graph1, position=c(0, .3, 1, 1))
plot(graph2, position=c(0, 0, 1, .3), newpage=FALSE)
```

这里的 position=c(*xmin*, *ymin*, *xmax*, *ymax*)选项中，页面的坐标系是*x*轴和*y*轴都从0到1的矩形，原点在左下角的(0, 0)。结果如图23-10所示。了解更多关于放置图形的信息，可以查看 help(plot.trellis)。

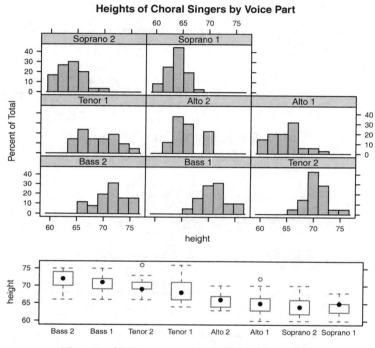

图23-10　使用 positon 选项使图形合并更加精确

　　我们也可以改变 lattice 图中面板的顺序。在高水平 lattice 图像函数中的 index.cond 选项能指定调节变量水平的顺序。对于 voice.part 因子来说，水平是：

```
> levels(singer$voice.part)
[1] "Bass 2"    "Bass 1"    "Tenor 2"   "Tenor 1" "Alto 2"
[6] "Alto 1"    "Soprano 2" "Soprano 1"
```

使用信息：

```
histogram(~height | voice.part, data = singer,
        index.cond=list(c(2, 4, 6, 8, 1, 3, 5, 7)))
```

可以把声部1放在一起（Bass 1、Tenor 1……），接着是声部2（Bass 2、Tenor 2……）。当有两个调节变量时，在列表中包含两个向量。在代码清单23-5中，添加 index.cond=list(c(1, 2), c(2, 1))将让图23-7中处理条件的顺序反过来。index.cond 选项的详细信息可以通过

`help(xyplot)`了解。

23.8 深入学习

在R中，`lattice`提供了高度自定义的强大方法来创建图形。大量有用的资源可以帮助我们学到更多。Deepayan Sarkar的"Lattice Graphics: An Introduction"（http://mng.bz/jXUG，2008）和William G. Jacoby的"An Introduction to Lattice Graphics in R"（http://mng.bz/v4TO，2010）提供了精彩的概述。Sarkar（2008）的*Lattice: Multivariate Data Visualization with R*是关于这个主题的权威图书。

23

图形用户界面

你是不是拿到书首先就翻到这里来了？默认情况下，R只提供了一个简单的CLI（Command Line Interface，命令行界面）。用户在命令行提示符（默认是>）后面输入命令，每次执行一个命令。对于很多数据分析师而言，R的命令行界面是最大的一个缺点。

现在已经有了不少R的图形界面，包括跟R交互的代码编辑器（例如RStudio）、特定软件包或函数的GUI（例如BiplotGUI），以及用户可以通过菜单和对话框完成数据分析的完整GUI（例如R Commander）。

表A-1中列出了一些比较有用的代码编辑器。

表A-1 集成开发环境和语法编辑器

名　　称	链　　接
RStudio	http://www.rstudio.com/products/RStudio
带StatET插件的Eclipse	http://www.eclipse.org和http://www.walware.de/goto/statet
Architect	http://www.openanalytics.eu/architect
ESS（Emacs Speaks Statistics）	http://ess.r-project.org
JGR	http://jgr.markushelbig.org/JGR.html
Tinn-R（只适用于Windows）	http://nbcgib.uesc.br/lec/software/editores/tinn-r/en
带NppToR插件的Notepad++（只支持Windows）	http://notepad-plus-plus.org/和http://sourceforge.net/projects/npptor

表A-1中的代码编辑器可用于编辑和执行R代码，功能包括语法高亮、命令补全、对象浏览、项目管理和在线帮助。图A-1是RStudio的截图。

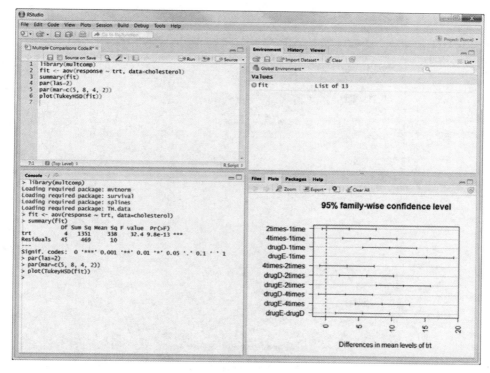

图A-1　RStudio IDE

表A-2中列出了一些成熟的R GUI。跟SAS和IBM SPSS的GUI相比，这些GUI的功能没有那么丰富，也没有那么成熟，但是它们发展很快。

表A-2　R的全功能GUI

名　　称	链　　接
JGR/Deducer	http://www.deducer.org
R AnalyticFlow	http://www.ef-prime.com/products/ranalyticflow_en
Rattle（用于数据挖掘）	http://rattle.togaware.com
R Commander	http://socserv.mcmaster.ca/jfox/Misc/Rcmdr
Rkward	http://rkward.sourceforge.net

在统计学入门课程中，我最喜欢的R GUI是R Commander（见图A-2）。

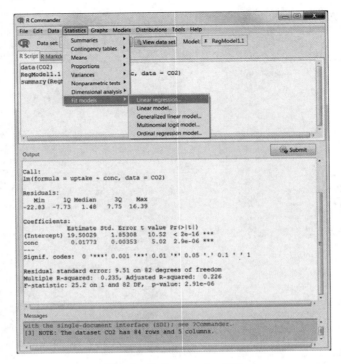

图A-2   R Commander GUI

最后要介绍的是一些用于给R函数（包括用户自己写的函数）创建GUI的程序。这类程序有R GUI Generator（RGG，参见http://rgg.r-forge.r-project.org）和CRAN上的fgui和twiddler包。目前最全面的方法是Shiny（http://shiny.rstudio.com/），它可以帮你轻松创建能够与R函数互动的Web应用程序。

自定义启动环境

程序员最喜欢做的一件事情就是根据自己的工作习惯自定义启动环境。通过自定义启动环境可以设置R选项，设置工作目录，加载常用的包，加载用户编写的函数，设置默认的CRAN下载网站以及执行其他各种常见任务。

读者可以通过站点初始化文件（Rprofile.site）或目录初始化文件（.Rprofile）自定义R的环境。R在启动时会执行这几个文本文件中的代码。

在启动时，R会加载R_HOME/etc目录中的Rprofile.site文件，其中R_HOME是一个环境变量。然后R会在当前目录中寻找.Rprofile文件。如果R没有在当前目录中找到这个文件，它就会到用户的主目录中去寻找。可以通过Sys.getenv("R_HOME")、Sys.getenv("HOME")和getwd()来分别确认R_HOME、HOME和当前工作目录。

可以在这些文件中放入两个特殊函数。每个R会话开始时都会执行.First()函数，会话结束时都会执行.Last()函数。代码清单B-1中是一个Rprofile.site文件的例子。

代码清单B-1　Rprofile.site文件示例

```
options(papersize="a4")
options(editor="notepad")
options(tab.width = 2)
options(width = 130)              设置常用选项
options(digits=4)
options(stringsAsFactors=FALSE)
options(show.signif.stars=FALSE)
grDevices::windows.options(record=TRUE)
options(prompt="> ")
options(continue="+ ")           设置R交互提示符
.libPaths("C:/my_R_library")
local({r <- getOption("repos")
    r["CRAN"] <- "http://cran.case.edu/"    设置默认的CRAN镜像
    options(repos=r)})

 .First <- function(){
library(lattice)
library(Hmisc)
source("C:/mydir/myfunctions.R")     启动函数
cat("\nWelcome at", date(), "\n")
}
```

设置本地库路径

```
.Last <- function(){
 cat("\nGoodbye at ", date(), "\n")
}
```
会话结束函数

这个文件中有以下几点需要提醒大家注意。

❑ 设置.libPaths值可以为R目录树之外的扩展包创建一个本地库。这可以用于在升级时保持某个扩展包不变。

❑ 设置默认的CRAN镜像就不必在每次执行install.packages()命令时都选择镜像了。

❑ .First()函数中可以加载你常用的库，也可以加载保存自己编写的常用函数的源代码文件。

❑ .Last()函数中可以执行某些清理操作，包括保存命令历史记录、保存程序输出和保存数据文件等。

还有自定义启动环境的一些其他方法，包括使用命令行选项和环境变量。详见help(Startup)和"Introduction to R"手册的附录B（http://cran.r-project.org/doc/manuals/R-intro.pdf）。

从R中导出数据

在第2章中，我们介绍了各种将数据导入R的方法。但有时候你可能要做相反的事情——把R中的数据导出去——以实现数据的保存或者是在外部程序中使用。在本附录中，你会学到如何将R的对象输出到符号分隔的文本文件、Excel电子表格或者其他统计学程序（例如SPSS、SAS和Stata）。

C.1 符号分隔文本文件

可以用write.table()函数将R对象输出到符号分隔文件中。函数使用方法是：

```
write.table(x, outfile, sep=delimiter, quote=TRUE, na="NA")
```

其中x是要输出的对象，outfile是目标文件。例如，这条语句：

```
write.table(mydata, "mydata.txt", sep=",")
```

会将mydata数据集输出到当前目录下逗号分隔的mydata.txt文件中。用路径（例如c:/myprojects/mydata.txt）可以将输出文件保存到任何地方。用sep="\t"替换sep=","，数据就会保存到制表符分隔的文件中。默认情况下，字符串是放在引号（""）中的，缺失值用NA表示。

C.2 Excel 电子表格

xlsx包中的write.xlsx()函数可以将R数据框写入到Excel 2007文件中。使用方法是：

```
library(xlsx)
write.xlsx(x, outfile, col.Names=TRUE, row.names=TRUE,
          sheetName="Sheet 1", append=FALSE)
```

例如，这条语句：

```
library(xlsx)
write.xlsx(mydata, "mydata.xlsx")
```

会将mydata数据框保存到当前目录下的Excel文件mydata.xlsx的工作表（默认是Sheet 1）中。默认情况下，数据集中的变量名称会被作为电子表格头部，行名称会放在电子表格的第一列。函数会覆盖已存在的mydata.xlsx文件。

`xlsx`包是一个操作Excel 2007文件的强大工具，详见该扩展包的文档。

C.3 统计学程序

`foreign`包中的`write.foreign()`可以将数据框导出到外部统计软件。这会创建两个文件，一个是保存数据的文本文件，另一个是指导外部统计软件导入数据的编码文件。使用方法如下：

```
write.foreign(dataframe, datafile, codefile, package=package)
```

例如，下面这段代码：

```
library(foreign)
write.foreign(mydata, "mydata.txt", "mycode.sps", package="SPSS")
```

会将`mydata`数据框导出到当前目录的纯文本文件mydata.txt中，同时还会生成一个用于读取该文本文件的SPSS程序mycode.sps。*package*参数的其他值有`"SAS"`和`"Stata"`。

关于从R中导出数据的更多信息可以参见"R Data Import/Export"文档：http://cran.r-project.org/doc/manuals/R-data.pdf。

R中的矩阵运算

D

本书介绍的很多函数都是操作矩阵的。对矩阵的操作已经深深地扎根于R语言中。表D-1中介绍了对解决线性代数问题非常重要的运算符和函数。在表D-1中，A和B是矩阵，x和b是向量，k是标量。

表D-1　用于矩阵代数的R函数和运算符

运算符或函数	描　述
+ - * / ^	分别是逐个元素的加、减、乘、除和幂运算
A %*% B	矩阵乘法
A %o% B	外积：AB'
cbind(A, B, ...)	横向合并矩阵或向量
chol(A)	A的Choleski分解。若R <- chol(A)，那么chol(A)包含上三角因子，即R'R=A
colMeans(A)	返回A的列均值组成的向量
crossprod(A)	返回A'A
crossprod(A, B)	返回A'B
colSums(A)	返回A的列总和组成的向量
diag(A)	返回主对角元素组成的向量
diag(x)	用x中元素作为主对角元素创建对角矩阵
diag(k)	如果k是标量，就创建k × k的单位矩阵
eigen(A)	A的特征值和特征向量。若y <- eigen(A)，那么： • y$val是A的特征值 • y$vec是A的特征向量
ginv(A)	A的Moore-Penrose广义逆（需要MASS包）
qr(A)	A的QR分解。若y <- qr(A)，那么： • y$qr的上三角是分解结果，下三角是分解的信息 • y$rank是A的秩 • y$qraux是Q的附加信息向量 • y$pivot是所使用的主元素选择策略
rbind(A, B, ...)	纵向合并矩阵或向量
rowMeans(A)	返回A的行均值组成的向量

（续）

运算符或函数	描 述
rowSums(A)	返回A的行总和组成的向量
solve(A)	A的逆，其中A是方矩阵
solve(A, b)	求解方程b = Ax中的向量x
svd(A)	A的奇异值分解。若y <- svd(A)，那么： • y$d是A的奇异值组成的向量 • y$u是矩阵且每一列都是A的左奇异向量 • y$v是矩阵且每一列都是A的右奇异向量
t(A)	A的转置

　　还有几个用户贡献的用于矩阵代数的包。matlab包中的包装器函数和变量尽可能模拟MATLAB的函数调用。这些函数可用于将MATLAB程序和代码移植到R。还有一个将MATLAB命令转换成R命令的速查卡（http://mathesaurus.sourceforge.net/octave-r.html）。

　　Matrix包中的函数使得R可以处理高密度矩阵或稀疏矩阵。可以高效的访问BLAS（Basic Linear Algebra Subroutines）、Lapack（密集矩阵）、TAUCS（稀疏矩阵）和UMFPACK（稀疏矩阵）。

　　最后是matrixStats包，其中提供了操作矩阵中行和列的方法，包括计数、求和、乘积、居中趋势（central tendency）、离散度等的计算函数。这里的每一个方法都在速度和内存效率上进行了优化。

本书中用到的扩展包

E

R正是因为有着大量开发人员的无私贡献才变得无所不能、强大异常。表E-1中列出了本书中介绍过的扩展包，以及它们出现在哪些章。

表E-1　本书中用到的扩展包

扩 展 包	作 者	描 述	章
AER	Christian Kleiber和Achim Zeileis	Christian Kleiber和Achim Zeileis撰写的*Applied Econometrics with R*一书中的函数、数据集、例子、演示和简介	13
Amelia	James Honaker、Gary King和Matthew Blackwell	Amelia II，一个通过多重插补处理缺失值的程序	18
arrayImpute	Eun-kyung Lee、Dankyu Yoon和Taesung Park	用于处理微阵列数据中缺失值的包	18
arrayMiss-Pattern	Eun-kyung Lee和Taesung Park	微阵列数据中缺失模式的探索分析	18
boot	S版最初是Angelo Canty开发的。R版是Brian Ripley开发的	bootstrap函数	12
ca	Michael Greenacre和Oleg Nenadic	简单、多元、联合对应分析	7
car	John Fox和Sanford Weisberg	应用回归分析配套材料	1、8、9、10、11、19、22
cat	Ted Harding和Fernando Tusell将其移植到R。最初由Joseph L. Schafer开发	带缺失值的类别型变量数据集分析	15
coin	Torsten Hothorn、Kurt Hornik、Mark A. van de Wiel和Achim Zeileis	置换检验框架中的条件推断函数	12
corrgram	Kevin Wright	绘制相关图	11
corrperm	Douglas M. Potter	带重复测量的相关性置换检验	12
doBy	Søren Højsgaard开发，Kevin Wright和Alessandro A. Leidi也作出了贡献	分组计算摘要统计量、广义线性对比及其他工具	7
doParallel	Revolution Analytics公司，Steve Weston	`parallel`包的`foreach`并行适配器	20
effects	John Fox和Jangman Hong	线性、广义线性、multinomial-logit以及proportional-odds logit模型的效果显示	8、9

（续）

扩展包	作　者	描　述	章
FactoMineR	Francois Husson、Julie Josse、Sebastien Le和Jeremy Mazet	R中的多元探索分析和数据挖掘	14
FAiR	Ben Goodrich	用遗传算法进行因子分析	14
fCalendar	Diethelm Wuertz和Yohan Chalabi	时序对象（chronological object）和日历对象的相关函数	4
flexclust	Friedrich Leish和Evgenia Dimnitriadou	灵活的聚类算法	16
forecast	Rob J. Hyndman开发，George Athanasopoulos、Slava Razbash、Drew Schmidt、Zhenyu Zhou、Yousaf Khan、Christoph Bergmeir和Earo Wang也作出了贡献	用于展示与分析单变量时间序列预测的方法和工具，包括通过状态空间模型实现指数平滑和自动ARIMA建模	15
foreach	Revolution Analytics公司，Steve Weston	R的foreach循环结构	20
foreign	R核心成员Saikat DebRoy、Roger Bivand等人	读取Minitab、S、SAS、SPSS、Stata、Systat、dBase等其他软件存储的数据	2
gclus	Catherine Hurley	聚类图形	1、11
ggplot2	Hadley Wickam	图形语法的实现	19、20
glmPerm	Wiebke Werft和Douglas M. Potter	广义线性模型中用于推断的置换检验	12
gmodels	Gregory R. Warnes。包含Ben Bolker、Thomas Lumley和Randall C Johnson贡献的R源代码和文档。其中Randall C. Johnson的贡献属SAIC-Frederick公司版权所有（2005）	各种用于模型拟合的R编程工具	7
gplots	Gregory R. Warnes。包含Ben Bolker、Lodewijk Bonebakker、Robert Gentleman、Wolfgang Huber Andy Liaw、Thomas Lumley、Martin Maechler、Arni Magnusson、Steffen Moeller、Marc Schwartz和Bill Venables贡献的R代码和文档	各种绘制图形的R编程工具	6、9
grid	Paul Murrell	重写了图形布局功能，还提供了交互功能	19
gridExtra	Baptiste Auguie	用于栅格图形的函数	19
gvlma	Edsel A. Pena和Elizabeth H. Slate	线性模型假设的全局检验	8
rhdf5	Bernd Fisher和Gregoire Paue	NCSA HDF5库的接口	2
roxygen2	Hadley Wickham	类似Doxygen的内源文档系统	21
hexbin	Dan Carr开发，由Nicholas Lewin- Koh和Martin Maechler移植	绘制六边形箱图的函数	11
HH	Richard M. Heiberger	Heiberger 和 Holland 的 *Statistical Analysis and Data Display*一书的配套软件	9
kernlab	Alexandros Karatzoglou、Alex Smola和Kurt Hornik	基于内核的机器学习实验室	17
knitr	Yihui Xie	在R中用于生成动态报告的通用包	22
Hmisc	Frank E. Harrell Jr.，以及很多其他用户的贡献	Harrrell的各种用于数据分析、高级绘图、实用操作的函数	2、3、7

（续）

扩 展 包	作　者	描　述	章
kmi	Arthur Allignol	竞争风险中用于累积发生函数分析的 Kaplan-Meier 多元插补（imputation）	18
lattice	Deepayan Sarkar	Lattice图形	19
lavaan	Yves Rosseel	潜变量模型的相关函数，包括验证性因子分析、结构方程建模和潜增长曲线模型等	14
lcda	Michael Buecker	潜分类判别分析	14
leaps	Thomas Lumley，用到了 Alan Miller 的 Fortran 代码	回归子集选择，包括穷举搜索	8
lmPerm	Bob Wheeler	线性模型的置换检验	12
logregperm	Douglas M. Potter	逻辑回归中推断的置换检验	12
longitudinalData	Christophe Genolini	用于纵向数据分析的工具	18
lsa	Fridolin Wild	潜语义分析	14
ltm	Dimitris Rizopoulos	项目反应理论（item response theory）中的潜在特质模型（latent trait model）	14
lubridate	Garrett Grolemund 和 Hadley Wickham	用于识别和解析日期、时间数据的函数，可以抽取和修改日期和时间，对日期和时间做精确的运算，还可以处理时区和夏时制（Daylight Savings Time）	4
MASS	最初 S 语言的版本由 Venables 和 Ripley 开发，由 Brian Ripley 在 Kurt Hornik 和 Albrecht Gebhardt 的工作基础之上将其移植到 R	Venables 和 Ripley 撰写的 *Modern Applied Statistics with S* 第四版的配套函数和数据集	4、5、7、8、9、12
mlogit	Yves Croissant	估计多项 logit 模型（multinomial logit model）	13
multcomp	Torsten Hothorn、Frank Bretz Peter Westfall、Richard M. Heiberger、和 Andre Schuetzenmeister	参数模型中的常见线性假设的同时检验和置信区间计算，包括线性、广义线性、线性混合效应和生存模型	9、12
mvnmle	Kevin Gross，Douglas Bates 提供了帮助	带缺失值的多元正态数据的 ML 估计	18
mvoutlier	Moritz Gschwandtner 和 Peter Filzmoser	基于稳健方法的多元异常值检测	9
NbClust	Malika Charrad、Nadia Ghazzali、Veronique Boiteau 和 Azam Niknafs	对确定聚类数目的索引进行检查	16
Ncdf、ncdf4	David Pierce	Unidata netCDF 数据文件的接口	2
nFactors	Gilles Raiche	Cattell 碎石检验的并行分析和非图形解决方案	14
OpenMx	Steven Boker、Michael Neale、Hermine Maes、Michael Wilde、Michael Spiegel、Timothy R. Brick、Jeffrey Spies、Ryne Estabrook、Sarah Kenny、Timothy Bates、Paras Mehta 和 John Fox	高级结构方程建模	14

（续）

扩展包	作者	描述	章
odfWeave	Max Kuhn开发，Steve Weston、Nathan Coulter、Patrick Lenon、Zekai Otles以及R Core Team也作出了贡献	Open Document Format（ODF）文件的Sweave处理	22
pastecs	Frederic Ibanez、Philippe Grosjean和Michele Etienne	用于时空生态数据分析的包	7
party	Torsten Hothorn、Kurt Hornik、Carolin Strobl和Achim Zeileis	用于递归分区的实验室	17
poLCA	Drew Linzer和Jeffrey Lewis	多分类变量的潜类别分析	14
psych	William Revelle	用于心理、心理测评和个性研究的函数	7、14
pwr	Stephane Champely	功效分析的基本函数	10
qcc	Luca Scrucca	质量控制图表	13
randomLCA	Ken Beath	随机效应潜类别分析	14
randomForest	最初的Fortran版本由Leo Breiman和Adele Cutler开发，Andy Liaw和Matthew Wieneryizhi将其移植到R	Breiman和Cutler的随机森林用于分类和回归	17
R2wd	Christian Ritter	从R撰写MS Word文档	22
rattle	Graham Williams、Mark Vere Culp、Ed Cox、Anthony Nolan、Denis White、Daniele Medri、Akbar Waljee（OOB AUC for Random Forest）和Brian Ripley（print.summary.nnet的最初作者）	在R中用于数据挖掘的图形用户界面	16、17
Rcmdr	John Fox开发，Liviu Andronic、Michael Ash、Theophilius Boye、Stefano Calza、Andy Chang、Philippe Grosjean、Richard Heiberger、G. Jay Kerns、Renaud Lancelot、Matthieu Lesnoff、Uwe Ligges、Samir Messad、Martin Maechler、Robert Muenchen、Duncan Murdoch、Erich Neuwirth、Dan Putler、Brian Ripley、Miroslav Ristic和Peter Wolf也作出了贡献	R Commander是一个基于tcltk包的R跨平台图形用户界面，可以实现基本的统计学分析	附录A
reshape2	Hadley Wickham	灵活地改变数据形式	4、5、7、20
rgl	Daniel Adler和Duncan Murdoch	3D可视化设备系统（OpenGL）	11
RJDBC	Simon Urbanek	实现了通过JDBC接口访问数据库的功能	2
rms	Frank E. Harrell, Jr.	回归建模，包含用于简化或帮助简化回归建模、检验、估计、验证、画图、预测和排版的约225个函数	13
robust	Jiahui Wang、Ruben Zamar、Alfio Marazzi、Victor Yohai、Matias Salibian-Barrera、Ricardo Maronna、Eric Zivot、David Rocke、Doug Martin、Martin Maechler和Kjell Konis	稳健方法的包	13
RODBC	Brian Ripley和Michael Lapsley	ODBC数据库访问接口	2
rpart	Terry Therneau、Beth Atkinson和Brian Ripley（最初移植到R的作者）	递归分区和回归树	17
ROracle	David A. James和Jake Luciani	R的Oracle数据库接口	2

（续）

扩　展　包	作　　者	描　　述	章
rrcov	Valentin Todorov	位置和散点的稳健估计（robust location and scatter estimation），以及带高失效点（high breakdown point）的稳健多元分析	9
sampling	Yves Tillé和Alina Matei	用于绘制和校正样本的函数	4
scatterplot3d	Uwe Ligges	绘制三维散点云	11
sem	John Fox开发，Adam Kramer和Michael Friendly也作出了贡献	结构方程模型	14
SeqKnn	Ki-Yeol Kim和Gwan-Su Yi，韩国情报通信大学CSBio实验室	序列化KNN插补方法	18
sm	Adrian Bowman和Adelchi Azzalini开发。2.0版本之前都是由B. D. Ripley移植到R的，2.1版由Adrian Bowman和Adelchi Azzalini移植，版本2.2由Adrian Bowman移植	用于非参回归和密度估计的平滑方法	6、9
vcd	David Meyer、Achim Zeileis和Kurt Hornik	用于类别数据可视化的函数	1、6、7、11、12
vegan	Jari Oksanen、F. Guillaume Blanchet、Roeland Kindt、Pierre Legendre、R. B. O'Hara、Gavin L. Simpson、Peter Solymos、M. Henry H. Stevens和Helene Wagner	种群和植物生态学家所使用的排序方法（ordination method）、多样性分析（diversity analysis）等函数	9
VIM	Matthias Templ、Andreas Alfons和Alexander Kowarik	缺失值插补和可视化	18
xlsx	Adrian A. Dragulescu	读写和格式化Excel 2007（.xlsx）文件	2
XML	Duncan Temple Lang	R和S-Plus中用于解析和生成XML的工具	2

附录 F

处理大数据集

R将所有的对象存储在虚拟内存中。对于大部分人而言，这种设计可以带来很好的交互体验，但如果要处理大型数据集，这就会影响程序的运行速度，带来和内存相关的错误。

具体的内存限制取决于R的版本（32位或64位）和所使用的操作系统。出现以cannot allocate vector of size开头的错误信息通常是因为无法获得足够的连续内存空间，以cannot allocate vector of length开头的错误信息则表示超过了内存地址的限制。在处理大型数据集时，应该尽可能地用64位版，详见?Memory。

在处理大数据集时，要考虑三个问题：(a) 高效执行的程序，(b) 将数据保存到外部避免内存问题，(c) 用有针对性的统计方法高效地分析海量数据。我们会首先考虑这三个问题的简单解决方法，然后转向处理大数据的更加全面（复杂）的解决方法。

F.1　高效程序设计

下面是在处理大型数据集时有助于提升性能的程序设计建议。

- 尽可能地做向量化计算。用R内建的函数来处理向量、矩阵和列表（例如ifelse、colMeans和rowSums），而且要尽量避免使用循环（for和while）。
- 用矩阵，而不是数据框（矩阵更轻量级）。
- 在使用read.table()系列函数将外部数据读取到数据框中时，显式地指定colClasses和nrows，设置comment.char = ""，并且用"NULL"标明不需要的列。这可降低内存使用量，显著地提高处理速度。在将外部数据读入矩阵时，可以用scan()函数。
- 正确地初始化对象的大小，而不是通过附加值增大较小的对象。
- 并行化处理重复、独立和数值密集的任务。
- 在完整的数据集上运行程序之前，先用数据的子集测试程序，以便优化代码并消除bug。
- 删除临时对象和不再需要的对象。调用rm(list=ls())会从内存中删除所有的对象，得到一个干净的环境。要删除特定的对象，可以用rm(*object*)。删除较大对象之后，调用gc()会初始化垃圾回收，保证从内存中清除这些对象。
- Jeromy Anglim在博客文章"Memory Management in R: A Few Tips and Tricks"（jeromyang lim.blogspot.com）中介绍了.ls.objects()函数，它可以使工作空间中的所有对象按大

小（MB）排列。这个函数可以帮你找到内存消耗的大户。

❑ 测试程序中每个函数所消耗的时间。用Rprof()和summaryRprof()函数就可以完成这个测试。system.time()函数也能用得上。profr和prooftools包提供用于分析测试结果的函数。

❑ 使用编译的外部例行程序来加速程序运行。Rcpp包可以将R对象转换成C++函数；如果需要更加优化的子程序，还可以转换回来。

20.4节提供了向量化、高效数据输入、正确初始化对象大小和并行化的例子。

在处理大数据集时，提高代码性能只能走到这一步。在遇到内存限制时，我们还可以将数据保存到外部存储器中，并使用特殊的分析方法。

F.2 在内存之外存储数据

有好几个包可以将数据存储在R的主内存之外。主要的方法是将数据存储在外部数据库中，或是硬盘上的二进制文件中，然后再按需要访问其中的某个部分。表F-1中列出了一些有用的包。

表F-1 用于访问大型数据集的R包

包	描　述
bigmemory	支持大型矩阵的创建、存储、访问和操作。矩阵可以分配在共享内存和内存映射文件中
ff	提供了一种数据结构，可以将数据保存到硬盘上，但用起来却像是在内存中
filehash	实现了一个简单的key-value数据库，用字符串的键值关联到硬盘上存储的数据值
ncdf、ncdf4	提供了Unidate netCDF数据文件的接口
RODBC、RMySQL、ROracle、RPostgreSQL、RSQLite	这些包每一个都可用于访问相应的外部关系型数据库管理系统

上面介绍的这些包都可用于解决R在保存数据时的内存限制问题。不过，在分析大数据集时，还需要专门的方法在可接受的时间内完成分析。下面会介绍其中最有用的一些。

F.3 用于大数据的分析包

R有如下几个用于分析大型数据集的包。

❑ biglm和speedglm包能以内存高效的方式实现大型数据集的线性模型拟合和广义线性模型拟合。

❑ 有好几个包是用来分析bigmemory包生成的大型矩阵的。biganalytics包提供了K均值聚类、列统计和一个biglm的封装。bigtabulate包提供了table()、split()和tapply()功能；bigalgebra包提供了高级的线性代数函数。

❑ biglars包跟ff配合使用，为在内存中无法放置的大数据提供了最小角回归（least-angle

regression）、lasso和逐步回归分析。

    ❑ `data.table`包提供了`data.frame`的增强版，包括更快的聚集，更快的有序、重叠范围联接，以及更快根据参考组（无副本）进行列相加、修改和删除。我们可以使用带有大型数据集的`data.table`结构（例如，内存100GB），它与任意期望得到数据框的R函数都兼容。

    这些包能容纳用于特殊目的的大数据集，并且相对容易使用。对于处理TB级分析数据的解决方案，将在下面描述。

F.4 超大数据集的全面解决方案

    至少有五个项目旨在方便地使用R来处理TB级数据集，其中有三个是免费开源的（RHIPE、RHadoop和pbdr），另外两个是商业产品（Revolution R Enterprise、RevoScaleR和Oracle R Enterprise）。每个均需要对高性能计算有一定的了解。

    `RHIPE`包（http://www.datadr.org）提供了将R和Hadoop（一个基于Java的免费软件架构，用于在分布式环境下处理大数据）深度融合的编程环境。该包的作者还开发了其他的软件，提供了对于非常大的数据集进行"分裂与重组"和数据可视化方法。

    RHadoop项目提供了R包封装的集合，用于管理和分析Hadoop上的数据。rmr包在R内部提供了Hadoop的MapReduce功能，`rhdfs`和`rhbase`包支持HDFS文件系统和HBASE数据存储上的访问。维基（https://github.com/RevolutionAnalytics/RHadoop/wiki）上介绍了该项目并提供了相关教程。需要注意的是RHadoop包必须从GitHub上而不是CRAN上安装。

    pbdR（programming with big data in R）项目通过一个简单的界面到达可扩展、高性能的库（如MPI、ScaLAPACK和netCDF4），使其能够在R中进行高级别的数据并行运算。pbdR软件在大规模计算集群上还支持单线程多数据（SPMD）模型。可以通过访问http://r-pbd.org/了解详细信息。

    Revolution R Enterprise（http://www.revolutionanalytics.com）是R的一个商业版本，包括一个支持可扩展数据分析和高性能计算的包`RevoScaleR`。`RevoScaleR`使用二进制XDF格式的数据文件从磁盘到内存优化流数据，并提供了一系列常见的大数据统计分析算法。你可以执行数据管理任务，并在TB级数据集上获得汇总统计、交叉表格、相关性和协方差、非参数统计、线性和广义线性回归、逐步回归、K-means聚类以及分类和回归树。此外，Revolution R Enterprise可以和Hadoop（通过RHadoop包）及IBM的Netezza（通过IBM PureData分析系统的插件）集成。在写这段文字的时候，学术圈中的学生和教授可以获得免费的软件订阅（不包括IBM组件）。

    最后，Oracle R Enterprise（http://www.oracle.com）是一种商业产品，可用于使用R环境操作存储在甲骨文数据库和Hadoop上的大规模数据集。Oracle R Enterprise是甲骨文高级分析的一部分，需要安装在甲骨文的企业版数据库上。几乎R的所有功能，包括数以千计的贡献包，都可以使用Oracle R Enterprise界面应用于TB级的数据问题。这是一个相对昂贵但全面的解决方案，主要吸引财力雄厚的大企业。

    不论用哪种语言，处理GB到TB级范围内的数据集都是一种挑战。这些方法都带有一个显著的学习曲线。在四个包中，RevoScaleR也许是最容易学习和安装的。（重要声明：我是教授Revolution R课程的老师，可能会有所偏爱该包。）

　　有关分析大型数据集的其他信息可以从CRAN的任务视图"High-Performance and Parallel Computing with R"（http://cran.r-project.org/web/views）上得到。这是一个正在迅速变化和发展的领域，所以一定要经常检查。

附录 G

更新R

作为消费者，我们理所当然地认为可以通过一个检查更新按钮升级软件。在第1章中，我们知道update.packages()可以下载和安装最新版的第三方扩展包。遗憾的是，升级R自身可能非常复杂。

如果要将R 5.1.0升级到R 6.1.1，必须得动动脑子。（在我写这本书时，最新的版本是3.1.1，但我希望这本书能够跟上未来若干年的发展。）这里讲述两个方法：使用installr包自动安装，以及所有平台都可以使用的手动方法。

G.1 自动安装（仅适用于 Windows）

如果你是一名Windows用户，可以使用installr包来更新R安装过程。首先安装该包并加载：

```
install.packages("installr")
library(installr)
```

这为RGui增加了一个更新菜单（见图G-1）。

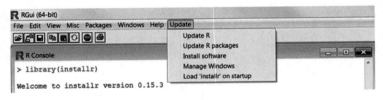

图G-1 用installr包为RGui增加的更新菜单

该菜单允许你安装R的新版本，更新现有的包，以及安装其他有用的软件生产（如RStudio）。目前，installr包仅适用于Windows平台。对于Mac用户或者不希望使用installr的Windows用户，更新R通常是一个手动过程。

G.2 手动安装（Windows 和 Mac OS X）

从CRAN（http://cran.r-project.org/bin/）下载和安装最新版的R是比较简单的。麻烦的地方是要重新设置各种自定义选项（包括之前安装的扩展包）。在当前所使用的R中，我安装了500多个扩展包。我真心不想在升级R的时候把这些扩展包的名字一个个写下来，然后手动重新安装。

在网络上有很多关于如何高效优雅地更新R的讨论。下面介绍的方法既不优雅，也不高效，但我发现它在Windows和Mac上都可以很好地使用。

在这里，我们用installed.packages()函数保存R目录树之外的扩展包清单，然后根据这个清单用install.packages()函数将最新版的扩展包下载和安装到新版R中。操作步骤如下。

(1) 如果有自定义的Rprofile.site文件（见附录B），将其保存到R目录树之外。

(2) 启动当前版本的R，然后执行下面的命令：

```
oldip <- installed.packages()[,1]
save(oldip, file="path/installedPackages.Rdata")
```

其中path是R之外的目录。

(3) 下载安装新版的R。

(4) 如果在步骤(1)保存了自定义的Rprofile.site文件，现在把它复制到新的R中。

(5) 启动新版本的R，然后执行下面的命令：

```
load("path/installedPackages.Rdata")
newip <- installed.packages()[,1]
for(i in setdiff(oldip, newip)){
  install.packages(i)
}
```

其中path是步骤(2)中设置的位置。

(6) 删除旧版本（可选）。

这种方法只能安装CRAN上的扩展包，不会安装从其他地方获取的包。你需要自行寻找和下载这些包。不过，你可以知道哪些包不能安装。我在上次安装R时发现不能找到globaltest和Biobase。因为我是从Bioconductor网站上安装这两个扩展包的，能用下面的命令安装：

```
source("http://bioconductor.org/biocLite.R")
biocLite("globaltest")
biocLite("Biobase")
```

步骤(6)可以选择将老版本的R删除。在Windows系统上可以同时安装多个版本的R。如果需要的话，可以通过"Start"→"Control Panel"→"Uninstall a Program"卸载旧版本的R。要在Mac系统上，新版的R会覆盖老版本。在Mac上要删除剩余的东西，可以用Finder打开/Library/Frameworks/R.frameworks/versions/，删除其中旧版本的文件夹。

显然，手动更新R比想象的要复杂得多。我希望能有一天，这个附录只需要一句话："选择检查更新选项。"

G.3　更新 R（Linux）

在Linux平台上更新R的过程完全不同于Windows和Mac OS X。此外，对于不同的Linux发行版（Debian、Red Hat、SUSE或Ubuntu）方法也有所不同。详细信息参见https://cran.r-project.org/bin/linux/。

后记：探索R的世界

在这本书里，我们已经介绍了R的方方面面，主要内容包括R开发环境、数据管理、传统的统计模型和统计图形。我们还涉及了一些较高阶的内容，例如重抽样统计、缺失值插补和交互式图形。R最强大的地方（也有可能是最让人头疼的地方）就是，其中永远都有学不完的东西。

R是一个庞大、健壮而且在不断进化的统计平台和编程语言。面对无数的新软件包、频繁的更新以及新的发展方向，用户怎么才能屹立潮头？幸运的是，很多网站支持着这个活跃的社区，提供从平台到软件包更新，从新的使用方法到各种教程等各种跟R有关的内容。下面列出一些我最喜欢的网站 。

❑ **The R Project**（http://www.r-project.org）

这是R的官方网站，也是进入R世界的第一站。网站上有丰富的文档，包括"An Introduction to R""The R Language Definition""Writing R Extensions""R Data Import/Export""R Installation and Administration"以及"The R FAQ"。

❑ **The R Journal**（http://journal.r-project.org）

这是一个免费期刊，每篇文章都经过评审，内容包括R项目本身以及各种软件包。

❑ **R Bloggers**（http://www.r-bloggers.com）

这是一个博客聚合网站，其中内容来自跟R有关的博客，每天都会有新的文章。这是我每天必去的网站。

❑ **Planet R**（http://planetr.stderr.org）

这也是一个优秀的聚合网站，其中有各种来源的信息。每天更新。

❑ **CRANberries**（http://dirk.eddelbuettel.com/cranberries）

这个网站聚合了关于新软件包和软件包更新的消息，提供了每个包在CRAN上的链接。

❑ **Journal of Statistical Software**（http://www.jstatsoft.org）

这也是一份免费期刊，文章都是经过评审的，包括原创文章、书评和关于统计计算的代码片段。其中大部分文章是关于R的。

❑ **Revolutions**（http://blog.revolution-computing.com）

这是一个广受欢迎、条理明晰的博客，专注于跟R有关的新闻和信息。

❑ **CRAN Task Views**（http://cran.r-project.org/web/views）

通过任务视图（task view）可以看到R在各种学术和研究领域的应用情况。每个任务视图都介绍了一个领域中的包和方法。现在总共有33个任务视图（详见下表）。

CRAN任务视图	
Bayesian Inference	Natural Language Processing
Chemometrics and Computational Physics	Numerical Mathematics
Clinical Trial Design, Monitoring, and Analysis	Official Statistics Survey Methodology
Cluster Analysis Finite Mixture Models	Optimization and Mathematical Programming
Differential Equations	Analysis of Pharmacokinetic Data
Probability Distributions	Phylogenetics, Especially Comparative Methods
Computational Econometrics	Psychometric Models and Methods
Analysis of Ecological and Environmental Data	Reproducible Research
Design of Experiments (DoE) Analysis of Experimental Data	Robust Statistical Methods
Empirical Finance	Statistics for the Social Sciences
Statistical Genetics	Analysis of Spatial Data
Graphic Displays Dynamic Graphics Graphic Devices Visualization	Handling and Analyzing Spatio-Temporal Data
High-Performance and Parallel Computing with R	Survival Analysis
Machine Learning Statistical Learning	Time Series Analysis
Medical Image Analysis	Web Technologies and Services
Meta-Analysis	gRaphical Models in R
Multivariate Statistics	

❑ **R-Help Main R Mailing List**（https://stat.ethz.ch/mailman/listinfo/r-help）

电子邮件列表是问问题的最佳场所。邮件列表的存档也是可以搜索的。但在问问题之前请先仔细阅读FAQ。

❑ **Cross Validated**（http://stats.stackexchange.com）

对统计学和数据科学感兴趣者的问答网站。这是个提出关于R的问题以及查看其他人问题的好地方。

❑ **Quick-R**（http://www.statmethods.net）

这是我的网站。其中包括80篇关于R的简要教程。不多说，我得低调点。

R社区是一个乐于助人、生机勃勃、激情四射的社区。欢迎来到这个神奇的世界！

参考文献

Allison, P. 2001. *Missing Data*. Thousand Oaks, CA: Sage.

Allison, T. and D. Chichetti. 1976. "Sleep in Mammals: Ecological and Constitutional Correlates." *Science* 194 (4266): 732–734.

Anderson, M. J. 2006. "Distance-Based Tests for Homogeneity of Multivariate Dispersions. " *Biometrics* 62:245–253.

Baade, R. and R. Dye. 1990. "The Impact of Stadiums and Professional Sports on Metropolitan Area Development. " *Growth and Change* 21:1–14.

Bandalos, D. L. and M. R. Boehm-Kaufman. 2009. "Four Common Misconceptions in Exploratory Factor Analysis. " In *Statistical and Methodological Myths and Urban Legends*, edited by C. E. Lance and R. J. Vandenberg, 61–87. New York: Routledge.

Bates, D. 2005. "Fitting Linear Mixed Models in R." *R News* 5 (1): 27–30. www.r-project.org/doc/Rnews/Rnews_2005-1.pdf.

Breslow, N. and D. Clayton. 1993. "Approximate Inference in Generalized Linear Mixed Models. " *Journal of the American Statistical Association* 88:9–25.

Bretz, F., T. Hothorn, and P. Westfall. 2010. *Multiple Comparisons Using R*. Boca Raton, FL: Chapman & Hall.

Canty, A. J. 2002. "Resampling Methods in R: The boot Package." *R News* 2 (3): 2–7. www.r-project.org/doc/Rnews/Rnews_2002-3.pdf.

Chambers, J. M. 2008. *Software for Data Analysis: Programming with R*. New York: Springer.

Chang, W. 2013. *R Graphics Cookbook*. Sebastopol, California: O'Reilly.

Cleveland, W. 1981. "LOWESS: A Program for Smoothing Scatter Plots by Robust Locally Weighted Regression. " *The American Statistician* 35:54.

Cleveland, W. 1994. *The Elements of Graphing Data*. Monterey, CA: Wadsworth.

Cleveland, W. 1993. *Visualizing Data*. Summit, NJ: Hobart Press.

Cohen, J. 1988. *Statistical Power Analysis for the Behavioral Sciences*, 2nd ed. Hillsdale, NJ: Lawrence Erlbaum.

Cowpertwait, P. S. and A. V. Metcalfe. 2009. *Introductory Time Series with R*. Auckland, New

Zealand: Springer.

Coxe, S., S. West, and L. Aiken. 2009. "The Analysis of Count Data: A Gentle Introduction to Poisson Regression and Its Alternatives." *Journal of Personality Assessment* 91:121–136.

Culbertson, W. and D. Bradford. 1991. "The Price of Beer: Some Evidence for Interstate Comparisons. " *International Journal of Industrial Organization* 9:275–289.

DiStefano, C., M. Zhu, and D. Mîndrila. 2009. "Understanding and Using Factor Scores: Considerations for the Applied Researcher." *Practical Assessment, Research & Evaluation* 14 (20). http://pareonline.net/pdf/v14n20.pdf.

Dobson, A. and A. Barnett. 2008. *An Introduction to Generalized Linear Models*, 3rd ed. Boca Raton, FL: Chapman & Hall.

Dunteman, G. and M-H Ho. 2006. *An Introduction to Generalized Linear Models*. Thousand Oaks, CA: Sage.

Efron, B. and R. Tibshirani. 1998. *An Introduction to the Bootstrap*. New York: Chapman & Hall.

Everitt, B. S., S. Landau, M. Leese, and D. Stahl. 2011. *Cluster Analysis*, 5th ed. London: Wiley.

Fair, R. C. 1978. "A Theory of Extramarital Affairs. " *Journal of Political Economy* 86:45–61.

Faraway, J. 2006. *Extending the Linear Model with R: Generalized Linear, Mixed Effects and Nonparametric Regression Models*. Boca Raton, FL: Chapman & Hall.

Fawcett, T. 2005. "An Introduction to ROC Analysis." *Pattern Recognition Letters* 27:861–874.

Fox, J. 2002. *An R and S-Plus Companion to Applied Regression*. Thousand Oaks, CA: Sage.

Fox, J. 2002. "Bootstrapping Regression Models. " http://socserv.socsci.mcmaster.ca/jfox/Books/Companion/appendix/Appendix-Bootstrapping.pdf.

Fox, J. 2008. *Applied Regression Analysis and Generalized Linear Models*. Thousand Oaks, CA: Sage.

Fwa, T., ed. 2006. *The Handbook of Highway Engineering*, 2nd ed. Boca Raton, FL: CRC Press.

Gentleman, R. 2009. *R Programming for Bioinformatics*. Boca Raton, FL: Chapman &Hall/CRC.

Good, P. 2006. *Resampling Methods: A Practical Guide to Data Analysis*, 3rd ed. Boston: Birkhäuser.

Gorsuch, R. L. 1983. *Factor Analysis*, 2nd ed. Hillsdale, NJ: Lawrence Erlbaum.

Greene, W. H. 2003. *Econometric Analysis*, 5th ed. Upper Saddle River, NJ: Prentice Hall.

Grissom, R. and J. Kim. 2005. *Effect Sizes for Research: A Broad Practical Approach*. Mahwah, NJ: Lawrence Erlbaum.

Groemping, U. 2009. "CRAN Task View: Design of Experiments (DoE) and Analysis of Experimental Data." http://cran.r-project.org/web/views/ExperimentalDesign.html.

Hand, D. J. and C. C. Taylor. 1987. *Multivariate Analysis of Variance and Repeated Measures*. London: Chapman & Hall.

Harlow, L., S. Mulaik, and J. Steiger. 1997. *What If There Were No Significance Tests?* Mahwah, NJ:

Lawrence Erlbaum.

Hartigan, J. A. and M. A. Wong. 1979. "A K-Means Clustering Algorithm." *Applied Statistics* 28:100–108.

Hayton, J. C., D. G. Allen, and V. Scarpello. 2004. "Factor Retention Decisions in Exploratory Factor Analysis: A Tutorial on Parallel Analysis." *Organizational Research Methods* 7:191–204.

Hsu, S., M. Wen, and M. Wu. 2009. "Exploring User Experiences as Predictors of MMORPG Addiction." *Computers and Education* 53:990–999.

Jacoby, W. G. 2006. "The Dot Plot: A Graphical Display for Labeled Quantitative Values." *Political Methodologist* 14:6–14.

Johnson, J. 2004. "Factors Affecting Relative Weights: The Influence of Sample and Measurement Error." *Organizational Research Methods* 7:283–299.

Johnson, J. and J. Lebreton. 2004. "History and Use of Relative Importance Indices in Organizational Research." *Organizational Research Methods* 7:238–257.

Koch, G. and S. Edwards. 1988. "Clinical Efficiency Trials with Categorical Data." In *Statistical Analysis with Missing Data*, 2nd ed., by R. J. A. Little and D. Rubin. Hoboken, NJ: John Wiley & Sons, 2002.

Kuhn, M. and K. Johnson. 2013. *Applied Predictive Modeling*. New York: Springer.

LeBreton, J. M and S. Tonidandel. 2008. "Multivariate Relative Importance: Extending Relative Weight Analysis to Multivariate Criterion Spaces." *Journal of Applied Psychology* 93:329–345.

Lemon, J. and A. Tyagi. 2009. "The Fan Plot: A Technique for Displaying Relative Quantities and Differences." *Statistical Computing and Graphics Newsletter* 20:8–10. http://stat-computing.org/newsletter/issues/scgn-20-1.pdf.

Licht, M. 1995. "Multiple Regression and Correlation." In *Reading and Understanding Multivariate Statistics*, edited by L. Grimm and P. Yarnold. Washington, DC: American Psychological Association, 19–64.

Mangasarian, O. L. and W. H. Wolberg. 1990. "Cancer Diagnosis via Linear Programming." *SIAM News*, 23:1–18.

McCall, R. B. 2000. *Fundamental Statistics for the Behavioral Sciences*, 8th ed. New York: Wadsworth.

McCullagh, P. and J. Nelder. 1989. *Generalized Linear Models*, 2nd ed. Boca Raton, FL: Chapman & Hall.

Meyer, D., A. Zeileis, and K. Hornick. 2006. "The Strucplot Framework: Visualizing Multi-way Contingency Tables with vcd." *Journal of Statistical Software* 17 (3):1–48. www.jstatsoft.org/v17/i03/paper.

Montgomery, D. C. 2007. *Engineering Statistics. Hoboken*, NJ: John Wiley & Sons.

Mooney, C. and R. Duval. 1993. Bootstrapping: *A Nonparametric Approach to Statistical Inference*.

Monterey, CA: Sage.

Mulaik, S. 2009. *Foundations of Factor Analysis*, 2nd ed. Boca Raton, FL: Chapman & Hall.

Murrell, P. 2011. *R Graphics*, 2nd ed. Boca Raton, FL: Chapman & Hall/CRC.

Nenadić, O. and M. Greenacre. 2007. "Correspondence Analysis in R, with Two- and Three-Dimensional Graphics: The ca Package." *Journal of Statistical Software* 20 (3). www.jstatsoft.org/v20/i03/paper.

Peace, K. E., ed. 1987. *Biopharmaceutical Statistics for Drug Development*. New York: Marcel Dekker, 403–451.

Pena, E. and E. Slate. 2006. "Global Validation of Linear Model Assumptions." *Journal of the American Statistical Association* 101:341–354.

Pinheiro, J. C. and D. M. Bates. 2000. *Mixed-Effects Models in S and S-PLUS*. New York: Springer.

Potvin, C., M. J. Lechowicz, and S. Tardif. 1990. "The Statistical Analysis of Ecophysiological Response Curves Obtained from Experiments Involving Repeated Measures." *Ecology* 71:1389–1400.

Rosenthal, R., R. Rosnow, and D. Rubin. 2000. *Contrasts and Effect Sizes in Behavioral Research: A Correlational Approach*. Cambridge, UK: Cambridge University Press.

Sarkar, D. 2008. *Lattice: Multivariate Data Visualization with R*. New York: Springer.

Schafer, J. and J. Graham. 2002. "Missing Data: Our View of the State of the Art." *Psychological Methods* 7:147–177.

Schlomer, G., S. Bauman, and N. Card. 2010. "Best Practices for Missing Data Management in Counseling Psychology." *Journal of Counseling Psychology* 57:1–10.

Shah, A. 2005. "Getting Started with the boot Package in R for Statistical Inference." www.mayin.org/ajayshah/KB/R/documents/boot.html.

Shumway, R. H. and D. S. Stoffer. 2010. *Time Series Analysis and Its Applications*. New York: Springer.

Silva, R. B., D. F. Ferreirra, and D. A. Nogueira. 2008. "Robustness of Asymptotic and Bootstrap Tests for Multivariate Homogeneity of Covariance Matrices." Ciênc. agrotec. 32:157–166.

Simon, J. 1997. "Resampling: The New Statistics." www.resample.com/intro-text-online/.

Snedecor, G. W. and W. G. Cochran. 1988. *Statistical Methods*, 8th ed. Ames, IA: Iowa State University Press.

Statnikov, A., C. F. Aliferis, D. P. Hardin, and I. Guyon. 2011. *A Gentle Introduction to Support Vector Machines in Biomedicine* (vol. 1: *Theory and Methods*). Hackensack, NJ: World Scientific Publishing.

Torgo, L. 2010. *Data Mining with R: Learning with Case Studies*. Boca Raton, Florida: Chapman & Hall/CRC.

UCLA: Academic Technology Services, Statistical Consulting Group. 2009. "Repeated Measures Analysis with R." http://mng.bz/a9c7.

van Buuren, S. and K. Groothuis-Oudshoorn. 2010. "MICE: Multivariate Imputation by Chained

Equations in R." *Journal of Statistical Software*, forthcoming. http://mng.bz/3EH5.

Venables, W. N. and B. D. Ripley. 1999. *Modern Applied Statistics with S-PLUS*, 3rd ed. New York: Springer.

Venables, W. N. and B. D. Ripley. 2000. *S Programming*. New York: Springer.

Westfall, P. H., Y. Hochberg, D. Rom, R. Wolfinger, and R. Tobias. 1999. *Multiple Comparisons and Multiple Tests Using the SAS System*. Cary, NC: SAS Institute.

Wickham, H. 2009a. *ggplot2: Elegant Graphics for Data Analysis*. New York: Springer.

Wickham, H. 2009b. "A Layered Grammar of Graphics." *Journal of Computational and Graphical Statistics* 19:3–28.

Williams, G. 2011. *Data Mining with Rattle and R*. New York: Springer.

Wilkinson, L. 2005. *The Grammar of Graphics*. New York: Springer-Verlag.

Yu, C. H. 2003. "Resampling Methods: Concepts, Applications, and Justification."*Practical Assessment, Research & Evaluation*, 8 (19). http://pareonline.net/getvn.asp?v=8&n=19.

Yu-Sung, S., A. Gelman, J. Hill, and M. Yajima. 2011. "Multiple Imputation with Diagnostics (mi) in R: Opening Windows into the Black Box." *Journal of Statistical Software* 45 (2). www.jstatsoft.org/v45/i02/paper.

Zuur, A. F., E. Ieno, N. Walker, A. A. Saveliev, and G. M. Smith. 2009. *Mixed Effects Models and Extensions in Ecology with R*. New York: Springer.

清理从各种来源导入的数据

通过可视化和汇总统计理解数据

使用统计模型传递关于数据的定量判断并进行预测

了解编写数据分析代码时出现错误的应对措施

作者：Richard Cotton

书号：978-7-115-35170-8

定价：69.00 元

本书基于易于理解且具有数据科学相关的丰富的库的Python语言环境，从零开始讲解数据科学工作。具体内容包括：Python速成，可视化数据，线性代数，统计，概率，假设与推断，梯度下降法，如何获取数据，k近邻法，朴素贝叶斯算法，等等。

作者：Joel Grus

书号：978-7-115-41741-1

定价：69.00 元

本书适合熟悉Python的程序员、安全专业人士、网络管理员阅读。书中不仅介绍了网络数据采集的基本原理，还深入探讨了更高级的主题，比如分析原始数据、用网络爬虫测试网站等。此外，书中还提供了详细的代码示例，以帮助你更好地理解书中的内容。

作者：Ryan Mitchell

书号：978-7-115-41629-2

定价：59.00 元

本书由Spark开发者及核心成员共同打造，讲解了网络大数据时代应运而生的、能高效迅捷地分析处理数据的工具——Spark，它带领读者快速掌握用Spark收集、计算、简化和保存海量数据的方法，学会交互、迭代和增量式分析，解决分区、数据本地化和自定义序列化等问题。

作者：Holden Karau, Andy Konwinski, Patrick Wendell, Matei Zaharia

书号：978-7-115-40309-4

定价：59.00 元

本书首先介绍了Spark及其生态系统，接着详细介绍了将分类、协同过滤及异常检查等常用技术应用于基因学、安全和金融领域的若干模式。如果你对机器学习和统计学有基本的了解，并且会用Java、Python或Scala编程，这些模式将有助于你开发自己的数据应用。

作者：Sandy Ryza, Uri Laserson, Sean Owen, Josh Wills
书号：978-7-115-40474-9
定价：59.00 元

大数据时代的实战宝典，谷歌、微软、eBay等公司一线数据科学家真知灼见，揭秘数据科学相关的最新算法、方法与模型。本书适合所有希望通过数据分析解决问题的人阅读参考，包括数据科学家、金融工程师、统计学家、物理学家、学生及其他对数据科学感兴趣的人。

作者：Rachel Schutt, Cathy O'Neil
书号：978-7-115-38349-5
定价：79.00 元

本书整合了社会媒体、社会网络分析以及数据挖掘的相关知识，为学生、从业者、研究人员和项目经理理解社会媒体挖掘的基础知识和潜能，提供了一个方便的平台。本书介绍了社会媒体数据独有的问题，并阐述了网络分析以及数据挖掘中的基本概念、新出现的问题和有效的算法。

作者：Reza Zafarani, Mohammad Ali Abbasi, Huan Liu
书号：978-7-115-40639-2
定价：59.00 元

本书为了解数据可视化的重要内容和功能提供了多学科的视角，通过各种各样的案例分析，来演示可视化如何让数据变得更清晰、更全面，通过对数据可视化的广泛用途和适用性的讨论，来了解它如何让数据变得更加让人容易接受和理解。

作者：Hunter Whitney
书号：978-7-115-41470-0
定价：69.00 元